# 4차 산업혁명과 신흥 군사안보

미래전의 진화와 국제정치의 변환

이 저서는 2019년 서울대학교 미래전연구센터의 지원을 받아 수행된 연구임; 이 저서는 2016년 대한민국 교육부와 한국연구재단의 지원을 받아 수행된 연구임(NRF-2016S1A3A2924409).

이 도서의 국립중앙도서관 출판예정도서목록 (CIP)은 서지정보유통지원시스템 홈페이지 (http://seoji.nl.go.kr)와 국가자료종합목록 구축시스템(http://kolis-net.nl.go.kr)에서 이용하실 수 있습니다.
CIP제어번호: CIP2020013866(양장), CIP2020013864(무선)

서울대학교 미래전연구센터 총서 1

# 4차 산업혁명과
# **신흥 군사안보**

## 미래전의 진화와 국제정치의 변환

김상배 엮음

김상배·이중구·윤정현·송태은·설인효·차정미·이장욱·
윤민우·최정훈·장기영·이원경·조은정 지음

**The 4th Industrial Revolution and**
**Emerging Military Security**

The Evolution of Future Warfare and
the Transformation of International Politics

한울
아카데미

## 차례

## | 책머리에 |

최근 4차 산업혁명으로 대변되는 기술발달이 사회 전반에 미치는 영향의 파고가 드높다. 군사안보 분야도 예외일 수 없다. 인공지능, 빅데이터, 가상현실VR, 드론, 사물인터넷IoT, 3D 프린팅 등과 같은 새로운 기술이 미치는 영향은 일차적으로 무기체계의 발달에서 나타난다. 무기체계의 변화는 전투방식과 공간 및 군사작전의 운용방식 등을 변화시키며 더 나아가 새로운 전쟁양식의 출현마저 예견케 한다. 군사안보만이 현안이 아닐 수도 있다. 4차 산업혁명의 진전은 좀 더 포괄적인 새로운 안보 패러다임의 부상뿐만 아니라 인간이 아닌 로봇들이 벌이는 전쟁의 가능성도 거론케 한다.

미래전未來戰, future warfare에 대한 전망이 다양하게 교차하는 가운데 새로운 군사기술을 개발하고 이를 전쟁수행에 적용하려는 주요국들 간의 경쟁이 벌어지고 있다. 이른바 자율무기체계Autonomous Weapon System: AWS를 개발하는 데 필요한 기술역량의 확보는 전쟁수행뿐만 아니라 민간 영역의 경쟁력에도 필요한 미래 국력의 핵심으로 이해되고 있다. 이러한 경쟁의 과정에서 전쟁수행 주체로서 국가의 성격이 변화하는 것은 물론이고, 국가 이외 민간 행위자의 역할이 증대되고 있으며, 근대 국제질서의 전제가 되었던 관념과 규범 및 정체성마저도 변화할 조짐을 보이고 있다.

이러한 과정을 기술발달이 전반적인 변화를 주도하는 '기술결정론'의 시각에서만 봐서는 안 된다. 그렇다고 군사혁신의 과정에서 기성 조직과 제도의 역할을 강조하는 이른바 '사회구성론'의 시각으로만 흐를 수도 없다. 이 책은 해묵은 '기술결정론'과 '사회구성론'의 구도를 넘어서, 무기체계와 군사작전 및 전쟁양식의 '구성적 변환'에 주목한다. 그리고 그 와중에 진화하는 미래전의 양상과 국제정치의 변환에 주목한다. 이 책에서 '진화evolution'나 '변환transformation'이라는 말과 함께 '신흥emergence'이라는 용어를 굳이 책의 제목에 담은 것은 바로 이러한 인식을 반영하고 싶어서였다.

이러한 문제의식을 바탕으로 서울대학교 국제문제연구소는 2019년부터 육군본부의 후원으로 '미래전연구센터'를 설립하여 '미래전 연구 세미나: 교육-연구-교류 복합 프로그램'을 운영하고 있다. 이 프로그램은 기존의 통상적인 강의 형식이 아니라, 담당 교수와 수강생이 함께 능동적으로 참여하는 새로운 모델을 지향한다. 수강생들은 기술안보, 군사안보, 외교안보, 안보사상, 안보이론, 안보역사, 방위산업, 정부제도, 지역안보 등의 세부 주제를 중심으로 개인별 또는 팀별 연구를 진행하고, 그 연구결과를 자체 발표회, 공개 컨퍼런스, 국내외 학회 발표, 편집본 챕터와 학술저널 논문의 출판 등과 같은 다양한 경로를 통해서 대내외적으로 발표하기 위한 지적 훈련을 받는다.

이 책에 실린 연구들은 '미래전 연구 세미나'의 자매 프로그램으로 진행된 전문가 연구 프로젝트의 결과물이다. 국내외 학계에 미래전 연구와 관련된 기초기반이 제대로 형성되어 있지 않은 현실에서 향후 미래전 연구의 기본 방향을 설정하는 동시에 세미나 프로그램에 참여한 수강생들에게 '읽을거리'를 마련해 주자는 취지로 '미래전의 진화와 국제정치의 변환'을 탐구하는 연구 프로젝트를 급히 구성했다. '4차 산업혁명'과 '군사안보'라는 제목을 내걸었지만, 기술공학이나 군사전략 연구의 발상을 넘어서 수행된, 포괄적인 안보 연구와 국제정치 연구의 관점을 담았다. 주로 군 조직에 몸담고 있는 수강생들의 시야와 안목을 넓히려는 취지가 그 밑바탕에 깔려 있음은 물론이다.

이 책의 연구가 진행되는 과정에서 다양한 교류 프로그램도 연동되었다.

2019년 3~6월에 네 차례에서 걸쳐서 진행된 중간연구 발표회는 수강생들도 참여하여 토론을 벌이는 집담회의 형식을 취했다. 2019년 4월 27일에 열린 정보세계정치학회 춘계대회에서는 "4차 산업혁명 시대의 미래전, 무엇이 쟁점인가?"라는 제목을 내걸고 라운드테이블을 개최했으며, 2019년 8월 21일에는 "4차 산업혁명 시대의 미래전과 세계정치 연구: 무엇을 어떻게 할 것인가?"라는 주제로 라운드테이블을 개최했다. 특히 이 책에 실린 각 장 원고의 최종버전은 2019년 10월 25일 한국국제정치학회와 정보세계정치학회가 공동으로 개최한 추계학술대회에서 3개의 패널을 구성하여 발표되고 전문가와 학계, 대중의 피드백을 받았다.

이렇게 해서 세상에 나온 이 책은 크게 세 부분으로 구성되어 있다. 제1부 「4차 산업혁명과 무기체계 및 전쟁양식의 변환」은 자율무기체계의 발전이 야기하는 미래전의 부상을 무기체계 및 전쟁양식의 변환, 그리고 더 나아가 국제정치의 변환의 맥락에서 살펴본 네 편의 논문을 담았다. 무기체계 발전 자체에 대한 논의뿐만 아니라 새로운 전쟁양식으로서 사이버전과 사이버심리전의 부상에 대한 논의를 담았다.

제1장 "미래전의 진화와 국제정치의 변환: 자율무기체계의 복합지정학"(김상배)은 인공지능과 로봇 등의 기술혁신을 바탕으로 한 자율무기체계Autonomous Weapon Systems: AWS의 도입이 미래전의 진화와 국제정치의 변환에 미치는 영향을 '복합지정학Complex Geopolitics'의 시각에서 살펴보았다. 오늘날 기술발달은 무기체계와 군사작전의 개념을 변화시키고 있으며, 육·해·공의 전통 전투공간이 우주 및 사이버 공간으로 확대되는 데도 영향을 미치고 있다. 게다가 자율무기체계의 발달은, 아직은 '먼 미래'의 일이겠지만, 인간이 아닌 '비인간non-human 행위자'로서 로봇이 벌이는 전쟁마저도 전망케 한다. 자율무기체계가 미래전의 승패를 가를 전략적 권력자원으로 인식되면서 이를 둘러싼 강대국들의 '지정학적' 경쟁이 거세지고 있다. 그러나 기존의 재래식 무기나 핵무기의 경우와는 달리, 자율무기체계 경쟁은 그 특성상 전통적인 지정학의 시야를 넘어서 이

해할 필요가 있다. 인공지능이나 로봇 등의 기술혁신은 민간 부문에서 주도하는 성격이 강할 뿐만 아니라 그 적용과 활용의 과정도 지리적 경계를 넘어서는 '비非지정학적' 차원에서 이루어지는 경우가 많다. 이러한 과정에서 인공지능을 탑재한 로봇의 살상무기화를 경계하는 '안보화' 담론의 출현은 '비판지정학'의 시각에서 이해할 수 있는 대표적인 현상이다. 게다가 자율무기체계의 작동 자체가 점점 더 '탈脫지정학적' 공간으로서 사이버·우주 복합공간을 배경으로 진행되고 있음에 주목해야 한다. 이러한 과정에서 인간이 아닌 기계가 주도하는 '포스트휴먼Post-human' 세계정치에 대한 논의도 출현하고 있다.

제2장 "4차 산업혁명과 군사무기체계의 발전"(이중구)은 4차 산업혁명이 가져올 변화를 재래식만이 아니라 전략무기, 우주무기 분야에 이르는 새로운 무기체계의 발전이라는 맥락에서 분석한다. 우선, 재래식 무기의 발전 추세는 미래보병체계, 무인무기체계의 등장으로 대변되고 있다. 보병 분야에까지 네트워크 중심전의 개념을 확장하는 과정에서 사물인터넷IoT과 다양한 로봇 등 4차 산업혁명 시대의 기술이 미국 등의 미래보병체계 개발에 적용되고 있다. 또한 각국은 지뢰·기뢰 제거에서 정찰·순찰은 물론, 요인 사살에 이르는 다양한 임무를 수행하는 무인무기체계를 도입해 왔다. 특히 미래전의 핵심인 드론에 대해서는 미, 중, 러 모두 드론 전력의 확대 계획을 추진하고 있다. 또한 전략무기 역시 4차 산업혁명의 영향으로 운반수단과 탄/탄두의 스펙트럼이 다양해질 전망이다. 전략폭격기, 탄도미사일, 전략잠수함이라는 과거의 전략무기에 더해, 무인스텔스기, 극초음미사일, 인공지능 순항미사일이 새로운 전략무기로 등장할 것이다. 또한 EMP, HEP 등 전자기파를 활용한 탄두와 탄의 역할도 확대될 전망이다. 아울러 5차원 전쟁으로서 미래전의 성격이 뚜렷해짐에 따라 우주공격무기 발전이 추진되고 있다. 미국, 중국, 러시아, 인도가 대위성무기를 개발해 왔으며, 최근에는 미국도 우주작전능력을 갖추기 위해 우주군을 창설했다. 우주무기체계는 종래에는 정찰과 통신 등 지원기능에 집중해 왔지만, 향후에는 센서와 요격 임무를 갖는 방향으로 그 역할이 확대되어 갈 것이다. 이처럼

4차 산업혁명은 미래전 개념, 주요국 간의 경쟁과 맞물려 무기체계의 발전을 낳고 있다. 재래식 분야에서 4차 산업혁명의 기술과 미래전 개념은 서로를 강화시키며 무기체계의 발전으로 이어지고 있고, 상대적으로 가시적 변화가 느렸던 전략무기와 우주무기의 영역에서는 주요국들이 4차 산업혁명의 기술을 경쟁적으로 적용하면서 본격적 변화를 예고하고 있다.

제3장 "4차 산업혁명과 사이버전의 진화"(윤정현)는 4차 산업혁명의 고도화로 사이버공간이 확장되면서 각국이 사이버 군사력과 정보력을 강화하기 위한 치열한 경쟁을 벌이고 있는 현실에 주목한다. 최근의 사이버안보는 첨단 정보시스템 및 국가핵심기반시설의 안전과도 밀접히 연결되어 있으며 국가안보적 사안으로 변모 중이다. 지금까지 사이버공간의 특수성을 강조해 온 기존 연구들은 적절한 억지와 보복, 예방의 전략 수립이 불가능하다는 데 초점을 맞춰왔다. 적절한 사이버전쟁 양식과 규범을 만들기 위해 끝없는 안보담론이 촉발되었던 것도 이러한 이유 때문이라고 본다. 즉, 사이버안보의 핵심은 '공·수 능력의 비대칭성'에 근거하고 있으며 이는 사이버전의 진화 속에서도 변치 않는 가정이었다. 그러나 최근 부상하고 있는 인공지능과 블록체인의 등장은 사이버보안에의 광범위한 적용 가능성 및 혁신적 개념에 근간한 기술적 특징에 따라 사이버안보의 난제를 해소해 줄 잠재적 동인으로 주목받고 있다. 인공지능의 경우, 방대한 데이터 분석력을 무기로 이미 사이버공간에 폭넓게 도입 중이며 사이버 공격과 방어의 형태를 더욱 정교화시키는 기제가 될 것으로 전망된다. 탈중앙형 모델인 블록체인 역시 사이버공간에서 데이터의 조작과 오용을 막을 수 있는 핵심적 역할을 할 것으로 기대를 모으고 있다. 제3장은 이들 인공지능과 블록체인 기술이 갖는 기능적 특징을 넘어, 각 기술 시스템이 내포하고 있는 보안 개념과 행위자 간의 협력 방식에 주목한다. 이들은 공격과 방어 측면에서 사이버공간이 가진 비대칭적 구도를 변화시킬 뿐만 아니라 4차 산업혁명 시대의 사이버전 양상을 진화시킬 잠재적 동인이 될 것으로 전망된다.

제4장 "사이버심리전의 프로파간다 전술과 권위주의 레짐의 샤프파워: 러시

아의 심리전과 서구 민주주의의 대응"(송태은)은 사이버전과 기존의 심리전이 만나는 영역에서 최근 소셜미디어의 활성화와 이를 매개로 한 가짜뉴스 확산을 통해서 주목을 받고 있는 사이버심리전의 부상을 분석했다. 특히 제4장이 주목한 사례는 서구 민주주의 국가들을 상대로 하여 감행되고 있는 러시아의 사이버심리전이다. 최근 미국과 서구의 국내 선거에 대한 소셜미디어를 통한 러시아발 가짜뉴스의 공격은 이들 국가의 국내 여론을 왜곡하고 사회 분열을 부추기며 민주주의 제도의 정상적인 기능을 방해하는 결과를 야기했다. 디지털시대의 사이버심리전은 권위주의 국가들이 소프트파워soft power의 발휘를 목적으로 하는 공공외교에 총체적으로 실패하면서 이들 국가가 새롭게 추구하게 된 국가 전술이다. 러시아 정부가 수행한 사이버심리전 전술은 설득이론의 고도화된 설득전략을 이용해 정교하게 만들어졌으며 인공지능 알고리즘의 다양한 정보확산기술을 사용하고 있다. 한편, 이러한 권위주의 레짐발發 샤프파워sharp power 공격에 취약한 서구 민주주의의 특성, 예를 들어 온라인 공론장의 분열과 사회적 갈등을 감안할 때, 서구 민주주의 국가들은 메시지의 신용성과 정당성이 핵심인 서방의 전략커뮤니케이션에 근거한 사이버 반격 전략을 단순히 기술적인 차원에서 마련하기 힘든 전술적 고민에 놓여 있다.

제2부 「미중 미래전 경쟁과 국민국가의 변환」은 기술혁신을 바탕으로 한 미래전의 부상이라는 시대적 변화에 대응하는 국가행위자들의 대응전략과 그러한 과정에서 발생하는 국가행위자의 성격 변화 및 전쟁수행 주체의 변화를 다루었다. 특히 미래 글로벌 패권을 놓고 벌이는 미국과 중국의 군사혁신 경쟁의 양상을 살펴보았으며, 기존의 전쟁수행 주체로서의 국가행위자의 역량과 권위에 도전하는 비국가행위자들의 부상을 살펴보았다.

제5장 "군사혁신의 구조적 맥락: 미중 군사혁신 경쟁 분석과 전망"(설인효)은 군사 분야 전반에 걸쳐 혁신적 변화가 발생하고 그 결과 군사력의 효과성이 극적으로 신장되는 현상인 군사혁신에서부터 논의를 시작한다. 군사혁신은 세력균형을 일시에 변화시킬 잠재성을 지니고 있는 중요한 국제정치 현상으로 당

대의 안보·군사 지형의 구조적 맥락 속에서 발생되고 추진된다. 중국의 부상으로 미국 중심 단극질서는 구조적 변화를 겪고 있다. 이는 중국의 경제성장의 결과일 뿐 아니라 미국만이 보유하고 있던 군사혁신이 중국에 전파된 결과였다. 이를 인식한 미국은 새로운 기술적 우위를 창출하기 위한 본격적 국방개혁 프로그램으로서 제3차 상쇄전략을 추진하고 있다. 미국과 같은 선진국이 후발국가에 의해 도전받을 때 수적 우위를 둘러싼 경쟁을 시도하는 것은 불리하다. 후발국가는 저렴한 생산비용으로 대량생산에 유리하기 때문이다. 미국과 같은 선진국은 신기술에 입각한 새로운 질적 우위, 즉 군사혁신을 추진해야 한다. 미국은 현재 4차 산업혁명이 제공하는 새로운 기술의 군사적 잠재성을 활용하여 또 다른 군사혁신을 수행하고자 한다. 이와 같은 노력은 미국과 중국 사이의 가상적 군사충돌하의 전장공간 속에서 요구되는 군사적 능력을 창출하기 위한 방식으로 이루어질 것이다. 중국의 '반접근/지역거부 전략A2/AD'과 미국의 '국제공역에서의 접근과 기동을 위한 합동개념JAM-GC'이 충돌하는 전장 공간 속에서 군사적 승리를 보장하기 위한 새로운 군사역량을 창출하려는 국방개혁 노력인 것이다. 4차 산업혁명의 대표적인 신기술이 이러한 군사역량 창출에 기여하게 될 방향은 뚜렷해 보인다. 전쟁 양측이 모두 네트워크 중심전 시행이 가능한 전장공간에서 양자는 모두 최소 지점의 타격을 통해 상대를 마비시키는 군사전략을 추구하고, 이러한 상황에서 군사적 우위를 확보하기 위해서는 전쟁수행의 신경망이라 할 수 있는 지휘통제체제를 다변화해야 한다. 이를 위해서는 인간의 인지 및 판단을 넘어서는 대단위 정보의 실시간에 가까운 처리가 필요하며 이는 인공지능에 의해 수행되어야 하기 때문이다.

제6장 "4차 산업혁명 시대 중국의 군사혁신: 군사지능화 전략과 군민융합(CMI)의 강화"(차정미)는 중국군을 세계 일류 강군으로 만들겠다는 강군몽強軍夢에서부터 논의를 시작한다. 강군몽은 중국 건국 100주년인 2049년까지 중화민족의 위대한 부흥을 이뤄내겠다는 중국몽中國夢의 핵심요소이다. 4차 산업혁명 시대에 전쟁은 점점 더 하이브리드화하면서 전쟁과 평화, 군인과 비군인 간의

경계가 모호해지고 있다. 이러한 맥락에서 볼 때, 중국 강군몽을 실현할 핵심 동력은 급속히 발전하고 있는 민군양용民軍兩用의 첨단기술력이라고 할 수 있다. 19차 당대회에서 시진핑習近平 주석이 군사지능화의 가속화와 정보통신체계에 기반한 전투력의 제고를 강조한 바와 같이 중국 강군몽은 군사지능화軍事智能化를 핵심 담론으로 하고 있다. 그리고 5G, 인공지능, 양자컴퓨터, 드론 등 4차 산업혁명 시대 핵심 분야에서 중국 기술력이 급속히 부상하는 상황은 지능화·정보화·자동화·무인화라는 군사혁신을 추구하면서 세계 일류 강군을 꿈꾸는 중국에게 기회의 환경을 제공하고 있다. 제6장은 미중 군사력 경쟁에서 중국의 군사전략이 비전통적 첨단 군사기술을 강화하는 비대칭 균형asymmetric balancing의 추구로 전통적 군사력의 열세를 상쇄하고자 한다는 점에 주목한다. 전통적 군사력 측면에서 미국에 열세인 중국의 군사전략은 전통적·전면적 군사력 추격 전략이라기보다는 5G, AI 로봇, 드론, 우주, 사물인터넷 등 4차 산업혁명 시대 미래 핵심기술을 활용한 상쇄전략을 핵심으로 한다. 이러한 차원에서 이 장은 중국의 군사지능화를 핵심으로 한 군사기술혁신 인식과 전략, 군사기술혁신 추진체계의 변화, 특히 군민 기술협력을 핵심으로 하는 군민융합체계Civil-Military Integration: CMI를 분석하고, 국영 방위산업체들을 중심으로 중국 군사기술혁신의 구체적인 내용과 민군협력의 양상을 구체적으로 고찰한다. 이러한 분석을 바탕으로 중국의 군사지능화 전략이 한편으로는 군사력 강화의 기반이면서 한편으로는 핵심기술 기반의 경제성장 전략이라는 이중목적dual-purpose 전략이라는 점에서 향후 중국의 군사지능화 전략과 군민융합정책은 더욱 가속화할 것이고, 4차 산업혁명 시대 미중 군사력 경쟁은 첨단기술을 중심으로 새로운 군비경쟁의 양상이 강화될 것으로 전망한다.

제7장 "군사국가의 변환: 안보사영화, 전장무인화와 국가"(이장욱)는 20세기 말과 21세기 초의 과학기술은 그 어느 때보다도 발전된 모습을 보였으며, 기존에는 불가능한 것으로 여겨졌던 것들이 기술에 의해 극복되고 있는 현실에 주목한다. 기술낙관론 혹은 기술주도적 시각에서 보면 혁신적 기술이 군사적 우

위를 유지하는 데 도움이 된다면 큰 문제 없이 군사 부문에 적용되고 그 경향은 급속하게 확대된다고 생각할 수 있다. 하지만 새로운 군사기술이 반드시 연착륙의 과정을 거쳐 도입되는 것은 아니며 때로는 기술이 있음에도 불구하고 혁신이 이루어지지 않는 경우도 있다. 이에 제7장은 군사혁신의 추진을 좌우하는 주요 요인으로 국가라는 변수의 중요성을 다시 생각하자고 제안한다. 혁신은 이를 추진하는 주체(조직)에게 변화를 요구한다. 이러한 변화는 때로는 조직 내 엘리트의 이익에 반하는 것으로 여겨져 매우 강력한 저항을 발생시킬 수도 있다. 제7장은 4차 산업혁명과 군사혁신에 있어 국가가 미치는 영향을 살펴봄으로써 4차 산업혁명 시대의 군사혁신 추진을 위해 고려해야 할 사항들을 검토하는 데 주안점이 있다. 이를 위해 제7장은 4차 산업혁명과 관련한 2개의 군사혁신 추진 사례를 검토했다. 그 하나는 군의 기능을 민간 기업에서 대행하는 안보사영화이고 다른 하나는 무인병기를 활용하는 전장무인화이다. 이러한 두 가지 군사혁신과 국가의 관계는 이를 추진했던 국가의 사례, 즉 안보사영화의 경우는 미국, 크로아티아, 보스니아, 사우디아라비아, 앙골라, 시에라리온, 파푸아뉴기니 등의 사례, 그리고 전장무인화의 경우는 미국, 한국의 사례를 통해 검토했다. 이들 사례연구를 통해 제7장은 국가(혹은 군 조직)가 해당 군사기술을 바라보는 시각이 안보사영화와 전장무인화 도입 및 추진에 큰 영향을 미쳤음을 발견했다. 일부 사례에서 군 엘리트의 이익에 반한다고 판단할 경우, 혁신의 추진이 중단되거나 기피되는 현상도 나타났다. 사례연구를 통해 나타난 정책적 함의를 바탕으로 제7장은 국가의 결정이 4차 산업혁명 시대의 군사혁신 추진에도 중대한 영향을 미치는바, 보다 원활한 군사혁신의 추진을 도모하기 위해 기술획득 이외에도 혁신을 원활하게 추진하기 위한 조직 및 제도적 노력이 중요함을 제언한다. 군 내부로부터의 혁신을 촉진하기 위한 군 조직 문화를 정비하는 한편, 기술발전 속도 변화, 국제정세 그리고 거버넌스 약화 등 차기 국방개혁을 추진함에 있어 직면할 수 있는 제약요인의 극복 방안을 마련하는 것이 필요하다는 것이다.

제8장 "신흥 군사안보와 비국가행위자의 부상: 테러집단, 해커, 국제범죄 네트워크 등"(윤민우)은 폭력의 민주화와 비국가행위자의 부상이 범죄와 테러, 그리고 전쟁 등과 같은 여러 다른 수준의 폭력들을 전일적으로 통합시키고 있음에 주목한다. 비국가행위자의 폭력적 능력의 증대와 관련하여 국가행위자의 법집행적·군사안보적 폭력 독점은 이완 현상을 보인다. 이와 같은 변화는 국가행위자로 하여금 기존의 전통적 대응방식으로부터 어떤 전략적 변환을 모색하도록 만든다. 국가폭력의 대내적 수단인 법집행과 대외적 수단인 군사안보 양 부문 모두에서의 어떤 근본적 전략의 조정이 요구된다. 제8장은 신흥 군사안보와 관련하여 비국가행위자의 부상과 폭력의 민주화 현상 등과 관련된 여러 제기되는 의문과 쟁점들에 대한 대답을 제안하려고 시도한다. 이를 위해 제8장은 새로운 미래전의 양상과 주요 전쟁 주체로서의 비국가행위자들의 특성과 의미를 살펴보고, 보다 더 불확실해지는 시대에 평범한 개인들 또는 국가의 구성원들의 안보를 증진시키기 위한 새로운 안보의 프레임과 전쟁전략의 필요성을 제안하고 그와 관련된 몇 가지 사항들을 지적했다. 이를 위해 제8장은 먼저 비국가 폭력행위자들의 정체identity와 특성에 대해 서술했으며, 이어서 그와 같은 폭력사용자들의 역사적 배경과 의미, 그리고 최근 역사 발전에서의 맥락에 대해 살펴보았다. 또한 이러한 비국가 폭력사용자들이 오늘날 실제로 폭력을 사용하는 사례들을 살펴봄으로써 이러한 사례들이 갖는 군사전략적 의미에 대해 논의했다. 마지막으로, 이러한 비국가 폭력사용자들의 부상과 기존 국가행위자들의 전략 변화를 함께 살펴봄으로써 미래전쟁의 전략 방향을 제안했다.

제3부 「미래전 국제규범과 세계질서의 변환」은 유엔과 같은 국제기구나 시민사회 운동의 차원에서 제기되고 있는 첨단무기체계와 관련된 국제규범과 윤리를 다룬 글들을 담았다. 아울러 기술발달로 인해 발생하고 있는 국가주권 및 국민 정체성의 변화와 더 나아가 이른바 포스트휴먼시대를 맞이하여 논란이 되고 있는 비인간 행위자로서의 기계의 권리(특히 시민권) 부여 문제 등을 다루

는 글을 실었다.

제9장 "유엔 정부전문가그룹(GGE)과 신흥 군사안보의 규범경쟁: 우주군비 통제, 사이버안보, 자율무기체계 유엔 GGE와 중견국 규범외교의 가능성"(최정훈)은 빠르게 발전하는 기술이 전통적인 군사안보와 결합하면서, 우주, 사이버안보, 자율무기체계 등 이른바 신흥 군사안보 이슈의 중요성이 증대되고 있음에 주목한다. 이에 따라 이들 이슈를 둘러싼 안보규범 경쟁도 점차 가열되고 있다는 것이다. 자신의 군사력을 정당화하고 상대는 규제하고자 하는 전통적인 안보규범의 경쟁과 더불어 이러한 신흥 군사안보 규범경쟁에서는 자신이 선호하는 거버넌스 프레임을 널리 퍼뜨려 기술의 발전 방향을 자신에게 유리한 구도 내에서 관리하고자 하는 모습이 함께 나타나고 있다. 제9장은 이처럼 복잡하게 나타나는 안보규범경쟁 중에서도 특히 유엔 정부전문가그룹Group of Governmental Experts: GGE의 무대 위에서 벌어지고 있는 규범 논의에 분석의 초점을 맞추었다. 우주, 사이버안보, 자율무기체계라는 세 영역에서 각각 진행되고 있는 GGE 프로세스는, 세 영역 모두에서 주도권을 유지하고 있는 미국의 실무적*de facto* 프레임과 국가주권의 논리를 통해 미국을 견제하려는 중국·러시아의 법적*de jure* 프레임의 대립이 드러나고 있다. 이처럼 GGE는 상이한 프레임 사이에서 발생하는 공백을 노출시키는 한편, 최소한의 합의점을 도출하기도 한다. 그리고 이는 규범의 기획자로 나서고자 하는 행위자들에게 강대국들을 만족시킬 수 있는 새로운 규범을 제시하는 기반을 제공하고 있다. 실제 군사력과 기술에 있어 강대국만 한 영향력을 확보할 수 없는 중견국에게 이러한 GGE의 특징은 신흥 군사안보 규범외교의 가능성을 제시한다.

제10장 "'킬러로봇' 규범을 둘러싼 국제적 갈등: 국제규범 창설자 vs. 국제규범 반대자"(장기영)는 다수의 국제정치 행위자들이 인간의 통제를 벗어난 무기체계의 도입을 우려하는 상황에도 불구하고 킬러로봇과 같은 자율무기체계 개발을 금지하는 규범이 왜 국제사회에서 확립되지 못하는지 그 원인에 대해 분석한다. 현재 킬러로봇에 대한 국제규범은 '규범생애주기norm life cycle'의 첫 번

째 단계인 '규범출현' 단계에 있다. 규범출현 단계에서 규범창설자들이 일정 수의 국가들을 설득해서 임계점tipping point을 넘게 되면 킬러로봇 규범은 전 지구적 규범으로 발전될 수 있지만 반대로 임계점에 도달하지 않으면 관련 규범은 더 이상 전 세계 국가지도자들의 관심을 얻지 못한 채 '잃어버린 대의lost cause'로 전락할 수 있다. 이러한 맥락에서 제10장은 킬러로봇 국제규범을 정착시키려는 '규범창설자norm entrepreneurs'와 로봇기술의 발전을 도모하고자 하는 '규범반대자norm antipreneurs' 사이의 규범적 갈등을 바탕으로 향후 관련 규범의 미래에 대하여 전망했다.

제11장 "4차 산업혁명 시대 데이터 안보와 국가주권: 한국과 일본의 개인식별번호 체제 비교"(이원경)는 사회경제 활동의 많은 부분이 디지털화되고, 이를 기반으로 한 데이터의 저장 및 처리 비용이 감소한 요즘, 선진국들을 중심으로 데이터를 전략적 자산으로 인식하고 대량의 데이터big data 확보와 관련 기술을 개발하려는 움직임이 가시화되고 있다고 주장한다. 빅데이터는 정보의 종류와 내용이 혼재된 거대한 덩어리로, 그 잠재력을 발현시키기 위해서는 개인과 데이터를 엮어낼 수 있는 신뢰할 수 있는 '끈', 즉 흔히 번호의 형태로 나타나는, 이용자 개인을 온라인 및 오프라인상에서 식별Identification할 수 있고, 이용자 입장에서는 '내가 나라는 것'을 인증Authentication할 수 있는 수단이 필요하다. 이러한 인식을 바탕으로 제11장은 한국의 주민등록번호와 일본의 마이넘버라는 개인식별번호 체제에 대한 비교를 중심으로, 중국 종법으로부터 영향을 받은 호적제도가 존재했던 국가라는 공통점을 가진 한국과 일본 정부가 2~3차 산업혁명기 서로 다른 거버넌스를 채택한 배경은 무엇이며 4차 산업혁명기에는 각각 어떻게 변화해 나갈 조짐을 보이고 있는지에 대해 논한다. 한국의 경우, 주민등록번호의 활용을 통해 사이버공간에서의 행정 편의성을 누릴 수 있었으나 단일 식별번호의 보안 취약성 등으로 인해 분산적 관리를 추진하는 방식으로 변화해 나가고 있다. 일본의 경우, 3차 산업혁명기까지 개인정보가 지나치게 분산되는 방식으로 관리되어 행정편의성이 저해되고 사이버공간에서의 데이

터 활용이 지연되었다는 반성을 기반으로, 마이넘버의 적극적인 도입을 통해 공공영역에서의 정보 연동을 강화하고 있다. 이와 같이 한국과 일본 양국은 개인식별번호와 국민 데이터의 운용에 있어서 유사한 도전에 직면해 온바, 4차 산업혁명기에 들어와서도 여전히 불안정한 정보화 환경 속에서 개인식별번호 체제가 본연의 목적으로 사용되었는지 서로를 반면교사로 삼는 동시에, 이를 기반으로 자국 국민의 정보를 보호하고 사이버정책을 수립하는 데 참고할 수 있을 것으로 기대된다.

제12장 "포스트휴먼시대의 국가주권과 시민권의 문제: 이종 결합과의 열린 공존을 위하여"(조은정)는 초지능과 초연결의 등장으로 '인간-사물'의 결합처럼 이종異種 간의 결합이 점점 더 심화됨에 따라 전통적 국가주권과 시민권 개념은 또다시 큰 변화를 감수해야 할 것이라고 주장한다. 주류 연구는 전쟁을 통해 끊임없이 존재의 목적을 환기시켜 온 근대국가체제가 미래에도 기술혁신의 군사적 적용을 통해 그 패러다임을 반복·강화해 갈 가능성이 높다는 것이다. 또한 많은 연구에서 빅데이터의 기계학습을 반복하는 인공지능은 기존의 질서를 충실하게 답습함으로써 새로운 인식론적 전환이나 질서의 변환은 미미한 수준에 머무를 것으로 예상한다. 그러나 제12장은 낮은 가능성이라고 하지만 포스트휴먼시대 기존 질서를 전제로 하지 않는 완전히 다른 국제질서 패러다임이 구축될 가능성에 주목한다. 암호화폐의 등장으로 국가의 독점적 화폐 주조권seigniorage과 영토주권에 대한 신화가 깨지고 있다. 블록체인 기술로 중앙통제 시스템이 무의미해지면 무정부성anarchy이 자연스럽게 발현될 것으로도 예측된다. 또한 '혼종'과 '변종'이 보편적인 포스트휴먼시대를 맞아 동질적 집단 정체성을 바탕으로 한 단일민족국가의 '이상적 국민상'이 도전을 받고 있다. 정부의 고도화된 감시 및 통제 기술에 대한 시민들의 저항 또한 미래 근대국가의 운명을 낙관하기 어렵게 하고 있다. 2019년 홍콩 시위에서 보듯이 국가가 막대한 비용과 노력을 들여 설치한 첨단 감시기술이 검은색 마스크와 검은색 모자와 같은 '하찮은' 아날로그적 발상과 장치로 무용화되었다. 포스트휴먼시대에 대

한 엇갈리는 전망에도 한 가지 분명한 사실은 유례없이 심화된 수준의 이종과의 동맹에 대한 태도가 미래를 결정하게 될 것이라는 점이다. 이러한 점에서 제12장은 「발렌스백시의 로봇과 인간 시민의 공존을 위한 헌장」, 「아이작 아시모프의 로봇 윤리」, 「로봇윤리헌장 초안」과 같은 앞선 사유로부터 포스트휴먼시대 인간과 비인간 사이의 평화로운 공존법의 모색이 필요하다고 주장한다.

이 책이 나오기까지 많은 분들의 도움을 얻었다. 특히 이 책의 작업에 공동저자로 참여한 열한 분의 필자들께 각별한 감사의 마음을 전하고 싶다. 기존 연구가 많지 않은 척박한 환경을 고려할 때 필자들의 학술적 열정과 의지가 없었다면 이 책은 세상에 나오기 어려웠을 것이다. '미래전 연구'는 연구진의 외연을 확대하고 그 내용을 풍부히 하면서 앞으로도 계속 진행될 것이다. 이미 미래전연구센터는 '4차 산업혁명 시대의 첨단 방위산업'과 '디지털 안보의 세계정치와 국가전략'에 대한 연구를 기획하여 진행하고 있다. 이들 연구의 결과물은 모두 서울대학교 미래전연구센터 홈페이지(http://www.futurewarfare.re.kr)에 워킹페이퍼로 탑재될 것이며, 미래전연구센터의 총서 시리즈로 출판될 것이다.

미래전연구센터가 출범하고 세미나 프로그램과 연동된 연구 프로젝트의 결과물인 이 책이 나오기까지 육군 관계자 여러분들의 헌신적 지원은 천군만마의 큰 힘이 되었다(존칭 생략). 김용우 전 육군참모총장과 서욱 육군참모총장, 육군본부의 최인수 전 정책기획실장, 정진팔 정책실장, 어창준 전 정책기획과장, 양윤철 정책과장, 함선호 중령, 박준홍 중령, 서울대학교 미래전연구센터 객원연구원으로 파견되었던 김석 대령, 문승범 대령, 김광수 대령께 감사의 마음을 전한다. 미래전연구센터가 출범하는 과정에서 중요한 산파의 역할을 해주신 한미동맹재단의 신경수 위원께는 특별한 감사를 드린다. 또한 이 연구 프로젝트가 시작되어 진행하는 데 한화디펜스의 문상균 전무, 한화의 배기준 차장, 김종호 차장께서도 많은 도움을 주셨다.

이 책의 연구가 진행되는 동안 개최된 중간연구 발표회와 라운드테이블, 국제정치학회/정보세계정치학회 등에서 많은 분들이 사회자와 토론자(직함과 존칭 생략, 가나다순)로 참여해 주셨다. 김순수(육사), 민병원(이화여대), 박보라(국가안보전략연구원), 설인효(국방연구원), 성기은(육사), 손한별(국방대학교), 신성호(서울대), 양종민(서울대), 엄진욱(육군본부), 오일석(국가안보전략연구원), 유준구(국립외교원), 유지연(상명대), 이동민(단국대), 이만종(호원대), 이병구(국방대), 이상현(세종연구소), 임종인(고려대), 정춘일(한국전략문제연구소), 조동준(서울대), 조한승(단국대), 조현석(서울과기대), 차원준(육군본부), 최우선(국립외교원), 하영선(동아시아연구원), 홍규덕(숙명여대), 황지환(서울시립대). 이 외에도 못다 기억하는 많은 분들께 감사의 말씀을 전한다.

이 밖에 미래전연구센터 프로그램의 총괄을 맡아준 양종민 박사와 최정훈 조교를 비롯한 미래전 연구 세미나 프로그램의 조교들(김엘림, 김지이, 김지훈, 랑미화, 변성호, 손상용, 신승휴, 안성태, 이민서, 정미나, 정연두)의 도움도 고맙다. 또한 서울대학교 국제문제연구소의 안태현 박사와 표광민 박사, 그리고 하가영 주임께도 감사한다. 이 책의 작업이 진행되는 동안 아직은 넉넉지 못했던 미래전연구센터의 살림을 보완하는데, 한국연구재단의 한국사회기반연구사업 Social Science Korea(일명 SSK)의 지원이 있었음도 밝혀둔다. 끝으로 출판을 맡아주신 한울엠플러스(주) 관계자들께도 감사의 말씀을 전한다.

2020년 2월 22일

서울대학교 미래전연구센터장

김상배

제1부

# 4차 산업혁명과 무기체계 및 전쟁양식의 변환

# 1 미래전의 진화와 국제정치의 변환

## 자율무기체계의 복합지정학*

김상배 | 서울대학교

## 1. 머리말

최근 인공지능, 로봇, 소셜미디어, 블록체인, 클라우드 컴퓨팅, 빅데이터, 사물인터넷, 3D 프린팅 등과 같은 정보통신기술의 발달이 사회 각 분야에 미치는 영향에 대한 논의가 한창이다. 정보통신기술의 발달은 오래전부터 군사 분야에도 큰 영향을 미쳐서 무기체계뿐만 아니라 군사작전의 개념을 변화시켜 왔는데, 최근에는 그 영향의 정도와 속도가 확대되면서 새로운 전쟁양식, 즉 '미래전'으로의 진화를 가속화시킬 것으로 예견된다. 가장 비근하게는 정보화 시대의 초기인 1990년대와 2000년대에 정보통신기술의 발달은 RMA Revolution in Military Affairs와 군사변환 Military Transformation을 논하게 했으며, 군사작전과 작전운용에 대한 새로운 개념을 출현시켰다. 이러한 연속선상에서 보았을 때, 오늘날 이른

* 이 글은 서울대학교 국제문제연구소 미래전연구센터에서 지원한 "4차 산업혁명과 신흥군사안보: 미래전의 진화와 국제정치의 변환" 프로젝트의 총론으로 집필되었으며, 진행과정에서 연구내용을 학계에 홍보하기 위해서 ≪국방연구≫, 62(3)(2019), 93~118쪽에 실린 바 있음을 밝힌다.

바 4차 산업혁명 시대를 맞이하여 이루어지는 기술혁신은 군사 분야에 어떠한 영향을 미치고 있을까?

초기 정보화가 인간의 정보능력을 확장시켜 네트워크 지휘통제를 가능케 하는 작전 개념을 이끌어냈다면, 4차 산업혁명은 새로운 데이터 환경에서 인공지능과 로봇을 활용한, 이른바 '사이버-키네틱전cyber-kinetic warfare'의 출현을 예견케 한다. 이러한 변화는 무기체계와 군사작전의 개념을 크게 바꿀 가능성이 있으며, 육·해·공의 전통 전투공간이 우주 및 사이버 공간으로 확대되는 양상을 촉발시키고 있다. 게다가 아직은 '먼 미래'의 일이겠지만, 4차 산업혁명의 진전은 새로운 군사안보 패러다임의 부상뿐만 아니라 인간이 아닌 로봇들이 벌이는 전쟁의 가능성도 거론케 한다. 이러한 과정에서 인공지능과 로봇으로 대변되는 자율무기체계Autonomous Weapon Systems: AWS의 발달은 핵심 변수이다.

주로 군사학 분야에서 진행된 기존 연구는 자율무기체계 관련 기술발달이 군사작전의 변화에 미치는 영향에 주목하거나 역으로 군사전략의 변환이라는 맥락에서 무기체계의 개발을 논하기도 했다. 이 글은 해묵은 '기술결정론'과 '사회구성론'의 구도를 넘어서, 무기체계와 군사작전 및 전쟁양식의 구성적 변환에 주목한다. 그리고 그 와중에 진화하는 미래전의 양상과 국제정치의 변환에 주목한다. 이 글이 특히 조명하는 것은 '기술'과 '군사' 변수가 '국제정치'에 미치는 영향의 내용이다. 국제정치학의 시각에서 볼 때, 자율무기체계의 권력적 함의가 커지면서 이 분야를 장악하기 위한 경쟁이 치열해질 뿐만 아니라, 그러한 과정에서 국가의 성격이 변화하는 것은 물론이고 국가 이외 민간 행위자의 역할이 증대되고 있으며, 근대 국제질서의 전제가 되었던 관념과 정체성 및 규범과 윤리마저도 변화할 조짐을 보이고 있다.[1]

이러한 과정에서 인간 중심의 국제정치 지평을 넘어서는 '포스트휴먼post-human'

1 국제정치학의 시각에서 미래전의 진화와 국제정치의 변환을 다룬 연구로는 조현석(2018: 217~266); 민병원(2017: 143~179); 전재성(2018: 111~135)을 들 수 있다.

세계정치의 부상마저도 거론된다(Cudworth and Hobden, 2011). 사실 자율무기체계의 세계정치는, '행위자-네트워크 이론Actor-Network Theory: ANT'에서 말하는, 비인간 행위자non-human actor가 나서는 게임의 대표적인 사례 중의 하나이다(Latour, 2005). '먼 미래' 전망의 관점에서 볼 때, 비인간 행위자로서 인공지능 기반의 자율로봇은 인류의 물질적 조건을 변화시킬 뿐만 아니라 인간을 중심으로 편제되었던 군사작전의 기본 개념을 바꾸고 근대 국제정치의 기본 전제들에 의문을 제기하고 있다. 이러한 과정에서 자율무기체계로 대변되는 기술 변수는 단순한 환경이나 도구 변수가 아니라 주체 변수로서, 미래전의 형식과 내용을 결정하고 더 나아가 미래 세계정치의 조건을 규정할 가능성이 있다는 것이다.

이 글은 자율무기체계의 부상으로 대변되는 4차 산업혁명 시대의 기술 변수가 미래전의 진화와 국제정치의 변환에 미치는 영향을 살펴보았다(그림-1 참조). 이 글에서 사용한 '진화evolution'의 개념은 단순한 시간적 변화의 의미 외에도 다층적인 상호작용의 구도 속에서 '과거'와 '현재'가 중첩되면서 '미래'를 만들어가는 복잡계 환경의 변화를 염두에 두고 사용되었다.[2] 이러한 시각에서 볼 때, 미시적 차원의 기술발달을 바탕으로 한 자율무기체계의 도입은 단순한 무기체계 변환의 차원을 넘어서 군사안보 분야의 작전운용과 전투공간, 그리고 전쟁양식까지도 변화시키고 있는 것으로 이해된다. 이와 더불어 미래전의 진화는 군사 분야의 조직과 제도 혁신을 유발하고 있으며, 더 나아가 거시적인 국제정치의 차원에서 그 주체와 구조 및 작동방식과 구성원리를 변화시킬 가능성도 지닌 것으로 봐야 할 것이다.

이러한 진화와 변환 과정의 이면에는 자율무기체계 분야의 주도권을 놓고

2 이러한 '진화'의 개념은 복잡계 이론에서 말하는, 미시적 차원에서 다양하게 이루어지는 상호작용의 복잡성이 증대되면서 거시적 차원에서 새로운 질서의 패턴을 발현시키는 '창발(創發, emergence)' 현상과도 일맥상통한다.

그림 1-1 미래전의 진화와 국제정치의 변환

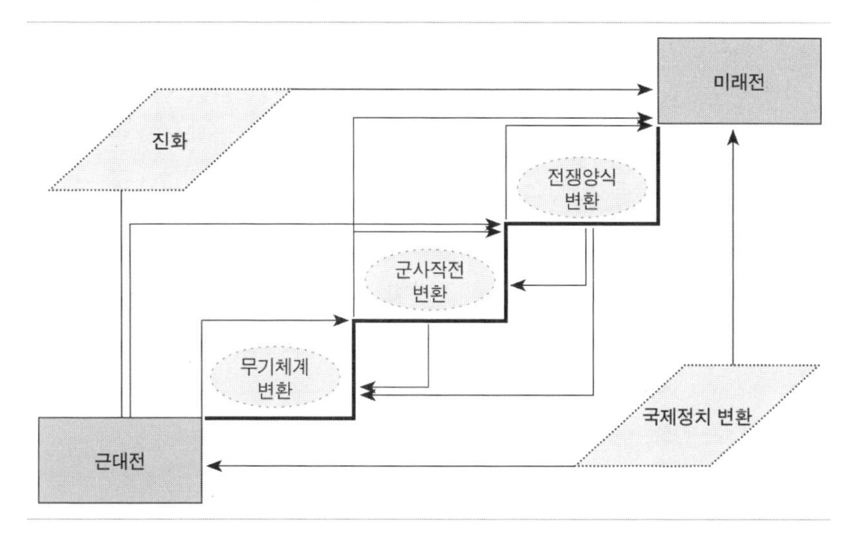


벌이는 강대국들의 지정학적 경쟁이 있다. 이미 자율무기체계는 미래전의 승패를 가를 전략자원으로 부상했다. 그러나 자율무기체계의 세계정치가 우리가 알고 있던 지정학의 시각을 넘어선다는 사실도 놓쳐서는 안 된다. 무엇보다도 인공지능이나 로봇 등과 같은 첨단기술은 기본적으로 지리적 공간을 초월하는 사이버공간의 이슈일 뿐만 아니라 영토국가의 경계를 넘어서 다양한 비국가행위자들이 활동하는 과정에서 개발 및 확산되는 성격을 지닌다. 또한 이들 기술이 살상 무기로 활용되는 과정은 국제질서의 안정성을 확보하기 위한 국제협력의 거버넌스와 국제규범의 형성을 거론케 한다. 이러한 과정에서 자율무기체계의 반反인륜적 위험성을 경고하는 '안보화securitization'의 세계정치도 출현하고 있다. 이 글이 단순한 전통 지정학의 틀을 넘어서 '복합지정학complex geopolitics'의 시각을 제안한 이유는 바로 이 때문이다.[3]

이 글은 크게 세 부분으로 구성되었다. 제2절은 최근의 기술혁신을 바탕으로 도입되고 있는 자율무기체계의 개념과 종류에 대해서 살펴보았으며, 이를 둘러싼 세계정치의 동학을 이해하는 분석틀로서 복합지정학의 시각을 소개했다. 제3절은 자율무기체계의 도입과 함께 진화하고 있는 미래전의 양상을 군사작전과 전투공간의 변환, 더 나아가 로봇전쟁의 가능성이라는 맥락에서 검토했다. 제4절은 자율무기체계의 도입이 국제정치의 변환에 미치는 영향을, 강대국들이 펼치는 자율무기체계의 지정학적 경쟁과 세력구도의 변환, 국민국가와 근대 국제질서의 변환 및 자율무기체계의 국제규범과 윤리 등으로 나누어 검토했다. 맺음말에서는 이 글의 주장을 종합·요약하고, 한국의 향후 과제를 간략히 지적했다.

## 2. 자율무기체계와 복합지정학의 이해

### 1) 자율무기체계의 이해

미래전의 진화에 영향을 미칠 수 있는 4차 산업혁명의 기술은 다양한데, 그중에서도 특히 자율로봇이 미치는 영향에 대한 관심이 크다. 쉽게 말해, 자율로봇은 인공지능으로 지능화되어 '감지-사고-행동' 패러다임을 따라 작동하는 기계이다(싱어, 2017: 42). 이러한 기술을 무기체계에 적용한 것이 '자율무기체계'이다. 용어상으로는 자율살상무기, 무인무기체계, 군사로봇 또는 킬러로봇 등이 사용되기도 한다. 일반적으로 이해되는 자율무기체계는 '일단 작동하면 인간이 개입하지 않고도 자율적으로 전개되어 목표물을 확인하여 물리적으로 공격하는 능력을 갖춘 무인무기체계'이다. 여기서 자율무기체계를 정의하는 핵심은 인간과의 관계에서 설정되는 자율성의 정도이다. 관측Observe-판단Orient-

3 자율무기체계 같은 신흥 기술안보문제를 보는 복합지정학의 시각에 대해서는 Dittmer(2013: 385~401); Shaw(2017: 451~470); 김상배(2015: 1~40)를 참조하라.

결심Decide-행동Act의 'OODA 고리loop'에서 인간이 관여하는 정도로 '자율성'을 이해하여 그 발전 단계를 셋으로 구분해 볼 수 있다.

첫째는 '자동automatic'단계이다. 임무 수행의 일정 단계에서 인간의 개입과 통제가 행사되는데(human-in-the-loop), 일반적으로 사람이 원격 조종하는 무인무기가 여기에 포함된다. 대개 교전의 결정은 인간이 수행한다. 둘째, '반자율automated'의 단계이다. 이는 인간이 감독 역할을 수행하는 자율무기에 해당한다(human-on-the-loop). 자율무기가 독립적으로 작동하나 기능 장애나 시스템 고장 등 잘못될 경우 인간이 개입할 수 있다. 끝으로, '자율autonomous'의 단계이다. 완전한 자율성이 발휘되는 단계로 기계가 스스로 독립적으로 작동한다(human-out-of-the-loop). 최종적인 감독 권한은 사람이 갖고 있지만, 초기의 명령을 입력한 이후에는 사람이 항상 관여할 필요가 없다(Scharre, 2018; 조현석, 2018: 223~224).

마지막 단계의 완전 자율성을 갖추고 작동하며 '인간에 의한 추가적 개입'이 없이도 무력을 행사하게 되는 자율무기의 경우, 이를 인간이 얼마나 적절히 감독하느냐의 문제를 놓고 윤리적으로나 국제법적으로 논란이 벌어진다(Williams, 2015: 179~189). 그러나 현재 배치되어 있는 대부분의 자율무기체계들은 아직 '자동' 또는 '반자율'의 범주에 속하는 것들이며, 완전하게 '자율'인 것은 드물다. 그러나 그 지능의 정교함은 꾸준히 늘어나고 있어 결국 멀지 않은 장래에 완전 자율의 무기가 실제 작전에 배치될 것으로 예견된다(Birkeland, 2018: 73~88). 특히 4차 산업혁명 분야에서 빅데이터에 기반을 둔 머신러닝과 인공지능의 발달은 자율무기체계의 도입을 가속화시키고 있는데, 배치된 전장의 종류나 활용 영역 등에 따라서 다양한 범주로 나누어 이해할 수 있다.

가장 널리 알려진 것은 공중에서 운용되는, 일반적으로 드론drone으로 알려진 무인비행체Unmanned Aerial Vehicles: UAVs이다. 이미 실전에서 그 위력을 보여준 프레데터Predator나 글로벌호크Global Hawk 이외에도 인간이 조종하는 드론에서부터 인간의 조종 없이 사전에 입력된 좌표를 타격하는 드론에 이르기까지 다양한 형태가 있다(Fuhrmann and Horowitz, 2017: 397~418; Horowitz, Kreps and Fuhrmann, 2016: 7~42). 또한 지상에서 운용되는 무인지상차량Unmanned Ground Vehicles: UGVs도 있다. 병사가 운용하는 소형 로봇에서부터 인간형 전장구조 로봇, 물류 수송용 무인차량, 무인전투차량 등이 있다. 해양에서 운용되는 무인수상함정과 무인잠수정도 주목된다. 무인수상함정으로는 자율주행전함인 '시헌터Sea Hunter'가 최근 주목을 받았으며, 무인잠수정은 수중정보 수집과 기뢰대항체계의 기능을 수행한다. 이러한 물리적 영역의 자율무기체계 외에도 비非물리적 영역의 사례도 매우 다양한데, 우주·사이버 무기나 기타 감시와 정찰 등과 같이 전략적 의사결정을 지원하는 자율무기체계들이 있다.

이러한 자율무기체계의 도입은 향후 전장의 패러다임을 바꿀 것으로 예견되기도 한다. 아직은 '가까운 미래'에 벌어질 일이라기보다는 '먼 미래'에 발생할 가능성이 있는 일로 여겨지지만, 미래전에서 자율로봇이 전쟁의 인식론적·존재론적 전제를 재설정할 행위자로 새로이 자리매김하게 될 가능성도 배제할 수 없다. 특히 이러한 전망이 나오는 이유는, 전장 환경에 대한 인식론적 문제가 그 배경이 되는 물질적 조건과 무관하지 않기 때문이다. 즉, 인공지능과 자율로봇의 도입이 직접 모든 군사작전을 결정하는 것은 아니지만 적어도 그 가능성의 범위를 규정하는 존재론적 기반을 새롭게 정의할 가능성은 없지 않다. 이렇게 보면, 자율로봇에 의존하는 전쟁은 그 개시에서부터 다양한 전투행위에 이르기까지 인간 중심의 전쟁에 비해 그 형식과 내용을 달리할지도 모른다. 이러한 전망이 나올 만큼 이미 로봇은 인간과 공존하는 공간 또는 자율성의 공간을 점점 늘려가고 있는 것이 사실이다(Shaw, 2017: 453, 459).

### 2) 복합지정학의 시각

이상에서 설명한 자율무기체계의 도입이 국제정치에 미치는 영향을 이해하기 위해서 이 글이 원용하는 복합지정학의 시각은, 2010년대에 들어 국제정치학에서 이른바 '부활'의 조짐을 보이고 있는 지정학에 대한 비판에서부터 시작한다. 러시아의 크림반도 점령, 중국의 공격적 해상활동, 중동 지역의 고질적인 분쟁, 미국과 중국의 글로벌 패권경쟁 등으로 이해되는 과거 회귀적 현상을 이해하기 위해서 지정학의 시각을 다시 소환한다고 할지라도, 19세기 후반과 20세기 전반의 국제정치 현실에서 잉태된 고전지정학의 시각을 그대로 복원하여 적용하려는 시도는 경계해야 한다는 문제의식이다. 이에 대해 이 글은 고전지정학, 비非지정학, 비판지정학, 탈脫지정학 등을 동시에 품는 개념으로서 복합지정학의 시각을 제안한다(김상배, 2015: 6~11).

먼저, 고전지정학은 권력의 원천을 자원의 분포와 접근성이라는 물질적 또는 지리적 요소로 이해하고 이러한 자원을 확보하기 위한 경쟁이라는 차원에서 국가전략을 이해하는 시각이다. 이는 자원권력의 지표를 활용하여 국가행위자 간의 패권경쟁과 세력전이를 설명하는 현실주의 국제정치이론과 통한다. 최근 미국, 중국, 러시아 등 강대국 세계전략의 변화라는 맥락에서 '지정학의 귀환the return of geopolitics'이 거론된다(Mead, 2014: 69~79). 4차 산업혁명의 선도부문과 새로운 전략자원으로서 자율무기체계를 개발하기 위해 강대국들이 벌이는 제로섬 게임의 경쟁은 이러한 고전지정학의 시각에서 이해할 수 있는 현상이다.

둘째, 비지정학의 시각은 냉전의 종식 이후 영토의 발상을 넘어서는 초국적 활동과 국제협력 및 제도화를 강조하는 자유주의자들의 글로벌화 담론과 통한다. 영토국가의 경계를 넘어서 이루어지는 자본과 정보 및 데이터의 흐름을 통해서 발생하는 '상호의존'과 글로벌 거버넌스의 담론과도 일맥상통한다. 최근 들어 탈냉전 이후의 평화를 가능하게 했던 물질적 기반이 흔들리면서 '지정학의 부활'이 거론되기도 하지만, 자유주의적 성향의 미국 학자들은 여전히 '지정학의 환상the illusion of geopolitics'을 경계하는 논지를 펴고 있다(Ikenberry, 2014: 80~90). 4차 산업혁명 분야의 인공지능이나 로봇기술의 개발을 위한 민간 부문의 초국적 경쟁과 협력, 그리고 자율무기체계의 규제를 위한 국제규범의 형성 등을 이러한 시각에서 이해할 수 있다.

셋째, 1980년대에 등장한 비판지정학의 시각은 구성주의와 포스트모더니즘의 영향을 받아 기존의 지정학이 원용하는 담론을 해체하는 데서 시작한다. 비판지정학의 시각에서 지정학적 현실은 단순히 존재하는 것이 아니라 재현되고 해석되는 대상으로 이해된다(Ó Tuathail, 1996). 이러한 시각에서 보면 지정학적 현상은 담론적 실천으로 재규정을 시도하는 권력투사의 과정이다. 이러한 비판지정학의 시각은 이른바 킬러로봇에 대한 규범적·윤리적 논의와 통하는 바가 크다. 사실 아직까지 킬러로봇은 객관적으로 '실재하는 위험'이라기보다는 안보 행위자에 의해서 '구성되는 위험'의 성격이 강하다. 코펜하겐 학파로 불리는 국제안보 학자들은 이러한 과정을 '안보화securitization'라는 개념으로 설명했다(Hansen and Nissenbaum, 2009: 1155~1175).

끝으로, 탈지정학의 시각은 지리적 차원을 초월해서 형성하는 탈영토적 '흐름의 공간space as flows'을 탐구한다. 탈지정학의 논의가 주목하는 공간의 대표적 사례는 사이버공간의 등장이다(Steinberg, 2003: 196~221). 그야말로 그 공간의 형성 자체가 지리적 차원을 초월해서 이루어진다. 이러한 사이버공간이 중요한 이유는 위험 발생의 주체로서 인간 행위자 이외에도, 행위자-네트워크 이론에서 말하는 비인간 행위자들의 행위능력agency이 작동하는 공간이기 때문이다. 이 글에서 살펴본 사이버·우주전의 과정에서 등장하는 컴퓨터 바이러스나 악성코드, 그리고 기타 인공지능을 활용한 자율무기체계 등이 대표적인 사례이다. 이런 점에서 보면 탈지정학적 공간으로서 사이버공간은 '포스트휴먼 공간'의 가능성을 여는 것으로 볼 수 있다.

요컨대, 오늘날 자율무기체계를 둘러싸고 벌어지는 세계정치 현상은 고전지정학의 단순계적 발상을 넘어서는 복합지정학의 특성을 지닌다. 자율무기체계의 도입은 군사작전의 성격뿐만 아니라 전쟁에 관여하는 행위자의 성격과 이들이 벌이는 안보게임의 권력정치적 양상까지도 변화시킬 가능성을 낳고 있다. 이러한 점에서 자율무기체계의 도입은 단순히 군사 영역에만 국한된 문제가 아니라 좀 더 복잡한 환경을 전제로 해서 이해해야 하는 현상이다. 다시 말해, 자율무기체계의 도입은 무기체계의 변화라는 차원을 넘어서 전쟁양식의 진화와 국제정치의 변환을 아우르는 복합지정학의 대표적인 사례로서 이해되어야 한다.

## 3. 자율무기체계와 미래전의 진화

### 1) 자율무기체계와 군사작전의 변환

정보화 시대 초기부터 미국은 첨단 정보통신기술을 바탕으로, 정보·감시·정찰ISR과 정밀타격무기PGM를 지휘통제통신체계C4I로 연결하는 복합시스템을 구축했으며, 이를 네트워크 중심전Network Centric Warfare: NCW으로 통합하는 전략을 추진해 왔다. 현대 군사작전이 특정 무기체계가 단독으로 수행하는 플랫폼 중심전Platform Centric Warfare: PCW으로부터 모든 전장 환경요소들을 네트워크화하는 방향으로 변환되고 있다는 인식에 따른 것이었다. 정보 우위를 바탕으로 지리적으로 분산된 모든 전투력의 요소를 네트워크로 연결·활용하여 전장 인식을 확장할 뿐만 아니라 위협 대처도 통합적으로 진행하겠다는 것이었다(Koch, 2015: 169~184).

이러한 개념은 다양한 형태의 자율무기체계 도입으로 더욱 구체화되고 있다. 특히 스워밍swarming 작전의 개념은 네트워크 중심전의 개념을 정교하게 발전시키는 데 기여했다(Arquilla and Ronfeld, 2000). 스워밍은 자율무기체계, 그중에서도 특히 드론의 발전을 배경으로 하여 실제 적용할 수 있는 효과적인 작전개념으로 인식된다. 스워밍 작전의 개념적 핵심은 전투단위들이 하나의 대형을 이루기보다는 소규모로 분산되어 있다가 유사시에 이들을 통합해서 운용한다는 데 있다. 여기서 관건은 개별 단위체들이 독립적으로 작동하면서도 이들 사이에 유기적인 소통과 행동 조율이 가능한 정밀 시스템의 구축인데, 인공지능 알고리즘은 이를 가능케 한다(Ilachinski, 2017).

인공지능은 전장정보의 실시간 수집과 처리 및 활용을 바탕으로 타격대상을 식별하여 판단하고 공격하는 기능을 원활히 수행할 수 있게 한다. 인공지능을 적용한 수많은 드론 떼가 각 전투단위들의 데이터를 수집하여 다른 단위들과 공유하며 집합적으로 공격과 방어의 기동을 동시에 수행하는 모습을 상상해 볼 수 있다. 이를 통해서 전통적으로 군 지휘부의 임무였던 지휘통제 기능마저도 자율무기에 탑재된 알고리즘을 통해 어느 정도 대체하는 것이 가능해졌다. 이러한 알고리즘 기반 스워밍 작전을 광범위하게 적용함으로써 새로운 유형의 전투조직이 출현하고 해외 군사기지의 필요성이 없어지는 단계까지도 전망하게 되었다(Mori, 2018: 32; Shaw, 2017: 461).

최근 제시된 모자이크전Mosaic Warfare의 개념도 기술혁신을 반영한 전쟁수행 방식 변화의 사례이다. 모자이크전의 개념은 적의 위협에 신속 대응하고 피해를 입더라도 빠르게 복원하는 것을 목적으로 한다. 기술부문에서 ISR과 C4I 및 타격체계의 분산을 추구하고 이를 준독립적으로 운용함으로써 중앙의 지휘통제체계가 파괴된다 할지라도 지속적인 작전능력을 확보할 뿐만 아니라 새로이 전투조직을 구성해 낸다는 내용을 골자로 한다. 이는 네트워크 중심전하에서 하나로 통합된 시스템이 지닌 한계를 극복하는 의미를 가지는데, 단 한 번의 타격으로 시스템 전체가 마비되는 사태를 미연에 방지하자는 것이다(Grayson, 2018).

이러한 모자이크전의 수행에 있어서 인공지능 기술은 핵심적인 역할을 담당할 수밖에 없다. 분산 네트워크의 개념을 도입함으로써 모자이크와도 같이 전투체계를 결합하고 재구성하는 과정에서 처리해야 할 정보의 양은 막대하게 늘어날 수밖에 없으며 이를 처리하는 속도도 일정 수준 이상을 보장해야 하는 상황이 창출될 것이기 때문에, 그 기능의 상당 부분을 인공지능에 의존하지 않을 수 없게 될 것이다. 이렇듯 4차 산업혁명 분야에서 제공되는 첨단기술을 적용한 자율무기체계가 도입됨에 따라서 기존에 제기되었거나 혹은 새로이 구상되는 군사작전의 개념들이 실제로 구현될 가능성을 높여가고 있다.

### 2) 자율무기체계와 전투공간의 변환

자율무기체계의 도입은 전투공간의 변환에도 큰 영향을 미치고 있다. 최근 이러한 변화를 보여주는 대표적 사례가 '다영역 작전multi domain operation'의 개념이다(Reily, 2016: 61~73). 이는 기존의 육·해·공의 전장 개념에 우주와 사이버 전장을 더한 '5차원 전쟁' 개념을 바탕으로 한다. 특히 이러한 5차원 전쟁 개념의 출현은 사이버·우주 공간이 육·해·공 작전운용의 필수적인 기반이 되었다는 인식을 반영한다. 또한 인간 중심으로 이해되었던 기존의 전투공간의 개념이 비인간 행위자인 자율무기체계의 참여를 통해서 변화될 가능성을 시사한다. 이런 상황에서 4차 산업혁명의 진전으로 인해 부상하는 자율로봇과 인공지능은 전투공간의 경계를 허물고 상호 복합되는 새로운 물적·지적 토대를 마련할 것으로 예견된다.

사이버전은 이렇게 비인간 행위자가 개입하여 전투공간의 지평이 확대되는 대표적 사례이다. 사이버전이 독자적인 군사작전으로 부상하는 가운데 인공지능을 활용하여 무차별적으로 악성코드를 전파하는 사이버공격을 가하거나, 혹은 반대로 알고리즘 기반 예측과 위협정보 분석, 이상징후 감지 등이 사이버 방어에 활용되고 있다. 지속적으로 악성코드를 바꾸어서 진화하는 사이버공격에 대해서 과거 수행된 공격 패턴을 파악하는 식의 통상적인 방어책은 점점 그 효과를 상실하고 있다. 게다가 자동화된 방식으로 사이버공격이 이루어지고 있는 상황에서 인간 행위자가 이를 모니터링한다는 것은 거의 불가능하다. 이런 맥락에서 인공지능을 사용하여 기존의 취약점을 확인하고 보완·수선하는 자율방식이 모색되고 있다(김상배, 2015: 11~12).

사이버전에 대한 이러한 논의는 EMPElectro Magnetic Pulse나 HPMHigh Power Microwave 등을 사용하는 전자전과도 연결된다. 미국은 2013년 2월 북한의 미사일 발사를 무력화시키는 목적으로 '발사의 왼편Left of Launch'이라는 사이버·전자전을 감행한 것으로 알려져 있다. 최근 개발되는 민간 또는 군사 부문의 기술과 서비스들은 사이버·우주 공간의 복합성을 전제로 하고 있다. GPS와 드론 등을 활용한 지상무기체계의 무인화와 위성기술을 활용한 스마트화 등을 통해서 사이버·우주 공간을 연결하는 복합시스템이 등장하고 있다. GPS 신호를 방해하는 전자전 수단인 GPS 재밍Jamming은 바로 이러한 환경을 배경으로 출현한 비대칭 위협 중의 하나이다.

한편, 사이버심리전의 부상에도 주목할 필요가 있다. 사이버 루머와 가짜뉴스가 쟁점인데, 이는 사이버공간의 네트워크를 타고서 유포되는 특징을 지닌다. 특히 러시아발 사이버심리전이 논란거리인데, 최근 미국이나 서유럽 국가들의 선거과정에서 수행된 러시아발 가짜뉴스의 공격은 여론을 왜곡하고 사회 분열을 부추기며 구미 민주주의 체제의 정상적인 작동을 방해하는 효과를 빚어냈다. 자율무기체계에 대한 논의와 관련해서 주목할 것은, 이러한 루머와 가짜뉴스가 주로 인공지능 알고리즘을 통해 생성되어 인터넷과 소셜미디어의 네트워크를 타고 급속도로 유포된다는 사실이다. 4차 산업혁명 기술이 사이버 심리전과 만나서 미래전의 양상을 바꾸고 있음을 엿보게 하는 대목이다(송태은, 2019: 161~203).

이러한 사이버심리전을 미래전의 시각에서 봐야 하는 이유는, 현실 공간의 무력분쟁과 연계되면서 이른바 하이브리드전hybrid warfare으로 비화될 양상을 보이고 있기 때문이다. 하이브리드전은 고도로 통합된 구상 속에서 노골적이거나 은밀한 형태로 군사·준군사 또는 민간 수단들이 광범위하게 운용되는 전쟁의 양상을 의미한다. 최근 하이브리드전은 상대국의 군사적 대응을 촉발하기 직전에 멈추도록 교묘하고 신중하게 감행되며, 전투원과 민간인의 구분을 어렵게 하고 있다. 이러한 시각에서 볼 때, 최근 우크라이나에 대해서 감행된 러시아의 하이브리드전은 앞으로 기존의 국가 간 무력충돌을 대체하는 새로운 분쟁 양식의 부상을 예견케 한다는 점에서 학계의 주목을 끌고 있다(Bresinsky, 2016: 29~51).

### 3) 자율무기체계와 근대전의 질적 변환?

자율무기체계와 관련된 가장 큰 관심사 중의 하나는 '로봇이 완전자율성을 갖고 전쟁을 수행하는 날'이 올 것이냐, 즉 '특이점singularity'이 올 것이냐의 문제이다. 당장은 로봇이 인간을 보조하는 정도의 역할에 머물고 있지만, 인공지능의 발전으로 인해 군사로봇의 자율성은 점점 더 늘어나는 추세이다. 군사작전의 측면에서 로봇 운용의 이득이 매우 크다. 무엇보다도 군사로봇의 도입은 인명피해를 최소화함으로써 인간이 전장의 위험에 처하지 않고도 전쟁을 수행할 가능성을 높여놓았다(Docherty, 2012). 자율로봇의 도입이 아니더라도 자동성이나 부분 자율성을 지닌 무인무기체계의 도입은 군사 분야 운용인력의 절감과 인간의 능력을 초월한 임무 수행을 가능케 할 것이다. 이로 인해 많은 국가들은 미래 군사 분야를 주도할 기술혁신을 수용하는 차원에서 인공지능과 로봇의 군사적 이용을 확대하는 경향을 보이고 있다.

한편 '먼 미래'를 내다보는 장기적 관점에서 보면, 자율무기체계의 발전은 인간 중심의 전쟁관에 큰 변화를 가져올 가능성도 없지 않다(Altmann and Sauer, 2017: 117~142). 자율군사로봇이 대거 동원될 경우 전쟁 개시는 쉽고 전쟁을 끝내기는 어려워질 것이라는 전망이 나온다. 스워밍 작전의 경우, 인공지능이 오작동하여 자율무기체계 간 상호작용의 조정이 실패하여 의도하지 않게 전쟁이 확대될 우려도 제기된다. 자율살상무기들이 해킹당하면 아군을 살상하는 참혹한 결과가 생길 수도 있다. 또한 인간과 인공지능 간의 인터페이스 기술이 발달하면서 양자의 구분이 희미해지는 현상이 발생할 수도 있다. 이렇게 되면 자율무기체계의 발달은 무기체계를 업그레이드하는 차원을 넘어서 그 무기를 사용하는 인간의 정체성에도 영향을 줄 수 있다(Payne, 2018: 7~32).

자율무기체계의 발달과 이에 따른 전쟁수행방식의 변화는 '근대전modern warfare'의 본질을 바꿀 정도의 문명사적 변화를 야기하게 될 것인가? 예를 들어, 자율무기체계의 도입은 클라우제비츠Carl von Clausewitz가 말하는 전쟁의 세 가지 속성, 즉 폭력성과 정치성, 도박성(또는 불확실성)을 변화시킬 정도로 획기적인 의미를 지니고 있을까?(민병원, 2017: 169~173). 클라우제비츠에 의하면, '현실전'은 불가피하게 두 가지 변수에 의해서 제한을 받아 '절대전'으로 비화되지 않는다고 한다. 그 하나의 변수는 전투원이 행사할 수 있는 폭력사용의 능력이 주는 제한이며, 다른 하나의 변수는 폭력을 통해서 특정 목표를 추구하는 정치적 의지라는 제한 요인이다. 그런데 만약에 인공지능과 자율로봇에 크게 의존하는 전쟁을 수행하는 것이 가능하게 된다면, 그 전쟁은 클라우제비츠가 말하는 두 가지의 제한 요인으로부터 자유로울까?(Payne, 2018: 29).

폭력성의 관점에서 볼 때, 적어도 오늘날의 기술발달 그 자체는 전쟁수행의 절대능력을 증대시키는 방향으로 영향을 미칠 것이다. 다시 말해, 첨단기술을 장착하고 실전에 투입되는 자율로봇은 폭력사용의 능력을 계속 늘리는 방향으로 진화할 가능성이 있다. 정치성의 관점에서 보아도, 자율무기체계에 의지하는 전쟁이 무력 사용의 범위를 결정하는 인간의 정치적 의지 안에 머무른다는 보장도 없다. 예를 들어, 인간이 설계한 인공지능 프로그램이 자체적인 오류나 외부의 해킹 공격으로 인해서 인간이 의도한 것과 다른 방식으로 상황을 인식하고 대응하여 위기나 분쟁이 고조될 가능성도 없지 않다. 더 중요하게는 전쟁수행 과정에서 인간은 보편적인 목표에 부합하여 폭력사용의 정도를 조정할 수 있다면, 과연 인공지능이 상황의 변화에 맞추어 원래 설계된 범위를 넘어서 폭력행사를 조율하며, 더 나아가 폭력사용의 파급효과까지도 고려한 유연한 판단을 내릴 수 있느냐는 문제가 제기된다.

더 많은 논란의 여지가 있는 것은 도박성 또는 불확실성이다. 기술발달의 복잡성이 증대되는 상황에서 자율무기체계를 활용한 미래전의 불확실성은 더 커졌다고 할 수 있다. 그러나 달리 생각하면, 인간의 능력이 아닌 알고리즘의 우열로 전투의 승패가 예견되는 상황에서 아날로그 시대의 전쟁이 지닌 불확실성은 달리 해석될 수도 있다. 사실 여태까지는 인간이 전쟁수행 과정에서 발생하는 불확실성을 예측하고 리스크를 감수하며 전쟁의 개시와 상승 및 억지를 고민해 왔다. 그러나 4차 산업혁명으로 대변되는 디지털시대를 맞이하여 인간의 예측이 불가능할 정도로 전쟁의 복잡성이 증대되어 오히려 그 역할을 인공지능이 대체하는 상황이 발생한다면, 전쟁의 불확실성에 대해서 우리가 여태까지 설정하고 있었던 문턱은 크게 낮아질 수밖에 없을 것이다.

이렇듯 자율무기체계의 도입으로 인해 전쟁수행의 폭력성은 늘어나고, 정치성은 보장할 수 없고, 게다가 불확실성은 최소화되는 상황에서 미래전은 앞으로 어떠한 양상으로 진화해 갈 것인가? 그야말로 인간이 아닌 비인간 행위자로서 로봇이 주체가 되어 벌어지는 '로봇전쟁'의 도래 가능성을 생각해 보게 만드는 대목이다. 아직은 '가까운 미래'에 이러한 우려가 현실화될 가능성은 크지 않지만, '먼 미래'를 예견하는 관점에서 보면 장차 이러한 문제가 닥쳐오지 않으리라는 보장도 없다. 종전의 기술발달이 전쟁의 성격과 이를 수행하는 사회의 성격을 변화시키는 데 그쳤다면, 4차 산업혁명 시대의 자율무기체계는 전쟁의 가장 본질적인 문제, 즉 인간의 주체성 변화라는 문제를 건드리고 있기 때문이다. 그야말로 인간이 통제할 수 있는 범위를 벗어날지도 모르는, 이른바 '포스트휴먼 전쟁'과 이를 가능케 하는 기술발달이라는 변수에 대한 철학적 성찰이 필요한 대목이다.

## 4. 자율무기체계와 국제정치의 변환

### 1) 자율무기체계 경쟁과 세력구도의 변화

자율무기체계의 개발을 위한 미국, 중국, 러시아 등 강대국들의 지정학적 경쟁이 가속화되고 있는 가운데, 이 분야를 주도하는 나라는 미국이다. 미국은 '3차 상쇄전략'의 추진이라는 맥락에서 자율무기체계를 도입하고 있다. 역사적으로 거슬러 올라가서 보면, 제2차 세계대전 이후 미국은 적대국의 군사력 추격을 상쇄하기 위해 군사기술의 우위를 추구하는 전략을 모색해 왔다. 1950년대 초반 미국은 '1차 상쇄전략'을 통해 동유럽 지역에 배치된 소련의 재래식 군사력의 수적 우세를 상쇄하기 위한 핵무기 개발을 추진했다. 1970년대 중후반 미국은 '2차 상쇄전략'을 통해 소련의 핵무장 능력과 미사일 발사체의 발전을 상쇄하기 위해 스텔스 기술, 정찰위성, GPS 등을 개발했다.

이러한 연속선상에서 2014년 미국은 중국과 러시아의 추격으로 군사력 격차가 좁아지는 상황에서 게임 체인저game changer로서 3차 상쇄전략을 제시했다(Johnson, 2017: 271~288). 3차 상쇄전략은 미래전에서 미국의 군사력 우위를 보장하기 위한 최첨단 기술혁신을 위해 설계되었다. 미국의 3차 상쇄전략이 지향하는 4차 산업혁명 분야의 기술은, I) 자율적 딥러닝 시스템의 개발, II) 인간-기계 협력 의사결정체계, III) 웨어러블 기기, 헤드업 디스플레이, 외골격 강화 기능 등을 활용한 인간 병사의 개별 전투능력 향상, IV) 개선된 인간-무인체계의 혼성 작전, V) 미래 사이버·전자전 환경에 작동하는 부분 자율무기의 개발과 운용 등의 다섯 가지로 집약된다.

그런데 이들 기술 분야는 민간 부문에서 개발되어 이미 널리 퍼져 있기에 지금 당장은 미국이 기술 우위를 확보하고 있더라도 상대국이 곧 추격할 가능성이 있다. 따라서 미국도 군사기술 혁신의 차원을 넘어서 민간 부문에서도 꾸준히 기술혁신을 추진해야 하는 과제를 안고 있다. 다시 말해, 자율무기체계 경쟁은 단순한 군사기술 경쟁이 아니라 4차 산업혁명 시대의 전략자원인 기술력을 놓고 벌이는 복합경쟁을 의미한다. 최근 전반적으로 군사 부문의 예산 확보가 제한되는 가운데 민간 부문에서 산업경쟁력을 제고할 수 있는 투자를 늘리고, 이 과정에서 개발된 첨단기술을 군사 부문으로 적용하는 시스템의 구축 경쟁이 벌어지고 있다(Mori, 2018: 21, 24).

한편, 중국군도 4차 산업혁명이 제공하는 새로운 기술을 활용한 군 현대화를 추진하고 있다. 시진핑習近平 주석은 2017년 10월 18일 제19차 당대회 연설에서 새로운 시대에 걸맞은 군사력과 군사전략의 창출을 위해 중국적 특색을 실현한 현대화된 전투체계를 갖추어야 한다고 역설했다. 이를 위해 2020년까지 기본적인 자동화를 달성하는 한편 전략능력을 발전시켜야 하며, 2035년에는 국가 방위를 위한 현대화를 완성해야 한다고 강조하고 있다. 21세기 중반에 이르러서는 세계 최강의 군사력을 갖춘다는 포부이다. 이러한 맥락에서 중국은 로봇학과 무인시스템 연구개발을 위해 많은 자금을 지원하고 있으며, 중국 내 국방산업과 대학 등도 로봇학 연구에 박차를 가하고 있다.

중국의 자율무기체계 도입은 중국의 반접근/지역거부Anti Access/Area Denial: A2/AD 전략에도 크게 기여할 것으로 기대되고 있다. 자율무기 관련 기술혁신의 성과를 도입함으로써 좀 더 진전된 정보 및 탐지 능력을 제공하고 장거리 폭격의 정확도를 향상시키며 반反잠수함 전투능력을 개선할 수 있을 것으로 예상된다. 이를 위해서 중국군은 인공지능, 빅데이터, 슈퍼컴퓨터, 자율무기, 지향성 에너지 무기, 양자기술 등과 같은 첨단기술의 군사적 적용을 시도하고 있다. 또한 이를 위해서 민간 부문으로부터 군사 부문으로 첨단기술을 전환하기 위한 '민군융합'의 전략도 추구한다. 중국은 미국의 3차 상쇄전략에 대응하는 지정학적 경쟁의 구도에서 자율무기체계 경쟁에 임하고 있다.

이런 점에서 향후 자율무기체계 개발경쟁은 미·중이 벌이는 글로벌 패권경쟁과 연계될 가능성이 크다(설인효·박원곤, 2017: 9~36). 이렇게 보면 자율무기체계의 기술혁신 경쟁은 단순한 군사력 경쟁을 넘어서는 미래전 수행의 기반이 되는 복합적인 사이버 권력 경쟁의 성격을 띤다. 사실 자율무기체계 경쟁은 향후 고전지정학적 세력구도의 변화를 야기할 가능성이 있다. 냉전기 미·소 핵군비 경쟁에서 보았듯이 자율무기체계 경쟁도 군비경쟁을 야기하고 국제정치의 불안정성을 낳을 가능성이 있다. 여태까지 재래식 무기역량은 핵무기 역량을 능가할 수 없는 하위 역량으로만 이해되었지만, 4차 산업혁명 시대를 맞이하여 다양한 스마트 기술을 적용한 재래식 무기의 정확도와 파괴력이 증대되면서, 이제 자율무기체계 역량은 핵무기 능력에 대한 억지를 논할 만큼 중요한 변수가 되었다(Altmann and Sauer, 2017: 118, 120).

한편, 자율무기체계를 둘러싼 지정학적 경쟁의 전개는 강대국 관계뿐만 아니라 기존의 강대국과 약소국 간의 이른바 '알고리즘 격차'를 더욱 벌려놓을 가능성이 크다. 최근 북한이나 이란처럼 일부 국가들이 핵과 같은 전략무기를 통해서 비대칭 관계의 타파를 노리더라도 미국을 비롯한 강대국들의 '알고리즘 우위'는 이를 상쇄해 버릴 가능성이 있다(Payne, 2018: 24). 4차 산업혁명 분야의 미래 첨단기술은 확고한 지식기반을 보유하고 있어야 개발이 가능한 분야이기 때문에 대부분의 약소국들은 이러한 경쟁에 쉽게 뛰어들 수 있는 처지가 아니다. 그렇다고 이들 약소국들이 나서서 현재 강대국들이 벌이는 자율무기체계 개발을 규제하는 국제규범을 창출하기도 쉽지 않다. 현재로서는 강대국들이 이러한 요구를 받아들이지 않을 것이며, 향후 그러한 규범이 마련되더라도 주로 강대국들의 이익이 반영될 가능성이 높다(전재성, 2018: 135).

### 2) 국민국가와 근대 국제질서의 변환

4차 산업혁명의 진전에 따른 자율무기체계의 도입과 미래전의 진화는 전쟁수행 주체로서 국민국가의 역할과 성격을 변화시키고 있다. 근대 국민국가의 무력행사 과정에서 기술혁신은 무기체계의 발달뿐만 아니라 전쟁양식의 변환에 큰 영향을 미쳤다. 1차 및 2차 산업혁명의 시대에는 '전쟁의 산업화industrialization of war'라고 부를 정도로 군대와 산업은 밀접히 연계되며 발전했다. 정보화 시대의 초기(또는 이른바 3차 산업혁명기)에도 '전쟁의 정보화informatization of war' 추세 속에서 RMA와 군사혁신이 모색된 바 있다. 이러한 연속선상에서 볼 때, 4차 산업혁명과 자율무기체계의 발달은 국가 변환에 영향을 미치고 있다. 특히 예전에는 당연시되던 국가에 의한 폭력사용의 공공화와 독점화가 도전을 받고 있으며, 이와 병행하여 안보사유화privatization of security와 폭력사용의 분산화가 발생하고 있다.

이는 기술개발의 주체라는 점에서 4차 산업혁명이 주로 민간 행위자들에 의해 주도된다는 특징에서 비롯된다. 인공지능, 빅데이터, 로봇 등의 기술혁신은 지정학적 경계를 넘어서 민간 부문에서 이루어지고, 나중에 군사 부문에 적용되는 '스핀온spin-on'의 양상을 보인다. 이는 20세기 후반 냉전기에 주요 기술혁신이 주로 군사적 목적에서 진행되어 민간 부문으로 확산되었던 '스핀오프spin-off' 모델과 차이가 있다. 사실 좀 더 엄밀하게 말하면, 4차 산업혁명 시대의 기술은 그 복잡성과 애매모호성으로 인해서 민용과 군용을 구분하는 것 자체가 쉽지 않다. 기술개발이 민간에 기원을 두고 있을 뿐만 아니라 민군의 용도 구분도 잘 안 된다는 점은 경쟁국들, 심지어 비국가행위자들도 그 기술에 쉽게 접근한다는 것을 의미한다.

민간군사기업Private Military Company: PMC의 부상은 이러한 비국가행위자의 역할 증대를 보여주는 대표적인 사례이다. 전쟁의 전문화로 인해서 국가는 계약을 통해 다양한 군사임무를 부분적으로 혹은 경우에 따라서는 전부를 민간군사기업에 위임하는 안보사유화 현상이 발생한다. 4차 산업혁명의 진전으로 인해 첨단기술을 기반으로 한 무기체계의 복잡성이 증대되면서 전쟁의 집행뿐만 아니라 무기체계의 생산과 사용에 대한 지식과 전쟁수행의 의사결정 관련 업무에도 민간군사기업이 관여할 가능성이 크다. 최근 민간군사기업은 전투에 대한 자문 업무를 넘어서 전쟁 자체의 개시와 같은 어젠다 설정도 주도하고 있다. 사이버안보 분야에서 민간 정보보안업체들이 담당하는 역할도 이러한 민간군사기업의 역할에 비견된다(이장욱, 2007: 310~347).

민간군사기업이 국가영역 안의 변화라면, 국가영역 밖에서 발생하는 변화로 테러집단과 해커, 국제범죄 네트워크 등의 부상이 있다. 이들 집단에 고용되는 용병들은 폭력사용에 특화된 전문가 집단이다. 흥미롭게도 국가영역의 안팎에 각기 몸담은 폭력전문가들이 두 영역 사이를 오고가면서 폭력행사 업무를 담당하기도 한다. 특히 4차 산업혁명의 기술 확산은 이들 전문가 집단에게 큰 힘을 실어주었다. 인터넷과 소셜미디어 등을 통해서 살상무기에 대한 정보를 습득하는 것이 쉬워졌을 뿐만 아니라 드론이나 로봇, 무인자동차 등의 상용화가 활발해지면서 이들 기술을 살상용으로 쉽게 전용할 수 있게 되었다. 이러한 정보와 기술의 획득은 국가에 저항하는 비국가행위자들의 폭력행사 능력 자체를 강화시키고 있다(윤민우, 2011: 107~141).

4차 산업혁명의 기술발달은 근대 국제정치의 전제가 되었던 주권국가 단위로 형성된 관념과 정체성도 변화시키고 있다. 예를 들어, 빅데이터나 사물인터넷, 인공지능 등의 기술 확산은 국가주권의 경계를 재설정할 뿐만 아니라 국가와 민간 영역, 특히 개인과의 관계를 재정립할 필요성을 제기한다. 여기서 더 나아가 '국민'이라는 정체성을 변화시킬 가능성을 안고 있다. 사회경제 활동의 많은 부분이 탈지정학적 공간으로서 사이버공간을 매개로 이루어지고 방대한 규모의 데이터가 영토국가의 국경을 넘어서 이동하고 있는 상황에서 초국적으로 이동하는 데이터를 국가주권을 내세워 통제한다는 것은 쉬운 일이 아니다. 그럼에도 각국은 데이터를 일국적 재산으로서 이해하고 데이터 안보의 시각에서 접근하는 경향을 보이고 있다.

이러한 과정에서 주목할 것이 인공지능과 빅데이터 기술의 발달을 기반으로 국가에 의해서 행사될 가능성이 있는 시민에 대한 감시와 프라이버시의 침해이다. 일상적으로 사이버전이 감행되는 상황에서 빅데이터를 수집하고 분석함으로써 잠재적 위협에 대응하는 것은 중요하다. 그런데 이는 또 다른 종류의 국가 통제를 우려케 한다. 현재 더욱 논란이 되는 것은 다국적 기업들에 의한 데이터의 수집과 감시이다. 이는 최근 일국 단위에서 데이터 주권을 어떻게 수호할 것이냐의 논쟁을 불러일으켰으며, 이러한 과정에서 초국적 데이터의 흐름을 규제하는 문제가 디지털 무역정책의 주요 사안으로 부상했다. 이는 개인의 정체성이나 전자정부 시스템의 구축 문제 등과 연동되면서 근대 국제정치의 또 다른 전제인 '국민정체성'에 의문을 제기한다. 그야말로 탈지정학적 현상과 지정학적 현상이 중첩되는 대목이다.

궁극적으로 인공지능과 빅데이터 등과 같은 4차 산업혁명 기술의 발달은 국민국가의 지정학적 경계를 넘어서는 권력분산과 주체 다양화 및 질서변환의 문제를 제기한다. 가장 현상적으로는 인공지능을 도구로 활용하거나 국력증진의 목표로 삼은 새로운 권력게임이 벌어지고 있다. 그러나 자율무기를 놓고 벌이는 게임에서 국가행위자는 유일한 주체가 아니며, 오히려 글로벌 차원에서 초국적으로 활동하는 비국가행위자들이 위상이 높아지고 있다. 이러한 과정에서 4차 산업혁명의 기술 변수는 단순한 도구가 아니라 행위능력을 지닌 하나의 주체, 즉 '포스트휴먼'으로 거론되기도 한다. '인간들 간의 정치inter-human politics'에 기반을 둔 국제질서에 대한 논의를 넘어서 '포스트휴먼들 간의 정치inter-post-human politics'까지도 포함하는 세계질서의 부상 가능성을 엿보게 하는 대목이다.

### 3) 자율무기체계의 국제규범과 윤리

자율무기체계의 도입이 근대 국제질서의 변환에 미치는 영향은 자율살상무기, 이른바 킬러로봇에 대한 규범적 통제에 대한 논의에서도 나타난다. 핵군비경쟁의 역사적 교훈을 떠올리면, 자율살상무기의 개발은 강대국들 간의 새로운 군비경쟁을 촉발함으로써 국제질서의 불안정을 초래할 뿐만 아니라 더 나아가 인류 전체를 위험에 빠트릴 수도 있다. 게다가 핵무기와는 달리 값싼 비용으로도 개발할 수 있다는 특성 때문에 자율살상무기를 둘러싼 경쟁이 낳을 파장은 그 정도가 더 심할 수도 있다(Garcia, 2018: 339). 이른바 불량국가들이나 테러집단과 국제범죄조직과 같은 비국가행위자들이 자율살상무기를 획득하게 된다면 그 피해가 어느 방향으로 튈지를 예견하기 어렵다(Bode and Huelss, 2018: 398).

이러한 우려를 바탕으로 기존의 국제법을 원용하여 킬러로봇의 사용을 규제하는 문제가 논의되어 왔다. 예를 들어 킬러로봇이 군사적 공격을 감행할 경우, 유엔헌장 제51조에 명기된 '자기방어self-defense'의 논리가 성립할까? '전쟁의 원인에 관한 법Jus ad Bellum' 전통에 근거해서 볼 때, 킬러로봇을 내세운 전쟁은 '정당한 전쟁'일까? 또한 '전쟁 중의 법Jus in Bello'의 관점에서 볼 때, 킬러로봇은 전장에서 전투원과 민간인을 구별distinction하여 전투행위를 전개해야 하며, 킬러로봇을 사용하여 공격할 때 의도하는 민간인 인명 살상이나 재산 피해가 군사적 목적을 상회하지 않도록 규정한 비례proportionality 원칙은 지켜져야 할까?(민병원, 2017: 175~176).

좀 더 근본적으로 제기되는 쟁점은 전장에서 삶과 죽음에 관한 결정을 기계에게 맡길 수 있는가라는 윤리적 문제이다. 핵무기가 아무리 인류에 위험을 부가했더라도 이는 여전히 정책을 결정하는 인간의 '합리적 통제'하에 있었다. 그러나 인간의 인지능력을 모방해서 만들어진 인공지능 시스템이 사람의 목숨을 빼앗는 결정을 내리는 것을 용납할 수 있을까? 이러한 결정을 인공지능에게 부여하는 것은 인간 존엄성을 포기하는 것은 아닐까? 급속히 발달하는 인공지능 로봇에 대해 인간의 '의미 있는 통제'를 수립하려면 어떻게 해야 할까? 좀 더 구체적으로 자율살상무기가 국제법을 준수하고 인명에 영향을 미치는 윤리적 판단을 할 수 있도록 설계하고 운용할 수 있을까?(Arkin, 2009; Sharkey, 2008).

이러한 문제의식을 바탕으로 킬러로봇의 금지를 촉구하는 시민사회 운동이 글로벌 차원에서 진행되고 있다. 예를 들어, 2009년에 로봇 군비통제 국제위원회International Committee for Robot Arms Control: ICRAC가 출범했다. 2012년 말에는 휴먼라이트와치Human Rights Watch: HRW가 완전자율무기의 개발을 반대하는 보고서를 냈다. 2013년 4월에는 국제 NGO인 킬러로봇 중단운동Campaign to Stop Killer Robots: CSRK이 발족되어, 자율살상무기의 금지를 촉구하는 서명운동을 진행했는데 2016년 12월까지 2천여 명이 참여했다. 이는 대인지뢰금지운동이나 집속탄금지운동에 비견되는 행보라고 할 수 있는데, 아직 완전자율무기가 도입되지 않은 상황임에도 운동이 진행되고 있음에 주목할 필요가 있다(Carpenter, 2016: 53~69).

이러한 운동은 결실을 거두어 2013년에는 23차 유엔총회 인권이사회에서 보고서를 발표했고, 유엔 차원에서 자율무기의 개발과 배치에 관해서 토의가 시작되었다. 자율무기의 금지와 관련된 문제를 심의한 유엔 내 기구는 특정재래식무기금지협약Convention on Certain Conventional Weapons: CCW이었다. 2013년 11월 완전자율살상무기에 대해 전문가 회합을 개최하기로 결정한 이후, 2014년 5월부터 2016년 12월까지 여러 차례 회합이 개최되었으며, 그 결과로 자율살상무기에 대한 유엔 정부전문가그룹GGE이 출범되었다. 한편, 2017년 8월에는 자율자동차로 유명한 일론 머스크Elon Musk와 알파고를 개발한 무스타파 술레이먼Mustafa Suleyman 등이 주도하여, 글로벌 ICT 분야 전문가 116명(26개국)이 유엔에 공개서한을 보내 킬러로봇을 금지할 것을 촉구하기도 했다(조현석, 2018: 251).

이 과정에서 한 가지 주목할 것은 자율살상무기의 금지를 위한 윤리적 행보가 인공지능이나 로봇과 같은 4차 산업혁명 분야의 구체적인 기술 자체를 규제하거나 금지하려는 것은 아니라는 점이다. 그 대신 이러한 행보는 '안보화'의 정치논리를 내세우며, 군사적 목적을 위해서 특정 기술의 적용을 행하는 군사적 관행에 대한 반대의견의 표출이라고 볼 수 있다. 이런 점에서 이는 자율무기체계의 비판지정학적 측면을 대변한다. 사실 자율살상무기 금지에 대한 논의에 이르면 모든 국가들은 비슷한 처지에 있다. 몇몇 나라들이 기술적인 면에서 앞서가고 있는 것은 사실이지만, 아직 그 보유국과 비보유국 간의 구별이 명확하지 않다. 이러한 상황에서 자율살상무기 금지 논쟁은 아직 본격적으로 불붙지 않았고, 특히 강대국들의 지정학적 이해관계로 인해 본격적인 문제제기 자체가 심히 제한되고 있다(Altmann and Sauer, 2017: 132~133).

## 5. 맺음말

오늘날의 기술혁신은 사회 전반에 걸쳐서 큰 영향을 미치고 있다. 이러한 기술혁신이 군사안보 분야에 미치는 영향은 자율무기체계의 개발과 도입 과정에서 극명하게 나타난다. 특히 자율무기체계의 도입과 새로운 군사전략에 입각한 작전개념의 변화라는 구도에서 미래전의 수행을 위한 기술적·군사적 기반이 진화해 가고 있다. 정보화 시대 초기인 1990년대 말에도 기술발달이 군사안보 분야에 미치는 영향이 논의되었지만, 오늘날 4차 산업혁명 시대를 맞이하여 발생하는 변화는 그 형식과 내용의 변화를 더욱 가속화시키고 있다. 이러한 문제의식을 바탕으로 이 글은 최근의 기술혁신을 기반으로 한 자율무기체계의 도입이 미래전의 진화와 국제정치의 변환에 미치는 영향을 복합지정학의 시각을 원용하여 살펴보았다.

미래전의 진화라는 맥락에서 볼 때, 기술발달이 미치는 직접적 영향은 무기체계의 변환과 이에 대응하는 강대국들의 전략 변환에서 나타난다. 특히 미국과 중국 및 러시아 등의 국가들은 새로운 군사전략의 모색이라는 지정학적 관점에서 자율무기체계의 개발경쟁에 주력하고 있다. 이러한 시도가 4차 산업혁명으로 인해서 가능해진 기술발달을 그 바탕에 깔고 있음은 물론이다. 이러한 무기체계와 군사전략의 상호작용은 미래전의 진화에 대한 새로운 전망을 제시한다. 특히 전쟁을 수행하는 방식이 질적 변환을 겪고 있다. 특히 이 글은 군사작전의 운용이라는 차원에서 네트워크 중심전의 변환과 스워밍 작전의 구체화 및 모자이크전의 출현, 전투공간의 변화라는 차원에서 이해하는 다영역 작전과 사이버·우주전 및 하이브리드전의 부상, 그리고 근대전의 속성을 넘어서는 새로운 전쟁양식의 가능성 등에 주목했다.

이러한 미래전의 진화는 국제정치의 변환에도 영향을 미치고 있다. 전쟁수행 주체의 변화라는 측면에서 근대 국제정치에서 대내외적 폭력사용을 독점했던 국민국가의 위상이 변화하고 있다. 더 중요하게는 이러한 첨단기술에 대한 접근성이 높아진 비국가행위자들의 부상이 큰 변수이다. 민간군사기업과 같은 국가영역 안의 행위자가 국가의 군사업무를 보완하면서 그 역할을 넓혀가고 있다면, 국가영역 밖에서 폭력전문가들도 약진하고 있다. 이러한 변화들은 궁극적으로 근대 국제질서의 양적·질적 변환으로 이어질 가능성이 있다. 기성 국제질서에서 강대국들 간의 세력관계나 강대국-약소국의 관계구도가 변화하고 있을 뿐만 아니라, 주권국가 단위로 형성되었던 관념과 정체성도 변화의 조짐을 보이고 있다. 이러한 과정에 비인간 행위자로서 자율무기체계의 발달이 던지는 의미를 다시 되새겨 볼 필요가 있다.

자율무기체계 경쟁은 단순한 군사력 경쟁이라기보다는 미래전 수행의 기반이 되는 복합적인 권력경쟁으로 해석된다. 최근 미·중이 벌이는 경쟁은 미래 세계정치의 전개에 큰 영향을 미칠 것으로 보인다. 지정학적 시각에서 자율무기를 둘러싼 경쟁을 보아야 하는 이유이다. 그러나 기존의 재래식 무기나 핵무기와는 달리, 자율무기체계 경쟁은 그 특성상 고전지정학의 범위를 넘어서 이해할 필요가 있다. 오늘날 인공지능이나 로봇, 데이터 등의 기술혁신은 민간영역이 주도하는 성격이 강할 뿐만 아니라 그 적용과 활용의 과정도 지리적 경계를 넘나들며 이루어지는 경우가 많다. 인공지능을 탑재한 로봇의 무기화를 경계하는 안보화 담론은 윤리적 규범의 형성을 위한 비판지정학적 문제로 연결된다. 게다가 자율무기체계의 작동 자체가 점점 더 탈지정학적 공간으로서 사이버·우주 공간을 배경으로 이루어지고 있다. 이러한 과정에서 자율기능을 지닌 기계가 주도하는 '포스트휴먼'의 전쟁과 세계정치에 대한 전망마저 나온다.

자율무기체계의 발달이 야기하는 미래전의 진화와 국제정치의 변환이라는 복합지정학적 현상에 대응하는 미래전략 차원의 노력이 시급하게 요구된다. 4차 산업혁명의 시대를 맞이해서 한국은 스마트 국방력 창출을 위한 기술개발, 인력양성, 국방개혁 등의 노력을 기울이고 있다. 예를 들어, 2018년 육군은 국방개혁 2.0의 성공적인 추진과 합동전장에 기여할 수 있는 작전수행개념 구현을 위한 5대 '게임 체인저'를 추진하고, 드론봇 전투단, 워리어 플랫폼, 미사일부대, 전략기동군단, 특임여단 등을 강조한 바 있다. 이러한 대응책을 추진해 감에 있어 유념해야 할 것은, 주변국들의 무기체계 경쟁이라는 지정학적 측면에만 경도되지 말고, 향후 자율무기체계의 도입이 야기할 미래전의 진화와 국제정치의 변환이라는 복합지정학적 지평을 이해해야 한다는 점이다. 이를 바탕으로 미래전에 대비하는 물질적 역량을 구축하고, 동시에 이 분야의 세계질서 형성과정에 적극 참여하는 외교적 역량을 갖추어야 할 것이다.


김상배. 2015. 「사이버 안보의 복합지정학: 비대칭 전쟁의 국가전략과 과잉 안보담론의 경계」. ≪국제·지역연구≫, 24(3), 1~40쪽.

민병원. 2017. "4차 산업혁명과 군사안보전략." 김상배 편. 『4차 산업혁명과 한국의 미래전략』, 143~179쪽. 사회평론.

설인효·박원곤. 2017. 「미 신행정부 국방전략 전망과 한미동맹에 대한 함의: 제3차 상쇄전략의 수용 및 변용 가능성을 중심으로」. ≪국방정책연구≫, 33(1), 9~36쪽.

송태은. 2019. 「사이버심리전의 프로파간다 전술과 권위주의 레짐의 샤프파워: 러시아의 심리전과 서구 민주주의의 대응」. ≪국제정치논총≫, 59(2), 161~203쪽.

싱어, 피터(Peter Singer). 2017. "기계들의 전쟁." 사이언티픽 아메리칸 편집부 편. 이동훈 옮김. 『미래의 전쟁: 과학이 바꾸는 전쟁의 풍경』, 40~55쪽. 한림출판사.

윤민우. 2011. 「국제조직범죄의 전통적 국가 안보에 대한 위협과 이에 대한 이론적 패러다임의 모색」. ≪한국범죄학≫, 5(2), 107~141쪽.

이장욱. 2007. 「냉전의 종식과 약소국 안보: 약소국의 생존투쟁과 PMC」. ≪사회과학연구≫, 15(2), 310~347쪽.

전재성. 2018. "미래 군사기술의 발전과 미중 군사경쟁." 하영선·김상배 편. 『신흥무대의 미중경쟁: 정보세계정치학의 시각』, 111~135쪽. 한울.

조현석. 2018. "인공지능, 자율무기 체계와 미래 전쟁의 변화." 조현석·김상배 외. 『인공지능, 권력변환과 세계정치』, 217~266쪽. 삼인.

Altmann, Jürgen and Frank Sauer. 2017. "Autonomous Weapon Systems and Strategic Stability." *Survival*, 59(5), pp.117~142.

Arkin, Ronald C. 2009. "Ethical Robots in Warfare." Georgia Institute of Technology, College of Computing, Mobile Robot Lab.

Arquilla, John and David Ronfeld. 2000. *Swarming: the Future of Conflict*. National Defense Research Institute RAND.

Birkeland, John O. 2018. "The Concept of Autonomy and the Changing Character of War." *Oslo Law Review*, 5(2), pp.73~88.

Bode, Ingvild and Hendrik Huelss. 2018. "Autonomous Weapons Systems and Changing Norms in International Relations." *Review of International Studies*, 44(3), pp.393~413.

Bresinsky, Markus. 2016. "Understanding Hybrid Warfare as Asymmetric Conflict: Systemic Analysis by Safety, Security, and Certainty." *On-line Journal Modelling the New Europe*, 21, pp.29~51.

Carpenter, Charli. 2016. "Rethinking the Political/-Science-/Fiction Nexus: Global Policy Making and the Campaign to Stop Killer Robots." *Perspectives on Politics*, 14(1), pp.53~69.

Cudworth, Erika and Stephen Hobden. 2011. *Posthuman International Relations: Complexity, Ecologism and Global Politics*. London and New York: Zed Books.

Dittmer, J. 2013. "Geopolitical Assemblages and Complexity." *Progress in Human Geography*, 38(3), pp.385~401.

Docherty, Bonnie L. 2012. *Losing Humanity: The Case against Killer Robots*. Washington, DC: Human Right Watch/International Human Right Clinic(2012. 12. 5).

Fuhrmann, Matthew and Michael C. Horowitz. 2017. "Droning on: Explaining the Proliferation of Unmanned Aerial Vehicles." *International Organization*, 71(2), pp.397~418.

Garcia, Denise. 2018. "Lethal Artificial Intelligence and Change: The Future of International Peace and Security." *International Studies Review*, 20, pp.334~341.

Grayson, Tim, 2018. "Mosaic Warfare." Keynote Speech Delivered at the Mosaic Warfare and Multi-Domain Battle. DARPA Strategic Technology Office.

Hansen, Lene and Helen Nissenbaum. 2009. "Digital Disaster, Cyber Security, and the Copenhagen School." *International Studies Quarterly*, 53(4), pp.1155~1175.

Horowitz, Michael C., Sarah E. Kreps and Matthew Fuhrmann. 2016. "Separating Fact from Fiction in the Debate over Drone Proliferation." *International Security*, 41(2), pp.7~42.

Ikenberry, G John. 2014. "The Illusion of Geopolitics: The Enduring Power of the Liberal Order." *Foreign Affairs*, 93(3), pp.80~90.

Ilachinski, Andrew. 2017. *AI, Robots, and Swarms: Issues, Questions, and Recommended Studies*. CNA Analysis & Solutions.

Johnson, James. 2017. "Washington's Perceptions and Misperceptions of Beijing's Anti-access Area-denial(A2-AD) 'Strategy': Implications for Military Escalation Control and Strategic Stability." *The Pacific Review*, 30(3), pp.271~288.

Koch, Robert and Mario Golling. 2015. "Blackout and Now? Network Centric Warfare in an Anti-Access Area Denial Theatre." in M. Maybaum et al.(eds.) *Architectures in Cyberspace*, pp.169~184. Tallinn: NATO CCD COE Publications.

Latour, Bruno. 2005. *Reassessing the Social: An Introduction to Actor-Network Theory*. Oxford and New York: Oxford University Press.

Mead, Walter Russell. 2014. "The Return of Geopolitics: The Revenge of the Revisionist Powers." *Foreign Affairs*, 93(3), pp.69~79.

Mori, Satoru. 2018. "US Defense Innovation and Artificial Intelligence." *Asia-Pacific Review*, 25(2),

pp.16~44.
Ó Tuathail, Gearóid. 1996. *Critical Geopolitics*. Minneapolis, MN: University of Minnesota Press.
Payne, Kenneth. 2018. "Artificial Intelligence: A Revolution in Strategic Affairs?" *Survival*, 60(5), pp.7~32.
Reily, Jeffrey M. 2016. "Multidomain Operations: A Subtle but Significant Transition in Military Thought." *Air & Space Power Journal*, 30(1), pp.61~73.
Scharre, Paul. 2018. *Army of None: Autonomous Weapons and the Future of War*. New York: W. W. Norton.
Sharkey, Noel. 2008. "The Ethical Frontiers of Robotics." *Science*, 322(5909)(2008. 12. 19).
Shaw, Ian G. R. 2017. "Robot Wars: US Empire and Geopolitics in the Robotic Age." *Security Dialogue*, 48(5), pp.451~470.
Steinberg, Philip E. and Stephen D. McDowell. 2003. "Global Communication and the Post-Statism of Cyberspace: A Spatial Constructivist View." *Review of International Political Economy*, 10(2), pp.196~221.
Williams, John. 2015. "Democracy and Regulating Autonomous Weapons: Biting the Bullet While Missing the Point?' *Global Policy*, 6(3), pp.179~189.

# 2 4차 산업혁명과 군사무기체계의 발전

이중구 | 한국국방연구원 안보전략연구센터

## 1. 연구배경

4차 산업혁명은 디지털 혁명에 이어 인간 사회에 광범위한 변화를 야기하고 있다. 4차 산업혁명은 사물인터넷Internet of Things, 빅데이터Big Data, 인공지능Artificial Intelligence, 무인자율체계Unmanned Autonomous System 등의 여러 기술적 혁신이 서로 연계되어 사물이 자동적·지능적으로 제어되는 변화에 따라 발생한 생산 주체와 대상 간의 관계에 대한 혁명적 변화를 의미한다(정춘일, 2017: 186). 이러한 기술적 변화에 따라 지능적으로 작동하는 것은 물론 스스로 활동할 수 있는 가상 물리시스템 혹은 사이버물리시스템Cyber-Physical System이 등장하게 된 것이다(박지훈, 2018: 4). 4차 산업혁명은 초연결화hyper-connectivity, 초지능화hyper-intelligence를 핵심으로 하나, 이러한 특징은 3차 산업혁명의 정보화가 보다 심화된 데 그친 것에 불과하다는 지적도 있었다. 하지만 생산수단의 효율성이 제고되어 온 3차 산업혁명까지의 변화와 달리 4차 산업혁명은 생산시스템 자체의 파격적인 변화를 의미한다는 점에서, 3차 산업혁명과 4차 산업혁명 간의 구분이 강조되기도 한다. 4차 산업혁명에서는 생산시스템 및 제품 자체가 지능을 갖추는 변화가 나타나고 있다는 점 때문이다.

이러한 4차 산업혁명은 군사부문은 물론 국가 간의 전쟁양식과 무기체계의 양상에도 영향을 미칠 것으로 전망된다. 4차 산업혁명은 전투와 군사전략만이 아니라 ICT 기반의 위기관리 플랫폼, AI에 기반한 의사결정, 사물인터넷을 통한 자원 및 시설의 관리, 드론을 활용한 물자의 수송, 증강현실 기반의 교육훈련 등 군사 부문에 대해 광범위한 영향을 미칠 것으로 파악되고 있다(최원상, 2018: 201~214). 특히 주목되는 것은 전쟁 양상에 4차 산업혁명이 미칠 영향이다. 4차 산업혁명의 개념이 탄생하기 이전에도, 정보화의 기술적 발전을 기반으로 네트워크 중심전Network-Centric Warfare: NCW, 효과기반작전Effect Based Operation: EBO, 신속결정작전Rapid Decisive Operation: RDO의 개념이 제시되어 왔으며, 최근에는 미래전의 양상으로 군사, 비군사의 경계를 뛰어넘어 여러 형태의 전쟁이 혼합된 하이브리드전Hybrid Warfare도 부상하고 있다(이수진·박민형, 2017: 2). 4차 산업혁명 이전에 이미 미래전의 주요 개념이 제시되어 왔다는 점에서, 4차 산업혁명이 미래전의 개념을 탄생시킨 요인이라고 보기는 어렵지만, 군사 분야에 대한 4차 산업혁명과 미래전 개념은 서로 상호작용하며 발전해 가고 있다.

이 글에서는 미래전 개념하에서 4차 산업혁명이 어떠한 잠재력을 가지고 있으며, 실제 무기체계의 발전 동향 속에서 그러한 잠재력들이 구현되어 가고 있는지를 살펴보고자 한다. 사이버전과 데이터 안보 등은 별도의 부분으로 다루어질 수 있으므로, 이 글에서는 기존 재래식 군사력의 중심적 무기체계인 지상무기체계, 해양무기체계, 공중무기체계, 그리고 (미국, 중국, 러시아 등의) 전략무기체계와 우주무기체계의 영역에서 이루어지고 있는 4차 산업혁명에 기초한 군사무기체계 발전을 검토해 보고자 한다.

## 2. 미래전과 4차 산업혁명

### 1) 미래전

미래전쟁에 대한 논의는 4차 산업혁명의 결과라기보다는 1990년대 초 3차 산업혁명 혹은 제3의 물결로 불린 기술적 발전과 탈냉전기의 새로운 전쟁 양상을 배경으로 나타난 것으로 볼 수 있다. 미래전에 대한 논의와 오늘날 4차 산업혁명의 진행은 동시에 이뤄지고 있다고 볼 수 있다. 우선, 미래전에 대한 논의는 정찰 자산과 정밀타격 자산의 등장을 배경으로 한다. 1991년의 걸프전에서는 센서와 지휘통제Command and Control: C2 및 타격체계Shooter에 첨단기술이 적용된 무기체계가 동원된 결과, 빠른 OODA 사이클을 갖는 정밀타격 중심의 군사전략이 정착되어 갔다(권태영 외, 2004: 42~43). 단적으로 제2차 세계대전과 걸프전에서 1개 표적을 타격하는 데 소요된 폭탄량을 비교해 보면, 약 9000개 대 1개로 효율성 차원의 격차가 매우 컸다. 걸프전에서는 스텔스 전폭기인 F-117 나이트호크Nighthawk가 1개의 정밀유도무기로 1개의 표적을 공격할 수 있었기 때문이다. 이러한 정밀타격은 센서의 감시정찰 능력과 그를 통해 획득된 전장상황을 각급 작전부대에 전송하는 동시 동기화 능력에 의해 가능했다. 예를 들어, 걸프전 당시 미군은 각종 인공위성, 레이더시스템, 공중조기경보통제기AWACS를 통해서 전장을 파악하고 이라크의 전략적 중심COGs을 정밀타격할 수 있었던 것이다(권태영·노훈, 2008: 34). 이 점에서 정보화를 가능하게 한 3차 산업혁명이 미래전 개념을 태동시킨 기술적 기반으로 평가될 수 있을 것이다. 1991년 걸프전 당시에 모습을 드러낸 정보화 기반 정밀타격 중심의 미래전 양상은 시간이 갈수록 더욱 뚜렷해져 갔다. 1991년 걸프전에서 폭탄투하량의 8%에 불과했던 정밀유도무기의 비중이 2003년 이라크전쟁에서는 70%로 확대되었던 것이다(권태영 외, 2004: 25).

이러한 점에서 미래전에 대한 논의는 비교적 최근의 현상인 4차 산업혁명의 산물이라기보다는 그보다 앞선 3차 산업혁명으로부터 태동되어 4차 산업혁명과 함께 발전해 가고 있는 현상으로 보아야 한다. 미래전과 4차 산업혁명은 함께 발전해 가는 과정에서, 미래전에 대비한 군사전략과 국방력 건설에 4차 산업혁명의 새로운 기술이 적용되어 갈 수도 있고, 4차 산업혁명 기반 무기체계에 의해 새로운 전술적·전략적 가능성들이 확대되면서 미래전 개념의 구체화와 새로운 패러다임의 등장까지 가능케 할 수 있다는 것이다.

미래전에 대한 논의의 하나는 미래전은 전장이 복합화된다는 5차원 전쟁 이론이다. 미래전에서 우주에 대한 통제권 장악 여부는 전쟁 승패의 관건이 될 것으로 논의되며, 사이버공간에서의 우위는 자국의 정보와 지식 네트워크를 보호하면서 상대방의 정보·지식 네트워크를 무력화시킴으로써 상대국의 육·해·공 전투력의 네트워크적 운용을 어렵게 할 수 있을 것으로 기대된다(권태영 외, 2004: 35). 그에 따라 기존의 지상, 공중, 해상의 전장 개념에 우주와 사이버 전장을 더한 것이 5차원 전쟁 이론이다. 이러한 5차원 전쟁 개념은 최근 미국의 다영역전투Multi-Domain Battle: MDL, 교차영역 시너지Cross-Domain Synergy, 그리고 일본의 횡단영역 전투Cross-Domain Battle 등의 개념에 반영되고 있다. 이 가운데 다영역전투의 개념은 2016년 5월 미국 연례 태평양 육군력LANPAC에서 미 육군 교육사령관 데이비드 퍼킨스David G. Perkins에 의해 제시된 것으로서, 미국이 유지하고 있던 기존의 지·해·공·우주·사이버 5개 전장에 대한 우위가 미국과 동등한 능력을 갖춘 적들에 의해 도전받고 있다는 인식으로부터 출발한 것이다. 그는 5개 전장의 각 전투부대가 통합적으로 운용되어 다른 영역으로도 전투력을 투사함으로써 주요 공간 지배에 필요한 미국의 군사적 우위를 보장할 수 있어야 한다고 보았다(김재엽, 2019: 137~138; 강석율, 2018: 18). 아울러, 교차영역 시너지란 5차원전에서 서로 다른 전장의 부대 간의 상호운용성과 통합성을 제고시키고 각 군이 다른 영역의 전투 영역에까지 관여함으로써 전반적 전투력을 강화할 수 있다는 개념이다. 예를 들어, 미 육군이 자국 해군과 공군을 위협하는 상대의 지상무기를 제압하여 제해권·제공권 확보를 지원할 수 있다는 것이다. 동시에 5개 영역 간의 상호의존성이 커짐에 따라 사이버전자전Cyber & Electronic Warfare: CEW의 중요성도 제고되고 있다(손태종, 2019). 4차 산업혁명에 따라 사이버·우주 공간의 능력이 주요국 육·해·공 군사력의 능력 발휘에 필수적이 됨에 따라(Reily, 2016: 67~69), 사이버공격이나 전자기파 공격을 통해 상대측 지휘통제능력이나 무기체계, 전장 간 네트워크를 손상시킬 경우 상대방의 지상·해상·공중 전투력도 약화시킬 수 있는 것이다(강석율, 2018: 20).

또 다른 미래전에 대한 논의는 네트워크 중심전이다. 미래전의 주요 개념에는 네트워크 중심전, 효과기반작전, 신속결정작전 등이 있으나, 그중에서 가장 핵심적인 개념으로는 네트워크 중심전이 꼽힌다. 네트워크 중심전은 "정보 우월성에 바탕을 둔 작전 개념으로서 탐지기, 의사결정권자, 타격체를 모두 네트워크를 활용해 연계하여 전투력을 높임으로써 전장 인식 공유, 지휘 속도 향상, 작전 템포 증가, 치명성 증대, 생존성과 자아동시통합능력 향상을 도모"하는 것으로 규정될 수 있다.[1] 네트워크 중심전은 미국의 세브로스키A. K. Cebrowski 제독에 의해 제시되었다. 그는 2001년 미국 국방성 전력변환실 책임자로 활동하면서 컴퓨터와 통신기술의 발달로 함대를 연계하여 함대 자체의 감시능력을 확장할 수 있다는 해군적 발상을 군사 부문 전체에 적용할 수 있다고 보았다(노훈·손태종, 2005: 1~2). 네트워크 중심작전은 어떤 무기체계가 단독으로 작전을 수행하는 플랫폼 중심작전에 대비되는 개념이다(조남훈, 2010: 16). 네트워크 중심전은 전투요소들의 네트워크화를 통해 전장 인식을 보다 확장하고, 위협에 대한 대처도 통합적으로 진행한다. 네트워킹된 센서그리드와 교전그리드는 정보그리드를 통해 하나의 장치처럼 통합된다. 이러한 네트워크 중심전의 개념에서는 각 무기체계가 네트워크상에만 존재하면 되기 때문에 작전 참여를 위해 병력이 특정 지점으로 이동할 필요를 줄여주며, 말단 부대도 지휘부와 전장

1 『국방군수·전력용어사전』(국방부, 2013년 8월).

인식을 공유할 수 있어 지시를 원활히 이해하면서 빠른 템포로 작전에 참여할 수 있게 해주고, 지휘관들에게도 신속한 결정을 내릴 수 있도록 지원해 준다.

전장 차원의 변화를 5차원전, 작전이론 차원의 변화를 네트워크 중심전이 대변해 준다면, 전술과 전투 차원의 미래전 양상은 비선형전 개념이 묘사해 준다. 과거의 전쟁에서는 적을 공격하기 위해서는 적의 전방배치 군사력을 파괴하고 영토를 점령하여 적의 핵심중심부COGs를 파괴해야 했지만, 현재의 전쟁에서는 장거리 정밀타격수단과 사이버전 수단에 의해 직접 적의 중심부를 여러 방향에서 동시에 공격할 수 있게 되었다. 이처럼 기술적 발전에 따라 접적, 집중, 선형의 형태를 갖던 전쟁 양상은 비접적, 분산, 비선형전Non-Linear Warfare으로 변화되었다(권태영 외, 2004: 70~71). 비선형 전쟁에서는 부대들이나 전투수단들이 하나의 대형을 이루기보다는 소규모로 분산되어 있다가 여러 방향에서 동시에 적을 공격할 수 있으며, 공격을 마친 후 다시 비선형의 분산 배치로 되돌아갈 수 있다. 이러한 원리의 변화를 기초로 분산기지split-basing, 벌떼/스워밍 전술swarming tactics과 같은 전술이 발달되었다. 분산기지란 소대 수준의 부대들을 전방에 깊숙이 분산 침투시켜 전장상황을 파악하고 이들에 의해서 정밀타격수단을 표적에도 유도시키는 전투방식을 의미한다. 벌떼/스와밍 전술은 분산기지 개념에서 연장된 것으로, 분산되어 있던 소규모 부대들의 공격 능력을 신호와 함께 일제히 목표물에 집중시키는 것을 의미한다(권태영 외, 2004: 72~73).

### 2) 4차 산업혁명과 전쟁

미래학자인 앨빈 토플러Albin Toffler는 전쟁이 생산양식의 변화로부터 자유로울 수 없다고 지적했다. 그는 『전쟁과 반전쟁War and Anti-War』을 통해 "역사적으로 인류의 전쟁방식은 곧 인류가 일하는 방식을 반영해 왔다"라고 말했다(Toffler and Toffler, 1993: 3). 그리고 전쟁의 방법은 평화의 방법에도 반영되었다. 쟁기,

**표 2-1** 문명의 전환과 전쟁 양상의 변화

| 사회 변화 | 농업사회 | 산업사회 | 정보사회 | 초지능사회 |
|---|---|---|---|---|
| 전쟁 양상 | 육체·백병전 | 기계·화학전 | 정보·지식전 | 데이터·지능화전 |
| 전장 공간 | 1차원: 지상 | 3차원: 지상, 해상, 공중 | 5차원: 3차원+우주, 사이버 | 5차원: 지상, 해상, 공중, 우주, CPS 공간 |
| 지휘 구조 | 장수 중심 구조 | 수직적 계층구조 | 수평적 네트워크 구조 | 초공간 네트워크 구조 |
| 전력 구조 | 병력 집약형 | 자산 집약형 | 정보 집약형 | 지능 집약형 |
| 전투 형태 | 선형 | 선형·비선형 | 비선형 (소부대, 분산) | 비선형·불규칙형 (소부대, 개인, 무인화무기, 분산) |
| 파괴, 피해 | 노획, 포로 | 대량 파괴, 대량 살상 | 정밀 파괴, 소량 피해 | 정밀 파괴, 마비, 소량 피해/무피해 |

자료: 정춘일(2017: 194).

괭이 등이 생산수단이었던 농업시대에는 전쟁에 창, 검, 도끼 등이 활용되었고, 조립라인에서 제품이 대량으로 생산되던 산업시대에는 대량생산된 표준화된 무기들이 전쟁에 동원되었다. 이와 유사하게 네트워크와 정보를 통한 생산이 이뤄지는 정보화 시대에는 전쟁에 정보와 지식의 네트워크가 핵심적인 역할을 할 것으로 예측되어 왔다. 이러한 새로운 전쟁양식의 등장을 장식한 전쟁으로는 1991년 걸프전이 꼽혔다.

기본적으로 제3의 물결을 전제할 때, 기술의 진보에 따라 전쟁 양상에 나타날 변화들로는 지식과 정보의 중심성, 탈대량화, 우주공간의 중요성 증대, 무인로봇전의 대두 등이 꼽힐 수 있다. 무엇보다도 미래전에서는 전쟁의 결과를 결정짓는 요소로 정보와 지식이 지배적인 위치를 차지하게 될 것이다. 정보기술의 발달로 인해 전통적인 전쟁의 '안개와 마찰fog and friction'이 제거되어, 상대방의 정보와 지식을 무력화시키면 상대방에 대해 압도적인 우위를 누릴 수 있다. 아울러, 정밀공격능력의 등장으로 대량파괴 없이 전쟁이 종결되는 전쟁의 탈대량화도 기대된다(권태영·노훈, 2008: 36). 통신네트워크시스템의 핵심부가 존재하는 우주공간에 대한 지배와 통제가 전쟁의 승패를 결정짓는 데 유리한 요소로 규정되고, 전쟁에서 병사들을 로봇이 대체하는 무인화가 이루어지며, 군사조직도 소규모화되고 비계층적인 조직으로 변모될 것이다. 덧붙여, 기술의 혁명적 발전에 부합하여 병사들도 고도의 지식과 정보로 무장하게 된다. 이러한 조직과 인력 구조의 변화는 장교와 부사관의 구분을 흐리게 하고, 민간인력과 여성의 군대 참여 비중을 높이는 효과를 낳을 것으로도 전망된다(Toffler and Toffler, 1993). 덧붙여, 국방 분야에 영향을 미칠 수 있는 4차 산업혁명 시대의 기술로는 첨단센서, 사이버보안, 신추진,[2] 인공지능, 신소재, 3D 프린팅, 신재생에너지, 무인로봇, 사물인터넷, 가상현실/증강현실/혼합현실, 고출력 에너지, 양자정보, 오염정화 등 다양한 기술이 꼽히고 있다(방위사업청·국방기술품질원, 2017).

4차 산업혁명과 전쟁 양상의 관계는 낮은 수준에서는 새로운 과학기술을 통해 개별 무기체계가 발전되고 새로운 무기체계가 발전되는 것으로 제시할 수 있다(정춘일, 2017: 195). 신기술을 통한 무기현대화 프로그램이 진행될 수 있다는 것이다. 특히 4차 산업혁명의 기술을 통해 무기체계의 정밀성·지능성이 향상될 것으로 기대된다. 예를 들어, 미국이 2014년 이후에 제시한 3차 상쇄전략 등의 대응이 이에 해당할 것이다. 미국은 무인기술, 스텔스 기술, 레이저 기술 등 신기술을 통해 미사일 방어, 전략공격 능력을 강화시킴으로써 적대세력의 수적 우위를 상쇄시키고자 한다(박원곤·설인효, 2017: 16). 나아가, 무인자율무기라는 새로운 무기체계가 등장하는 변화도 나타날 수 있고, 전장의 네트워크도 초연결화·초지능화될 수 있다.

또한 중간 수준의 영향으로는 4차 산업혁명이 새로운 통합적 전투시스템을 낳음으로써 전쟁 양상에 더 큰 영향을 미칠 수 있다. 4차 산업혁명이 군사혁명 Revolution of Military Affairs: RMA을 일으킴으로써 개별 무기체계의 변화를 넘어서는

2 '신추진'이란 기존의 추진체보다 발전된 방식을 이용하여 항공기, 발사체 등을 추진시키는 것으로서, 초공동 해수 흡입 기술, 이온 로켓 엔진 기술 등이 있다(방위사업청·국방과학기술품질원, 2017: 2).

복합체계가 발전될 수 있다는 것이다. 이때는 '센서-결정-타격'의 각 수준이 4차 산업혁명의 기술적 혁신을 반영하게 될 것이다. 각종 센서와 스마트 기기에서 수집된 엄청난 정보는 클라우드 컴퓨터, 인공지능 기술을 통해 가공되어 여러 제대의 지휘관에게 제공되게 된다. 이 경우 4차 산업혁명은 단순히 무기의 모습만이 아니라 군사조직의 모습, 즉 지휘, 전력, 병력, 부대구조, 군수지원체계의 측면도 크게 변모시킬 수 있다.

가장 큰 수준으로 4차 산업혁명이 전쟁의 양상에 영향을 미치게 된다면, 4차 산업혁명으로 인한 안보전략의 변화가 야기될 수 있다. 4차 산업혁명의 결과로 안보전략을 결정하는 국가이익, 환경, 자원의 3요소가 변화될 수 있다는 것이다. 예를 들어, 국가이익 자체에 정보의 보호와 보존이 추가될 수 있다(정춘일, 2017: 195). 상대국의 정보시스템을 무력화하는 것이 전쟁 승리의 관건이 될 것이기 때문이다. 그뿐 아니라 4차 산업혁명의 기술을 바탕으로 비국가행위자가 전쟁의 지배적인 행위자의 하나로 등장할지도 주목되는 사안이다.

4차 산업혁명의 변화가 '전쟁의 미래'에 영향을 줄 것이라는 점은 대부분의 전문가가 동의하고 있는 사항이지만, 그러한 잠재력의 실현에는 교리, 조직, 규범의 구체화가 필요하다(조현석, 2018: 122). 4차 산업혁명의 여러 기술들이 연결되어 등장할 자율무기체계의 확산과 관련된 또 다른 변화 가능성으로 전쟁의 전쟁주체로서 인간중심성 약화, 전술로서 스워밍 전략의 부상, 해외 기지의 효용성 약화 등이 꼽히고 있다. 덧붙여, 자율무기체계의 등장에 따른 안보질서의 부정적 변화도 지적된다(조현석, 2018: 130~134). 자율무기체계의 등장에 따른 전사자 수의 감소로 개전이 더욱 용이해지고 종전에 대한 국민적 요구는 오히려 약화될 것이라는 전망이다(Altman and Sauer, 2017).

## 3. 군사무기체계의 발전

### 1) 재래식 무기체계의 발전 추세

#### (1) 지상무기체계

미래보병체계는 네트워크 중심전의 효용성을 소대, 분대, 보병 개개인에게까지 적용하기 위한 시도이다(황재연·정경찬, 2008: 338~365). 보병 분야에서도 네트워크 교전능력이 적용될 경우, 미적용 부대와의 교전 능력차가 크게 확대된다. 특히 미국, 프랑스, 영국, 독일 등의 나토 국가들은 상대적으로 이른 시점부터 미래보병체계 개발에 노력을 기울여 왔다.

우선, 미국은 미래보병체계의 구축을 위한 랜드워리어 프로젝트를 1990년대 초반부터 개시했으며, 2004~2020년에 이르는 단계적 개발계획을 수립했다. 다만, 신규 기술이 성숙하면 기존 체계에 적용하는 방식의 나선형 개발 기획의 특성상 필요 기술의 개발에 소요되는 기간을 예측하기 까다롭다는 개발상의 어려움을 지니고 있었으며, 이라크전과 아프간전에 따른 예산 제약으로 2007년에 이르러서는 사업이 일시 중지되기도 했다.[3] 랜드워리어 체계는 무장, 방탄헬멧 체계, 휴대용 컴퓨터, 개인 방호체계, 통합형 내비게이션 체계, 통신체계, 소프트웨어 등 7개 하위 시스템으로 구성되었다. 이러한 랜드워리어의 구성요소에 대한 개념은 이후의 미래보병체계 개발에도 영향을 주었다. 현재 미국 육군은 RASRobotic and Autonomous Systems Strategy를 통해 미래 병사가 휴대용 통신장비와 다양한 로봇을 이용하여 공격 및 방어능력을 강화한다는 비전도 제시했다.[4]

3 2008년에 다시 사업이 재개되었다.

4 The U.S. Army, "The U.S. Army Robotic and Autonomous Systems Strategy(RAS)," https://www.tradoc.army.mil/Portals/14/Documents/RAS_Strategy.pdf(검색일: 2019. 10. 17).

한편, 프랑스의 미래보병체계인 FELINFantassin a Equipement et Liaisons Integres (Integrated Infantryman Equipment and Communications)은 1996년에 개시되었으며, 항공기와 지상작전을 하나의 네트워크로 통합한다는 미래 항공-지상 네트워크 중심체계의 일환으로 추진되었다. 영국은 미래보병체계로서 FISTFuture Integrated Soldier Technology System를 2003년에야 탈레스 UK와 계약을 체결함으로써 추진하기 시작했다. 영국은 미국 등 선발주자의 시행착오를 학습함으로써 상대적으로 빠른 시점인 2008년에 FIST를 개발한다는 목표를 수립했다. 이는 프랑스의 FELIN과 유사하게 육상과 공중의 무기체계를 하나의 네트워크로 통합하는 사업을 필요로 한다. 이와 함께 영국은 각종 육상장비와 전자전 시스템 등을 네트워크화하는 바우먼Bowman 사업을 추진하고 있다.

또한 독일은 2000년대 이후 IdzInfanterist der Zukunft(Infantryman of the future) 미래보병체계의 구축을 추진 중이다. Idz 미래보병체계는 두 가지의 버전으로 진행되고 있는데, 첫 번째 버전은 현용 기술을 통해 단기 내에 신뢰성 있는 미래보병체계를 확보한다는 것이며, 두 번째 버전은 앞으로 개발될 신규 기술을 활용하여 고성능 미래보병체계를 구축하기 위한 것이다. 이 외에 이탈리아도 솔다토 퓨투로Soldato Futuro(Future Soldier) 미래보병체계 개발을 추진해 왔으며, 시제품 역시 2007년에 개발이 완료되었다.

끝으로 중국과 일본도 미래보병체계를 개발 중이다. 중국은 미국의 무인전투체계 전략을 본떠 자체의 무인전투체계 발전을 추진 중이다. 지상전을 대비하여 정찰, 기동, 수송 등의 분야에 무인전투차량 등을 배치하고자 한다(Ray et al., 2016: 70). 일본도 미래보병체계 개발을 진행하고 있다는 점이 이미 2007년에 공개된 바 있었다(황재연·정경찬, 2008: 365). 전 세계 로봇과 부품의 상당 부분을 제공하고 있기에, 일본은 필요시 무인전투체계를 신속히 구축할 수 있다(이지은, 2014: 103).

이러한 미래보병체계를 가능하게 하는 데는 4차 산업혁명의 기술들이 기여하고 있으며, 인공지능 기술 등 미래보병체계 개발 개시 이후 등장한 기술들의 적용 가능성도 모색될 수 있고, 일부는 현실화되어 가고 있다. 예를 들어, 콘택트렌즈 등을 통해 병사의 심박수, 혈당 등의 신체 상태를 작전·의무 활동을 위해 전달하는 무기체계의 개념도 발전될 수 있다(방위사업청·국방기술품질원, 2017: 418). 또한 생체 신호 기반 원격제어기술은 사용자의 신체정보와 환경정보를 사용자나 주변 IoT에 전달하여 적절한 지원서비스가 이루어지도록 하는 기술로서 뇌파, 심전도 등을 통해 사물을 제어하거나 인간의 능력을 강화시키고 물리적인 지원이 가능하게 한다. 이러한 원격제어기술을 이용한 바이오패치 등을 파워슈트에 적용하는 연구가 진행 중이다(방위사업청·국방기술품질원, 2017: 313~314).

아울러 초연결화와 더불어 빅데이터에 기반한 머신러닝과 그로 인한 인공지능의 발달은 무인무기체계Unmanned Weapon System: UWS의 발전을 가능하게 하고 있다. 일반적으로 무인무기체계는 조종자가 탑승하지 않은 상태에서도 원격조종, 내부의 제어·통제체계에 의해 군사임무를 수행하는 무기체계를 의미한다. 배치되어 운용되는 전장의 종류에 따라 무인지상차량Unmanned Ground Vehicle: UGV, 무인수상함정Unmanned Surface Vessel: USV, 무인잠수정Unmanned Underwater Vehicle: UUV 그리고 무인항공기Unmanned Aerial Vehicle: UAV 등으로 구분된다(조영갑 외, 2016: 350). 무인무기체계의 시원은 1939~1940년 핀란드 침공 당시 소련군이 투입했던 텔레탱크Teletank T-26으로 거슬러 올라가기도 한다(Del Monte, 2018: 185). 그러나 본격적인 무인무기체계의 등장은 1982년 레바논 전쟁에서 이뤄졌다. 당시 이스라엘은 무인항공기를 투입해 레바논의 방공체계를 작동시켜 배치현황을 파악한 후, 개전 초기 포병과 전투기의 집중공격을 통해 시리아의 방공체계를 무력화했다. 이어 2000년대 초 무인무기체계는 보다 능동적인 임무를 수행하게 되었다. 아프간전쟁과 이라크전쟁 당시 글로벌호크Global Hawk, 프레데터Predator 등의 정찰기가 감시 정찰 부문에서 다국적군의 우위를 확고하게 했다는 의미이다. 이후 무인무기체계의 활용성은 크게 확대되어 2010년 미군에는 7000대의 무인기, 1만 2000대의 무인차량이 배치된 것으로 논의된다(조현석,

2018: 116). 2014년에 발표된 미국의 3차 상쇄전략의 핵심도 로봇, 자율성, 인간-기계 조직human-machine teaming으로 언급된다(Scharre, 2018: 59).

최근에 4차 산업혁명과 연계한 지상 무인무기체계로는 인간형 전장구조 로봇, 물류수송 UGV, 무인전투차량 등이 개발 중이다. 중형 궤도형 다목적 로봇인 더 베어The BEAR는 인간형 전장구조 로봇으로 병사 이송 등의 목적에 투입될 수 있다. LS3는 4족 물류수송형 UGV로서 병사들을 대신하여 장비를 운송하는 데 활용된다. 가디엄Guardium Mk III는 무인전투차량으로 대형 무기를 운반할 수 있다(방위사업청·국방기술품질원, 2017: 265~266). 또한 각국이 개발 중인 지상 무인체계들은 다음과 같이 나열해 볼 수 있다. 미국은 MUTT(중형 궤도형, 차륜형 다목적), 더 베어(중형 궤도형 다목적), MUGV(대형 바퀴형 다목적), 크러셔Crusher(대형 바퀴형 전투), 립소Ripsaw MS2(대형 궤도형 무장), LS3(대형 4족 물류수송), 빅도그BigDog(중형 4족 물류수송)를 개발했으며, 이스라엘은 MTGR(소형 궤도형 다목적), 가디엄 Mk III(대형 바퀴형 무장), 아방가드AvantGuard(대형 궤도형 다목적)를, 독일은 텔레맥스teleMAX EOD 로봇(중형 궤도형 폭발물처리), 테오도르tEODor(중형 궤도형 폭발물처리)를 개발·운용 중이다. 그뿐 아니라 프랑스는 TSR 202(중형 궤도형 폭발물제거), AMX-30 B/B2 DT(대형 궤도형 지뢰제거)를, 영국도 TRAKKAR(중형 바퀴형 군수), 암트랙Armtrac 400(대형 궤도형 지뢰제거)을 운용 중이며, 캐나다도 중형 차륜형 무인순찰차량인 그런트GRUNT를 운용하고 있다.

끝으로, 지상 무인무기체계 중에서 킬러로봇에 대해서도 논의해 볼 수 있다. 무인무기체계는 인간의 조종하에서 임무를 수행하는 체계를 포괄적으로 가리킨다. 무인무기체계는 인간에 의한 원격조종이 이뤄지는 무기체계로부터 완전한 자율임무수행이 가능한 무기체계까지를 모두 포괄하는 개념인 것이다. 이에 반해, 킬러로봇Lethal Autonomous Weapon Systems: LAWS은 "인간에 의한 추가적 개입"이나 "의미 있는 인간의 통제 없이" 군사적 임무를 수행하는 무기체계로서 인간의 조종과 관련해 '완전 자율화' 수준에 도달한 무기체계를 의미한다(박상현·전경주·윤범식, 2017: 2~3). 미국은 2025년에는 로봇이 전투에 투입될 것을 예견한 바탕에서, 무인 및 로봇체계의 통제와 관련된 교리까지 작성하고 있다. 러시아 역시 푸틴Vladimir V. Putin 대통령이 2017년에 자율로봇 개발을 국방부에 지시한 데에서 보이듯 광범위한 무인플랫폼 개발에 적극적인 입장이며,[5] 이스라엘에서는 무인지상차량이 이미 국경경비 임무에 투입되었다. 2018년 미국은 자율무기체계 개발에 약 70억 달러의 예산을 투입했으며, 무인로봇과 무인무기체계 개발에도 5억 달러 투자 계획을 밝혔다. 2030년까지 킬러로봇이 대량 생산되어 전장에 투입될 것이라는 전망도 제기되고 있다(정춘일, 2017: 202).

(2) 해양무기체계

무인화 기술이 적용된 해상무기체계로는 기뢰소해 무인수상정, 감시 및 정찰용 무인수상정 등이 꼽힌다. 예를 들어, 스웨덴의 SAM 3는 자율주행 및 원격제어를 통해 작동하는 기뢰소해 무인수상정이다. 이스라엘 등에서 운용 중인 프로텍터Protector는 연안, 항만 등지의 핵심시설 주변지역에 대해 감시 및 정찰, 부대보호 임무를 수행할 수 있다. 미국, 영국, 프랑스, 스웨덴, 중국, 이스라엘 등에서 개발 또는 운용 중인 해양무인무기체계는 다음과 같다(방위사업청·국방기술품질원, 2017: 265~266). 미국은 Z-보트Z-Boat 1800, USV-1000, WAM-V, 블랙피시Blackfish를 개발했으며, 영국은 C-헌터Z-Boat, C-타깃C-Target 13, FIAC RT, 센트리Sentry, 패스트FAST를, 프랑스는 에스펙테Inspecter Mk2, 스테렌뒤Sterenn Du를 개발 및 운용 중이며, 스웨덴과 중국은 각각 SAM 3와 XG-2를 운용하고 있다. 끝으로, 이스라엘은 프로텍터, 실버 말린Silver Marlin, 시스타SeeStar, 스팅그레이Stingray USV를 운용 중이다.

해양 무인무기체계의 강점은 완전 자율화 수준을 보여주는 자율주행전함 '시헌터Sea Hunter'를 통해서도 보인다. '시헌터'는 승무원 없이도 완전 자율화 상태

5 2020년까지 미사일 기지 방어에 기관총과 센서를 장착한 자율무기체계를 투입할 계획이다(박상현·전경주·윤범식, 2017: 4; 정춘일, 2017: 202).

에서 2~3개월간 적 잠수함을 상대하는 임무를 수행할 수 있다(박상현·전경주·윤범식, 2017: 3).

또한 해양 무인무기체계의 또 다른 유형은 무인잠수정으로 수중에 대한 정보 수집에, 또는 기뢰대항체계로 운용될 수 있다. 미국의 에코 보이저Echo Voyager는 2013년에 개발이 개시된 초대형 AUVAutonomous Underwater Vehicle로서 수중정보를 수집하는 역할을 담당할 것으로 전망된다. 노르웨이의 HUGIN 1000은 기뢰대항체계로 운용 중이다. 미국의 해양무인잠수정으로는 NMRS, 21" MRUUV, MANTA, Bluefin021, Iver2, 에코 보이저가 있고, 영국은 탤리즈먼Talisman M, 오토서브 3Autosub-3, 지오서브Geosub를 개발해 왔으며, 프랑스는 앨리스터Alister 9, ASEMAR, REDERMOR을 연구개발해 왔고, 독일은 시캣SeaCat, 시폭스SeaFox C, 시오터SeeOtter Mk2를 개발해 왔다. 일본의 무인잠수정으로는 S-10, 우라시마Urashima가 있고, 노르웨이도 HUGIN 1000을 개발해 왔다. 덧붙여, 이러한 무인잠수정 중 일부는 기존의 공격 핵잠수함 등에 탑재되어 있다가 필요시 작전 임무에 투입될 수 있다.

### (3) 공중무기체계

공중 무인무기체계는 국방 분야에서도 가장 활발한 개발 동향을 보이고 있는 분야로서, 무인전투기는 물론 무인정찰기 분야에서 기술적인 발전이 현저하게 나타나고 있다(방위사업청·국방기술품질원, 2017: 273~274). 예를 들어, 2003년 이라크전쟁에 투입되었던 RQ-4 글로벌호크 1기는 핵심정보의 60%를 확보하는 성과를 보였다. 또한 미국이 최근에 개발한 X-47은 항공모함 탑재용인 X-47B의 발전으로도 이어졌는데, 스텔스 형상으로 제작된 X-47B는 2015년 시연에도 성공했다. 무인헬기인 MQ-8 파이어스카우트Fire Scout는 2014년 미국 해군에도 인도되었다. 여러 가지의 감시 및 정찰장비를 탑재하고 있다. V-750은 중국에서 개발한 무인헬기이다. 미국은 X-47B(무인전투기), MQ-9 리퍼Reaper(무인공격기), 팬텀레이Phantom ray(무인전투기), 어벤저Avenger(프레데터 C)(무인전투기), MQ-8C

파이어스카우트(다목적 무인 헬기), 글로벌호크(고고도 장기 체공 무인기)를 개발·운용해 왔고, 이스라엘의 하피Harpy(자폭형 무인전투기),[6] 수퍼 헤론Super Heron(다목적 무인기),[7] 영국의 제퍼Zephyr(고고도 장기체공 무인기), 맨티스Mantis(무인전투기), 프랑스의 nEUROn(무인전투기), 독일의 바라쿠다Barracuda(무인전투기), 중국의 CH-5(무인전투기), V-750(다목적 무인 헬기),[8] 러시아의 스캇Skat(무인전투기)도 주요한 공중무기체계로 주목되고 있다. 여기서 언급되지 않은 다양한 기종도 각국에서 개발 중에 있는 것은 물론이다.

물론 위의 설명에서 부각되는 무인전투기, 장기 체공 고고도 정찰기, 무인헬기와 같은 무인항공기 외에도 다양한 종류의 무인항공기가 존재한다.[9] 고정익 비행기 모양의 무인항공기만이 아니라 헬리콥터 모양의 무인항공기도 일반적으로 무인항공기 혹은 드론으로 불린다. 군사용 무인항공기는 크기, 항속거리, 비행방식 등을 고려하여 초소형 드론, 멀티로터 드론, 고정익 무인항공기, 회전익 무인항공기, 하이브리드식 수직이착륙 무인항공기, 장기체공 고고도 무인항공기, 무인전투기Unmanned Combat Aerial Vehicle: UCAV로 구분될 수 있다(윤상용·박상중, 2018: 213~215). 이 가운데 초소형 드론은 손바닥만 한 드론이며 멀티로터 드론은 3~4개의 모터를 가진 것으로서 일반적으로 목격되는 드론이다. 무인전투기에는 바로 위에서 언급한 팬텀레이, MQ-9 리퍼 등이 대표적인 예이다.

참고로, 미국 역시 초소형 드론 개발을 위해 시험개발 노력을 지속하고 있고 FLIR 블랙 호넷Black Hornet과 같은 초소형 드론 개발을 위한 시험을 진행 중인 상황이다. 프랑스 등 유럽 국가는 초소형 드론을 도입하기 위해 블랙 호넷 제

6 하피는 적 레이더를 탐색해 공격하는 드론이다(조현석, 2018: 124).

7 슈퍼 헤론은 고고도에 장기 체공할 수 있는 무인정찰기로 지상 표적을 정밀타격할 수 있다. 우리 군에도 도입되어 있다.

8 CH-4B, CH-5, CH-7(스텔스 드론).

9 물론 무인항공기를 드론으로 부를 수도 있다. 드론은 본래 무인항공기의 일부를 일컫는 말이었지만, 최근에는 무인항공기를 통칭하는 데 쓰인다(차도완 외, 2018: 142).

조사와 공급계약을 맺는 방향으로 나아가고 있다.[10]

이러한 무인항공기는 정찰과 특수목적 분야에서 현대 및 미래전을 주도할 것으로 예측된다. 우선, 정찰 분야에서 드론은 이미 폭넓게 활용되고 있다. 오사마 빈라덴Osama bin Laden 사살 작전에서도 RQ-170 센티널Sentinel 고고도 무인 정찰기가 은신처 탐색에 운용되었다. 그뿐 아니라 드론은 작전지역에서 수천~수만km 떨어진 미국 본토에서 조종되면서 상대국의 지휘시설 파괴나 요인 사살 등 특수목적에 투입될 수 있다(조영갑 외, 2016: 353). 그 외에도 드론은 사격 훈련에 표적으로도 사용될 수 있으며, 상대방의 레이더와 방공체계를 교란하는 데 투입되기도 하고, 자폭과 자체 화력체계로 상대의 주요 시설을 타격하는 데 이용되기도 할 뿐만 아니라, 탑재된 레이더파를 증폭시켜 상대의 레이더를 교란시킬 수도 있다. 이러한 임무상의 구분에 따라 드론들도 정찰용과 특수목적용(공격, 무인전투기, 표적, 전자전, 기만 등)으로 나뉜다.

그에 따라 주요 군사강국들은 드론 전력의 운용·확대에 필요한 기반 구축과 장비 확충에 경쟁적으로 나서고 있다. 미국은 이미 8년 전부터 공군사관학교에서 드론 조종사를 배출해 왔으며, 드론의 운용범위도 수송과 공중급유로까지 확대하고 있다(차도완 외, 2018: 48). 초소형 드론도 미국이 개발 중인 무기이다. 중국 역시 2023년까지 드론을 4만 2000대 규모로 갖춘다는 계획하에 드론 전력 운용을 준비 중이다. 2015년에는 IS 공습 임무에 CH-5 무인공격기를 투입하기도 했고, 분쟁 지역 주변에 대해서는 군사용 드론 기지도 건설 중인 것으로 알려지고 있다. 그뿐 아니라 러시아도 2025년까지 유인전투력의 3할을 무인전투력으로 교체한다는 계획에 따라 군사용 드론을 계속 개발 중이다. 그 밖에도 이스라엘은 1970년대부터 드론 대대를 창설했으며, 유럽의 경우에는 컨소시엄을 결성하여 드론 개발을 추진 중이다(차도완 외, 2018: 148~149).[11]

10 "플리어, 블랙 호넷 개인 정찰 시스템(나노 무인항공기) 프랑스군 공급," ≪인공지능신문≫, 2019. 1. 21.

방공체계 역시 자율체계의 적용이 이루어져 온 분야이다. 이스라엘의 아이언돔은 적탄 탐지를 비롯하여 낙하지점 분석과 궤도 추적을 자동적으로 진행하며, 병사에 의해 요격미사일 발사가 확인된다(조현석, 2018: 124). 미국의 팔랑스Phalanx 근접방어체계는 자체 탐지 레이더와 20mm 포를 연계해 구축한 독립형 근접방어체계이다(조현석, 2018: 123). 이들 방공체계는 인간에 의한 감독하에서 시스템이 자율성을 발휘하는 유형의 무기체계라고 할 수 있다. 미국의 팔랑스, C-RAM, 패트리어트, 네덜란드의 골키퍼Goalkeeper, 이스라엘의 아이언돔, 러시아의 카슈탄Kashutan이 이러한 자율성을 일부 포함한 방공무기체계이다. 방공체계는 민간시설 및 주요 시설 방어의 필요성상 매우 빠른 결정이 필요하고 부수적 피해가 상대적으로 작아 AI 기술을 통한 자율화 수준의 제고를 추진하기 용이한 분야이다. 이러한 방공무기 분야에서 앞으로 자율화 기술이 어떻게 도입될지 주목된다.

### 2) 전략무기의 발전 추세

탄도미사일과 유인전폭기, 항공모함, 잠수함 등의 무기체계에 기초하던 핵억제력의 양상은 4차 산업혁명을 맞아 변화하고 있다. 미국이 개발 중인 레이저 무기는 향후 위성이나 고고도 무인기에 장착되어 미사일 방어에 활용될 것으로 전망되며, 인공지능 기술은 중국의 DH-10 등 지상발사순항미사일에 적용되어 미사일 방어 회피에 활용되어 갈 것으로 여겨진다. 또한 전폭기 부분의 상대적 열세를 만회하기 위해 중국이 초음속 무인 스텔스기 '안젠暗劍, An Jian'을

11 한국도 2018년 10월 80여 명 규모로 드론봇 전투단을 편성했다. 미래전 수행을 위해 정찰 드론, 무장 드론, 전자전 드론 등의 조기 전력화를 추구하고 있다. 한국 육군은 군단~대대의 각 제대에 드론봇 부대를 편성하려는 구상도 가지고 있다(국방과 기술 편집부, 2018: 14~16). 또한 한국군의 드론은 적지종심, GP/GOP, FEBA "A" 등 작전지역에 따라 정보기능, 정찰기능, 화력기능, 기동기능, 방호기능, 작전지속지원기능 등을 발휘하는 데 활용될 것으로 생각된다(류창수 외, 2019: 76~80).

개발 중인 것도 특기할 만하다. 이처럼 4차 산업혁명 시대에 전략무기의 양상도 변화를 보이고 있는바, 최근 전략무기의 발전 양상을 조명하고자 한다.

### (1) 운반수단

B-2A와 같은 스텔스 폭격기의 등장 이래, 스텔스 무기도 필요시 상대국의 방공체계를 무력화하고 전략폭격을 가할 수 있다는 메시지를 전달하는 전략무기의 하나로 주목을 받고 있다. 실제로도 F-35와 같은 스텔스 다목적 전투기의 전개가 상대국을 긴장시키기도 한다. 스텔스 기술처럼 4차 산업혁명 기술도 전략무기의 범주를 바꿔놓을 수 있을 것으로 생각된다.

첫째, 향후에는 무인화 기술의 확대에 따라 스텔스기의 무인화와 공중 핵억제력의 무인기화도 이루어져 갈 것이다. 중국은 상대적으로 뒤떨어진 전폭기 능력을 빠르게 강화하기 위해 무인 스텔스기의 개발을 서두르고 있다. 2006년 모형이 전시된 바 있는 안젠은 J-20과 비슷한 동체 형태를 가지고 있는데, 최신 공대공 미사일을 장착하고 작전을 수행함으로써 중국의 반접근전략 강화에 기여할 수 있다. 덧붙여, 러시아 역시 전략무기의 발전에 무인화 기술을 적극적으로 활용하고 있다. 푸틴 대통령이 2018년 3월 두마 연설에서 제시한 신형 전략무기 5종 중 하나인 카년Kanyon은 무인 수중 드론 기술이 적용된 무기체계이다. 무인 수중 드론인 카년은 태평양을 횡단해 상대국의 항만 등 전략시설에 핵공격을 가할 수 있다.

둘째, 극초음 기술도 신형 전략무기의 등장을 가능하게 하는 요소이다. 미국은 다른 경쟁국을 1세대 앞선다는 목표를 가질 만큼 기술적으로 앞서 있는 나라로서 신기술을 전략무기 부분에 도입하기 위한 시도를 경주해 왔다. 이러한 미국의 노력은 AHWAdvanced Hupersonic Weapon, X-51A와 같은 극초음 비행체 개발 노력으로 나타나고 있다. X-51A는 B-52에서 마하 20으로 발사될 무기로서 개발되기 시작했으며, 2010년 5월 이래 최소 네 차례나 시험발사된 바 있다. 비록 그 개발 속도가 느려 미 의회가 관련 예산을 삭감한 바 있으나, 중국과 러시아의 적극적인 극초음 비행체 개발에 맞서기 위해 미국도 이에 지속적으로 투자해 나가지 않을 수 없는 상황이다. 참고로 러시아는 신형 전략무기의 하나로 극초음 MaRVManeuverable Reentry Vehicle(기동탄두재진입체)인 아방가르드Avantgard를 개발하고 있으며, 중국은 DF-ZF, 싱쿵星空-2 등 극초음 비행체에 매진하고 있다.

셋째, 인공지능은 순항미사일의 역할을 높여 탄도미사일 중심의 핵미사일 판도를 바꾸어갈 것으로 전망하게 하는 요소이다. 중국 역시 인공지능 등 4차 산업혁명의 요소를 도입해 A2/ADAnti-access, Area Denial(반접근/지역거부) 능력을 확대해 가고 있다. 무엇보다 DH-10, YJ-100 등 지상발사 및 공중발사 순항미사일은 향후 인공지능을 탑재해 가는 방향에서 개량될 것으로 보인다. 이것은 미사일 방어에 대한 예측불가능한 회피능력을 제공함으로써 지상 및 항모 타격에 유리한 이점을 제공할 것이다. 또한 우크라이나 사태로 인한 미·러 대립 속에 최신 전략무기 개발에 매진하고 있는 러시아는 인공지능 기술로 순항미사일의 MD 회피 능력을 높이려 하고 있다. 전술한 것처럼, 2018년 3월 푸틴 대통령이 발표한 신형 전략무기 5종 중 하나인 핵추진 순항미사일 부레베스트니크Burevestinik가 이에 해당한다. 부레베스트니크는 핵추진 엔진을 통해 무한정 비행이 가능할 뿐 아니라 미국의 미사일 방어 방공망을 피해 지구 어디든 공격할 수 있다고 설명되었다. 이러한 비행경로 선택을 위해서는 거대한 연결망과 함께 인공지능 능력도 필요할 것으로 보인다. 다만, 러시아의 핵추진 순항미사일 개발사업은 다른 전략무기 개발에 비해 다소 뒤처져 있는 것으로 평가되고 있다.[12]

12 부레베스트니크는 아직 연구개발 단계에 있는 것으로 회자된다. 푸틴 대통령이 2018년 제시한 신형 전략무기 5종 중 무기화를 향해 가장 앞서 나가 있는 무기는 극초음 ALBM인 킨잘(Kinzhal)이라고 할 수 있다.

### (2) 탄/탄두

EMPElectro Magnetic Pulse는 핵폭발 시 발생하는 강력한 전기장·자기장을 상대국의 사회기반시설과 지휘통제체계를 마비시키는 데 활용하는 무기이다. EMP의 존재는 1962년 미국의 태평양상 핵실험 시 발견되었으나, 핵폭발 시 피해반경이 너무 넓기 때문에 제한적·전술적 용도에는 한계가 있는 것으로 논의된다. 이 점에서 핵무기를 EMP 생성용으로 활용하는 방식보다는 비핵 EMP(NNEMP) 무기체계의 개발이 군사적 관점에서는 유용성이 있어 보이는 사항이다(방위사업청·국방기술품질원, 2017: 348~349). 미국, 러시아, 독일, 중국 등이 EMP 폭탄의 개발을 주도하고 있다. 실제로 미국이 걸프전 및 이라크전에서 순항미사일에 장착한 EMP탄으로 바그다드 일대를 공격한 바 있는 것으로 알려져 있다(조영갑 외, 2016: 360). 정보화 기기 및 통신체계에 크게 의존하는 현대전 및 미래전에서 EMP 무기는 상대국의 군사력을 마비시키는 결과를 초래할 것이다. 이 점에서 EMP는 전략무기의 범주에 들어갈 무기로 가장 먼저 전망된다.

한편, HEPHigh Power Microwave 무기는 메가와트에서 기가와트에 이르는 극초단파를 발생시키는 체계로서 상대국의 첨단무기를 움직이는 운영체계와 센서를 마비시킨다. 일회성 무기인 EMP와 달리 여러 번 사용할 수 있기 때문에 군사적 유용성이 높은 편이다(조영갑 외, 2016: 360~361).[13]

아울러 레일건Rail Gun으로 대표되는 전자기포 역시 새로운 무기체계로 주목받고 있다. 전자기포는 자기장을 이용해 탄환에 높은 추진력을 부여하는 무기체계이며, 이 가운데에서도 레일건은 두 개의 레일을 통해 발생시킨 전자기로 탄환을 가속시키는 방식의 무기이다. 이는 1980년대부터 미국 육군에 의해 연

13 4차 산업혁명과의 관련성은 적으나, 상대국의 전력체계를 마비시키는 '대동력 무기'도 일종의 전략무기가 될 수 있다. 탄소섬유 자탄을 상대국의 변전소에 투하할 경우, 탄소섬유가 전력망에 합선을 일으킴으로써 상대국의 전력공급 능력을 마비시킬 수 있다. 1999년 나토는 세르비아 공습 시 대동력 무기를 통해 세르비아의 70%를 정전상태에 빠뜨렸다.

구되기 시작했으나, 전원장치를 탑재하기에는 전차가 너무 작다는 점이 인식된 이후에는 해군에 의해 주도적으로 연구되었다. 레일건을 운용할 플랫폼으로 전차보다 항공모함이나 대형 군함이 적합하다는 판단이 이루어진 것이다. 이러한 레일건은 2016년에 시험발사가 이루어졌고, 2018년 줌왈트급 구축함에 시범적으로 탑재된 것으로 추정되고 있다(방위사업청·국방기술품질원, 2017: 349, 352~353, 358).

(3) 미사일 방어

레이저 무기는 빛의 속도로 장거리를 직진하는 레이저를 무기화한 것으로서, 신속한 공격이 가능하다는 장점을 갖는다. 미국은 레이저의 실용화를 위한 연구를 활발하게 진행해 왔으며, 2007년 2월에는 보잉 747을 개조한 YAL-1A를 통해 항공기 탑재 레이저AirBorne Laser: ABL의 시험발사를 진행한 바 있다. YAL-1A에 탑재된 ABL 레이저는 발사 직후의 탄도미사일을 요격하기 위한 무기체계로서 개발된 것이었다(조영갑 외, 2016: 358). 또한 미국은 헬리콥터, 수송기, 전투기에 탑재가 가능한 저출력의 전술레이저도 개발해 왔다. 한편, 제럴드 포드급 항모에서도 레이저건이 운용될 것으로도 추정된다. 레이저 무기는 여러 표적에 대한 다수 공격이 가능하며 경제성이 높으나, 악천후나 표적의 반사율에 따라 파괴력이 약화될 수 있다는 한계를 갖는다.

극초음 미사일의 등장에 따라 그에 대처할 무기로서 레이저 무기의 중요성이 증대되고 있다. 미국의 2019년 미사일방어보고서Missile Defense Review: MDR는 고에너지 레이저 기술이 발사 직후의 미사일을 효과적으로 파괴할 무기일 것으로 평가하고(Dod, 2019: 14), 레이저 무기를 운용할 플랫폼으로 무인기를 주목했다. 무인기를 통한 초기 단계의 요격 시도는 극초음 미사일에 대한 요격 성공률도 높여줄 수 있을 것이다.

덧붙여, 스텔스 전폭기 등이 전략무기의 하나로 이해되어 가는 추세 속에서 스텔스 무기를 상대하기 위한 방어체계도 잠시 언급될 수 있다. 4차 산업혁명의 양자 얽힘 이용 기술을 토대로 한 미세한 반사 신호도 포착할 수 있는 양자 레이더가 그것이다(류태규·지태영, 2019: 10~11).

### 3) 우주무기의 발전 추세

5차원 전쟁과 네트워크 전쟁으로서 미래전쟁의 성격이 가닥을 잡아감에 따라, 우주 전장에서의 승리는 지상·해양·공중·사이버 전장에서의 승리에 직결될 수 있다. 지·해·공 무기체계가 위성을 통한 네트워크에 크게 의존하고 있기 때문이다.

이로 인해 우주 전장의 중요성이 확대될수록 상대국의 위성 능력을 제한하기 위한 우주공격 능력이 주목되어 왔다. 현재 미국, 중국, 러시아, 인도 등이 대위성미사일Anti-Satellite Missile: ASAT을 보유하고 있는 것으로 판단된다. 앞서 미국은 1985년 노후 인공위성 솔윈드Solwind P78-1을 F-15 전투기에서 발사한 공중발사 소형발사체Air-Launched Miniature Vehicle: ALMV ASM-135 ASAT 미사일을 통해 하드킬 방식으로 파괴하는 데 성공했고,[14] 1980년대 말에는 구소련이 대위성 지상발사 레이저를 개발했다는 첩보를 근거로 미국도 지상발사 레이저를 개발하기 시작하여, 1990년대 말에는 420km 고도의 위성에 대한 레이저 시험 작동에서도 성공적인 결과를 얻어낸 바 있다. 2000년대에는 위성과 지상기지의 교신을 방해하기 위한 위성 재밍Satellite Jamming 기술도 발전되었고, 2008년에는 이지스함에서 발사한 RIM 스탠더드Standard-3 미사일로 240km 고도의 미작동 정찰위성을 파괴하는 실험에서도 성공적인 결과가 얻어졌다(Grego, 2012 참조). 한편, 구소련은 1960년대에 상대편 위성에 근접하여 재래식 탄두를 폭발시키는 방식의 대위성무기를 개발했고, 1973년에는 이 무기체계의 배치를

14 "인도, 미사일로 위성 격추 성공 … 미·러·중 이어 네 번째," ≪뉴데일리≫, 2019. 3. 28.

선언했다. 또한 1980년대 말에는 미국의 공중발사 ASAT 체계에 대응하기 위해 유사한 무기체계를 시험했으나, 시험발사 직전까지 이 사실을 모르고 있었던 고르바초프Mikhail Gorbachev 서기장은 자금 지원을 취소했다.[15] 그뿐 아니라 중국도 2007년 1월 11일 자국 인공위성 FY-1C를 중거리 미사일로 요격하는 데 성공하여 ASAT 체계의 확보 노력에 있어 진전이 있었음을 증명했다(정해정, 2018: 119). 최근에는 인도 역시 2019년 3월 27일 위성요격시험에 성공함으로써 4번째 ASAT 보유국이 되었다.[16]

미국은 중국과 러시아의 대우주 공격 능력 발전에 따른 우주전 대응능력 구축의 필요성을 우주군 창설의 배경으로 밝혔다. 중국이 ASAT 미사일 운용 훈련을 진행하고 지향성 에너지 기술을 개발하는 등 향후 수년 내에 대위성무기와 관련하여 초기 작전능력을 갖출 것이라고 전망하고, 러시아도 그러한 방향으로 능력을 갖추어 나가고 있다고 진단했던 것이다(Coats, 2018: 13). 동시에 미국은 경쟁국의 우주 위협 가능성이 확대되고 있고 미래전의 양상이 변화할 것임이 확실시되고 있다면서, 우주에서의 작전능력을 보장하고 공격을 억제하며 적의 우주·대우주 위협을 격퇴하기 위해 우주전력을 개발해야 한다는 입장도 밝혔다(DoD, 2019: 1~2). 이에 따라 우주사령부가 2019년 8월 29일 재창설되었다.

한편, 우주무기체계는 임무에 따라 우주감시, 지·해·공(·사이버) 작전 지원, 우주수송, 우주공격 및 방어 임무의 4개 영역으로 구분될 수 있는데, 이러한 임무의 영역 중에서도 우주무기체계의 중요성은 지·해·공·사이버 작전지원능력에 기초해 있다. 이미 지·해·공 작전지원 등을 위한 정찰위성은 다수 배치되어 있다. 이들 위성은 전쟁에 있어서도 결정적인 역할을 수행 중이다. 그러한 역

15 또한 구소련은 미국의 위성을 오작동시킬 수 있는 지상발사 레이저를 개발했다고 논의되기도 했으나, 탈냉전 초기 이러한 정보는 과장된 것임이 드러났다(Grego, 2012: 6~7).

16 "인도, 위성파괴 미사일 발사 시험 성공 … 모디 총리," ≪뉴시스≫, 2019. 3. 27.

할의 중요성은 걸프전에서 드러나기 시작해 미국의 정찰위성·항법위성·통신위성·조기경보위성이 투입되었던 2003년 이라크전에서 증명되었다(정성훈·이재용·서창수, 2016: 75~76). 2003년 이라크전쟁 당시 정찰위성은 행인이나 차량의 종류까지도 식별할 수 있었으며, 항법위성은 좌표를 제공함으로써 정밀타격을 가능하게 했고, 통신위성은 육군·해군·공군의 모든 사용자를 연결하여 원활한 지휘통제가 이루어질 수 있도록 했으며, 조기경보위성은 패트리어트 체계를 통한 미사일 요격에 필요한 경보자료를 제공해 주었다.

이와 관련하여 우주무기체계의 지·해·공·사이버 작전지원기능과 관련해 정찰위성과 통신위성의 발전 추세도 주목할 만하다. 고해상도 영상이 요구되고 있는 정찰위성 분야에서는 기술의 발전으로 소형화·경량화가 진행되는 가운데 전자광학, 적외선, 합성영상레이더 등이 복합적으로 활용되고 있다. 초소형 위성도 유용한 정찰성능을 갖추게 됨에 따라 중견국들의 군사적 필요를 채워줄 무기체계로 주목받고 있다. 아울러, 통신위성 분야에서는 항재밍 능력, 이동형 위성단말 지원 능력, 광대역 데이터전송 능력 등이 강조되고 있다(최재원, 2015: 82~83).

특히 미사일 방어 차원에서 우주 기반 조기경보체계의 배치 노력이나 탄도 미사일 격추 기능에 대한 연구가 확대되는 추세이다. 트럼프 행정부는 2020 회계연도 국방예산안에서 우주 및 사이버 전투를 위한 투자 확대를 언급하면서 우주군 창설 예산으로 7.24억 달러를 투입할 것과 더불어 미사일 방어를 위한 우주기반 적외선 체계 구축에 16억 달러의 예산을 배정해 줄 것을 요구한 바 있다. 우주기반 감시 체제는 지평선에 의해 감시영역이 가려지는 지상기반 센서의 한계를 극복할 수 있어 극초음 비행체의 탐지 및 요격에 필수적이다. 또한 향후에는 우주 배치 미사일 격추 수단도 발전될 것이다. 미사일 방어 차원에서 우주기반 요격체의 필요성이 대두되고 있기 때문이다. 2019년 미국 미사일 방어 보고서에서도 불량국가의 핵위협 등에 대처하기 위한 우주기반 요격체의 개발 필요성이 강조되었다(DOD, 2019: XI). 우주기반 요격체는 요격 확률이 높을뿐더러 요격 과정에서 소모되는 방어용 미사일의 수량도 축소시킬 수 있는 등의 이점이 있다. 상대편 미사일을 발사단계에서 파괴하는 우주기반 요격체는 다중목적 요격체Multi-Object Kill Vehicle: MOKV 개발 노력과 더불어 미국 미사일 방어 정책의 중장기적인 과제로 추진되어 갈 가능성이 높아 보인다.

## 4. 결론

4차 산업혁명은 군사무기체계 발전의 한 요인으로서, 걸프전 이래 미래전 개념과 주요국 간의 경쟁이라는 다른 요인들과 결합하여 군사무기체계 발전을 낳고 있다. 오늘날 이루어지고 있는 재래식 무기, 전략무기, 우주무기의 발전은 4차 산업혁명의 기술적 요소와 미래전 개념, 강대국 경쟁이 서로 맞물린 결과이다.

재래식 무기체계의 발전을 살펴보면, 4차 산업혁명과 미래전은 서로를 강화시키고 있다. 우선, 미래전의 전략적 필요는 무기체계의 측면에서 4차 산업혁명 기술의 적용을 확대시키고 있다. 3차 산업혁명과 더불어 등장한 미래전의 개념은 네트워크전과 5차원 전쟁 등을 핵심으로 하는 것으로서 정보통신기술에 기반해 '관측-판단-결심-행동'의 OODA 루프를 보다 고속화함으로써 승리를 달성한다는 접근방식을 보여왔다. 미래전 양상에 대한 고찰은 그에 필요한 무기체계에 대한 요구를 낳아, 미국고등연구기획국DARPA에서는 로봇을 먼저 개발하는 국가가 미래전에서 승리할 수 있을 것이라고 점쳤다. 네트워크 중심전 수행체계의 효율성을 높이기 위한 미래보병체계의 등장도 미래전 개념이 신기술의 적용을 앞당긴 사례이다. 한편, 4차 산업혁명에 의한 무기체계는 전쟁 양상의 미래전식 특징을 더욱 확대시켜 갈 것으로 전망된다. 빅데이터와 인공지능에 의해 자율화 수준이 높은 무기체계가 도입된다면, 전쟁의 네트워크중심전의 특성, 우주와 사이버 전장을 핵심적 무대로 하는 5차원전의 특성을 더욱 강화시킬 것이다. 그뿐 아니라 AI 요소를 갖춘 드론의 등장과 IoT 기술의 도입은 스워밍 전술의 적용을 확대시킬 가능성이 높다. 이러한 추세는 비접적, 분산, 비선형전이라는 미래전의 성격을 보다 뚜렷하게 할 것이다.

또한 4차 산업혁명의 요소는 강대국 간 전략경쟁과 결합해 핵억제의 양상에도 적지 않은 변화를 일으키고 있다. 미국은 무인비행체의 도입은 물론, 레이저 기술에 기반해 미사일 방어 양상의 변화를 모색하고 있으며, 중국은 전폭기 전력 격차를 좁히기 위해 인공지능과 순항미사일의 결합 그리고 무인 스텔스기의 개발에 적극적이다. 러시아는 새로운 무기 개발로 전략적 균형을 유지하기 위해 사거리 무제한의 핵추진 순항미사일 등을 개발해 가고 있다. 전략무기의 운반수단, 탄/탄두 차원의 양상이 4차 산업혁명의 기술적 요소들로 변화되고 있는 것이다. 핵 운반수단의 3요소는 탄도미사일, 전폭기, 잠수함이라고 여겨졌던 핵전력 분야에서, 4차 산업혁명 기술에 기반한 강대국 간 경쟁의 상호작용 결과로 새로운 운반수단과 무기들이 등장하고 있다는 점이 특기할 만하다.

끝으로, 우주무기체계의 발전 추세는 과학기술의 발전에 따라 우주가 하나의 전장이며 우주 우세가 전체적 전쟁의 승패에 영향을 미친다는 미래전의 5차원 전장 개념이 정착되어 가고 있음을 뚜렷이 보여준다. 지·해·공·사이버 전쟁 수행을 위한 우주자산의 중요성이 증대됨에 따라 우주 우세를 둘러싼 군사적 경쟁이 초래되고 있다. 이 의미는 4차 산업혁명의 기술적 변화가 미래전 개념에 따른 우주 전장을 현실화시켜 가고 있다는 데 있다.

이러한 고찰들로부터 4차 산업혁명의 무기체계 발전이 미래전쟁에 관한 우리의 사고에 미치는 영향을 조망해 볼 수 있다. 첫째, 재래식 무기 분야에서 4차 산업혁명은 이미 1990년대 초부터 군사활동에 적용되기 시작해 온 네트워크전, 분산·비선형전 개념을 현실화시키면서 그 영향을 더욱 확대시키고 있다. 둘째, 전략무기 분야에서 4차 산업혁명은 무인 스텔스기, 극초음무기, 인공지능 순항미사일 등 새로운 수단을 등장시키고 있다. 셋째, 우주무기 분야에서 4차 산업혁명은 우주 전장의 중요성을 정립시키고, 위성체계 발전을 통해 행위자의 범위와 우주무기의 군사적 역할을 확대시켜 가고 있다. 이로부터 알 수 있는 것은 4차 산업혁명은 재래식 무기체계, 전략무기, 우주무기 분야로 갈수록 새로운 무기와 새로운 전장의 중요성을 확립시키고 있다는 점이다.


강석율. 2018.「트럼프 행정부의 군사전략과 정책적 함의: 합동군 능력의 통합성 강화와 다전장영역전투의 수행」. ≪국방정책연구≫, 34(3), 9~39쪽.

강한태. 2019.「미래전 대비, 무인기의 군사적 운용 방향」. ≪국방정책연구≫, 35(1), 7~33쪽.

국방과 기술 편집부. 2018.「육군, 드론봇 전투단 창설: 지상정보단 예하 편성, 21년부터 대대급 이상 전부대 전력화」. ≪국방과 기술≫, 477, 14~16쪽.

권태영·노훈. 2008.『21세기 군사혁신과 미래전: 이론과 실상, 그리고 우리의 선택』. 서울: 법문사.

권태영·정춘일·박창권. 2004.「미래전 양상 연구」. ≪전투발전≫(10월호), 2~112쪽.

김경수·신지혁. 2019.「미래전 양상에 따른 무인전투체계 운용 개념」. ≪국방과 기술≫, 479, 62~75쪽.

김재엽. 2019.「중국의 반접근·지역거부 도전과 미국의 군사적 응전: 공해전투에서 다중영역전투까지」. ≪한국군사학논집≫, 75(1), 125~154쪽.

노훈·손태종. 2005.「NCW: 선진국 동향과 우리 군의 과제」. ≪주간국방논단≫, 1046.

류창수·김명진·정영진. 2019.「드론봇 전투부대 편성 및 운용개념에 관한 연구」. ≪국방과 기술≫, 480, 70~81쪽.

류태규·지태영. 2019.「4차 산업혁명 기술과 국방연구개발 방향」. ≪국방정책연구≫, 35(2), 7~25쪽.

박상현·전경주·윤범식. 2017.「미래의 무인체계, 킬러로봇에 대한 비판적 고찰」. ≪주간국방논단≫, 1681.

박원곤·설인효. 2017.「미 신행정부 국방전략 전망과 한미동맹에 대한 함의」. ≪국방정책연구≫, 33(1), 9~36쪽.

박지훈. 2018.「4차 산업혁명 시대 한국군 군사혁신 추진 방향」. ≪주간국방논단≫, 1704.

방위사업청·국방기술품질원. 2017.『4차 산업혁명과 연계한 미래 국방기술』.

손태종 외. 2005.『네트워크중심전(NCW) 연구』. 서울: 한국국방연구원.

손태종. 2019.「사이버전자전 개념과 운용방향을 정립해야」. ≪국방논단≫, 1759.

손태종·노훈. 2009.『네트워크 중심전』. 서울: 한국국방연구원.

윤상용·박상중. 2018.「한국군 무인항공기 진화를 위한 외국군 무인항공기 발전추세 및 운용사례 연구」. ≪전략연구≫, 25(1), 205~232쪽.

이용진. 2010.「과학기술의 발전과 미래전 양상」. ≪국방과 기술≫, 373(3월호), 32~41쪽.

이장욱. 2014.「전장무인화와 북한: 주요국의 전장무인화 추진과 북한의 무인전력 활용」. ≪신아세아≫, 21(3), 20~49쪽.
이지은. 2014. 「지상무인전투체계 발전 추세 및 개발 동향」. ≪국방과 기술≫, 425, 96~107쪽.
정성훈·이재용·서창수. 2016. 「감시정찰용 지구관측위성 개발동향 및 발전방향」. ≪국방과 기술≫, 446, 74~85쪽.
정춘일. 2017. 「4차 산업혁명과 군사혁신 4.0」. ≪전략연구≫, 24(2), 183~211쪽.
정해정. 2018. 「사드(THAAD)의 한국 배치와 美中 우주군사 전략과의 상관성 연구」. ≪중국학 논총≫, 60, 107~125쪽.
조남훈. 2010. 「과학기술 진보와 미래전 양상」. ≪전자공학회지≫, 37(11), 16~26쪽.
조영갑·김재엽·남붕우. 2016. 『현대무기체계론』. 성남: 선학사.
조현석. 2018. 「인공지능, 자율무기체계와 미래 전쟁의 변환」. ≪21세기 정치학회보≫, 8(1), 115~139쪽.
차도완·박주오·손창호·박용운·김강원. 2018. 「군사용 드론 현황 및 대책」. ≪국방과 기술≫, 471, 140~153쪽.
최원상. 2018. 「4차 산업혁명시대의 주요 ICT를 적용한 국가비상대비 발전에 관한 연구」, ≪비상대비연구논총≫, 44, 171~221쪽.
최재원. 2015. 「우주무기체계 발전추세 및 개발동향」. ≪국방과 기술≫, 431, 76~85쪽.
한국국방연구원 편. 2005. 『2025 미래 대 예측』. 서울: 김&정.
황재연·정경찬. 2008. 『Future Weapon: 퓨처 웨폰·미래 지상전투 시스템과 신개념 무기』. 서울: 군사연구.

Barno, David and Nora Bensahel. 2018. "War in the Fourth Industrial Revolution."
Boulanin, Vincent and Maaike Verbruggen. 2017. *Mapping the Development of Autonomy in Weapon Systems*. SIPRI(Stockholm International Peace Research).
Brock II, John W. 2017. "Why the United States Must Adopt Lethal Autonomous Weapon Systems."
Coats, Daniel R. 2018. "Worldwide Threat Assessment of the US Intelligence Community(2018. 2. 13)." https://www.dni.gov/files/documents/Newsroom/Testimonies/2018-ATA---Unclassified-SSCI.pdf(검색일: 2019. 10. 20).
Cohort IV of the Chief of Staff of the Army's Strategic Studies Group. 2017. "The Character of Warfare 2030 to 2050: Technological Change, the International System, and the State."
Del Monte, Louis A. 2018. *Genius Weapons: Artificial Intelligence, Autonomous Weaponry, and the Future of Warfare*. New York: Prometheus Books.
Department of Defense. 2019. "Missile Defense Review." https://media.defense.gov/2019/Jan/17/2002080666/-1/-1/1/2019-MISSILE-DEFENSE-REVIEW.PDF(검색일: 2019. 10. 20).
Grego, Laura. 2012. "History of Anti-Satellite Programs." Union of Concerned Scientist(January 2012). https://www.ucsusa.org/sites/default/files/2019-09/a-history-of-ASAT-programs_lo-res.pdf(검색일: 2019. 10. 20).
Hundley, Richard O. 1999. *Past Revolution, Future Transformation: What Can the History of*

*Revolutions in Military Affairs Tell Us about Transforming the U.S. Military*. Santa Monica, CA: Rand.

Ilachinski, Andrew. 2017. *AI, Robots, and Swarms: Issues, Questions, and Recommended Studies*. CNA Analysis & Solutions.

Ray, Jonathan, Katie Atha, Edward Francis, Caleb Dependahl, Dr. James Mulvenon, Daniel Alderman, and Ragland-Luce. 2016. *China's Industrial and Military Robotics Development*. Vienna: Defense Group Incorporated.

Reily, Jeffrey M. 2016. "Multidomain Operations: A Subtle but Significant Transition in Military Thought." *Air & Space Power Journal*, 30(1), pp.61~73.

Scharre, Paul. 2018. *Army of None: Autonomous Weapons and the Future of War*. New York: W. W. Norton & Company.

Toffler, Albin and Heide Toffler. 1993. *War and Anti-War: Survival at the Dawn of the 21st Century*. Boston, New York, Tronto, London: Brown & Company.

# 3 4차 산업혁명과 사이버전의 진화*

윤정현 | 과학기술정책연구원

## 1. 서론

오늘날 급속히 부상하고 있는 4차 산업혁명의 물결은 일군의 핵심 기술·산업 부문을 넘어 경제·사회의 구조를 변모시키고 있다. 기술패권을 둘러싼 국가 간 경쟁과 정치질서에 미치는 영향 또한 상당하다. 무엇보다 주목해야 할 점은 이러한 기술혁신이 군사 부문, 특히 사이버안보 이슈에 갖는 의미이다. 사이버물리시스템CPS의 부상, 인공지능 알고리즘의 확대, 분산형 네트워크 시스템으로의 전환 등, 이른바 4차 산업혁명 시대의 새로운 기술혁신이 미치는 파급력은 단순히 자동화나 물리적 환경 속 전쟁방식의 고도화에 그치지 않는다. 최근 빈번히 발생하고 있는 자동제어시스템의 해킹에 따른 공격 양상은 단순한 과시용 해킹이나 개인정보 취득을 넘어 디지털화된 사물인터넷 기기와 산업 인프라에 물리적 피해를 입힐 수 있는 형태로 진화하고 있음을 보여준다.

* 이 글은 윤정현, 「인공지능과 블록체인의 등장이 사이버 안보의 공·수 비대칭 구도에 갖는 의미」, ≪국제정치논총≫, 제59집 4호(2019), 45~82쪽에 게재한 글을 토대로 재구성했다.

이러한 흐름 속에 사이버전쟁 역시 전통적인 군사전략의 보완적 수단을 넘어선 지 오래이다. 사이버공간은 전쟁의 중대한 승부를 결정짓는 또 하나의 중요한 영역으로 변모하고 있다. 사이버공간의 중요성이 커지면서 각국은 사이버 군사력과 정보력을 강화하기 위한 치열한 경쟁에 뛰어들고 있다. 특히 오늘날 사이버공간의 안정성 확보는 국가핵심기반시설의 중추적 기능 유지와도 밀접히 연결되어 있기 때문에 국가안보와 직결되는 사안으로 간주된다. 이러한 변화는 새로운 사이버전략의 진화 가능성을 넘어 향후 사이버전이 발생하는 공간의 정의와 행위주체, 사이버전쟁의 수행방식에 대한 보다 심도 깊은 논의의 필요성을 제기한다.

지리적인 공간 제약을 받지 않는 익명의 공격주체에 의해 감행되는 사이버 공격은 효과적인 방어와 책임 규명이 어려우며 현실적으로 기존의 법·제도로 규제하기 어려운 수많은 문제점을 안고 있다. 그리고 이 문제는 사이버공간에서의 적절한 억지와 처벌, 예방의 전략 수립을 불가능하게 만들어왔으며, 적절한 사이버전쟁 양식과 규범을 만들기 위한 끝없는 안보담론을 촉발시켰던 것이 사실이다.

그러나 최근 부상하고 있는 4차 산업혁명을 이끄는 신기술의 등장은 사이버전의 수행주체, 수행방식, 대상과 목적의 범위까지 전장 영역의 구분 등을 모호하게 만들고 있다. 정보화에 따른 급격한 사회 변동은 국가, 기업, 개인 등 소위 인간 또는 의인화된 행위자와 비인간 행위자인 기계, 프로그램과 같은 소프트웨어 간 커뮤니케이션의 증가 및 융합 등을 불러일으키는 중이다. 즉, 기술적 네트워크의 범세계적 확산은 전통적 차원의 시간과 공간, 그리고 행위자의 성격을 변화시킴으로써 그 경계를 무너뜨리고 있는 것이다.

이미 주요 국가들은 초연결사회의 경쟁에 대비하기 위해 이른바 '4차 산업혁명'의 기반이 되는 핵심기술을 전장에 적용하기 위해 노력하고 있다. 특히 초연결사회의 취약성에 대비하는 첨단기술의 확보는 사활적인 안보의제로 부상한 지 오래이다. 기존의 정보·통신 환경에서는 해킹이나 개인정보 탈취, 웹사이트의 셧다운 등과 같은 사이버 테러행위가 대부분은 제한된 사회적·경제적 피해를 유발하는 사건에 그쳤다. 그러나 연계의 폭이 광범위해지고 온라인과 사물의 제어 시스템이 연결된 디지털 초연결사회에서는 그러한 테러행위가 물리적 공간에서의 생명을 위협하는 결과를 초래하기도 하며, 그 파급범위 또한 기업, 소집단 공동체를 넘어 국가차원의 안보 이슈로 증폭될 만큼 광범위해지고 있다. 이는 사이버전쟁에 대한 규정과 양상의 중대한 변화가 감지되고 있음을 의미한다.

따라서 이 글은 미래전의 진화 과정에 나타나는 사이버전의 변화 동인으로서 4차 산업혁명의 기술변화가 단순히 사이버전쟁 방식의 고도화나 공간의 확장에 그치지 않고 공격과 방어, 나아가 사이버전쟁 개념 자체에 대한 재정의를 요구하는 중요한 동인이 됨을 주장하고자 한다. 이를 검토하기 위해 제2절에서는 미래전의 진화 과정 속에서 나타나는 사이버전쟁 양상의 변화를 살펴본다. 무인화와 복합전 등 새로운 전쟁수행 주체 및 수행과정의 변화와 억지 전략의 한계가 사이버전쟁의 정의 역시 변화시키고 있음을 확인한다. 제3절에서는 사이버전쟁의 대표적인 진화 동인이라 볼 수 있는 '4차 산업혁명'의 핵심기술들을 통해 사이버공간의 진화와 행위주체의 진화, 통제 거버넌스의 진화과정을 살펴보고, 이에 따른 사이버 억지 전략의 한계와 균형 대응의 문제에 주목한다. 이어 제4절에서는 사이버전 공격 양상의 진화를 인공지능의 등장을 중심으로 분석한다. 사이버공간에서의 인공지능 도입이 보여주는 새로운 위협 양상과 사이버 공격체계의 강화가 갖는 의미를 짚어본다. 제5절에서는 블록체인의 사이버공간 도입을 통해 사이버전 방어 양상의 진화를 예측해 본다. 특히 탈중앙화와 개방성에 기초한 블록체인의 보안 개념이 기존의 전통적 보안 패러다임이 안고 있었던 한계 극복에 어떠한 의미를 갖는지에 주목한다. 마지막 결론에서는 이들이 사이버공간 속의 전통적 난제들과 마주하여 진화하는 가운데, 향후 사이버안보 전략의 방향과 균형 구도 역시 새로운 전환을 맞을 수 있음을 제시하고자 한다.

## 2. 미래전의 진화와 사이버전쟁 양상의 변화

### 1) 4차 산업혁명과 미래전의 양상

4차 산업혁명의 파급력은 경제적·사회적 측면뿐만 아니라 군사작전의 측면에도 빠르게 미치는 중이다. 이를 토대로 한 군사혁신의 양상은 새로운 작전이론과 전쟁방식의 변화를 추동하는 다양한 전략과 이론들을 낳고 있다.[1] 2016년 세계경제포럼WEF에서 4차 산업혁명의 가장 큰 혁신적 영향을 받는 분야는 군사력 운용이라고 발표한 바 있다. 과거 산업기술 혁신이 주로 전쟁수행 방법의 변화를 이끌었다면, 4차 산업혁명은 승리하는 방법에서 본질적 변화를 이끌고 있음을 강조하며 현재와 구별되는 미래전 양상을 제시한 것이다.

첫째, 4차 산업혁명은 미래전의 승리를 특정 영토 점령이나 자원의 점유뿐만이 아닌, 우주 및 사이버 공간을 선점 또는 지배하는 관점으로 변모시키고 있다. 즉, '전장공간의 확대' 양상이 두드러진다는 점이다. 전장공간의 확대는 단순히 육·해·공 전투 책임구역의 확대를 의미하는 것이 아니라 전투지역의 다차원화를 의미한다. 이러한 특징을 대표하는 것이 5차원전, 네트워크 중심전, 정보전·사이버전이다. 근대 이전 전투의 특징은 대칭전과 선형전투였다. 평면적 전투전장에서 기술과 물량의 우위에 따라 전쟁의 승패가 좌우되는 경우가 많았다. 하지만 미래전은 전장의 공간이 보다 다차원화되고 복잡해지게 된다. 우선 3차원 세계를 초월하여 우주와 사이버 네트워크의 영역까지 전투의 개념이 확대된다. 이미 해킹을 통한 주요 국가시설에 대한 사이버테러는 중요

1 최근 이러한 이론들은 '미래전'이라는 큰 틀에서 개념화되고 있는데, 이들은 '전장공간의 확대', '전투비용의 절감', '전투효과의 극대'라는 특징을 나타내며 5차원전, 네트워크 중심전(NCW), 정보전, 비대칭적 유·무인의 하이브리드전 등의 형태로 발현되고 있다. 궁극적으로 미래전 관점에서 본 4차 산업혁명의 군사적 기술혁신은 '어떤 승리'를 지향할 것인가를 결정할 권리만을 부여하며, 이는 시스템의 온앤드오프(on-and-off) 기능으로 집약된다고 보는 것이다.

한 안보 이슈로 부각된 상태이며 최근 경쟁적으로 증가하고 있는 우주개발에 대한 군비 증강도 외교적 이슈가 되고 있다.[2]

둘째, 전투비용의 절감은 최소 노력으로 최대 효과를 얻기 위한 전투기술의 발전을 통해 이루어졌다. 대칭전·선형전에서는 이른바 몸집 키우기가 궁극적인 승리요인이었기 때문에 전투는 소모전의 양상으로 갈 수밖에 없었다. 그에 따라 전쟁의 후유증은 승자에게도 매우 컸고, 따라서 전략 역시 최소한의 노력으로 전투를 수행할 수 있도록 설계되었다. 효과중심 정밀타격전과 마비중심 신속기동전이 이의 대표적인 특징인데 이것은 기술의 진보로 더욱 가속화되고 있다. 탄도미사일과 ICBM의 오차범위는 갈수록 줄어드는 반면, GPS의 해상도는 갈수록 높아지고 있으며 핵심 표적에 대한 타격능력을 더욱 향상시키고 있다. 대량살상무기가 아니더라도 경제적 피해와 사회적 혼란을 유발할 수 있는 스마트한 첨단장비가 도입되면서 필요한 자원 손실은 줄이면서 전투효과는 극대화하는 현상이 두드러지고 있는 것이다. 심지어 극초음속 비행체HGV나 드론과 같은 무인장비의 군집작전으로 치명적인 효과를 거두기도 한다. 2019년 9월 발생한 사우디아라비아 석유시설의 공격은 불과 드론 10대가 감행한 공격이었다. 이때의 공격으로 아람코 석유시설 2곳이 가동을 중단하게 되면서 사우디 전체 하루 원유 생산량의 절반인 약 570만 배럴의 생산이 차질을 빚었으며 전 세계 원유 공급량의 5%가 감소하는 결과를 낳기도 했다.

셋째, 가시적인 물질적 군사력의 단순 비교수단에서 빅데이터의 처리, 인공지능, 양자컴퓨터 능력에 의한 사회구조적 측면까지 포괄하는 시스템의 종합적인 정보분석에까지 확대된다는 점이다. 이는 사회 전반의 정보력뿐만 아니

2 2019년 8월 미국 트럼프 행정부가 창설한 '우주사령부(Space command)'는 우주에서 국가안보 작전을 통합하고 지휘하는 임무를 맡는다. 통신, 정보, 항법, 조기 미사일탐지 등을 운용해 전투력을 제공한다. 이 때문에 우주사령부 조직에는 민간인뿐 아니라 병력까지 포함된다. 트럼프 행정부는 특히 장기적으로는 우주사령부를 독립적인 군(軍) 체계까지 확대한다는 계획을 갖고 있다.

라 취약성의 요소까지 고려해야 함을 의미하며 공·수 전략의 획기적인 전환을 낳게 된다. 이는 불확실성의 증폭으로 이어지며 전쟁수행의 양상이 군통수권자나 군사 지휘부에 의한 결정뿐만 아니라 시스템의 오작동 등에 의해 예측 불가능한 방향으로 결정되는 상황 또한 가능함을 의미한다.[3]

전통적으로 군사력 기반의 전쟁은 국가 최고결정자 단위에서만 감행할 수 있는 고유의 전략이었으나 4차 산업혁명 시대의 전쟁 패러다임 변화는 육·해·공군으로 구성된 대규모 재래식 군사력의 미래 효용성에 한계를 발생시키고 있다. 기계화된 전력 등 제2차 세계대전 이후부터 유지되어 오던 전통적인 형태의 대규모 재래식 군사력은 현대 정보화·사이버 전장에서 효용을 상실하고 있기 때문이다(이상호, 2014: 14). 특히 최신 현대전은 이미 생화학무기와 사이버전력, 비정규군과 테러리스트, 인공지능과 혼합병력 등과 같은 비정규·비대칭 전력들이 주도하는 환경으로 급속히 전환되는 중이다. 전 세계적 네트워크가 가속화되면 될수록 사이버전 전개범위 역시 동시에 같은 규모로 확장되고, 이에 따라 사이버전 역시 감행 주체나 수행방식, 파급력에 이르기까지 획기적인 변화를 맞이할 것으로 예상된다. 진화된 기술변화와 맞물려 사이버 미래전의 양상을 이해하기 위해서는 기존 행위주체와 수행방식, 거버넌스 등 다각적인 요소를 재고찰해야 할 필요성이 제기되는 것이다.

### 2) 4차 산업혁명 시대 사이버전의 양상 변화

사이버전은 '컴퓨터 네트워크를 통해 디지털화된 정보가 유통되는 가상적인 공간에서 다양한 사이버 공격수단을 사용해 적의 정보체계를 교란, 거부, 통제, 파괴하는 등의 공격과 이를 방어하는 활동'으로 정의된다.[4] 사이버전은 효과중

3 Jane's 360, "Defence Procurement International"(May 11, 2018); *Jane's Navy International*, July/August, 2018).

심전의 형태를 띠는 대표적인 전쟁방식이다. 전쟁수행을 위한 전장관리체계나 주요 무기체계의 통제체계를 무력화함으로써 상대방의 전쟁수행능력에 치명적 피해를 입힐 수 있기 때문이다. 또한 기존 무기체계와 달리 기능이나 성능이 공개되어 있지 않기 때문에 적의 사이버전 능력을 파악하는 것이 불가능하다. 특히 4차 산업혁명의 확대는 무기체계 및 전력지원체계의 다양화를 유발함으로써 사이버공격의 대상이 확대되는 결과를 가져왔다. 세계경제포럼WEF은 「글로벌 리스크 리포트Global Risk Report 2018」에서 "한때 매우 이례적이라고 여겨졌던 사건들이 점점 더 흔하게 발생하고 있음"을 지적하기도 했다. 사실 2000년대 이전까지 국제정치 영역에서 사이버공간은 자유와 해방, 그리고 국경이 없는 글로벌 공유재로 인식되었다. 그러나 2000년대를 넘어오며 국제정치 무대의 사이버공간은 초기의 성격과 달리 정보 접근을 거부하거나 또는 통제되어야 할 대상으로 변화한다. 이러한 변화는 사이버 위협주체와 대상의 문제에 기인한다고 볼 수 있다. 즉, 사이버공간의 국가중심성 강화 문제나 군사안보화는 사이버공간을 국가 간 권력의 각축장으로 변화시켰다(문인철, 2017: 162).

4차 산업혁명 시대 사이버공간의 중요성이 더욱 증가한 가운데, 사이버전 위협의 주체와 수단은 무엇이고, 어떻게 그 위협을 제거하거나 관리할 것인지가 명확하게 규정될 필요가 있다. 국제사회에서 사이버전과 사이버공간의 질서를 확보하기 위한 방안에 대한 논의는 비교적 최근에 제기되어 왔다. 따라서 사이버공간에서 제기되는 위협에 대한 대처가 안보의 문제인지에 대한 개념적 논란이 있을 뿐만 아니라 그것을 달성할 수 있는 주체와 방법도 명확하게 정립되어 있지 않다. 그러나 사이버공간의 가장 핵심적인 특성은 물리적 국경을 초월하여 한 국가 영토 내에서의 행위가 다른 국가로 확산되어 피해를 유발할 수 있다는 점이다. 특정 범죄를 불법으로 규정하지 않는 국가의 영토 내에 체류하

4 박무성, "사이버 분야와 전자전 분야의 효과적 융합," 19-1차 Korean Mad Scientist Conference 자료집, 235쪽.

면서 해당 범죄를 금하고 있는 타국의 영토범위 내에서 범죄행위를 발생시킬 수 있고, 이로 인한 막대한 피해를 유발시킬 수도 있다. 또한 피해를 입은 국가가 수사를 시작하기 전에 범죄의 기록과 증거를 순식간에 삭제하기도 매우 용이하다. 이러한 사이버공간의 특징은 전통적인 국가 관할권의 공백을 메울 수 있는 국제공조의 필요성을 오랫동안 야기해 왔다(조화순·김민제, 2016: 83).

정보화에 따른 급격한 사회변동은 국가, 기업, 개인 등 소위 인간 또는 의인화된 행위자와 비인간 행위자인 기계, 프로그램과 같은 소프트웨어 간 커뮤니케이션의 증가 및 융합 등을 불러일으키면서 새로운 현상을 낳고 있다. 즉, 기술적 네트워크의 범세계적 확산은 전통적 차원의 시간과 공간, 그리고 행위자의 성격을 변화시킴으로써 그 경계를 무너뜨리고 있는 것이다(문인철, 2017: 169).

이에 따라 사이버공간의 적절한 거버넌스 방식을 둘러싸고 각국은 첨예한 대립을 보이고 있다. 사이버영역이 갖고 있는 특수성이 사이버안보의 문제를 보다 심화시키고 있기 때문이다. '익명성', '공·수 능력의 비대칭성', '억지 전략의 한계'가 대표적이다. 사이버 공격과 위협은 물리적 공간을 초월하여 발생하며 공격을 감행한 주체를 확인하기 어렵다. 나아가 위협의 주체가 비국가행위자일 수도 있으며 비군사적 영역에서도 위협이 발생할 수 있다는 점 등에서 전통안보와는 확연히 다른 특징을 가진다. 이러한 문제는 사이버공간에서의 적절한 억지와 처벌, 예방의 전략 수립을 불가능하게 만들어왔으며 사이버전쟁 양식과 규범에 대한 치열한 안보담론을 촉발시키고 있다. 또한 효과적인 거버넌스 방식을 둘러싼 치열한 대립구도를 만들고 있다.

### 3) 미래 사이버공간의 난제들

4차 산업혁명 시대의 첨단기술 발달은 미래전의 한 축으로 진화 중인 사이버공간의 딜레마를 심화시키고 있다. 최근 사이버공간에서 독자적인 전쟁수행을 통해 물리적인 군사력과 완전히 통합된 전쟁을 지향하는 이른바 '4세대 사이버전'의 흐름이 관찰되는데,[5] 여기에는 기하급수적으로 커지고 있는 사이버 공격의 위력이 물리적 군사력과 완전히 통합되어 핵심적인 전력요소가 될 것이라는 기대, 그리고 향후 사이버공간이 육·해·공·우주에 이어 '제5의 전장'으로 자리매김할 것이라는 전망이 담겨 있다(김상배, 2018: 120~121). 문제는 이러한 변화가 사이버공간의 불확실성을 더욱 증폭시킴으로써 진화하는 사이버 위협에 대응하기 위한 국가 간 협력과 규범적 논의를 어렵게 하고 있다는 점이다.

그렇다면 사이버공격을 억지하기 위해서는 마치 핵 환경에서 미·소가 '상호확증파괴MAD' 게임을 벌인 것처럼 접근해야 하는가? 우선, 경계가 없는 사이버공간의 초월성과 익명성은 어느 범위에서, 누구를 봉쇄해야 하는지를 모호하게 만든다. 또 비국가적 위협에 대해 주권국가는 어떻게 대응해야 하는지도 매우 복잡한 문제이다. 핵무기가 등장한 1945년과 같이 오늘날 인류는 또 다른 정치질서 변화의 문턱에 서 있다고 볼 수 있다. 사이버공간에서 등장한 새로운 위협 양상은 전통적인 군사력의 개념뿐만 아니라 군사전략과 안보의 개념 자체의 근저를 바꾸는 한편, 비대칭 전쟁의 효과를 극대화시키고 있기 때문이다.

사이버공간에서 공격자는 적은 비용과 자원으로 방어자보다 손쉽게 우위에 설 수 있다. 공격자는 수많은 프로그램에서 하나 이상의 취약점을 찾아내면 그 목적을 달성하지만, 방어자 측은 모든 취약점을 망라하여 검증하고 업데이트를 계속해야 하기 때문이다. 그 비용의 차이는 너무 크기 때문에 공격자 측에 '선제공격'은 매력적인 카드일 수밖에 없다. 따라서 오직 방어만을 위해 무력을

5 김상배(2018)는 사이버공격의 중심 행위자와 전개방식을 토대로 구분되는 전략적 변화에 따라 사이버전의 세대 구분을 시도한 바 있다. 이에 따르면 1세대(~2000년대 초반) 사이버전에서는 파편화된 해커를 중심으로 산발적이고 독자적인 활동을 벌이던 방식에서 사이버 커뮤니티를 구성하며 집단적 행동으로 발전하는 모습이 관찰된다. 2세대(2003~2007년경) 사이버전에서는 군이 고도화된 사이버전 기술들을 갖고 주도적으로 개입함으로써 전통적인 전쟁수행을 지원하는 전략을 보여준다. 3세대(2008년경~현재) 사이버전에서는 사이버전력이 오프라인 군사전력으로 편입되기 시작하며 이른바 온오프라인 '하이브리드 전술'의 한 축으로서 자리매김하게 되는 진화과정을 보여준다(김상배, 2018: 118~120).

사용하는 '전수방위戰守防衛'에 근거한 안보전략은 사이버공간에 맞지 않는 해법으로 간주되기도 했다. 실제로 미국의 린William J. Lynn III 전前 국방차관은 이러한 "요새주의 사고방식a fortress mentality은 사이버공간에서 통하지 않는다"는 사실을 강조한 바 있다.

사이버영역에서의 또 다른 난제는 국가보다 비국가 적대세력의 위협에 더 취약하다는 점이다(Rosenzweig, 2012: 372). 공격 징후를 미리 포착하기 어렵고, 설사 이를 포착했다 하더라도 그러한 위협을 유발하는 공격자를 규명하기가 어렵다는 사실은 적절한 대응을 어렵게 만드는 요소가 되고 있다(Jensen, 2012: 800; Taipale, 2010: 3~4). 그뿐 아니라 적극적 방어조치는 여러 가지 위험성을 내포한다. 조치의 성격상 탐지된 위협이 발생하는 유포지를 추적하는 과정에서 초국경적인 네트워크 침해가 일어날 수 있고, 추적된 공격 거점에 조치를 취하는 과정에서 파괴적인 결과가 초래될 수도 있다. 사이버공격이 실행된 것을 인지했을 때는 이미 목표시스템 장악에서 피해의 발생까지의 과정이 모두 종료된 이후일 가능성이 높기 때문이다. 또한 사이버공격은 물리적 공간에서의 공격과는 달리 공격 행위자가 직접 무기를 소지하지 않고, 원거리에서 자신이 획득한 악성파일 C&C 서버[6]나 '봇넷botnet'[7]을 매개로 공격을 수행하기도 한다. 따라서 공격자를 추적한다 하더라도 발견된 C&C 서버나 봇넷도 이미 공격자가 해킹을 통해 마련한 수단으로서 사이버공격의 또 다른 피해자에 불과할 수도 있다(백상미, 2018).

이와 같이 사이버공간은 억지 메커니즘이 작용하기에는 많은 문제를 내포하고 있다. 지금까지 이루어진 사이버 억지를 둘러싼 학계의 논의는 '처벌punishment

6 C&C(Command & Control) 서버: 공격자가 악성 코드를 원격조종하기 위해 사용하는 서버.

7 봇넷(botnet)은 인터넷에 연결되어 있으면서 위해를 입은 여러 컴퓨터들의 집합을 의미하며, 악성 소프트웨어를 이용해 빼앗은 다수의 좀비 컴퓨터로 구성되는 네트워크라고 볼 수 있다. 최근에는 공격 머신이 아닌 맞춤형 맬웨어를 통해 전 세계 수백만 대의 컴퓨터를 감염시켜 봇넷으로 만든 후, 대규모 디도스 공격을 감행하는 데 사용된다(굽타, 2018: 154).

에 의한 억지'와 '거부denial에 의한 억지' 중 주로 후자의 가능성을 인정하는 쪽으로 전개되어 왔다. 그럼에도 불구하고 지난 몇 년간 미국을 비롯한 주요국에 나타난 국방·안보 정책은 사이버 공격자를 파악하고 처벌을 시사하는 억지전략도 모색하고 있음을 시사한다(김종호, 2016: 127). 2009년 6월, 미국은 육·해·공군별로 추진되고 있는 사이버 임무를 통합하기 위해 사이버사령부Cyber Command를 창설한 이래로 '사이버공간 운영을 위한 국방전략The Department of Defense Strategy for Operating in Cyberspace'에서는 오직 방어적 문제에 초점을 맞추었는데 여기에는 국방부 네트워크와 시스템들을 보호하기 위한 새로운 수세적 운영 개념들을 담기도 했다(Clarke and Knake, 2010: 32~44).

그러나 이러한 방어에 치중한 전략은 상대의 공격의지를 꺾지 못하기 때문에 완전하지 못하다는 비판과 함께 억지력을 갖추기 위한 공세적 능력이 담길 필요성이 제기되기도 했다. 일단 사후 감행하는 처벌에 의한 억지는 예상되는 적의 공격에 대해 이익보다는 비용이 더 클 것이라는 부담을 줌으로써 공격을 사전에 차단하는 전략이다. 핵 억지가 대표적이며 공격을 가할 경우 그에 상응하는 핵무기로 처벌하겠다는 메시지를 전달함으로써 적국의 공격을 억지하는 것이다(민병원, 2015: 52). 그러나 처벌적 억지가 성립하는 데는 다음의 세 가지 요건이 충족되어야 한다. 첫째, 억지의 대상이 되는 공격이 발생했을 경우에 그것이 어떤 국가나 조직에서 온 것인지를 특정할 수 있어야 한다. 즉, 귀속문제를 해결해야 한다. 둘째, 억지를 위한 메시지로 억지하려고 하는 측이 무엇을 단념시키려 하고 있는지, 만일 경고를 하지 않고 공격을 단행한 경우에 어떤 처벌을 초래하게 될지 피억지자 측에 명확한 형태로 메시지를 전달해야 한다. 즉, '전달신호signaling'의 문제가 있다. 셋째, '신뢰성credibility'의 문제가 남는다. 억지가 성립하는지 여부는 궁극적으로는 피억지자 측의 결정에 의해 결정되기 때문이다. 즉, 억지자 측이 몇 배의 처벌을 이행할 의사와 능력이 있는 것을 상대가 확실히 알고 있어야 한다. 이론적으로는 이 3가지 요건이 충족되는 경우에만, 피억지자 측은 공격을 단행함으로써 얻을 수 있는 이득이 처벌공격의 비용을 고려할 때 합리적이지 못하다고 판단하여 공격을 단념하게 된다(김종호, 2016: 131~132).

반면, '거부에 의한 억지' 개념은 예상되는 공격에 대한 '방어'를 강화함으로써 적의 공격 자체가 성공하지 못할 것이라는 확신을 주는 데 주안점을 둔다(민병원, 2015: 49). 여기에는 효과적인 공격에 필요한 시간과 비용을 높임으로써 상대방의 공격의지를 무력화시키는 시스템의 확보가 전제되어야 한다. 실제 미국의 일부 민간 정보보안업체는 이러한 전략을 통해 중국 해커 그룹의 공격을 저지했다고 발표하기도 했다. 하지만 여전히 기술적 측면에서 볼 때 공격이 방어에 비해 압도적으로 유리하다는 점은 '거부에 의한 억지' 개념을 원용하는 데 있어 아직까지 제약요인으로 작용한다. 이러한 점에서 사이버 억지의 개념을 기술 변수에만 전적으로 의존할 문제가 아니라 정치외교적 해법과 병행해서 검토해야 한다는 주장이 제기되고 있다. 또한 사이버공격의 초국가적 특수성을 고려하여 여러 국가가 함께 관여하는 일종의 '집단적 사이버 억지collective cyber deterrence' 개념도 논의 중이다.

### 3. 사이버전쟁 양상의 진화 동인으로서 '4차 산업혁명'

4차 산업혁명을 주도하고 있는 핵심기술의 특징은 초연결·융합과 자동화 플랫폼의 형태로 발현되고 있다. 특히 4차 산업혁명은 ICT 기술 등에 따른 디지털 혁명에 기반을 두고 물리적 공간, 사이버공간, 생물학적 공간의 경계가 희미해지는 기술 융합의 시대로 간주된다. 범용 기술로서 인공지능이 경제사회 전반의 구조 변화를 주도하고 있으며 알고리즘을 통한 자동화는 단순 산업제어시스템을 넘어 복잡한 의사결정 프로그램에도 적용되고 있다. 블록체인 혁명이 주도하는 탈중앙형 거래시스템은 금융 분야뿐만 아니라 공공서비스와 정부 역할의 변화에까지 적용 중이다. 지금까지 주로 산업 부문의 혁신을 주도했던 이들

범용 기술들이 이제 안보분야에도 적용되고 있다. '디지털 전환digital transformation'에 기반한 NBTI 기술융합은 이미 국방분야에서도 시작되었다. 국내에서 역시 '네트워크 중심의 디지털 정예강군' 육성이라는 목표를 실현하기 위해 가상현실, 인공지능, 빅데이터 등 10대 핵심기술을 융·복합적으로 적용하고 정보통신기술ICT 전문인력 양성과 민·군 ICT 융합 생태계 구축 방안을 모색하는 중이다. 인공지능 알고리즘 역시 자율형 무기체계의 급속한 발달을 촉진하고 있다. 이미 잠재력을 입증한 이들 기술 시스템들이 사이버상에서의 공격·방어 수단으로 활용될 경우, 엄청난 파급력과 기존의 사이버안보 담론에 대한 광범위한 논쟁을 낳을 것으로 예상된다.

#### 1) 디지털 전환과 사이버물리시스템의 확대가 낳는 공간적 진화

최근 가장 눈길을 끄는 것은 사이버물리시스템이 초래하는 전투방식의 변화이다. 전통적 방식의 분류에 따라 육·해·공·우주에 속했던 전투부대의 무기체계들이 인터넷으로 연결된다면, 정보 우위를 통한 전투력 운용과 로봇, 인공지능, 빅데이터 등을 적용한 전투가 가능해진다. 이는 별도의 '제5의 영역'이 아닌, 사이버공간을 중심으로 전체가 포괄된 형태의 군사운용 방식의 변화를 뜻한다. 물리적 공간은 감시·정찰 및 타격 요소가 존재하고, 가상공간에는 지휘결심에 관련된 인공지능, 빅데이터 등이 해당된다.

또한 사물인터넷 악성코드는 아직 초기 단계에 있지만 곧 변화가 예상되고, 언제든지 해킹의 수단으로 활용될 수 있다. 현존하는 사물인터넷 악성코드들은 10여 개에 불과하지만, 그 가운데 대부분은 동일한 코드 기반의 변종에 불과하며, 지하 세계에서 모바일 악성코드 키트로 전환 조짐이 포착되고 있다. 특히 여러 사물인터넷 기기들은 주로 스마트폰에 연결되어 있으며 모바일 건물 출입이나 검문소 통과와 같은 기능이 스마트폰에 의해 구성되고 있다. 그럼에도 불구하고 현재까지 보안 대책이 미흡한 분야가 사물인터넷 분야이다. 국

**표 3-1** 산업제어시스템을 표적으로 물리적 피해를 낳은 사이버 공격사례

| 공격 발생 시기 | 공격 대상 | 공격의 형태 / 피해 |
|---|---|---|
| 2010. 6 | 이란 나탄즈(Natanz) 핵시설 | 원격제어시스템을 목표로 하는 악성코드 '스턱스넷'이 이란 나탄즈 핵시설에 침투, 원심분리기를 오작동시켜 2년간 핵무기 개발을 지연시킴 |
| 2012. 8 | 사우디 석유회사 아람코 | 회사 내 컴퓨터 3만 5천 대가 마비되어 모든 작업을 문서를 통해 수동처리하게 되었으며 결제시스템까지 마비되어 일시적인 석유판매 중단조치 |
| 2015. 12 | 우크라이나 공공 전력망 | 대정전으로 20만 명이 약 6시간 동안 전기 사용 불가 |
| 2016. 3 | 코레일 서울 철도교통관제센터 | 철도운영기관 직원들을 대상으로 메일 계정과 비밀번호를 빼내는 피싱 메일이 유포됨 |
| 2016. 4 | 미국 미시간발전소 수자원 시설 | 랜섬웨어가 첨부된 이메일을 통해 스피어피싱 공격 발생, 내부 네트워크까지 감염이 확산되면서 회사시스템 일시 중단. 발전 차질 |
| 2016. 11 | 미국 샌프란시스코 시영철도 시스템 | 결제시스템 HD크립토의 변종인 맘바(Mamba) 랜섬웨어에 감염되어 2천 대의 무인발급기 마비 |
| 2017. 6 | 일본 혼다자동차 사야마 공장 | 워너크라이 랜섬웨어에 감염되어, 약 48시간 동안 엔진 생산과 조립 가동 중단 |

자료: Igloo Security, "도시의 문명이 사라진다면? 산업제어시스템 보안이 중요한 이유", http://www.igloosec.co.kr/BLOG_도시의%20문명이%20사라진다면[qs]%20산업제어시스템%20보안이%20중요한%20이유?searchItem=&searchWord=&bbsCateId=1&gotoPage=7(검색일: 2017. 12. 7)를 토대로 재구성.

가를 상대로 하는 악성 행위자들은 기업 네트워크 접속과 음성 활성화, GPS 추적이 가능한 점을 노려 모바일 기기를 스파이웨어spyware로 감염시키려는 시도를 수차례 보여왔다. 가장 극적인 경우는 국가 기간 인프라나 전략시설들에 피해를 입히는 경우이다. 이미 미국과 이스라엘은 2010년 핵개발 장소로서 의심받고 있는 이란 나탄즈Natanz 핵시설에 대한 사이버공격을 감행한 바 있다. 이후로도 국가의 주요 산업제어시스템은 사이버공격의 핵심적 표적이 되어왔다. 이는 사이버물리시스템의 고도화가 낳은 취약점의 극명한 예이기도 하다.

이러한 일련의 피해사례는 사이버공간 속 공·수 역량의 비대칭성 문제를 더욱 심각하게 부각시켰다. 사이버안보는 전통안보와 다른 특성을 지니고 있을 뿐만 아니라 상이한 환경을 배경으로 발생한다. 컴퓨터 시스템은 아무리 잘 설계되어도 외부로부터의 침투를 완전히 막아낼 수 없기 때문에, 공격이 방어보

다 유리한 게임인 데다가 경우에 따라서는 피해 여부와 피해 대상 자체를 구분하기도 쉽지 않다. 사이버공격의 주체도 국가행위자이기보다는 주로 해커 집단이나 테러리스트 등과 같은 비국가행위자들이 나서는 경우가 많으며, 매우 복잡한 인과관계에 기반을 두고 있어 공격의 주체와 처벌의 대상을 명확히 판별하기 어렵다. 이러한 맥락에서 사이버공격은 보이지 않는 위협으로서 '버추얼virtual 창'에 비유되기도 한다(김상배, 2018: 148).

일부 사이버안보 전문가들은 사이버공격 수단을 고도화하면서, 동시에 완벽한 보안을 기대하는 심리를 마치 '살이 찌지 않고 케이크를 먹으려는 노력'이라 빗대기도 했다. 첨단화, 편의성이 확대될수록 취약성은 약화되며, 마찬가지로 유비쿼터스 기반의 네트워크를 통해 사이버공간을 활용할 공격력을 갖는다는 것은 동시다발적인 위협에 취약함을 의미하기 때문이다(로젠츠바이크, 2012: 4). 사이버공간의 취약성은 사회 전반에 정보 인프라가 구축된 초연결 디지털사회일수록 두드러지게 나타나는데, 정보 시스템이 생산과 서비스의 중심이 되는 디지털사회에서는 기술 시스템에 내재된 위험의 발생 여부와 가능성, 그리고 그것이 초래할 영향의 크기를 예측하고 일사불란하게 대처하기 어렵기 때문이다. 더욱이 사이버공간과 현실공간이 융합되어 현실공간에 존재하는 사물과 사람에 대한 직접적인 통제가 가능해지면서 디지털사회의 사이버안보 문제는 매우 중요한 사안으로 증폭되고 있다.

### 2) 인공지능의 부상과 행위주체의 진화

공통적으로 '익명성'을 띠고 있는 사이버공격의 주체는 매우 다양하다. 국가 차원에서 고도로 훈련받은 해커 부대원일 수도, 호기심 많은 일반인이 될 수도 있으며, 정치적 이상의 실현을 위해 활동하는 핵티비스트hactivist가 될 가능성도 있다. 특히 최근의 사이버공격 양상은 평소 분산된 네트워크 형태로 존재하다가 필요시 규합하여 집중적인 공략을 감행하는 유동적인 커뮤니티에 의해 두

드러지게 나타난다. 이들은 설사 정체가 드러나도 끊임없이 새로운 형태로 진화를 반복해 가는 분산 조직의 형태로 운영된다. 따라서 이러한 공격을 예방하기 위해 특정 대상을 선정하여 억지하기란 쉽지 않으며, 공격이 감행된 이후의 방어 역시 까다로운 문제를 안고 있다(조현석, 2012: 158~159).

기본적으로 사이버공격은 전통안보의 경우처럼 국가행위자들이 주도하기보다는 비국가행위자들이 중요한 역할을 수행해 왔다. 물론 최근의 양상을 보면 국가행위자들이 점차로 전면에 나서는 추세인 것만은 분명하다. 대규모 사이버공격의 배후에는 국가의 지원을 받는 해커들이 암약한 것으로 드러났기 때문이다(김상배, 2018: 118). 그간 국가를 배후에 두지 않은 사이버 범죄조직의 경우, 타국의 기반시설을 침투하여 공격하는 것이 쉽지 않기 때문에 단독으로 국가안보를 위협하는 수준의 공격을 감행할 가능성이 낮다고 보아왔다. 그러나 최근의 워너크라이 랜섬웨어 공격사건은 타국의 기반시설만을 목표로 한 공격방식이 아니라 전 세계의 시스템에서 사용하고 있는 소프트웨어의 취약점을 이용하여 불특정 다수의 컴퓨터를 무차별적으로 공격하는 것이 가능함을 보여주었다. 즉, 어느 개인의 컴퓨터나 기업의 전산망뿐만 아니라 각국의 기반시설이 동시다발적으로 무력화될 수 있음을 입증한 것이다. 워너크라이 랜섬 공격은 사이버공격에 대응하기 위해 초국가적 협력이 필수적임을 보여준 사건이기도 하다(Agence France-Presse, 2017).

사이버공격과 방어의 문제가 비국가행위자에게만 국한되는 것은 물론 아니다. 2007년에 에스토니아가 입었던 국가 차원의 인터넷 셧다운 사고와 이듬해 조지아에서 발생한 대규모 디도스 공격은 러시아 정부에 의해 감행되었음이 밝혀졌다. 또한 2010년 이란 원전 제어시스템을 해킹하여 원심분리기를 불능화시킨 사건의 배후에는 미국과 이스라엘이 있었다. 즉, 국가 역시 사이버공격이 갖고 있는 파괴력에 주목하고 효과적인 공격의 수단으로 오래전부터 이를 전술적으로 활용하고 있다. 다만 전면에 나서기보다는 은밀히 사이버 부대원을 육성하여 활용하거나 전문 해커 집단을 지원함으로써 간접적으로 사이버공간에 영향을 미치는 경향이 두드러진다.

나아가 사이버공격을 미연에 방지하기 위한 전략과 보안기술의 발전이 공격기술의 끊임없는 진화를 따라잡는 것은 쉬운 일이 아니다. 정보과학기술의 비약적 발전으로 발생되는 위협들은 기존의 전통적인 방어와 억지 모델로는 해결할 수 없기 때문이다. 리처드 안드레Richard B. Andres는 이 문제의 해결을 위한 선결조건으로 사이버 공격행위의 '귀속문제attribution problem'를 거론했다. 인터넷 개발과 진화의 메커니즘적 특성으로 생긴 익명성이 숙련된 해커들에게 자신들의 정체성과 사이버공격의 근원을 쉽게 숨길 수 있는 토대를 마련해 준 것이다. 또한 기존에 존재해 온 법과 군사적 제재 방법을 새로운 문제에 적용하기에는 제한성이 있으며, 오히려 이렇게 조성된 상황들이 공격행위의 귀속 문제를 어렵게 만들어 사이버공격 행위자에게 동기를 부여하고 있다고 보았다(Andres, 2012: 110). 따라서 지금까지 사이버 공격행위의 예방과 억지에 중점을 둔 일련의 학자들은 사이버 공격행위의 근원을 정확히 찾아내는 것이 모든 국가의 사이버정책의 출발점임을 역설하기도 했다.[8] 하지만 아무리 국가행위자가 적극적인 주체로 나서더라도 사이버공격은 전통적인 지정학의 시각으로만 볼 문제는 아니다. 오히려 그간 영토성을 기반으로 국가가 독점해 온 안보 유지 능력의 토대가 잠식되는 현상을 보여주는 좋은 사례이다. 특히 공격주체의 복합이라는 점에서 사이버공격은 비국가행위자와 국가행위자 이외에 비인간 행위자까지도 관여되는 형태로 진화되고 있다(김상배, 2018: 142).

이중, 삼중에 걸친 고도의 암호화 노력은 보안 취약성을 개선시킬 수 있는 것처럼 보이지만 이는 동시에 공격자 역시 암호화를 통해 자신들의 행위를 감

8 그들은 이러한 노력들이 갖는 세 가지 구체적인 장점들로 다음을 언급한다. "첫째, 공격자의 정체성이 드러날 가능성은 미래의 공격행위를 억제시킬 것이다. 둘째, 공격자의 정체성을 아는 것과 행위의 귀속문제 해결의 과정 속에서 얻어지는 정보들이 방어기술 능력을 향상시킬 것이다. 셋째, 실제 공격 간에 이루어지는 행위를 찾아내려는 노력이 위협을 제공하는 기초로서 작용할 것이다(Hunker, Hutchinson and Margulies, 2008).

출 수 있음을 의미한다. 사이버 역량의 강점과 취약점이 상충되는 상황에서 정부는 어떻게 균형을 잡아야 하는지 고민에 빠질 수밖에 없다. 경계가 없는 사이버공간의 초월성과 익명성은 어느 범위에서, 누구를 봉쇄해야 하는지를 모호하게 만든다. 사안이 사이버공격에 의한 것임이 밝혀진 후에는 공격의 거점이 되고 있는 컴퓨터, 서버 또는 IP주소를 추적해야 한다. 또한 추적한 공격거점이 실제 위협의 유포지인지 위장된 주소인지 검증해야 하는 문제가 있다(Prosise, Mandia and Pepe, 2003: 25). 나아가 추적한 컴퓨터 또는 서버를 사용한 공격 행위자를 찾아야 한다. 그러고 나서야 공격 행위자와 국가와의 연관성을 밝히는 작업에 착수하게 된다. 이렇게 총 네 단계 중 세 단계를 거치고 나서야 물리적 공간에서의 경우와 같은 선상에서 귀속성 문제를 다룰 수 있게 되는 것이다.

사이버안보는 비국가적 위협에 대해 주권국가는 어떻게 대응해야 하는가의 문제를 심화시킨다. 초국적으로 발생하는 사이버공격에 대응하기 위해서는 포괄적이고 다층적인 협력 거버넌스가 요구되며, 정부뿐만 아니라 전문적인 보안 지식과 기술을 보유한 민간의 역할 또한 증가할 수밖에 없다. 그리고 이들은 서로가 가진 노하우를 손쉽게 공유하기 위해 긴밀한 협력 네트워크를 구성해야 하는 숙제를 남기고 있다.

### 3) 탈중앙형 블록체인과 거버넌스의 진화

현시점에서 블록체인은 어떤 신흥 기술보다도 다양한 산업에 영향을 미칠 파괴적인 기술로 주목받고 있다. 신원 식별 및 접근 관리 솔루션을 전달하고 민간과 공공 분야의 수평적 협력관계를 구축하는 데 유리한 시스템을 갖고 있기 때문이다. 블록체인은 일종의 탈중앙화된 데이터베이스이다. 중앙 관리자 없이 네트워크의 개별 노드단에서 데이터의 무결성을 검증해 위변조를 방지하며, 사람의 개입 없이 무결성을 확보하고 유지하기 위해 순서에 따라 연결된 블록들의 정보 내용을 암호화 기법과 보안 기술로 알고리즘화하여 구성한 '분산형 디지털원장Distributed Digital Ledger'에 보관하는 방식이다. 즉, 문맥과 사용자에 따라 블록체인의 개념을 조금씩 다르게 설명하고 있기는 하지만, 대부분 '데이터의 구조', '알고리즘', '기술묶음', '일반 응용분야를 가지는 순수 분산 P2P 시스템'이라는 의미를 내포하고 있다. 일반적으로 하나의 원장만이 존재하는 '중앙집중형' 데이터베이스에서의 정보 관리는 매우 단순하고 신속하게 이루어진다. 반면, 훼손이나 위조의 위험이 상존하기 때문에 소유권을 명확히 해주는 신뢰를 원장이 안정적으로 제공하기가 어렵다. 반대로, 기존의 중앙집중형 서버에 데이터를 기록·보관하는 방식과 달리 거래 참가자 모두가 정보를 공유하는 조건에서는 제3의 신뢰기관이 없이도 투명하고 안전한 거래 메커니즘을 기대할 수 있다.

즉, 블록체인은 제3자의 개입이 없는 탈중앙화된 네트워크를 구현한다. 탈중앙화된 '공개 키 기반구조DKPI'는 공개 시스템을 통해 인증을 구현함으로써 중앙의 통제에 의존할 때 나타날 수 있는 데이터의 훼손이나 보안을 해칠 가능성을 배제하는 혁신적 개념인 것이다(굽타, 2018: 109). 블록체인은 기존의 중앙집중형 서버에 데이터를 기록·보관하는 방식과 달리 거래 참가자 모두가 정보를 공유함으로써 제3의 신뢰기관의 보증 없이도 자체적으로 투명하고 안전한 거래 환경을 만들어 나가는 개념인 것이다. 네트워크 참여자들 사이에서 거래되는 정보는 단순히 금융거래뿐만 아니라 물류 이동·추적, 신분 인증, 계약이행 여부 확인 등과 관련된 정보들도 포함한다. 즉, 검증된 거래내역은 블록 단위로 저장되고 각각의 블록은 체인으로 서로 연결되어 공유되기 때문에 특정 노드에 의한 블록 위·변조는 사실상 불가능하게 된다. 이를 토대로 블록체인은 물류나 공급망, 건강기록 데이터베이스 등의 관리를 투명하게 구현함으로써 정보의 도난이나 위조·변경을 예방할 수 있는 기술로 부상하고 있다(Gupta, 2018: 31).

이러한 블록체인의 독특한 분산형 디지털원장시스템은 아직 신뢰관계가 형성되지 않은 익명의 사용자들 사이에서도 정보와 가치의 거래를 가능하게 한

그림 3-1 가트너의 하이프 사이클로 바라본 인공지능과 블록체인의 기술성숙도

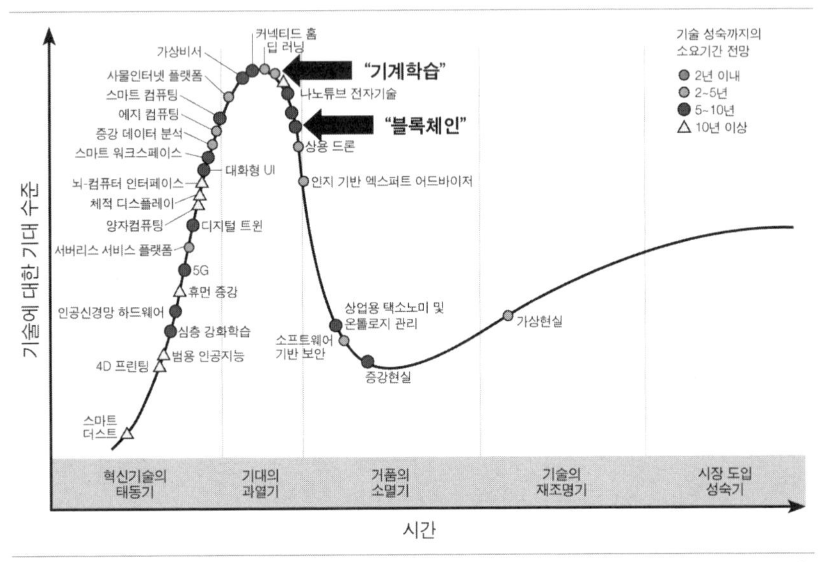


자료: Gartner, "Emerging Technology Hype Cycle 2017" 및 "Emerging Technology Hype Cycle 2018" (gartner.com/smarterwithgartner)을 토대로 재구성.

다는 장점이 있다. ≪이코노미스트The Economist≫는 블록체인의 잠재력에 주목하며 블록체인을 '신뢰 기계The Trust Machine'로 묘사하기도 했으며, 향후 사람의 개입 없이도 블록체인 기술로서 신뢰 가능한 거래가 보편화되는 미래를 전망했다. 세계경제포럼World Economic Forum 역시 2015년부터 블록체인을 미래 12대 유망 기술 중 하나로 선정해 왔으며 2027년이면 전 세계 GDP의 10%가 블록체인 기술에서 파생될 것으로 예측한 바 있다.

블록체인은 특히 거래의 검증이 가장 중요하며 시스템 내 데이터 신뢰성을 제공해야 하는 분야, 처리 성능에 대한 데이터 무결성이 중요한 분야, 그리고 거래의 진위 확인이 필요한 분야, 제3자에 따라 거래하는 사람 또는 복수의 당사자 집단이 빈번하게 발생하며 이들 거래의 진위 확인이 중요한 분야에서 효과적인 보안 솔루션을 구축해 가고 있는 중이다(Puthal, et al., 2018: 18). 이미 2016년 '가트너Gartner 하이프 사이클hype cycle'의 정점에 도달한 바 있으며, 이후

에너지, 금융 서비스, 제조, 유통 분야에 적용 가능성이 높은 플랫폼 기술로 부상했다. 블록체인 기술을 신속히 상용화시켰던 가장 잘 알려진 사용 사례는 비트코인 결제 인증이며, 그 밖에 콘텐츠 전송 네트워크, 스마트 그리드 시스템과 같은 애플리케이션 분야에도 확장 가능성이 열린 바 있다.

물론 블록체인은 완성된 기술이라 보기 어려우며 현시점에서의 기술적 한계 역시 엄연히 존재한다. 대표적으로 블록체인에서는 모두가 거래 장부를 저장하고 거래가 발생할 때마다 다 함께 검증·갱신하는 방식이어서 이용자 증가에 따라 거래 처리속도나 데이터 저장용량의 문제, 네트워크 관리 효율성 문제 등이 발생할 수밖에 없다. 하지만 각국은 이러한 문제들을 기술적으로 극복하기 위한 연구를 지속하고 있다. 실제로 현업에서는 비트코인과 같이 거래내역만을 저장하는 초창기 1세대 블록체인을 넘어 스마트 계약을 통한 거래자동화 기능을 갖춘 2세대 블록체인 기술을 다양한 산업에 적용하기 위한 시도가 이루어지고 있으며, 위의 기술적 한계들을 극복하기 위한 이른바 '3세대 블록체인' 기술의 개발이 이루어지고 있는 상황이다.

## 4. 인공지능의 등장과 사이버공격 양상의 진화

### 1) 인공지능의 사이버공간 도입이 낳는 위협 양상들

인공지능은 진화를 거듭하며 각 부문에서 상용화 단계에 진입하고 있다. 실제 컴퓨팅 파워, 메모리, 빅데이터 및 고속 통신의 급격한 가속화는 광범위한 산업 분야의 혁신과 투자 및 응용 프로그램의 격변을 유발해 왔다. 이미 플랫폼 기반으로서 인공지능은 보다 빠른 발전과 진화를 거듭하는 가운데, 이를 접목한 새로운 기술의 구현체들을 만들어내고 있는 중이다. 따라서 국가가 주도하는 인공지능의 무기화 역시 어느 정도 예상되어 왔으며, 최근 드론 등 자동화무기체계Autonomous Weapons System: AWS가 실제로 전장에 모습을 드러내기에 이르렀다. 이제는 사이버공간에서도 인공지능을 무기화하기 위한 각국의 노력이 이어지고 있다(임종인, 2019: 129~132).

2018년 4월 샌프란시스코에서 열린 세계 최대의 보안 행사인 'RSA 컨퍼런스 2018'에서는 사이버공격의 정교성 증대 및 공격범위의 확대 추세에 초점을 맞추었는데, 인공지능은 사이버안보의 판도를 바꿀 핵심기술로 주목받았다. 수많은 사이버공격 양상이 알려져 있음에도 불구하고 날마다 새롭게 생성되는 변종 바이러스와 새로운 위협들은 사이버공간의 여전히 해결되지 않는 취약성의 문제로 남아 있기 때문이다. 따라서 정부 차원에서뿐만 아니라 전 세계의 민간 전문가와 기업들이 공동으로 대처해야 하며, 신기술 개발을 위한 과감한 시도와 협력이 필요하다고 볼 수 있다. 혁신적 기술들의 신속한 도입과 효과적인 운용방안이야말로 현재의 방어자의 취약한 보안환경을 극복할 수 있는 열쇠로 주목받고 있다(RSA Conference, 2018). 그중 인공지능은 곧바로 사이버보안에 접목되어 현재의 지능화된 위협을 탐지·분석하고 활용하는 데 큰 기여를 할 요소 기술로 손꼽히고 있다. 지금까지 디지털 보안 영역은 대부분 인간의 노동력에 의존하여 수행되어 왔기 때문에 인공지능을 활용해 자동화로 대체될 수 있는 부분이 많은 분야였다. 이는 결국 디지털 공격과 방어 측면 모두에서 인공지능이 구현될 경우, 현재와는 다른 양상이 펼쳐질 가능성이 높다는 것을 의미한다.[9] 사회 전반에서 인공지능 사용이 증가함에 따라, 인공지능을 악용하려는 시도 또한 증가할 것으로 예상되고 있기 때문이다. 2017년 영국 옥스퍼드대학교, 인류미래연구소FHI, 실존적 위험 연구센터CSER 등 6개 기관의 인공지능 전문가들은 공동 워크숍을 통해 인공지능 발전에 비해 과소평가된 위험들, 특히 인공지능이 악용될 수 있는 보안 부문의 위험을 살펴보고 이를 예측·예방·

9 최근 블랙햇(black hat) 컨퍼런스 참석자를 대상으로 실시한 설문조사에 따르면 응답자의 62%가 1년 내 AI가 사이버공격에 사용될 것이라고 응답한 사실이 이를 말해준다.

**표 3-2** 인공지능으로 변화되는 위협의 지형: 6가지 속성

| 주요 속성 | 인공지능 기술의 각 속성별 특징 |
|---|---|
| 이중성 | 인공지능은 특정 용도로 사용되도록 정해지지 않았고, 민간용이나 군사용, 기타 방어적 용도나 위해적 용도 어느 쪽에도 사용 가능성이 열려 있음 |
| 효율/확장성 | 특정 작업을 인간보다 빠르거나 낮은 비용을 수행할 수 있고, 더 많은 작업을 수행하기 위한 시스템 복제 역시 가능 |
| 우수성 | 정해진 작업을 수행하는 데 인간보다 뛰어난 성능 발휘가 가능하며 인간에 비해 특별한 상황적(의무 휴식, 야간작업 등) 요인에 제약받지 않음 |
| 익명성 | 인공지능으로 타인과 소통하거나, 타인의 행동에 대응하는 등 물리적으로 다른 사람과 대면하는 상황 감소 |
| 보급성 | 하드웨어에 비해 인공지능 알고리즘은 쉽게 재현될 수 있으며, 이에 따라 본래의 기술개발과 다른 목적으로도 사용 가능 |
| 취약성 | 잘못 훈련된 데이터를 인공지능에 입력해 학습 시스템의 오류를 유발하는 '데이터 중독 공격(data poisoning attack)' 및 이미지 인식 알고리즘이 인식하는 데이터에 노이즈를 추가해 알고리즘 오류를 유발시키는 '적대적 사례(adversarial example)', 자율 시스템의 결함 등 미해결된 취약점이 다수 존재 |

자료: 한국정보화진흥원(2018)을 토대로 정리.

완화할 수 있는 방안을 모색한 바 있다. 인공지능의 안전성을 다룬 기존의 연구들이 주로 인공지능으로 인해 의도치 않게 발생하는 피해에만 초점을 맞추었던 것을 비판하며, 이들은 개인, 또는 조직이 다른 개인·단체의 보안을 약화시키기 위해 고의적으로 인공지능을 사용하여 발생하는 위협들에 주목했다. 특히 공격자와 방어자 사이의 불균형 문제의 심각성을 지적하고, 적절한 방어수단이 개발되지 않는다면 현재보다 심각한 종류의 인공지능 공격이 나타날 것이라 전망했는데, 이중성, 효율/확장성, 우수성, 익명성, 보급성, 취약성 측면에서 그 효과가 두드러질 수 있다.

위에서 살펴본 바와 같이 보안에 영향을 미치는 인공지능의 속성들은 세 가지 측면에서 위협 환경의 변화를 초래할 수 있다. 첫째, 기존 보안환경의 위협 범위를 대폭적으로 증가시킨다. 효율적인 인공지능 시스템의 확산으로 공격을 수행하는 것이 더욱 용이해지면서 공격자가 늘고, 공격 가능 속도가 증가한다. 또한 우선순위, 비용편익 관점에서 공격할 가치가 없었던 대상들도 포함됨으

로써 공격 대상이 확대되는 효과가 나타난다. 특히 공격자가 익명성의 공간에 숨을 수 있는 기회가 커짐으로써 공격에 대한 주저함이나 거부감이 감소하여 위협의 정도 역시 증대될 수 있다(Brundage, 2018: 7~8). 예를 들어 불특정 다수의 개인정보를 훔치는 피싱에 비해 좀 더 노력이 수반되지만, 가치가 높은 공격대상을 선별하여 정보를 탈취하는 '스피어피싱spear phishing'이 더욱 활성화될 수 있다. 이는 인공지능의 적용으로 공격에 요구되는 인력의 숙련도 부담을 덜 수 있기 때문이다. 또한 인공지능은 사람에 비해 환경적·시간적 제약을 받지 않기 때문에 인간이 수동으로 일일이 제어할 수 없었던 로봇과 악성코드의 동작을 대규모로 실행할 수 있다.

둘째, 인공지능은 기존과 다른 형태의 새로운 위협을 출현시킨다. 대부분의 사람들은 다른 사람의 목소리를 똑같이 흉내낼 수 없으며, 수작업으로 인간의 음성 녹음과 유사한 오디오 파일을 만들 수도 없다. 그러나 최근에는 개인의 목소리를 모방하는 방법을 학습하는 음성 합성 시스템이 개발됨으로써 실제의 음성에 거의 근접하는 정보를 생성해 내고 있다. 이러한 시스템은 허위 정보를 퍼뜨리고 다른 사람을 사칭하는 새로운 위협을 가할 것이다(박성민·김태은·김환국, 2018: 33). 사람이 수동으로 제어할 수 없는 로봇이나 악성 프로그램을 제어하기 위해 인공지능 시스템을 이용할 수 있다. 예를 들어, 사람으로 구성된 팀이라면 집단적인 물리적 공격에 사용되는 드론 하나하나의 비행경로를 선택할 수 없다. 또한 이란의 핵 프로그램을 방해하기 위해 사용된 스턱스넷Stuxnet 소프트웨어의 경우처럼 분리된 망에 있는 컴퓨터의 행동을 바꾸기 위해 고안된 바이러스는 이들 컴퓨터를 감염시킨 후에는 추가적인 명령을 수신하지 못하게 만든다. 또한, 사람은 인지할 수 없으나 인공지능 인지 알고리즘은 인식할 수 있는 데이터를 주입할 경우, 그것에 의해 제어되는 시스템에 상당한 혼란을 야기시킬 수 있다. 만약 공격자가 자체적으로 취약점을 가진 새로운 인공지능 시스템을 배포하게 되면, 이러한 취약점을 악용할 수 있는 공격에 노출될 수 있음을 의미한다. 몇 개의 픽셀을 이용해 정지 신호의 이미지를 특수한 방식으로 변경하는 경우, 인간이라면 여전히 정지 신호로 쉽게 인식할 수 있지만 인공지능 시스템은 전혀 다른 것으로 인식할 수 있다. 이런 방식으로 여러 로봇이 동일한 인공지능 시스템에 의해 제어되고 동일한 자극에 노출되는 경우 대규모의 오동작을 동시에 유발할 것이다. 최악의 시나리오는 자율무기시스템의 지휘에 사용되는 서버에 대한 공격이다. 이는 아군에 대한 공격이나 민간인 공격으로 이어질 수도 있다.

셋째, 인공지능은 사이버공격 규모의 전형적인 특성을 변화시키고 있다. 일반적인 공격은 빈도는 높아도 규모에 따른 효과는 낮거나, 반대로 효과는 크지만 자주 수행하기 힘든 '빈도와 규모의 효과 간 상충관계'가 존재해 왔다. 그러나 인공지능은 더 이상 이러한 제약에 갇히지 않고 횟수로나 규모로나 효과가 큰 공격을 감행하는 것을 가능케 하고 있다. 이는 공격 가능 대상의 식별과 선정을 보다 용이하게 함으로써 정밀 표적화할 수 있게 되었기 때문이다. 나아가 자동화된 인공지능에 공격 실행을 맡기는 동안 공격의 기획자는 더욱더 익명성의 공간으로 숨어들어 책임 소재를 회피할 수 있게 되었다는 점도 이러한 추세를 부추기고 있다(한국정보화진흥원, 2018: 5). 인공지능이 사이버공간의 주요 행위자로 부상하면서 반대로 인공지능이 적용된 제어 시스템은 사이버공간에서의 새로운 핵심 전략타깃이 되어버렸다. 인공지능이 적용된 사회 인프라의 취약점을 역으로 공격하는 것 또한 사이버전쟁의 승리를 위한 중요한 요소로 변모하는 중이다.

### 2) 인공지능으로 진화하는 사이버공격의 수단

사이버공격 작업을 자동화하기 위해 인공지능을 사용하는 경우, 스피어피싱과 같은 노동집약적 사이버공격 위협이 확대될 것이다. 또한 음성 합성과 같은 인간의 취약점, 기존 소프트웨어 취약점, 또는 데이터 오염과 같은 인공지능 시스템의 취약성을 악용하는 새로운 공격도 예상된다. 최근 몇 년 동안 스턱스넷

웜Stuxnet Worm 및 우크라이나 전력망에 대한 크래시 오버라이드Crash Override 공격을 비롯하여 해커들은 점점 더 정교해진 사이버공격을 다양하게 시도했다. 사이버공간에는 방대하고 복잡한 사이버 범죄의 세계가 열렸으며, 때로는 고도로 자동화된 시스템을 사이버공격에 활용했다. 맬웨어를 통한 디도스 공격과 피싱, 랜섬웨어 및 기타 형태의 사이버활동들이 수작업을 떠나 자동화된 컴퓨터 네트워크를 통해 이루어졌다. 지금까지 사이버보안에 대한 인공지능은 취약성을 발견하고 해결책을 제안하여 보안 강화를 목표로 하는 선의의 연구에만 활용되었다. 그러나 인공지능의 발전 속도는 조만간 해커들이 기계학습 기술을 활용한 사이버공격을 일으킬 수 있다는 것을 말해준다.[10] 인공지능과 사이버보안의 측면에서 볼 때, 동일한 수준의 기술과 자원을 갖춘 공격자는 방어자보다 더 큰 규모로, 더 많은 공격을 행하게 만들 수 있다는 사실이다. 최근 몇 년 동안 사이버공간에서 공격용 응용 프로그램에 인공지능을 적용한 의미 있는 연구들이 수행된 바 있다. 2016년, 제로폭스ZeroFox 연구원들은 자동화된 스피어피싱 시스템을 만들어 노출된 사용자의 관심 분야를 기반으로 소셜미디어 플랫폼 트위터에 맞춤형 트윗을 생성했으며, 악성일 가능성이 있는 링크에 사용자들의 높은 접속률을 이끌어내기도 했다. 2017년 알베르토 이아레타Alberto Giaretta와 니콜라 드라고니Nicola Dragoni는 인공지능 기반 자연 언어 생성기술을 사용하는 공통된 글쓰기 방법을 이용해 모든 계층의 사람들을 표적으로 삼는 "커뮤니티 타깃 피싱" 개념을 언급했다. 이 개념을 사용하면 훨씬 발전된 자연어를 생성하고 여러 커뮤니티에 걸쳐 맞춤화된 접근법을 구상할 수 있다. 또한 소프트웨어 취약점 발견 자동화에 대한 인공지능의 응용은 긍정적인 응용이 될 수도 있지만, 공격자의 노동 제한을 완화하기 위한 악의적인 목적을 위해서도 동일하게 사용될 수 있다. 이러한 능력은 사이버보안의 전략적 환경

10 블랙햇 컨퍼런스의 사이버보안 전문가를 대상으로 한 최근의 설문조사에서 인공지능이 향후 12개월 이내에 공격에 사용될 것으로 믿는 응답자가 전체 응답자의 62%인 것으로 나타났다.

변화 가능성을 시사했다.

인터넷을 통한 네트워크의 확장과 데이터 저장 기술의 획기적 발전은 기존과는 전혀 다른 거대한 규모의 데이터를 생산해 내고 있다. 빅데이터는 과거 시간과 자원이 제한되어 접근할 수 없는 분야에서 새로운 통찰력을 제공하기도 한다. 그러나 해킹 경로의 다양화, 공격방식의 다변화 등 사이버 위협이 지속적으로 지능화되어 기존의 조직과 인력, 보안체계로는 거대한 규모의 빅데이터에서 보안 위협을 탐지하고 분석하는 데 한계가 있을 수밖에 없다. 이에 따라 각국은 급증하는 위협을 신속·정확하게 조치하고 사이버공격으로 인한 대규모 피해를 예측 및 예방할 수 있도록 대응체계의 전환을 위한 방안을 마련하는 중이다(김인호, 2019: 18~21).

실제로 탐지를 피하기 위해 인공지능이 사용된 예로, 인간과 기계 모두 올바른 도메인과 구별할 수 없는 악의적인 명령 및 제어 도메인을 자동 생성하는 기계학습 모델이 개발되기도 했다. 이러한 도메인은 맬웨어가 피해자의 호스트에 접속하고 악의적인 공격자가 호스트 컴퓨터와 통신하는 데 사용된다. 또 '강화학습reinforcement learning'을 활용하여 NGAV 탐지를 우회하는 것을 최종 목표로 악성 바이너리를 조작하는 지능형 행위자도 가능해진다. 이는 결국 공격자로 하여금 심층 학습을 비롯한 강화학습 능력을 활용하여 인공지능의 잠재력을 활용하려는 욕구를 증가시킬 수밖에 없다. 특히 공격자는 추가 기술 투자 없이 현재의 기술 시스템과 보안 전문가가 대비하지 못한 공격을 행하기 위해 경험을 통해 학습하는 인공지능 기술을 이용할 수 있기 때문이다.[11] 실제 인공지능 시스템의 지원을 받는 해커는 사이버공격을 위해 A부터 Z까지의 모든 과

11 예를 들어, 구글(Google)의 바이러스토탈(VirusTotal) 파일 분석기와 같은 서비스를 통해 사용자는 변형을 중앙 사이트에 업로드하고 60가지 이상의 다양한 보안도구의 판단을 받을 수 있다. 이러한 피드백 루프는 보안도구 우회에 무엇이 가장 효과적인지 판단하기 위해 인공지능을 사용하여 동일한 악성코드의 여러 변종을 만들 수 있게 한다. 또한 대규모 인공지능 공격자는 대형 데이터 집합을 축적하고 이를 사용하여 각 공격 대상에 대한 세부내용을 변경하고 공격 전략을 조정할 수 있다.

업을 수행하지 않아도 된다. 공격을 감행할 조건에 대한 명령을 입력하고 나면, 사실상 해커들의 가장 중요한 임무는 알고리즘에 대한 보완과 업데이트 정도가 되기 때문이다. 사이버 공격행위의 주체 역시 인간에서 인공지능으로 전이되는 것이다.

더욱이 인공지능을 활용해 사이버공격용 '툴킷'을 제작한 뒤 온라인에서 판매하는 거래가 증가하면서 공격자들은 과거 노동집약적이고 많은 비용을 요구하던 부담에서 벗어나 더 수월하게 공격을 감행할 수 있게 되었다. 따라서 최근 발생되고 있는 지능화된 공격에 대응하기 위한 전략의 필요성이 부상하고 있으며 선제적 침해 탐지·대응 기술의 마련을 위한 노력이 지속되고 있다. 고도화된 위협에 대해 100% 방어수단이 없는 현시점에서, 사전에 위협을 예측하고 유사 공격을 차단해야 하는 환경에 놓여 있기 때문이다.

## 5. 블록체인과 사이버전 방어 양상의 진화

탈중앙적 네트워크 관리모델인 블록체인은 아직 사이버보안 분야에 본격적으로 적용되고 있는 기술이 아니다. 그러나 블록체인이 전제하고 있는 정보의 무결성과 신뢰성에 기반한 개념은 지금까지의 폐쇄적 접근에서 벗어난 새로운 보안 패러다임의 도래 가능성을 내포하고 있다. 이 절에서는 블록체인이 갖고 있는 보안 운용 개념이 사이버전에 적용될 경우, 방어적 측면에서 어떠한 의미를 갖게 되는지, 나아가 이러한 변화가 사이버공간의 공·수 질서에 어떤 영향을 의미하는지를 짚어보기로 한다.

### 1) 사이버공간 속 블록체인의 보안 기능

본래 블록체인은 다양한 속성을 띠고 있는 안전한 거래시스템이다. 주목할

표 3-3 블록체인의 안정성을 유지하는 3가지 요소

| 3요소 | 주요 내용 | 보안 적용 사례 |
| --- | --- | --- |
| 가용성 | - 어느 한 컴퓨터가 해킹당하더라도 분산되어 있는 컴퓨터를 통해 계속 가치 있는 정보를 획득할 수 있도록 정시성과 신뢰성의 접근 환경 유지 | - 랜섬웨어, 디도스 등의 공격 거부<br>- 안정적 콘텐츠 전송 네트워크(CDN) 운영 |
| 무결성 | - 인가되지 않은 부정한 변경을 방지함으로써 데이터의 일관성, 정확성, 신뢰성을 유지 | - 임의적 파일 변경 방지<br>- 비인가 사용자 접근 제어 |
| 탄력성 | - 복잡한 거래 과정 속에서 소유권과 이전 내용을 명확히 해줌 | - 이중 사용, 명의 도용 등의 광범위한 공격들을 방어 |

자료: 굽타(2018: 245~247)를 토대로 재구성.

부분은 블록체인의 운용 개념이 내포하고 있는 독특한 특징들이다. 이른바 '가용성Availability'과 '무결성Integrity', '탄력성Resilience'을 들 수 있는데, 이들은 블록체인을 개방적이면서도 신뢰 있는 시스템으로 구현하는 핵심 요소이다. 가용성은 데이터의 정시성과 신뢰할 수 있는 접근을 의미한다. 무결성은 정보에 대해 인가되지 않은 부정한 변경을 방지하는 것이다. 탄력성은 복잡한 조건 속에서도 소유권과 이전을 명확히 해준다. 이들은 블록체인 구조와 연결된 가장 오래되고 널리 알려진 보안 프레임워크이다. 특히 블록체인의 보안 통제 및 시스템 목록 작성을 위한 프레임워크 모델로서 조직이 특정 기술, 프레임워크, 시스템에 구애되지 않으면서도 정보보안 정책을 평가·시행할 수 있도록 표준절차를 제시한다(굽타, 2018: 84).

데이터와 연결성이 강화된 네트워크는 필연적으로 보안 문제를 제기하는데, 블록체인 기술은 이 과정에서 인증을 강화하고 데이터 귀속과 흐름을 개선하는 데 핵심적인 기능을 할 수 있다. 따라서 연결성이 대폭적으로 확대되는 사물인터넷IoT, 특히 산업용 IoTIIoT 기기의 보안성을 획기적으로 증진시킬 수 있게 된다. 위조 방지 블록체인 기술 플랫폼이 대규모 기기 네트워크에서 개인 데이터와 인증을 분산하는 기능을 제공할 수 있기 때문이다.

또한 블록체인은 기밀성 및 무결성 개선에도 매우 중요한 의미를 갖는다. 블록체인 데이터 전체를 암호화하면 이 데이터가 전송 중일 때 권한이 없는 사람이 데이터에 접속하는 것을 막아 무결성을 보다 원활히 유지할 수 있기 때문이다. 이러한 데이터 무결성은 실제 IoT와 산업용 IoT 기기로 적용성을 확장시키고 있다.[12]

블록체인이 적용됨으로써 기대할 수 있는 또 한 가지는 개인 메시징의 보호이다. 개인 정보는 채팅이나 메시징 앱, 소셜미디어를 통해 소통하는 과정에서 빈번하게 유출 위험에 놓인다. 이때 각각의 앱이 사용하는 유저들 간의 암호화 대신 블록체인을 사용해 사용자 메타데이터를 사용할 경우, 사용자는 메신저를 사용하기 위해 이메일이나 기타 인증 방법을 사용할 필요가 없다. 메타데이터는 원장 전역에 걸쳐 무작위로 분산되므로 한 지점에서 이 데이터를 수집해 침해하기가 불가능해지기 때문이다. 실제 미 고등연구계획국DARPA은 안전하고 외부 공격을 통한 침투가 불가능한 메시징 서비스를 만들기 위해 암호화된 메타데이터를 적용하는 방안을 본격적으로 검증하는 단계에 접어들었다.

나아가 블록체인은 공공 키 인프라Public Key Infrastructure: PKI를 대체할 수도 있다. PKI는 이메일, 메시징 애플리케이션, 웹사이트를 비롯한 다양한 형태의 통신을 보호하는 공개 키 암호화이다. 그러나 대부분의 구현은 키 쌍key pairs을 발행·회수·저장하는 중앙화된 타사 인증기관CA에 의존한다. 해커들은 인증기관을 목표로 공격해 암호화된 통신을 침해하거나 신원을 조작할 수 있다. 이를 막기 위해 블록체인에 키를 게시하면 이론적으로는 가짜 키 전파 위험을 없애고, 애플리케이션에서 통신 상대방의 신원을 확인할 수 있게 된다. 또한 더 안전한 DNS를 구축하는 데도 보다 유용하게 활용되고 있다. 인터넷의 중심에 있는 DNS와 같은 핵심 서비스는 대규모 서비스 중단이나 기업 조직 해킹을 위한

12 IBM은 인공지능 왓슨(Watson) IoT 플랫폼에 IBM의 클라우드 서비스 내에 통합된 프라이빗 블록체인 원장에서 IoT 데이터를 관리하는 옵션을 제공한다. 또한 에릭슨의 블록체인 데이터 인테그리티(Blockchain Data Integrity) 서비스는 GE의 프레딕스(Predix Paas) 플랫폼 내에서 작업하는 앱 개발자에게 완전히 감사 가능하고 규정을 준수하며 신뢰할 수 있는 데이터를 제공하고 있다(Drinkwater, 2018).

기회를 제공한다. 따라서 블록체인을 적용한 더 신뢰할 수 있는 DNS 인프라를 사용하면 인터넷의 핵심 신뢰 인프라를 강화할 수 있다.[13] 만약 블록체인을 사용해 DNS 항목을 저장하면 공격 가능한 단일 목표를 제거함으로써 보안을 개선할 수 있다. 갑작스럽게 접속 요청이 쇄도할 경우 장애를 일으키지 않는 분산 DNS 개념에 대한 연구 역시 진행 중이다.

### 2) 블록체인과 방어적 측면에서의 사이버보안 전략

초연결시대의 클라우드 컴퓨팅과 각종 혁명적인 디지털 기기가 출현하면서 기업 조직이나 정부는 수백 개의 애플리케이션을 사용해야만 하는 환경에 놓이게 되었다. 이는 최종 사용자 및 조직의 데이터 유출 수준이 높아지게 됨을 의미한다(굽타, 2018: 181). 2017년 유출수위비교Breach Level Index: BLI에서는 연간 2500만 건이 넘는 데이터가 유출된 것으로 나타나기도 했다. 결국 사이버보안은 공격자와 수비자의 레이스이다. 공격자가 멈추지 않는 한, 수비자는 새로운 무기를 테스트하고 배치해야 한다. 지금까지는 공격자의 압도적인 우위가 두드러졌다. 그러나 블록체인이 사이버공간에서의 새로운 잠재적인 보안 포트폴리오로 부상하면서 이러한 시합은 좀 더 복잡해졌다. 블록체인이 바꾸고 있는 사이버보안 솔루션의 전제는 여러 측면에서 변화를 예감케 한다. 우선 블록체인은 기본적으로 생성 알고리즘과 해싱hashing[14]의 조합을 통해 어떤 거래가 이뤄질 때 데이터 보안을 향상시키는 시스템이기 때문이다(Guardtime, 2016).

그렇다면 블록체인은 사이버공간 속 방어자 취약성의 딜레마를 해결하는 데

13 미라이(Mirai) 봇넷 공격사례는 핵심 인터넷 인프라가 대규모 사이버공격에 얼마나 취약한지를 보여준 사례이다. 공격자들은 대부분의 주요 웹사이트가 사용하는 도메인 이름 시스템(DNS) 서비스 공급업체를 다운시켜 결과적으로 트위터, 넷플릭스, 페이팔 등의 서비스에 대한 접근을 차단했다.

14 해싱(hashing): 하나의 문자열을 빨리 찾을 수 있도록 주소에 직접 접근할 수 있는 짧은 길이의 값이나 키로 변환하는 것.

어떠한 효과를 가질 수 있는가? 나아가 그것이 의미하는 사이버안보 구도의 궁극적인 변화는 무엇인가? 블록체인은 타협으로부터 경계를 지키려 하기보다는 적과 신뢰받는 내부자 모두에게 타협을 가정한다. 또한 블록체인은 참여자 네트워크의 총체적인 힘을 이용하여 악의적인 소수 행위자들의 노력에 적극적으로 저항하도록 설계되었다. 따라서 블록체인은 소수의 위협에 대한 다수의 비대칭적 우위를 적절히 이용하는 시스템인 것이다. 이러한 특징을 살펴볼 때 블록체인의 등장은 사이버보안의 다음과 같은 중대한 변화의 도래 가능성을 시사한다.

첫째, '개방형 보안 패러다임'이라는 새로운 보안방식의 등장이다. 1988년 현대 인터넷의 선구자인 '아르파넷ARPANET'이 등장한 이래로, 보안시스템의 아키텍처는 기밀성과 신뢰성에 근간하여 중앙집중화된 통제와 분산된 실행의 원칙을 사용했다. 이를 통해 '외부자'를 보다 쉽게 배제하고 '내부자'가 네트워크를 의도적으로 훼손하지 않도록 신뢰할 수 있을 것이라 믿었던 것이다. 그러나 이러한 모델은 증가하는 사용자 기반에 대한 서로 다른 이해관계에 의해 도전을 받았으며, 웜worm과 같은 자기복제형 악성 프로그램에 취약점을 노출하게 되었다. 거의 30년 동안 그리고 수십억 달러의 공공 및 민간 투자에도 불구하고, 사이버방어는 여전히 아르파넷과 같은 가정에 근거하고 있다. 거의 모든 사이버 시스템에서는 층화된 구조에서 권한은 중심에 집중되어 있고 여기에 대한 접근을 막기 위한 구조로 설계된다(Barnas, 2016: 13).

반면, 블록체인은 이른바 '방화벽'으로 상징되는 폐쇄적 보안시스템과는 정반대의 철학을 지향한다고 볼 수 있다. 기존의 보안시스템이 외부의 악성코드나 접근을 원천적으로 차단함으로써 데이터의 유실과 조작을 막고자 했다면, 블록체인은 외부자가 시스템 내부로 들어오는 것을 허용하되, 허가받지 않은 데이터의 위변조가 불가능하도록 모두가 감시하고 검증하는 방식이기 때문이다.[15] 이른바 블록체인이 무결성에 기반한 신뢰 제공 모델이기 때문에 구현 가능한 접근이라고 볼 수 있다. 실제 블록체인 분산 원장에서 데이터가 저장된 각각의 디지털 블록은 시스템 내 모든 참가자의 동의를 통해서만 업데이트가 가능하므로 데이터를 중간에서 가로채거나 수정·삭제하는 것이 거의 불가능하다. 이러한 개념적 특징이 갖는 신뢰성의 잠재력 때문에 블록체인은 개방형 보안 패러다임이라는 새로운 방향을 제시할 수 있는 것이다.

둘째, 분산형 네트워크에 기초한 회복탄력성resilience 유지를 강화할 것이다. 블록체인은 집중형이 아닌, 관리자나 제3자가 없는 분산형 네트워크 구조로 이루어져 있기 때문에 중앙의 허브를 보호할 필요가 없다. 이는 해커가 '공격할 구심점'이 없다는 것을 의미한다. 결국 분산서비스거부DDoS 공격을 하려 해도 딱히 노릴 곳이 없게 된다. 연결된 노드들은 잠재적으로 새 블록을 연결 짓고 데이터의 무결성을 지속할 수 있는 후보들이다. 이들의 활동을 중단시킬 '마스터' 중앙집중식 노드가 없기 때문에, 많은 부분이 분리되어도 네트워크는 계속 동작하게 된다. 이러한 프로토콜은 통신 경로, 개별 노드 또는 블록체인 자체에 대한 악의적인 공격에도 불구하고, 네트워크를 통해 확인된 메시지 트래픽이 전 세계에 신뢰성 있게 전송되도록 보장한다.

이처럼 블록체인의 분산형 네트워크 중심의 보안 확보 전략은 기존의 허브 중심의 전략을 보완해 줌과 동시에 일부 영역에서는 이를 대체할 가능성도 있다. 분산형 네트워크의 약점으로 꼽히는 효율성, 특히 신속성의 문제를 기술적으로 개선해 나갈 수 있다면, 주요 시설의 중앙집중서비스 방식의 보안 체계를 P2P 방식으로 전환하는 흐름은 좀 더 가속화될 것이다. 실제로 블록체인이 갖고 있는 데이터 무결성의 특징은 디지털 ID를 개선하고 최근 확산되고 있는 IIoT 기기의 안전성을 높여 보안 분야를 개선할 잠재성을 가진 것으로 평가되고 있다.

15 물론 완전 개방성을 지향하는 퍼블릭 블록체인과 달리 프라이빗 블록체인은 소수에게만 데이터 블록의 작성·저장 권한을 부여하지만, 이 과정 역시 결국 구성원 간의 합의를 통해서 이루어진다는 점에서 기존 보안방식과는 확연히 구분된다.

셋째, 은폐되었던 공격자의 흔적을 밝혀냄으로써 공격 감행 의지를 위축시킬 수 있다. 데이터 거래의 전 과정을 기록·검증하는 블록체인의 특성상 사이버공격 준비의 움직임은 모두 기록되며, 설사 미리 예측한 방어는 어렵더라도 공격 의심자를 규명함으로써 사후적 대응이 가능하다. 이는 보복적 조치를 가능하게 함으로써 적어도 지금까지와는 달리 공격자로 하여금 공격의 부담을 고려하게끔 만드는 압박의 효과를 도출하게 된다.

## 6. 결론

지금까지 살펴본 바와 같이, 4차 산업혁명의 기술변화는 단순히 사이버전쟁 방식의 고도화나 공간의 확장에 그치지 않는다. 사이버물리시스템CPS의 부상, 인공지능 알고리즘의 확대, 분산형 네트워크 시스템으로의 전환 등 이른바 4차 산업혁명을 견인하는 핵심기술 플랫폼의 도입은 사이버공간의 정의, 행위주체, 나아가 사이버전쟁 개념 자체에 대한 재정의를 요구할 수 있기 때문이다. 이러한 문제는 사이버공간의 위협으로부터 지켜야 할 대상과 가치는 어디까지이며, 위협의 발원에 대한 책무는 어디까지인지에 대한 논의로 이어질 수 있을 것이다. 무엇보다도 현재의 사이버 거버넌스에 관한 강대국 간의 대립구도 역시 전환점을 맞이할 가능성이 크다. 결과적으로 4차 산업혁명은 미래 사이버전의 진화를 추동함과 동시에 사이버공간에서 안보화 게임의 행위자와 규범을 재정의하는 중요한 계기가 될 것이다.

특히 주목해야 할 요소는 4차 산업혁명의 공격과 방어 양상을 변화시키는 기술 요소들이다. 먼저, 4차 산업혁명을 관통하는 범용 기술로서 인공지능은 경제사회 전반의 구조 변화를 주도하고 있으며 알고리즘을 통한 자동화는 단순 산업제어시스템을 넘어 복잡한 의사결정 프로그램에도 적용되고 있다. 블록체인으로 정의되는 혁신적인 탈중앙형 거래시스템 역시 금융 분야뿐만 아니라 다양한 서비스 영역에서의 정보 거래의 패러다임을 바꿀 잠재적 동인으로 부상 중이다. 지금까지 주로 산업 부문의 혁신을 주도했던 이들 기술들은 이제 사이버안보 분야에도 적용되고 있다.

사이버전의 진화를 가속화시키는 인공지능과 블록체인의 등장은 기존 사이버보안 전략에 상당한 영향을 미칠 것으로 예상된다. 특히 향후 공격자 우위의 대결 구도에도 변화를 초래할 가능성이 높다. 사이버공격에 활용되는 경우, 취약점에 대한 데이터 분석을 토대로 해킹 경로 및 공격방식을 다변화함으로써 목표물에 대한 보다 치명적인 공격을 가할 수 있게 된다. 역으로 방어자 측은 최근의 공격 패턴 및 새로운 악성코드를 면밀히 분석하여 이들의 공격 징후와 공격 지점에 대해 예측해 볼 수 있다. 이는 외부에 대한 엄밀한 인증과 접근 제어를 통해 자료의 해킹을 방지하는 기밀성 측면에서 공격자와 방어자 모두에게 기회를 제공할 것으로 보인다. 지금까지 사이버안보의 불균형한 대결 구도는 베일 속에 감춰진 공격자와 여기에 힘겹게 대응하는 방어자를 상징하는 '버추얼 창'과 '그물망 방패'의 대결로 은유되어 왔다. 그러나 새로운 기술적 돌파구가 될 인공지능과 블록체인의 등장은 '버추얼 창'과 '버추얼 타깃'의 대결이라는 새로운 구도를 낳을 가능성을 시사한다고 볼 수 있다. 이는 장기적으로 볼 때, 이른바 '귀속성의 문제'와 '첨단 인프라의 역설', '억지 전략의 한계성'이 맞물려 있는 사이버전의 딜레마와 안보 질서에도 변화를 초래할 수밖에 없을 것이다.

굽타, 라즈니쉬(Rajneesh Gupta). 2018. 『블록체인으로 구현하는 사이버보안』. 최용 옮김. 서울: 위키북스.

김상배. 2018. 『사이버 안보의 세계정치와 한국: 버추얼 창과 그물망 방패』. 파주: 한울.

김인호. 2019. 「인공지능기술 기반의 사이버 침해대응시스템 구축」. ≪지역정보화연구≫, 114.

김종호. 2016.「사이버 공간에서의 안보의 현황과 전쟁억지력」. ≪법학연구≫, 62.
로젠츠바이크, 파울(Paul Rosenzweig). 2012.『사이버 전쟁』. 정찬기·이수진 옮김. 국방대학교 국가안전보장연구소.
문인철. 2017.「사이버공간의 특성과 안보화 문제」. ≪국가안보와 전략≫, 17(4).
민병원. 2015.「사이버공격과 사이버억지의 국제정치: 규제와 새로운 패러다임을 중심으로」. ≪국가전략≫, 21(3).
_____. 2019.「4차 산업혁명과 미래전」. 2019 정보세계정치학회 춘계세미나 자료집. 서울대학교 국제문제연구소.
박성민·김태은·김환국. 2018.「인공지능 발달로 인한 보안 위협 및 자기학습형 사이버 면역 기술을 활용한 대응 연구」. ≪정보와 통신≫(7월호).
백상미. 2018.「사이버 공격의 국제법적 규율을 위한 적극적 방어개념의 도입」. 서울대학교 박사학위 논문.
성낙환. 2011.「디지털 세상의 어두운 그림자들」. ≪LG Business Insight≫, 2011. 8. 10.
성지은. 2018. "사이버위협 느는데 보안 방식 그대로? AI 도입해야" ≪아이뉴스≫, 2018. 7. 29. http://www.inews24.com/view/1113035.
손태종. 2017.「국방사이버안보정책방향」. 사이버 안보의 세계정치 특별 세미나 자료집. 서울대학교 국제문제연구소(2017. 1. 24).
안상욱. 2014. "분산된 공개장부, 세상을 바꾼다." ≪용어로 보는 IT≫. https://terms.naver.com/entry.nhn?docId=3578241&cid=59088&categoryId=59096(2014. 6. 5).
오영택·조인준. 2018.「인공지능 기술기반의 통합보안관제 서비스모델 개발방안」. ≪한국콘텐츠학회논문지≫, 19(1).
윤정현. 2018.「디지털 위험사회의 극단적 사건(X-event) 전망과 시사점」. ≪신안보연구≫, 3(1).
이상호. 2014.「초연결사회의 사이버 위협에 대비한 국가안보 강화방안」. ≪국제문제연구≫(겨울호).
_____. 2019.「소셜미디어(SNS) 기반 사이버심리전 공격 실태 및 대응방안」. ≪국가정보연구≫, 5(2).
임종인. 2019.「4차 산업혁명 시대의 미래전: 무엇이 쟁점인가?」. 2019 정보세계정치학회 춘계세미나 자료집. 서울대학교 국제문제연구소.
조현석. 2012. "사이버 안보의 복합세계정치."『복합세계정치론: 전략과 원리, 그리고 새로운 질서』. 파주: 한울.
조화순·김민제. 2016.「사이버공간의 안보화와 글로벌 거버넌스의 한계」. ≪정보사회와 미디어≫, 17(2).
한국정보화진흥원. 2018. "인공지능 악용에 따른 위협과 대응 방안," ≪NIA Special Report≫(2018-2).

Agence France-Presse. 2017. "Microsoft Blames US spy Agencies for Stockpiling Cyberweapons, as World Braces for Ransomware Attack to Worsen." *South China Morning Post*, 2017. 5. 15.
Andres, Richard B. 2012. "The Emerging Structure of Strategic Cyber Offense, Cyber Defense, and Cyber Deterrence." in Derek S. Reveron(ed.). *Cyberspace and National Security: Threats,*

*Opportunities, and Power in a Virtual World*. Washington DC: Georgetown University Press.

Barnas, Neil B. 2016. *Blockchains in National Defense: Trustworthy Systems in a Trustless World: The Evolving Cyber Threat, Air Force Should Research and Develop Blockchain*. US Department of Defense.

Brundage, Miles(ed.). 2018. *The Malicious Use of Artificial Intelligence: Forecasting, Prevention, and Mitigation*. Sankalp Bhatnagar and Talia Cotton.

Clarke, Richard A. and Robert Knake. 2010. *Cyber War: The Next Threat to National Security and What to Do About It*. Ecco.

Deibert, Ronald J. 2002. "Circuit of Power: Security in the Internet Environment." in James N. Rosenau and J. P. Singh(eds.). *Information Technologies and Global Politics: The Changing Scope of Power and Governance*. Albany, NY: SUNY Press.

Drinkwater, Doug. 2018. *IT World*, http://www.itworld.co.kr/news/108182(2018. 2. 9).

Guardtime. 2016. "Blockchain Implications for Trust in Cybersecurity." *Guardtime Federal*, 2016. 2. 17.

Hunker, Jeffrey, Bob Hutchinson and Jonathan Margulies. 2008. "Role and Challenges for Sufficient Cyber-Attack Attribution." Institute for Information Infrastructure Protection.

Jensen, Eric Talbot. 2017. "The Tallinn Manual 2.0: Highlights and Insights." *Georgetown Journal of International Law*, 735.

_____. 2012. "Cyber Deterrence." *Emory International Law Review*, 26(May).

Levy, Jack S., Thomas C. Walker and Martin S. Edwards. 2001. "Continuity and Change in the Evolution of Warfare." in Zeev Maoz and Azar Gat(eds.). *War in a Changing World*. Ann Arbor: The University of Michigan Press.

Lupovici, Amir. 2011. "Cyber Warfare and Deterrence: Trends and Challenges in Research." *Military and Strategic Affairs*, 3(3).

Prosise, Chris, Kevin Mandia and Matt Pepe. 2003. *Incident Response & Computer Forensics*, 2nd ed. Mcgraw-Hill.

Puthal, Deepak, Nisha Malik, Saraju P. Mohanty, Elias Kougianos and Chi Yang. 2018. "The Blockchain as a Decentralized Security Framework." *IEEE Consumer Electronics Magazine* (March).

RSA Conference. 2018. https://www.rsaconference.com/events/us18/presentations.

Russell Buchan, Marco Roscini and Nicholas Tsagourias. 2014. "State Responsibility for Cyber Operations: International Law Issues." British Institute of International and Comparative Law.

Susan W. Brenner. 2007. "At Light Speed: Attribution and Response to Cyber Crime/Terrorism/Warfare." *Journal of Criminal Law & CRIMINOLOGY*, 97.

Taipale, Kim. 2010. "Cyber Deterrence." in Pauline C. Reich and Eduardo Gelbstein(eds.). *Law, Policy and Technology: Cyber Terrorism, Information Warfare, Digital and Internet Immobilization*. IGI Global.

# 4 사이버심리전의 프로파간다 전술과 권위주의 레짐의 샤프파워

## 러시아의 심리전과 서구 민주주의의 대응*

송태은 | 국립외교원

## 1. 서론

냉전이 종식된 후 탈냉전기의 유일한 패권인 초강대국 미국이 이끄는 세계 질서는 최근 '신냉전의 도래'에 대한 학계의 논쟁을 등장시킬 만큼 군사, 경제, 무역, 에너지, 사이버공간, 우주 등 전방위에서 미국 대 중국·러시아의 경쟁이 본격화되고 있다. 특히 미국은 오바마 행정부 시기 '아시아 재균형 전략'을 통해 중국을 견제해 왔고, 트럼프 행정부의 인도·태평양전략은 미국·일본·호주·인도가 주축이 된 4자 동맹 '쿼드Quad'와 함께 사실상 중국을 포위하고 있는 형국이다. 또한 트럼프 행정부가 미사일 전력 증강을 통해 중국을 견제하기 위해 2019년 8월 중거리핵전력조약Intermediate-Range Nuclear Forces: INF으로부터 탈퇴하

* 이 글은 서울대학교 국제문제연구소 미래전연구센터에서 지원한 "4차 산업혁명과 신흥군사안보: 미래전의 진화와 국제정치의 변환" 프로젝트를 위해 집필되었으며, 진행과정에서 ≪국제정치논총≫, 59(2) (2019), 161~203쪽에 실렸음을 밝힌다.

고, 미국이 중동과 중남미로부터 이탈하면서 생기고 있는 세력공백을 러시아와 중국이 채우면서 미국 대 중국·러시아 간 대결구도가 가시화되고 있다.

흥미롭게도 현재의 진영 간 경쟁 양상이 냉전기 진영 대결과 비슷한 현상 중 하나는 상대 진영에 대한 초국가적 여론전이 동반된다는 점이다. 그런데 현대의 여론전에는 '제4의 전장'인 사이버공간이 등장하면서 사이버심리전이 이러한 여론전을 고조시키고 있다. 최근 서구 민주주의 국가들의 선거 기간 동안 수행된 초국가적 디지털 심리전이 그러한 대표적 사례이다. 2016년 미국 대선을 시작으로 하여 2017년 독일 총선, 프랑스 대선, 영국 브렉시트Brexit 국민투표, 스페인 카탈루냐 독립투표, 2018년 이탈리아 총선에 이르기까지 러시아가 소셜미디어를 통해 유포한 가짜뉴스는 이들 국가의 국내 여론을 호도하고 선거 결과에 중대한 영향을 끼쳤다.

주목할 만한 것은 후쿠야마Francis Fukuyama가 '역사의 종언'을 선언하기까지(Fukuyama, 1992) 냉전기 이념대결의 승자였던 민주주의 진영이 정작 현대의 권위주의 레짐발 사이버 프로파간다의 공격에는 매우 취약하다는 점이다. 민주주의 제도가 보장하는 '표현의 자유'가 활발히 표출되는 온라인 공론장public sphere이나 시민들이 정치적 의사결정에 직접 참여하는 선거처럼 민주주의 제도의 핵심 기능이 허위정보와 가짜뉴스에 의해 쉽게 훼손되고 있기 때문이다. 흥미로운 것은 서구 민주주의 진영은 탈냉전기로 진입하면서 국가 중심의 프로파간다 활동에 대해 큰 관심을 두지 않은 데 비해, 러시아와 같은 권위주의 레짐은 인공지능artificial intelligence: AI 알고리즘algorithm 기술을 동원하면서까지 사이버 프로파간다 활동을 적극 펼치고 있다는 점이다.

미국과 서유럽 국가들은 국내 선거 및 국민투표 기간 동안에는 러시아의 심리전 활동을 공식적으로 언급하지 않았다. 하지만 이후 러시아 정부가 연계된 것으로 확신할 만한 증거가 수집된 후 서방은 러시아발 사이버 가짜뉴스의 공격을 '사이버테러'에 준하는 행위로 규정했고 법제도적 대응책 마련에 고심하고 있다. 물론 최근 서구 민주주의 사회에서 가짜뉴스로 인해 여론이 분열되고 사회 갈등이 고조된 것을 모두 타국발 심리전의 결과로 탓할 수는 없다. 미국을 비롯하여 이미 서유럽과 동유럽의 많은 민주주의 국가에서 난민 문제와 경제 침체가 계속되고 우파 포퓰리즘populism이 득세하고 있는 상황은 러시아가 이들 국가에서 사회 시스템을 교란하는 심리전 전술을 구사할 만한 효과적인 조건이 되고 있기 때문이다. 그럼에도 불구하고 사이버심리전 공격의 대상이 대부분 민주주의 국가라는 사실은 표현의 자유와 정보의 자유로운 이동을 제도로써 보장하는 민주주의 사회의 온라인 공론장이 열린 네트워크로서 사이버심리전에 취약하다는 것을 말해준다. 이와는 반대로 권위주의 국가나 독재국가는 사이버공간도 물리적 영토와 동일하게 인식하여 '사이버 주권'과 '국가안보'의 명분으로 자국의 사이버 네트워크망을 쉽게 차단할 수 있으므로 타국발 사이버심리전의 방어에 유리하다.

한편, 최근 많은 국가들이 외부로부터의 사이버 가짜뉴스의 공격을 국가안보 차원에서 심각하게 여기게 된 것은 이러한 비군사적 교란행위가 단순히 경쟁국이나 적국의 사회 혼란을 야기하는 여론전만을 목표로 하지 않는다는 데 있다. 즉, 사이버심리전은 현실의 물리적 공간에서 벌어지는 실제 군사 분쟁과 결합될 경우 하이브리드전hybrid warfare의 성격을 띨 수 있다. 2018년 시리아 정부가 반군뿐만 아니라 민간인에 대해 화학무기를 사용하여 NATO가 인도주의 명분으로 시리아를 공습했을 때 이에 반발한 러시아가 가장 먼저 취했던 반격은 군사적 대응이 아니라 서구 소셜미디어 공간에 트롤troll 활동을 급증시킨 일이었다. 러시아의 이러한 행동은 앞으로 사이버심리전이 국가 간 분쟁의 새로운 축이 될 것과 국가 간 군사적 충돌이 점차 심리전을 겸비한 하이브리드전으로 전화轉化될 것을 예고한다.

그러면 최근 러시아가 서구 민주주의 국가들에 대해 사이버심리전을 추구하게 된 동기는 무엇인가? 또한 냉전기 소련의 프로파간다에 휘둘리지 않았던 자유진영의 대중 여론은 왜 현대의 사이버심리전 전술에는 크게 영향을 받고 있는가? 이러한 질문에 답하기 위해서는 최근 러시아와 같은 권위주의 레짐이 국가전략 차원에서 사이버심리전을 본격적으로 전개하게 된 동기를 살펴봐야 한다. 더불어, 심리전에서 사용된 설득전략과 디지털 기술이 공격대상 여론을 호도하는 데에 어떤 효과를 발휘했는지 구체적으로 들여다볼 필요가 있다. 아울러, 사이버심리전이 러시아의 군사안보 전략에서 어떠한 위치와 역할을 담당하고 있고 서구 민주주의 국가들은 그러한 도발에 대해 어떤 방어와 반격 태세를 마련하고 있는지도 함께 살펴봐야 한다.

먼저 이 글의 제2절은 최근 권위주의 레짐이 경쟁국에 대해 심리전을 펼치게 된 동기를 최근 학계에서 논의되고 있는 샤프파워의 개념으로 설명한다. 그리고 사이버심리전의 성격을 파악하기 위해 심리전과 관련된 개념과 이론, 역사적 배경을 고찰한다. 즉, 국가의 군사안보 전략에서 심리전이 차지하는 비중과 역할이 어떻게 변화했고 현대의 사이버심리전이 과거 심리전과 어떻게 비슷하거나 다른지 살펴본다. 제3절은 비대칭전과 비정규전으로서 사이버심리전이 어떻게 민주주의 체제보다 권위주의 레짐에게 유리하게 작동하는지, 그리고 사이버심리전이 어떠한 컴퓨터 기술과 설득 기제를 통해 타국 여론에 효과적으로 개입하는지 살펴본다. 제4절은 현재 러시아가 사이버심리전을 통해 추구하는 국가목표와 그러한 목표 설정의 이유를 설명하고 러시아가 펼치는 다양한 심리전 전술을 탐색한다. 또한 서구 민주주의 국가들이 경험한 가짜뉴스 공격의 폐해와 아울러 서방이 이러한 심리전에 취약한 원인을 고찰한다. 이와 함께 미국과 NATO가 러시아발 심리전에 대해 어떻게 대응하고 있고 어떤 전술적 고민에 처해 있는지도 논한다. 제5절은 서로 상이한 체제 혹은 진영 간 사이버심리전이 앞으로 어떻게 진화할 것인지 국제정치적 의미를 논하는 것으로 이 글을 마무리한다.

## 2. 샤프파워와 심리전의 이론적·역사적 배경

### 1) 샤프파워 개념의 등장 배경

최근 미국의 일부 학자들은 서구 사회에 대해 러시아가 보여준 사이버심리전의 영향력과 경제, 개발, 미디어, 문화, 교육, 학술 및 각종 인적 교류의 전 영역에서 중국이 추구하는 영향력의 성격을 '샤프파워sharp power'의 개념을 통해 설명한 바 있다. '샤프파워' 용어는 미국의 민주주의재단National Endowment for Democracy: NED이[1] 2017년에 발간한 보고서 「샤프파워: 부상하는 권위주의 레짐의 영향력Sharp Power: Rising Authoritarian Influence」에서 처음 등장했다. 이 보고서는 서구의 소프트파워soft power가 세계 대중의 '마음과 뜻을 얻기 위해winning hearts and minds' '매력공세charm offensive'를 펼치는 데 반해 주로 권위주의 레짐이 추구하는 샤프파워는 '마음과 뜻을 얻는 것에는 관심이 없는forget hearts and minds' 완전히 다른 종류의 영향력에 초점을 둔다고 주장했다(National Endowment for Democracy, 2017; Walker, 2018).

워커Christopher Walker와 러드윅Jessica Ludwig은 샤프파워가 개인의 자유individual liberty 위에 군림하는 국가권력을 우선시하고, 열린 토론과 독립적 사고에 대해 적대적이며, 대중을 설득하기보다 오히려 국가의 '검열'과 '조작manipulation'을 더 선호한다고 주장한다. 즉 민주주의 제도와 가치, 문화의 매력으로 목표청중에 대해 호소하는 소프트파워와 달리 샤프파워는 목표청중을 '혼란스럽게 만들고distract' 여론을 왜곡시켜서라도 국익을 도모한다. 따라서 샤프파워는 대상으로

1 'National Endowment for Democracy(NED)'는 '전미민주주의기금', '국립민주주의기금', '민주주의진흥재단'으로 번역되고 있다. NED는 클린턴 행정부 때 폐지된 대외공보처(United States Information Agency)가 제공하는 예산을 통해 운영된, 탈냉전 초부터 공공외교 활동을 수행한 비정부기구이다. 민주주의의 세계적 확산을 추구하는 NED는 2015년 러시아에서 활동이 금지되었다.

삼은 사회와 커뮤니케이션 환경을 뚫고pierce, 침투하고penetrate, 관통하는perforate 활동을 거리낌 없이 전개한다(Walker and Ludwig, 2017: 8~25; Walker, 2018).

유독 러시아와 중국과 같은 권위주의 레짐이 샤프파워를 추구하게 된 배경에는, 탈냉전기 이후 유일한 패권인 미국의 하드파워가 너무 커서 정상적인 방식으로는 그러한 힘의 격차를 따라잡기 힘든 권위주의 레짐이 그동안 자신들이 전개한 공공외교로 소프트파워를 발휘하는 데 전반적으로 실패한 결과가 자리 잡고 있다. 일반적으로 소프트파워는 '인권', '평등', '자유', '인류의 고귀함'과 같이 주로 서구 민주주의가 중시하는 가치에 뿌리를 두고 있다. 그러나 국가주권과 국가권위를 이러한 가치보다 우위에 두는 권위주의 레짐의 공공외교 메시지는 세계 대중의 반발심을 불러일으킨 것이다. 러시아와 중국이 그동안 막대한 국가예산을 들여 지구적으로 전개해 온 공공외교 활동의 성과는 퓨리서치센터Pew Research Center나 갤럽Gallup 등이 수행한 세계여론조사에서 상당히 비관적으로 나타났다. 특히 미국과 서유럽에서 수행한 이들의 공공외교는 오히려 부정적인 반응을 초래하여 호감도가 하락하고 있다(송태은, 2018a: 358~370).

퓨리서치센터가 밝힌 2017년 러시아에 대한 세계여론조사 결과는 대단히 충격적인 것이었다. 37개국 세계 대중에 대한 여론조사에서 특히 유럽에서 푸틴Vladimir V. Putin 대통령의 대외정책 신임도는 19%에 그쳤고 남미에서도 20%, 미국은 23%, 아시아와 중동에서는 각각 28%와 29%, 그나마 이들 지역보다 상대적으로 조금 높은 신임도를 보인 아프리카에서도 35%에 그쳤다. 한편, 유럽 응답자 41%와 미국 응답자 47%가 러시아를 주요 위협국으로 답했고, 폴란드 응답자의 무려 65%와 터키 응답자의 54%도 러시아를 위협적으로 인식했다. 요르단 응답자의 93%는 러시아를 싫어한다고 답했으며, 러시아가 자국 시민의 자유를 존중한다는 응답은 유럽과 미국 모두 동일하게 14%라는 저조한 수치를 보여주었다(Vice, 2017).

최근의 미중 무역전쟁 와중에 2018년 12월 캐나다에서 중국 멍완저우孟晩舟 화웨이 부회장이 체포되면서 불거진 중국 통신장비 업체 화웨이Huawei 사태는 중국산 통신장비가 해킹 등 사이버 정보활동을 통해 국가안보 시스템을 마비시킬 수 있다는 서구의 우려와 위기의식이 문제의 핵심이며 이 문제는 이미 2012년 미 하원 정보특별위원회가 제기한 바 있다. 그런데 중국 통신업체의 서구로의 진출은 이러한 업체가 지원하는 각종 인적교류와 학술교류를 통해 친중 엘리트 세력을 구축하는 목적에도 이용된다. 화웨이로부터 IT분야 연구개발 명목의 상당한 자금을 지원받는 프린스턴 대학이나 스탠퍼드 대학 등은 최근 미 정부의 압박으로 화웨이와의 계약을 끊거나 축소했다. 중국 정부가 운영하는 공자학원이 설립되어 있는 시카고 대학, 미시간 대학도 최근 공자학원과 계약을 해지했다. 이 또한 이미 예견된 것으로, 2014년 미 대학교수연합American Association of University Professors은 공자학원이 중국 정부의 대변자 역할을 하며 수업의 토론이나 커리큘럼 선택, 직원 채용에서 대학의 자율권을 제한하여 대학의 학문적 자유와 독립성을 훼손한다는 비판성명을 발표한 바 있다(American Association of University Professors, 2014).

세계 전 지역에서 정력적으로 공공외교를 추진한 중국과 '강한 러시아 건설'에 몰두하고 있는 푸틴의 러시아가 샤프파워를 추구하는 방식은 서로 다르지만 대상으로 삼는 국가의 정치사회 시스템에 '침투'하고자 하는 목표는 동일하다. 중국은 아프리카, 남미, 중동의 개발도상국에 대한 경제협력과 투자, 개발원조에 집중하는 '친구 매수buying friends' 전략을 펼쳤고 이들 지역 대중의 중국에 대한 호감도는 실제로 상승하기도 했다(송태은, 2018a: 358~370). 중국은 페루, 아르헨티나, 칠레 등 남미의 개발도상국이 자국과 서로 비슷한 경제개발과 근대화 경험을 갖는 것에 공감하고 이들 국가에 대해 일종의 '수용적 권력accommodating power'의 이미지로써 접근하고 있다. 중국의 이러한 접근법은 남미의 엘리트로부터 호응을 얻고 있고, 다른 어떤 국가도 중국이 남미에 제공하는 수준의 투자와 원조를 따라가지 못하고 있다(Cardenal, 2017).

반면, 중국에 비할 때 자금력과 인적 자원이 한정된 러시아는 자국의 매력으로 호소하기보다 서구 민주주의 제도의 허점을 공격함으로써 서구 민주주의 체제와 가치가 덜 매력적으로 보이게 하는 전략을 펼치고 있다. 물론 러시아도 냉전기부터 공공외교 활동을 지속적으로 전개해 왔다. 러시아는 1960년대에 아시아, 아프리카, 남미 등 제3세계 지역 청년층에 장학금을 지원하는 인민우호대학Университет дружбы народов을 설립하고 왕성한 교육활동을 펼친 바 있고, 탈냉전기에는 냉전기 '팽창국가' 이미지를 탈피하고 국제평판을 고양하기 위해 전 세계에 송출하는 영어 TV 채널인 러시아 투데이Russia Today: RT를 2005년에 설립한 이후 지금까지 운영해 오고 있다. RT를 설립한 당시 러시아의 이러한 노력은 2003년 해외 대중에 대한 러시아의 여론조사에서 러시아가 '공산주의', '비밀경찰KGB', '마피아' 이미지로 인식된 데 따른 조치였다(우준모, 2010). 하지만 이러한 러시아의 노력은 자국 평판의 개선에는 큰 효과가 없었고 오히려 러시아는 민주주의의 개방성democratic openness이 갖는 취약성을 노린 사이버심리전의 효과를 2016년과 2017년 미국과 서유럽의 선거에의 개입을 통해 명백하게 확인할 수 있었다. 게다가 우파와 포퓰리즘의 득세, 여론 양극화가 심화되는 세계 각지 민주주의 사회에서 이들 국가의 극우세력과 러시아가 서로 비슷한 성격의 가짜뉴스를 퍼뜨림으로써 정보의 진위와 출처를 구분하는 것이 매우 힘들어져 러시아에게는 사이버심리전이 서구 사회에 대한 더욱 효과적인 영향력 발휘의 수단이 되고 있다.

### 2) 심리전과 관련된 다양한 개념

적국의 전투원과 대중 혹은 보다 포괄적으로 해외청중foreign audience을 대상으로 전개되는 '심리전psychological warfare: psywar'은 평시peacetime와 우발적 사태contingency, 그리고 물리적 폭력이 직접 행해지는 전시wartime의 모든 상황에서 전개될 수 있는 비폭력 형태의 군사활동이다. 사이버심리전은 기존의 심리전을 사이버공간에서 수행하는 것으로 평시와 전시 모든 상황에서 전개될 수 있다. 그런데 평시에도 수행되는 심리전은 반드시 군사활동을 동반하는 것은 아니므로 상당히 복잡한 성격을 갖는다. 즉, 심리전은 적국보다 정보의 우위를 점하기 위한 '정보전information warfare'의 성격과 적국 대중의 여론에 개입하려는 정치전의 성격도 갖는다. 심리전이 정보커뮤니케이션기술Information & Communication Technology: ICT을 이용한 정보활동을 넘어 경쟁국 여론을 관리하거나 개입하는 활동도 펼치므로 미국이나 영국은 2000년대 초부터 보다 포괄적인 '전략커뮤니케이션Strategic Communication: SC'의 개념으로 심리전을 다루기 시작했다.

'전략커뮤니케이션'이란 '해외의 핵심 청중을 이해하고 이들에게 개입하여 국익과 국가 정책 및 목적을 이루는 데 유리한 조건을 구축하기 위한 국가활동'이다. 즉, 전략커뮤니케이션은 해외 대중에게 자국이 전달하려는 정보를 알리고 이들의 생각이나 태도, 행동에 영향을 끼치려는 국가 커뮤니케이션 활동이다. 국가의 전략커뮤니케이션 활동에는 프로파간다propaganda 활동, 군사작전으로서의 '심리작전psychological operations: PSYOP'과 비군사적 외교활동인 '공공외교public diplomacy' 및 '공공문제public affairs 관리'까지 포함된다(Hallahan et al., 2007: 3~35; Farwell, 2012: 1~53). 보다 공식적이고 전문적인 맥락에서 '심리전' 용어는 '전략커뮤니케이션' 용어로서 사용되며, '군사활동으로서의 심리전'을 특정적으로 일컬을 경우 심리전은 군 조직의 '작전operations'으로서 수행되므로 '심리작전' 혹은 간단히 'PSYOP'로 불린다.

19세기 인쇄술과 근대의 다양한 미디어의 발명으로 세계 대중의 읽고 쓰는 능력이 증대하면서 국가가 주도하는 프로파간다 활동은 국가의 메시지를 국내외 대중에게 전달하는 효과적인 도구가 되었다. 양차 대전기 국가 프로파간다 활동은 라디오, 신문, 텔레비전 등 매스미디어를 통해 군인을 징집하고 대중의 단합된 전쟁 여론을 구축하는 과정과 긴밀하게 맞물려 왕성하게 수행되었다. 전쟁 중 적대국에 대한 참전국 대중의 증오는 프로파간다가 효과적으로 작동하는 데 유용한 '감정' 변수이며 증오의 대상이 명확하고 대상에 대한 고정관념stereotype이 강화될 때 프로파간다 메시지는 설득력을 발휘한다. 그러므로 불확실성이 고조되는 전쟁기 프로파간다는 적대국의 야만성과 폭력성을 과장하고 국가가 겪는 여러 어려움의 원인을 적국에게 전가하는 방식으로 국가의 전쟁 수행을 대중이 지지하게 하는 역할을 했다(Welch, 2015: 37~61).

학자에 따라서 프로파간다의 정의가 조금씩 다른 것은 주로 양차 대전기 두드러졌던 프로파간다의 역할에 기인하는 경우가 많다. 예컨대 테일러Philip Taylor는 프로파간다를 '발신자의 이익에 봉사하도록 설계된 메시지나 이념을 커뮤니케이션을 통해 전달하는 것'으로 정의하고 전시wartime 프로파간다는 아군으로 하여금 '싸우도록' 설득하는 것이고 '심리전psychological warfare'은 적이 아군과 '싸우지 않도록' 설득하는 것이라고 프로파간다와 심리전을 구분했다(Taylor, 1990: 13). 하지만 현대 전쟁연구에서 '프로파간다'와 심리전의 군사용어인 'PSYOP'는 자국 대중이 아닌 오로지 타국 전투원과 대중만을 상대로 하는 국가 활동으로 언급된다. 미국 국방부의 PSYOP 부대는 해외 대중이나 타국 전투원을 목표청중으로 삼고 있음을 적시하고 있고 1948년 미 의회의 「스미스-먼트법the Smith-Mundt Act」에 의해 PSYOP의 목표청중에서 국내 청중을 제외시켰다. 미국과 영국 등 서구 민주주의 선진국에서 PSYOP는 철저하게 해외 청중만을 대상으로 한다.

제2차 세계대전 종식 후 미 의회에서는 전시에 전개한 해외방송을 통한 프로파간다 활동을 지속하는 것에 대한 회의론이 있었다. 하지만 냉전기 소련의 정교한 프로파간다 활동으로 인해 미 의회는 평시에도 프로파간다 활동이 필요하고 정당함을 인정했다(Nelson and Izadi, 2009: 335). 자유진영과 공산진영이 치열한 '이념전쟁war of ideas'을 치른 1950년대부터 1980년대까지 국가 프로파간다 활동은 양 진영의 군사, 정치, 경제체제 및 과학기술과 문화 전반의 우월함을 상대 진영에 선전하는 것이었다. 그런데 데탕트를 거쳐 탈냉전에 이르러 학계는 프로파간다의 부정적 이미지를 상쇄하고 해외 청중에 대한 국가의 설득 전략을 새롭게 정의하기 위해 '공공외교'의 개념을 정립했다. 미 학계는 양차 대전과 냉전기 체제경쟁과 이데올로기 대립에서 비롯된 프로파간다 활동으로부터 공공외교를 차별화함으로써 미 정부가 추구하는 외교정책과 국제정치 질

서를 합리화하고 미국이 내세우는 세계적 어젠다에 명분을 제공하는 역할을 했던 것이다.[2]

공공외교와 프로파간다는 국가가 해외 여론에 대해 적극적으로 영향을 끼치려 한다는 점에서 유사해 보인다. 하지만 공공외교는 메시지의 '신뢰성credibility'을 통해 세계 대중의 '마음과 생각을 얻어winning hearts and minds' 설득하는 반면, 프로파간다는 기만 혹은 허위일 필요는 없으나 '진실'일 필요도 없다. 프로파간다의 주요 목적은 메시지를 유포하는 주체의 의도와 이익을 '효과적'으로 전달하는 것이므로 거짓이나 악의적 메시지도 프로파간다의 내용이 될 수 있다(Nelson, 1996: 232, 338). 즉, 프로파간다는 왜곡된 정보와 정확한 정보를 구분하지 않는다. 따라서 정확한 정보의 확산 활동은 '백색선전white propaganda', 출처와 정확도가 애매한 경우 '회색선전grey propaganda', 거짓정보의 유포는 '흑색선전black propaganda'으로 불린다.

자국 메시지의 신뢰성을 가장 중시하는 미 국방부는 프로파간다를 '메시지 발신자의 이익을 위해 특정 그룹의 의견, 감정, 태도, 행동에 직간접적으로 영향을 주도록 고안된, 메시지 수신자에게 편향된biased 인식을 심어 호도하는misleading 것을 목표로 하는 적대적 커뮤니케이션'으로 정의하고 있다.[3] 이렇게 미 정부가 프로파간다를 부정적으로 정의하므로 동일한 국가 심리전 활동이라도 '프로파간다'는 적군이 수행하는 것이고 아군이 전개하는 심리전 활동은 '심리작전PSYOP'으로 일컫는다. 이러한 명칭의 차이는 기본적으로 '적군은 거짓말을 말하고 아군은 진실을 말하는 것'으로 간주하는 것이다(Farwell, 2012: 25~26). 이를테면, A국가군의 입장에서 적국인 B국가군의 PSYOP는 프로파간다 활동

2 1965년 미 터프츠 대학의 머로 센터(Edward R. Murrow Center of Public Diplomacy)는 공공외교를 "외교정책의 구축과 실행과 관련한 대중의 태도에 영향을 주는 활동"으로 정의했다(Cull, 2009: 19).

3 Joint Publication 3-13.2, "Psychological Operations." US Department of Defense(January 7, 2010), www.fas.org/irp/doddir/dod/jp3-13-2.pdf(검색일: 2016. 12. 4).

이다. 그러므로 미국, 영국 등 서구 민주주의 국가는 국가 전략커뮤니케이션에서 프로파간다 활동을 제외한다.

PSYOP와 공공외교를 포괄하는 전략커뮤니케이션의 역할은 자국에 대한 신뢰성credibility과 정당성legitimacy은 증진시키고 적의 신뢰성과 정당성은 약화시켜 해외 청중이 자국이 추구하는 정책을 지지하게 하고 경쟁국이나 적국도 자국이 원하는 행동을 취하게 하는 것이다(U.S. Department of Defense, 2009: 7~8). 결국 전략커뮤니케이션의 시각에서 PSYOP는 군사 영역에서 소프트파워를 발휘하는 활동이다. 같은 맥락에서 나이Joseph Nye는 오늘날의 분쟁에서는 "누구의 군대가 이기는가보다 누구의 이야기가 이기는가가 중요하다"라고 언급한 바 있다(Nye, 2014: 19~22). 그러므로 전략커뮤니케이션의 시각으로 볼 때 9·11 테러 이후 미국은 이슬람권에 미국의 전략적 내러티브를 전달하는 데 완전히 실패한 것으로 평가한다(Betz, 2011: 140). 아프가니스탄전과 이라크전 이후 반미 감정이 9·11 테러 전보다 세계적으로 더 고조되고 확산되었기 때문이다.

정치학의 여론연구, 군사학, 심리학, 사회학, 경영학 등 다양한 학문영역에 적용되는 전략커뮤니케이션 개념이 군사안보 분야에서 과거보다 중요해진 것은 외교와 군사안보의 전략 환경이 근본적으로 달라졌다는 각국 정부의 인식과 맞닿아 있다. 인터넷과 소셜미디어의 대중화로 세계적으로 확산되는 정보의 양과 유통 속도가 획기적으로 증대함에 따라 군사안보 사안은 국내외의 정치적 쟁점이 되기 쉽고 서로 경쟁·충돌하는 군사안보 정보가 쉽게 확산되면서 각국의 전략적 입지를 제한할 수도 있다. 여론이 쉽게 활성화될 수 있는 이러한 정보환경에서는 심리전의 전략적 가치와 효과가 높아지므로 국가도 상당히 복합적인 커뮤니케이션 전략을 구사하게 된다. 이를테면 PSYOP는 특정 지역이나 청중을 대상으로 단기간에 특정 이슈를 다루면서 기밀 유지를 중시하지만, 공공외교는 지역 전체 혹은 한 국가 전체를 대상으로 보다 장기적으로 긍정적인 국가관계 형성과 타국 대중과의 열린 소통을 추구한다(Farwell, 2012: 52).

그동안 국가 프로파간다나 심리전에 대한 연구는 주로 양차 대전과 냉전기에 집중되었고, 탈냉전기의 경우 대테러리즘counter-terrorism이나 NATO 연합군의 제3국에 대한 군사적 개입이 주로 다루어져 왔다. 이러한 연구 경향의 주된 이유는 심리전 자체가 주로 전시에 집중적으로 수행되고, 탈냉전기 대부분의 국지전이 중동, 아프리카와 같은 제3세계에서 빈번한 데다가 심리전도 이러한 국지전에 개입한 강대국에 의해 수행되었기 때문이다. 국가 간 군사충돌이 부재한 상황에서의 심리전에 대한 연구는 냉전기 PSYOP 사례로 제한되어 있고 사이버심리전에 대한 연구는 이제 겨우 시작되고 있다. 더군다나 사이버심리전보다도 가시적인 피해 확인이 조금 더 용이한 사이버테러에 대한 연구가 대다수를 이룬다. 다음 절에서는 사이버심리전이 전술로서 갖는 특징과 사이버 프로파간다 활동에 사용되는 설득전략을 논한다.

## 3. 사이버심리전의 성격과 전술

### 1) 비정규전, 비대칭전으로서의 사이버심리전

일반적인 사이버공격은 상대국가의 정부기관, 전력, 금융시스템, 이동통신망 등 국가 기반 네트워크에 위해를 가하여 민감한 정보를 탈취하거나 사회불안 및 안보불안을 야기하기 위해 수행되고 피해의 발생이 가시적이므로 작전의 성공 여부를 확인하는 것이 가능하다. 하지만 일반적으로 심리전은 수행주체가 목표한 바를 성취했는지를 판단하기 쉽지 않다. 특히 전시가 아닌 특별한 군사위기가 부재한 평시의 느슨한 PSYOP 활동이 성공을 거두기는 쉽지 않으므로 PSYOP보다는 장기적인 목표로 개방적인 공공외교 활동이 수행된다.

그러한 대표적인 사례가 미국이 9·11 테러 이후 중동에서 수행한 미디어 공공외교 활동이다. 미국은 자국 메시지를 아랍권에 전달할 목적으로 아랍권 유력 매체인 알자지라Al Jazeera를 대체할, 아랍어를 사용하는 알후라Al Hurra 텔레

비전 채널과 라디오 사와Radio Sawa를 출범시켰다. 하지만 워싱턴 D.C.에 방송국을 둔 알후라는 미 정부가 불편해 하는 중동권의 민감한 정치사회 이슈를 다루기 힘들었고 이러한 제약된 콘텐츠는 중동권 시청자를 끌어들이지 못하고 이들의 신뢰 또한 얻지 못했다(송태은, 2017: 185). 탈냉전기 미국이 성공을 거둔 대표적인 PSYOP 사례는 1991년의 제1차 걸프전이다. 미군은 이라크 전투원을 대상으로 특정일에 대량 폭탄 투하를 실시할 것과 전투원들이 무장해제하고 메카Mecca로 와서 항복할 경우 살려줄 것을 약속하는 삐라를 살포했다. 사담 후세인Saddam Hussein의 7만 명의 군인들은 이러한 메시지에 설득되어 집단으로 항복했다(Spiers, 2015: 146~147). 하지만 대개 삐라 살포를 포함하여 매스미디어를 통해 성공한 탈냉전기 PSYOP 사례는 찾기 힘들다.

그러면 이렇게 다양한 미디어를 이용한 기술적 수단과 투입할 수 있는 국가 예산 및 전략커뮤니케이션의 내러티브 전략을 모두 갖춘 미국도 평시 심리전에서 성공하기 쉽지 않은데 러시아의 심리전은 어떻게 효과를 거두고 있는 것일까? 서방 민주주의 사회에 대한 러시아의 심리전이 효과를 발휘한 것은 다양한 심리학 연구가 그 효과를 이미 입증한 강력한 설득기제를 사용하기 때문이며, 민주주의 사회에 대한 권위주의 레짐의 사이버심리전이 '비정규전irregular warfare'과 '비대칭전asymmetric warfare'의 강점을 갖기 때문이다. 러시아가 사용한 설득기제에 대한 설명은 다음 소절에서 논의한다.

먼저, 러시아가 사이버심리전을 개시한 시점은 주로 대상 국가의 국내 여론이 활성화되는 정치적 시점, 즉 국가정책에 대한 각종 논쟁적인 정보와 충돌하는 의견이 난무할 수 있는 선거나 국민투표 캠페인 기간이었다. 지속적으로 반복되는 민주주의 국가의 선거나 투표 기간은 심리전의 공격주체가 언제든지 '게릴라전guerilla warfare'을 펼칠 수 있는 '비정규전'의 성격을 갖는다. 즉 정부와 정당, 정치인과 대중의 모든 관심과 에너지가 국내 선거에 집중되는 민주주의 체제의 일정 기간은 심리전의 방어자가 상당히 취약한 환경에 놓인다. 반대로 이러한 기간은 심리전의 공격자 입장에서는 상대의 약한 틈을 치고 들어갈 최상의 조건이 된다. 또한 선거 기간이 아니라도 장차 선거에서 논쟁적인 이슈가 될 만한 민감한 사회문제, 즉 이민, 인종, 종교, 총기 관련 이슈 등은 언제든지 그러한 이슈를 둘러싸고 사회 갈등이 심화될 수 있으므로 비정규전으로서 사이버심리전이 이용할 만한 효과적인 내러티브narrative의 소재가 될 수 있다.

이러한 평시 심리전은 단순히 여론의 양극화만을 노리기보다 사회 갈등의 증폭과 심화, 대중 불만의 집단적 폭발을 유도하여 국가기관이나 민주주의 제도에 대한 대중의 신뢰와 기대가 무너지고 국가권위의 정당성이 치명적으로 훼손되는 것을 목표로 삼는다. 그러므로 심리전은 자극적이고 극단적이며 고도의 설득전략persuasion strategy이 동원된 내러티브를 사용한다. 공격자가 목표로 삼기 쉬운 대상은 이미 여론 분열과 사회 갈등이 잠재해 있거나 본격적으로 표출되는 사회이므로 양극화된 여론환경에 놓인 일반 대중의 입장에서는 심리전의 목적으로 유포되는 허위정보를 분별하기가 쉽지 않다. 더군다나 외부로부터의 가짜뉴스가 국내에서 만들어진 가짜뉴스와 혼합될 경우 국내의 다양한 정치세력들은 자신들의 정치적 입장과 이익에 따라 가짜뉴스에 대해 다르게 반응할 수 있다. 예컨대, 최근 이민·난민 문제와 경제난으로 극심한 여론 분열을 겪는 서유럽에서 특히 이민자와 관련한 자극적인 허위정보가 선거 이슈와 맞물린 경우 유권자의 투표가 결정적인 영향을 받았다. 가짜뉴스의 내러티브는 설득커뮤니케이션 혹은 심리학의 설득이론을 적극적으로 사용하므로 심리전의 공격을 받은 국가에서는 커뮤니케이션이나 심리학에 정통한 전문가들이 반격 전략을 마련하는 데 동원될 정도이다.[4]

권위주의 레짐발 사이버심리전이 민주주의 사회에 대해 갖는 두 번째 강점은 '비대칭전'의 이점을 취할 수 있다는 점이다. 개방된 민주주의 사회의 정치커뮤니케이션political communication에 개입하여 여론을 교란하는 일은 공격자의

4 구체적인 사례는 송태은(2018b)을 참고.

입장에서는 상대적으로 작은 노력과 비용으로 선제공격의 우위를 언제든지 점할 수 있음을 의미한다. 더군다나 권위주의 국가의 국내 정치과정은 국외에 개방되어 있지 않고 국가가 온라인상의 정보이동을 일방적으로 차단할 수 있으므로 이들이 심리전의 방어자가 될 때 갖는 사이버 네트워크에 대한 통제력은 민주주의 체제에 비해 압도적으로 크다. 비대칭전은 본래 약자가 선호하는 전략인 것을 고려하면 사이버심리전에서 권위주의 레짐이 민주주의 레짐에 대해 갖는 권력은 약자의 권력이 아닐 수 있다. 방어자의 입장에서는 공격자가 확산시킨 악의적인 정보가 일회적이어도 그러한 정보의 허위성을 국내외 청중에게 다시 알리는 일이 더 복잡하고 어렵기 때문이다.

게다가 사이버심리전은 매스미디어 시대의 심리전에 비해 방어자 입장에서 대응이 쉽지 않은 여러 조건을 갖추고 있다. 양차 대전기나 냉전기와 시기가 겹치는 매스미디어 시대의 심리전에서 공격자는 수신자의 피드백은 부재한 '일방향의 입장 전달의 형태announcement-style'를 통해 목표청중에게 메시지를 전파했다. 즉, 공격주체는 전달하려는 메시지를 반복적으로 발신할 수 있지만 메시지를 수신한 목표청중의 반응은 확인하기 힘들었다. 타국발 심리전의 방어자인 정부와 언론은 매스미디어 시대에는 정보전달 채널을 중앙집권적으로 통제하는 방식으로 정보의 문지기gate keeper 역할을 수행함으로써 외부로부터 유입되는 공격적 메시지를 쉽게 차단할 수 있었다. 이러한 매스미디어 환경에서는 일방적인 메시지 전달이라도 더 많은 미디어 채널을 확보한 행위자가 심리전에서 더 유리하다. 즉, 전 세계적으로 수많은 미디어 채널을 거대 예산을 통해 가동할 수 있는 미국은 양차 대전이나 냉전기 소련으로부터의 프로파간다 메시지를 얼마든지 상쇄시킬 능력이 있었다.

하지만 현대의 인터넷과 소셜미디어 시대의 타국발 심리전에서 정부는 공격자의 프로파간다 메시지에 대해 국내 청중에게 역선전counter propaganda을 수행해야 하며 악의적 메시지에 노출된 국내 청중이 그러한 메시지를 재유포하지 않도록 조치를 취해야 하는 등 청중에 대한 적극적인 '관여engagement' 행위를 수행해야 한다. 또한 정부는 국내외 청중이 타국발 사이버심리전의 징후를 국가에 적극적으로 알리는 등의 자발적인 협조를 필요로 한다. 결국 사이버심리전의 방어자는 자국 청중과 지속적으로 상호 소통해야 하는 비용을 부담해야 하고 국내 청중의 '참여participation'와 '협업collaboration'을 통해 가짜정보의 허위를 밝혀낼 수밖에 없다. 요컨대, 사이버심리전의 방어자는 집단지성collective intelligence을 동원하면서까지 허위정보를 각개 격파하거나 인공지능 알고리즘 기술을 통해 사이버공간에서의 악의적인 정보를 찾아내는 등 상당히 복잡한 해결책을 강구해야 한다. 따라서 이러한 정보커뮤니케이션 환경에서 심리전의 공격자는 더 빈번하게 선제공격을 취할 유인을 갖게 된다. 그야말로 심리전은 지속적인 공격을 통해 방어자를 지치게 만드는 '소모전war of attrition'의 효과도 노릴 수 있다.

### 2) 컴퓨터 프로파간다와 마인드해킹 설득기제

'컴퓨터 프로파간다computational propaganda'란 정치적 프로파간다 활동을 위해 인공지능의 커뮤니케이션 도구와 기술을 사용하는 것을 말한다. 2016년 미국 대선과 2017년 서유럽 선거 기간에 수행된 러시아의 가짜뉴스 공격은 인공지능의 알고리즘 기술이 동원된 컴퓨터 프로파간다 활동이었다. 러시아는 소셜미디어 가짜 계정의 '봇 부대bot army'를 이용하여 거대 규모의 서구 온라인 청중에게 허위정보를 신속하게 유포할 수 있었다(송태은, 2018b: 166). 2018년 4월 7일 시리아 아사드 정권의 반군에 대한 화학무기 사용으로 미국·영국·프랑스 연합군이 시리아를 공습했을 때 이에 반발한 러시아가 취했던 첫 번째 군사행동은 사이버심리전이었고 이때 동원된 인공지능 봇 기술이 '로보-트롤링robot-rolling'이었다.

인공지능 알고리즘 기술이 빈번하게 동원되는 사이버심리전은 일반적인 커뮤니케이션에서 이루어지므로 가짜뉴스의 대다수 수신자인 일반 대중은 특정 메시지가 정치적 목적에 의해 의도적으로 생산되고 확산되는 사실과 인공지능 봇이 그러한 메시지를 유포한다는 사실을 인지하기 어렵다. 현대의 인공지능은 내러티브에 대한 이해가 필요한 스토리텔링 능력을 '딥러닝deep learning'을 통해 구비하고 있고, 대화형 프로그램을 수행하는 '소셜봇social bot, social networking bot'은 사람과 쌍방향 커뮤니케이션도 구사할 수 있기 때문이다. 사이버심리전 공격과 일상적인 온라인 커뮤니케이션 간 경계가 모호한 상황에서 공격자가 의도한 메시지나 담론의 설득전술은 수신자의 메시지 수용에 있어서 결정적인 영향력을 발휘하게 된다.

러시아의 심리전에서 위력을 발휘한 소셜봇은 선거 여론에 영향을 끼칠 목적으로 만들어진 '정치봇political bot'이었다. 러시아의 정치봇 활동에 이용된 다양한 설득기제는 현대 민주주의 국가가 수행하는 심리전의 설득방식과는 차별되는 전술을 펼쳤다. 일반적으로 심리전에서 효과적인 설득방식은 메시지의 신뢰성을 높이기 위해 '진실'과 '일관성consistency'을 강조하는 데 반해, 러시아는 이러한 전통적 사고에 반하여 메시지의 진실과 일관성을 철저히 부인하는 심리전을 전개했다. 흥미로운 것은 러시아의 심리전 전략이 인지심리학이나 커뮤니케이션학에서 논하는 다양한 설득원리를 철저하게 적용하고 있다는 점이다(Chessen, 2017: 19~20). 러시아의 설득전략은 전문가들이 '인지적 해킹cognitive hacking' 혹은 '정신적 해킹mind-hacking'으로 일컬을 정도로 상당히 정교하게 고안되어 있다(Rugge, 2018).

예컨대, 서로 다른 정보원을 갖는 여러 미디어가 서로 다른 논지로 어떤 특정 이슈를 다루더라도 결국 모두 동일한 결론에 이르거나, 여러 미디어가 같거나 유사한 정보를 보도할 경우 이렇게 제공된 정보는 더 설득력을 갖는다. 한편, 관심이 낮거나 다수가 인정하는 정보의 경우 사람들은 대개 정보의 질과 출처가 불확실해도 그러한 정보를 신뢰하는 경향을 보인다. '진실착각효과the illusory truth effect'로 불리는 이러한 심리적 경향은 정치봇의 프로파간다 전략에 활용되고 있다. 즉, 소셜미디어의 정치봇은 팔로워followers 수 혹은 '좋아요likes'를 생성시키는 알고리즘으로 여론을 왜곡할 수 있는 것이다. 또한 사람들은 자신이 속한 그룹이나 자신과 공통점이 많은 그룹이 인정하는 정보를 더 신뢰하고, 정보의 양이 적은 경우에는 전문가를 신뢰하지만 정보의 양이 많을 경우에는 반드시 전문가의 의견을 따르지는 않는다(Paul and Matthews, 2016: 2~3).

정치봇은 개방된 온라인 공론장에서 '반향실 효과 혹은 메아리방 효과echo chamber effect' 현상을 부추기고 강화시킬 수 있다. 반향실 효과는 서로 비슷한 관점과 생각을 가진 사람들 사이에서 커뮤니케이션이 반복되면서 편향된 사고가 고착화되고 개인이 선호하고 동의하는 의견만을 수용하는 현상이다. 정치봇은 소셜미디어 공간에서 특정 메시지와 정보만을 지속적으로 제공·확산시켜 대중이 특정 이슈에만 주목하게 유도하여 여론의 양극화를 더욱 악화시킬 수 있다(송태은, 2018b: 165~166). 더욱이 서유럽의 선진 민주주의 사회뿐 아니라 조지아나 우크라이나와 같은 동유럽의 신생 민주주의 국가도 러시아가 펼치는 사이버심리전의 대상이 된 것은 신생 민주주의의 시민사회는 온라인 공론장에서의 자유로운 의견 교환과 토론을 통해 새로운 사회적 합의에 이르는 경험을 충분히 갖지 못하여 가짜뉴스의 공격에 쉽게 영향을 받기 때문이다.

## 4. 권위주의 레짐의 사이버심리전 목표와 서구 민주주의의 취약성

### 1) 러시아의 사이버심리전 목표

러시아 정부가 발표한 「2000년 정보안보독트린2000 Information Security Doctrine」에서 러시아는 정보전의 정보공격informational attacks 형태를 '기술적technical 공격'과 '심리적psychological 공격'의 두 가지로 구분하고 있다. 이 두 가지 정보전 활동은 모두 PSYOP 활동으로서 적국 대중에 '침투하고infiltrate', '혼란케 하며disorganize', 적국의 국가 기능을 '중단시키거나disrupt' 종국적으로는 '파괴하는 것

destroy'을 목표로 하고 있음을 명시하고 있다. 이 문건에서 명시하고 있는 '심리적 전복psychological subversion'은 적국을 '속이고deceiving', 정책결정자들에 대한 '신뢰를 무너뜨리며discrediting', 대중과 군의 '방향성을 상실케 하고disorienting', '사기를 꺾는demoralize' 것을 목표로 한다. 러시아는 이러한 사이버 전술을 통해 EU와 NATO의 '유대cohesion'와 '통합성integrity'을 와해시키고 궁극적으로는 러시아에 유리한 새로운 유럽의 정치질서를 구축하려 한다(Rugge, 2018: 4).

이러한 목표에 의해 러시아는 서유럽뿐만 아니라 폴란드나 슬로바키아와 같은 동유럽의 신생 민주주의 국가 대중의 정치적·경제적 좌절감과 불만을 자극하고 EU와 NATO에 대해 반감을 갖도록 유도하고 있다. 슬로바키아에 대해서는 슬라브 민족으로서 러시아와 공통된 정체성을 호소하고, 더딘 민주화로 인해 슬로바키아와 폴란드가 EU 공동체의 진정한 일원으로 받아들여지기 힘들다는 것을 강조하는 등 여론을 분열시키는 전술을 사용하고 있다(Walker and Ludwig, 2017: 16~19). 또한 러시아는 서구 유럽에 대한 동유럽 대중의 증오심을 유발하기 위해 자국을 악마화하는 서방을 악마화하기도 한다. 예컨대, 2016년 2월 러시아의 주요 언론은 리투아니아의 NATO 소속 독일 병사가 리투아니아의 15세 소녀를 강간했다는 가짜뉴스를 보도하기도 했다. 궁극적으로 러시아는 서방의 자유주의 질서가 와해되었으므로 앞으로의 세계가 러시아를 필두로 하여 전통과 보수적 가치, 진정한 자유를 수호하는 유라시아 세력으로 대체되어야 한다고 주장한다(Defense Intelligence Agency, 2017: 39).

2016년 RAND가 발간한 보고서 「러시아의 거짓 유포 프로파간다 모델The Russian "Firehose of Falsehood" Propaganda Model」은 러시아 프로파간다의 특징을 다음의 네 가지로 설명했다(Paul and Matthews, 2016). 첫째, 러시아는 거짓정보를 '대량으로high-volume', '다양한 채널multichannel'을 통해서 유포하는 전략을 이용한다. 24시간 동안 일정한 시간대를 두고 교대하며 활동하는 러시아의 트롤 부대는 '트롤팜troll farm'으로 불리는 '인터넷조사에이전시Internet Research Agency'로 알려져 있다. 러시아 정부로부터 금전적으로 지원받는 트롤팜은 온라인 채팅방이나 토론방, 뉴스 댓글에서 러시아 정부가 싫어할 만한 모든 종류의 정보나 의견을 반박하고 가짜 계정의 소셜봇과 봇 부대를 이용하여 사이버활동을 급증시킨다. 트위터와 페이스북, 러시아의 주요 SNS인 브콘탁테vKontakte의 가짜 계정들이 그러한 활동에 동원되고 있다(Paul and Matthews, 2016: 2~3).

러시아가 사용하는 심리전 전략의 두 번째 특징은 허위정보를 '신속하고rapid', '지속적으로continuous', '반복적으로repetitive' 유포한다는 점이다. 심지어 이미 '거짓'으로 알려진 정보도 다시 사용된다. 예컨대, 이미 허위로 밝혀진 "미국이 우크라이나에서 쿠데타 세력을 지원하고 있다"거나 "IS 전투원들이 친우크라이나 세력에 합세하고 있다"는 거짓정보가 서유럽이나 동유럽 미디어에 다시 보도되게 하는 방식이다. 이러한 설득방식은, 사람들이 처음에 접한 정보와 배치되는 내용으로 나중에 접하는 정보보다 처음에 접한 정보를 더 신뢰하는 경향이 있고, 반복적으로 접하거나 더 빈번하게 접한 정보를 더 잘 받아들이는 경향이 있다는 심리학의 논리를 따르고 있다(Harkins and Petty, 1987: 14~25; Alba and Marmorstein, 1987: 20; Paul and Matthews, 2016: 4).

러시아발 가짜뉴스의 세 번째 특징은 '객관적 현실objective reality'에 구애받지 않는다는 점이다. 첫 번째와 두 번째 설득전략은 정보의 진위가 확실할 경우 진실에 근거한 심리전략이 될 수 있다. 하지만 세 번째 설득전략은 일반적인 상식과 완전히 배치된다. 러시아는 적대감이나 증오를 유발하기 위해 조작된 사진을 이용하고, 거짓 장면을 연출하기 위해 배우를 고용하고 가짜 무대를 사용하기도 한다. 러시아의 대표적 미디어 러시아 투데이RT나 스푸트니크 뉴스Sputnik News 등은 국제적 사건을 각색하거나 사실을 조작하여 보도하기도 한다. 일견 비상식적으로 보이는 이러한 심리전략도 효과가 입증된 다양한 심리학 이론의 논리에 근거한다. 즉, 처음 접했을 때 신뢰하지 않은 정보원이 제공한 정보라도 시간이 흐르면서 불확실한 정보원에 대한 기억은 사라지고 정보 자체만이 사실로서 인식되는 현상 등이 그러한 경우이다(Paul and Matthews, 2016: 5).

러시아발 심리전 설득전략의 네 번째 특징은 '메시지의 일관성을 개의치 않는' 것이다. 사람들은 대개 어떤 사건에 대한 해석이 잘못된 것으로 밝혀져도 새로운 해석이 제공되면 새로운 해석을 더 설득력 있는 것으로 받아들이게 된다. 따라서 같은 정보원이 새 해석을 내놓으며 상충된 논리를 펼쳐도 새 논리는 더 잘 받아들여진다(Paul and Matthews, 2016: 8). 이렇게 효과가 입증된 다양한 설득기제를 철저하게 적용한 러시아의 사이버 프로파간다 활동은 인공지능 봇 부대나 트롤을 통해 목표대상으로 삼은 국가의 대중에게 신속히 반복적으로 유포되었던 것이다.

'게라시모프 닥트린Gerasimov doctrine' 혹은 '새 세대 전쟁New Generation War'으로 불리는 러시아의 2014년 군사독트린은 군사력으로 대변되는 하드파워 전력과 '경제전economic warfare', '에너지 갈취energy blackmail', '파이프라인 외교pipeline diplomacy' 등 일련의 경제전술과 외교전술을 모두 아우를 수 있는 국가 전술로서 '정보전information warfare'을 명시했다. 이 군사독트린에서 정보전은 모든 종류의 군사활동과 비군사적 활동, 정부 행위자와 비정부 행위자의 활동을 하나로 묶어내는 '시스템 통합자system integrator'로 제시되고 있다. 즉, 러시아에게 사이버심리전은 평시와 전시, 국내와 해외, 그리고 다양한 미디어를 통해 동원할 수 있는, 적국을 억압할 가장 효율적인cost-effective 수단으로 인식되고 있다. 또한 러시아에게 평시 사이버심리전은 서방과의 갈등이 군사위기 혹은 전쟁으로 고조되는 것을 막을 수 있는, 서방에 대한 사전 경고 수단으로도 인식되고 있다(Rugge, 2018: 4; Defense Intelligence Agency, 2017: 37~41).

서방에 대한 러시아의 사이버심리전은 서구 민주주의의 개방된 정치 시스템을 이용하고 있지만 러시아는 자국의 사이버공간을 철저하게 닫힌 시스템으로서 방어하고 있다. 러시아의 「2016년 정보안보독트린2016 Information Security Doctrine」은 외부로부터의 사이버 위협과 영향으로부터 러시아 시민을 보호할 것과 러시아의 정보 자유information freedom를 위해 사이버전력과 사이버무기를 통제할 국가 시스템을 확립할 것을 강조했다(Defense Intelligence Agency, 2017: 40). 러시아는 이미 2000년 이전부터 사이버 주권을 강조해 왔고 이러한 관점은 더욱 강화되고 있으며 러시아에게 서방과 동유럽에 대한 사이버심리전 개시와 자국 사이버 주권의 강화는 러시아가 세계 질서에서 다시 지배적 위치를 확보할 수 있는 주요한 수단으로 인식되고 있다.

러시아는 공공외교를 정부가 위계적으로 주도하는 프로파간다 활동의 일환으로 인식하기 때문에 민간과 비정부 행위자의 공공외교 참여에 대한 구체적 구상을 결여하고 있다(두진호, 2014: 53~54). 결국 서유럽과 동유럽, 남미, 중동 모든 지역에서 하락한 자국 평판과 공공외교 실패를 만회할 방법으로 러시아가 추구한 전술은 서구의 선진 민주주의 사회도 엘리트의 부패와 경제난 등 러시아가 갖는 문제를 동일하게 갖고 있음을 드러냄으로써 서구 민주주의 제도의 정당성과 우월함을 부정하는 방식인 것이다. 따라서 러시아의 사이버심리전은 서구 사회에 혼란과 두려움을 유발하고 국가기관, 정치제도, 정치인들에 대한 불신을 조장하는 것을 목표로 삼고 있다.

특히 2008년 조지아 침공에 이어 2014년 크림반도 합병과 우크라이나 침공 등 동유럽에서 공격적인 군사행동을 감행한 러시아는 이후 국제사회로부터 제재를 받게 되자 동유럽과 서유럽 여론이 미국과 EU, NATO에 대해 회의적이 되도록 좌절감과 반감을 유발하는 심리전을 적극적으로 전개하고 있다. 러시아는 조지아와 우크라이나에 대해서도 이들 국가의 민주주의 혁명인 2003년 장미혁명과 2004년 오렌지혁명을 비판하고 자유주의 세계질서의 거버넌스 모델도 함께 비판하는 심리전을 펼쳤다(V. S. Walker, 2017: 83~88).

최근의 미국 대선에 관여하기 위한 러시아의 사이버심리전은 2016년부터 본격화되었지만 사실상 국가적 차원에서의 러시아 심리전의 역사는 매우 길다. 냉전기 KGB 예산의 30% 이상을 심리전 공작에 투입했던 만큼 러시아는 세계 최고의 전술을 구비한 다양한 비밀공작 활동을 수행해 왔다. 러시아의 간첩 조직들은 미국을 비롯한 서방의 대학가에서 이들 국가의 정책 방향을 분석하고 비밀작전 수행을 위해 주요 인물을 정보원으로서 포섭하며 민감한 군사시설 및 연구물에 접근하는 활동을 전개해 왔다. 특히 서구 학계의 투명성과 공정한

절차를 통해 지원되는 장학금 체계나 구직 과정은 러시아가 활용할 수 있는 유용한 조건이 되어왔다(Golden, 2017). 그러므로 러시아의 사이버심리전은 과거 소련이 다양한 채널을 통해 전개했던 정보활동의 연장선으로 이해될 수 있다. 다만 현재의 사이버심리전은 러시아보다 우월한 하드파워와 소프트파워를 보유한 미국을 포함한 서구 민주주의 국가들에 대해 러시아가 비정규전, 비대칭전으로서의 비폭력적 전술을 구사할 수 있게 하며, 만약의 군사충돌이나 하이브리드전에서 역전을 노릴 수 있는 전술로 기능한다고 볼 수 있다.

### 2) 미국과 서유럽의 대응과 전술적 고민

미 국방부의 조사에 의하면, 러시아 정보기관은 2015년 7월 민주당전국위원회Democratic National Committee의 컴퓨터 네트워크를 해킹하여 힐러리 클린턴Hillary Clinton 관련 정보를 포함한 다양한 정보를 '구시퍼Guccifer 2.0'의 이름으로 위키리크스WikiLeaks와 디시리크스DCLeaks에 전달한 이후 2016년 대선을 앞두고 클린턴의 위신을 실추시킬 목적으로 사이버심리전 활동을 본격적으로 가동했다(Nakashima and Harris, 2018). 영국의 옥스퍼드 대학의 '컴퓨터 프로파간다 프로젝트Computation Propaganda Project' 연구팀은 미 대선 전후에 트위터에 게시된 선거 관련 글들을 분석한 결과, 특히 경합주 선거와 관련된 극단적인 트윗이 집중적으로 작성·유포된 것과 이러한 트윗 대부분을 러시아와 연계된 소셜봇이 자동으로 생성했음을 밝혀냈다(O'Sullivan, 2017). 컴퓨터 프로파간다 활동을 통해 미 대선에서 심리전의 효과와 위력을 시험해 볼 수 있었던 러시아는 뒤이은 2017년 서유럽의 각종 선거와 국민투표 기간 동안에도 동일한 심리전 전술을 전개했고 그러한 전술은 주효했다. **표 4-1**에서 열거한 것과 같은 러시아발 가짜뉴스는 서방의 국내 선거와 국민투표 캠페인 기간 동안 이들 국가의 소셜미디어 공간을 장악하며 선거와 국민투표의 주요 이슈로 작동했던 것이다.

미국과 서유럽은 2016년 이후 국내 선거 혹은 국민투표 캠페인 기간에 본격

표 4-1 러시아발 사이버심리전에서 유포된 가짜뉴스 사례

| 피해국 | 공격 대상 정치일정 | 러시아가 배후로 밝혀졌거나 의심되고 있는 가짜뉴스 내용 |
|---|---|---|
| 미국 | 2016년 12월 대선 | • 피자게이트(Pizza gate) 사건: "2016년 12월 4일 힐러리 클린턴 후보가 워싱턴 D.C.의 한 피자 가게에서 아동 성매매 조직을 운영함." 이 가짜뉴스를 믿은 한 남성이 피자 가게에 총격을 가하는 사건 발생.<br>• 프란치스코 교황이 트럼프와 클린턴 후보 모두 지지한 일이 없었으나 트럼프 지지를 선언했다는 가짜뉴스가 대선일 직전 석 달간 페이스북에서 96만 건 공유되어 대선 관련 가장 많이 공유된 뉴스가 됨.<br>• "오바마 대통령이 불법체류자들에게 선거권을 부여하여 투표하게 함."<br>• "테러리스트들이 힐러리 클린턴 선거비용의 20%를 제공하고 있으며 힐러리의 심각한 건강문제로 집권 시 부유층 비선 실세가 국정을 운영할 것." |
| 프랑스 | 2017년 4월, 5월 대선 | • 러시아 언론 스푸트니크와 러시아 투데이는 마크롱이 동성애자이고 해외에 비밀계좌를 보유하고 있다고 보도. 이들 매체는 마크롱 대선 캠프의 취재를 금지당했고 결선 투표를 앞두고 프랑스 검찰은 러시아의 가짜뉴스 유포에 대한 수사 착수. |
| 영국 | 2017년 6월 브렉시트 국민투표 | • 15만 개의 러시아어 트위터 계정이 투표 전날과 당일 브렉시트 관련 글을 집중적으로 게시.<br>• 가짜 트위터 계정들은 무슬림에 대한 증오를 유발하는 사진을 유포하고 ≪더 선(The Sun)≫과 같은 주류 언론도 이러한 사진을 보도함. 노동당과 테레사 메이 총리는 가짜뉴스와 관련하여 러시아에 경고. |
| 독일 | 2017년 9월 연방하원 총선거 | • "2016년 12월 20일 베를린 크리스마스 시장 테러 열흘 뒤인 12월 31일 독일 도르트문트에서 이슬람 이민자 천여 명이 경찰과 시민을 공격하고 독일의 가장 오래된 교회를 방화하기 위해 폭죽을 터뜨림."<br>• "2017년 초 베를린에서 러시아 소녀가 시리아 난민에게 성폭행을 당하고 살해됨." 당시 러시아 외무장관 세르게이 라브로프와 독일 외무장관 프랑크발터 슈타인마이어가 사건의 진위를 모른 채 언쟁을 벌임.<br>• "메르켈 총리와 셀피(selfie)를 찍어 유명해진 시리아 난민 청년 아나스 모다마니가 지하철역 노숙자 옷에 불을 붙이려 했음."<br>• "메르켈 총리가 히틀러의 딸 혹은 동독 비밀경찰 출신임." |
| 스페인 | 2017년 10월 카탈루냐 독립 국민투표 | • "스페인 경찰이 독립투표를 저지하다 한 여성의 손가락을 부러뜨림. 경찰이 독립지지자들에 둘러싸여 심장마비로 사망함. 경찰의 폭력으로 6살 소년의 몸이 마비되었음."<br>• 2012년 마드리드 광부들의 파업 사진이 독립투표에 참여했다가 경찰에 의해 부상당한 사진으로 조작되어 유포됨. 스페인 정부가 투표 저지를 위해 카탈루냐에 탱크를 보낸 가짜 동영상이 유포됨.<br>• 마리아노 라조이 총리는 허위정보를 확산시킨 트위터 가짜 계정의 50%가 러시아에, 30%는 베네수엘라에 근거지를 두고 있다고 주장. |

자료: 송태은(2018: 173~174).

적으로 전개된 러시아의 정보활동을 사이버테러에 준하는 공격으로 규정한 바 있다. 이미 2016년 한 해 EU 집행위원회EU Commission의 서버를 해킹하려는 러

시아의 시도가 110회에 달했고 NATO도 2015년 동안 매달 평균적으로 320회의 사이버공격을 받았는데, EU는 이 중 상당수 공격의 진원지로서 러시아를 의심하고 있다(Beesley, 2017). 네덜란드 군사정보기관인 MIVDMilitaire Inlichtingen-en Veiligheidsdienst의 연례보고서는 러시아가 하이브리드전을 수행하기 위한 군사능력을 크게 증대했고, 특히 최근 네덜란드 국방부와 외교부에 대한 사이버공격을 급증시켰다고 밝혔다. 덴마크 사이버안보 담당 기관인 사이버안보센터의 보고서도 2015년부터 러시아가 덴마크 국방부의 이메일을 해킹하고 있음을 보고한 바 있다(장원주·박의명, 2017).

미국도 2017년 12월 발표한 「국가안보전략National Security Strategy of the United States」에서 러시아가 해외 대중여론을 왜곡하기 위해 전 세계적인 정보전과 심리전을 펼치고 있음을 명시했다. 미국은 이미 2014년부터 오바마 전 대통령의 지시로 미 중앙정보국CIA이 러시아 트롤 부대의 서버를 파괴하는 활동을 전개한 바 있다. 2017년 대선에서 가짜뉴스의 위력을 경험한 프랑스는 2018년 1월 3일 소셜미디어 업체가 콘텐츠의 광고주와 광고 수익 출처를 공개할 의무를 법안에 포함시키고 타국 정부가 자국 언론사에 영향을 끼치는 일들을 감시할 수 있는 기관인 '프랑스 시청각최고위원회CONSEIL SUPÉRIEUR DE L'AUDIOVISUEL: CSA'에 강력한 권한을 부여하는 정책을 도입했다.

독일과 영국도 러시아의 심리전 위협에 대해 국가안보의 차원에서 대책을 강구하고 있으며 사이버공격에 대한 대비태세에 있어서 NATO와 EU의 협력을 강화하고 있다. EU와 NATO는 2017년 9월과 10월 사이버공격과 소셜미디어를 통한 가짜뉴스 유포 및 해킹, 테러 등이 복합적으로 일어날 수 있는 하이브리드 위협에 대한 최초의 위기관리 훈련인 PACE17과 CMX17을 실시했다.[5] 사이버심리전에 대비하기 위한 미국과 서유럽의 전략커뮤니케이션 대비책은 2016년

5 https://eeas.europa.eu/headquarters/headquarters-homepage/32969/eu-launches-exercise-test-crisis-management-mechanisms-response-cyber-and-hybrid-threats_en(검색일: 2019. 2. 4).

이전에도 NATO 차원에서 마련되었다. 2014년 NATO는 라트비아에 NATO전략커뮤니케이션센터NATO Strategic Communications Centre of Excellence: StratCoE를 설립한 바 있다. 이 센터는 NATO의 공식 명령체계의 일부가 아닌 NATO의 정책을 지원하는 싱크탱크로서 이 지역의 극단주의 활동을 차단하는 연구와 NATO 군사위원회의 전략커뮤니케이션 활동을 지원하는 업무를 수행해 왔다.

전략커뮤니케이션과 관련된 NATO 차원의 활동이 과거에 부재했던 것은 아니다. 미국과 서유럽은 군사활동에서의 전략커뮤니케이션과 심리전의 중요성을 1999년 NATO의 코소보 공습 직후 절감한 바 있다. 세르비아의 인종청소에 대한 인도적 개입의 명분으로 코소보를 공습한 NATO는 공습과정에서 수천 대의 전투기와 토마호크 크루즈미사일, 함정과 잠수함을 동원했고 이러한 고도의 군사기술은 NATO 연합군의 사상자를 최소화하며 신속하고 쉽게 군사적 승리를 달성할 수 있게 했다. 하지만 당시 CNN을 비롯한 미디어들이 NATO군의 우월한 군사기술의 파괴력을 구체적으로 보도하면서 NATO군은 세르비아군보다도 더 엄격한 대중의 도덕적 판단에 놓이게 되었다. NATO군의 오폭으로 민간인 수천 명이 희생되고 세르비아의 알바니아인에 대한 보복이 재발되면서 NATO가 국제사회의 비판에 놓였던 것이다. 군사적으로 승리한 NATO군은 미디어 전쟁에서 이기는 것이 실제 전쟁에서 이기는 것보다 더 중요함을 절감했다(Spiers, 2015: 144~156). 당시 세르비아군이 수행한 심리전은 내용의 정교함에 있어서 NATO군보다 더 효과적이었던 것이다(Thornton, 2008: 72). NATO는 이후 미디어운영센터Media Operations Centre를 설립하여 전장과 관련된 여론을 관리했고 2001년 NATO 연합군의 아프가니스탄 공습과 2003년 미국의 이라크 전쟁에서 직접 취재진이 촬영하여 보도한 사진이나 영상 외에 폭탄 투하로 발생한 피해와 관련한 어떠한 이미지도 방송에 내보내지 않는 정책을 펼쳤다(Shea, 2012: 620~623).

하지만 최근 러시아가 전개한 심리전은 NATO군이 주로 개입해 온 제3국 전장에서의 심리전 맥락과 다르다. 일단 전시가 아닌 평시에 NATO 회원국의 본토에서, 특히 국내적으로 중대한 정치 일정에 전개한 러시아의 심리전에 대해 서방은 그동안의 전략커뮤니케이션의 차원에서 쉽게 반격 심리전을 펼치지 못했다. 더군다나 사이버심리전은 사이버공격을 이용한 정보 탈취와 사회기반시설 마비와 같이 가시적인 피해를 발생시키지는 않았지만 공격을 당한 쪽이 같은 종류와 수준의 복수revenge 행위를 취하기 힘든 비대칭 위협의 성격을 가진 데다가 맞대응하는 역선전 등 단순한 여론전으로 문제를 해결하기 힘들었던 것이다. 서유럽은 러시아가 사이버심리전을 펼칠 조짐을 이미 선거가 있기 이전 시점부터 간파하고 있었다. 2017년 초 서유럽은 '유럽명령태세성명European Command Posture Statement'에서 러시아를 세계 질서와 서방의 평판에 위해를 가하는 유럽의 '주요 위협primary threat'으로 적시했다.[6] 그러나 그동안 서방의 민주주의 국가들은 국내 대중에 대한 심리전을 법과 제도로 엄격하게 제한해 왔기 때문에 자국 소셜미디어 공간에서 일어나는 외부로부터의 심리전 공격에 대해 적극적인 반격 전술을 전개하기 어려웠던 것이다.

미 국방부는 2018년 서방의 시리아 공습 직후 소셜미디어 공간에서 러시아 정부가 배후로 추정되는 트롤이 하루 만에 무려 2000% 증가한 정황을 언급한 바 있다. 2016년과 2017년 국내 선거에서 러시아의 사이버심리전을 경험한 미국과 서유럽은 서방의 시리아 공습에 대한 러시아의 이러한 방식의 반격을 예상하고 있었다. 미국 국토안보부, 연방수사국FBI과 영국의 국가사이버안보센터는 공동성명을 통해 서방 정부 및 민간기관과 개인에 대해 러시아가 심리전 형태의 공격을 감행할 가능성을 공개적으로 경고했는데, 이 일은 서구 정부들이 사이버심리전에 대해 공식적으로 성명을 낸 첫 사례이다.

러시아발 심리전에 대한 대비책은 미국과 서유럽의 정부기관과 민간기관의

6 "U.S. European Command Posture 2017: Posture Statement of General Curtis M. Scaparroti, Commander, U.S. European Command February 25, 2017." http://www.eucom.mil/mission/eucom-2017-posture-statement(검색일: 2018. 3. 31).

협업을 통해서도 마련되고 있고, 단일한 해법보다 기술적·전략적으로 복합적인 방법이 도모되고 있다. 구글Google은 가짜뉴스를 확산시키는 200여 개의 웹사이트를 추방했고 2017년 2월 프랑스 파리에서 개최된 뉴스임팩트서밋News Impact Summit: NIS은 가짜뉴스를 찾아내는 알고리즘을 개발하는 '크로스체크cross-check 프로젝트'를 출범시켰다. 또한 2017년 프랑스 대선 전 구글과 페이스북은 프랑스의 주류 언론사인 르몽드Le Monde, AFP통신, 리베라시옹Libération과 함께 사이버 가짜뉴스의 공격에 대비하는 공조활동을 펼치기도 했다(박영민, 2017).

미국과 서유럽이 러시아의 사이버심리전에 구조적으로 취약한 것은 민주주의 체제와 민주주의의 온라인 공론장이 갖는 특징인 개방성과 투명성, 법치주의에도 기인한다. 이러한 민주주의의 기본 가치를 포기할 수 없는 서구 민주주의 국가들은 악의적인 사이버공격에 대한 대책을 놓고 전술적 고민에 처해 있다. 전시가 아닌 평시에 자국 및 동맹국 대중이 사용하는 사이버공간에서 '보복전략커뮤니케이션retaliatory strategic communication'을 수행할 경우 그러한 국가 조치에 대한 국내외 언론과 대중의 신뢰가 무너질 수 있기 때문이다. 또한 많은 서구 전문가들은 러시아발 가짜뉴스에 대한 반박내러티브counter-narrative를 만들기보다 사실 확인을 통해 가짜뉴스의 허위와 기만적인 논리 메커니즘을 대중에게 알리는 것이 더 효과적이라고 조언하고 있다. 동유럽에서 활동하는 '동유럽 전략커뮤니케이션 대책위원회East StratCom Task Force'와 'EU 허위정보 대책단EU myth-buster' 등이 그러한 역할에 집중하는 것도 러시아의 사이버심리전에 대한 대책 강구에서 같은 결론에 도달했기 때문이다(Rugge, 2018: 7~8).

물론 미국과 서유럽 선거에서 확산된 가짜뉴스가 모두 러시아에 의해 만들어진 것은 아니며 가짜뉴스의 확산은 국내 '대안 우파alternative right: alt-right'의 조직적 움직임과도 관련이 있다. 서구 사회의 극단적인 우파 조직들은 기존 정치세력을 비판하고 국내 소수그룹을 겨냥하면서 지지세력을 구축하고 있다. '인사이드 사이언스Inside Science'의 빅데이터 분석에 의하면, 2015년과 2016년 레딧Reddit의 네티즌 댓글에서 음모론과 가짜뉴스를 생산하는 극우 웹사이트의 정보와 동일한 내용의 정보에 공감하는 보수 성향의 댓글은 무려 1600% 증가한 반면, 진보 성향의 그러한 댓글은 전혀 증가 추세를 보이지 않았다(Inside Science, 2018). 이러한 분석 결과는 러시아발 사이버심리전이 민주주의 국가의 국내 우파 혹은 극단적 성향의 정치세력과 교묘하게 공모할 수 있는 가능성이 앞으로 더 빈번해질 것을 예고한다.

궁극적으로 권위주의 레짐이 서구 민주주의 사회를 분열시키고 민주주의 제도를 약화시키기 위해 사이버심리전을 펼치는 데 대해 그러한 영향력을 상쇄시키고 무용지물로 만들 수 있는 최대의 방어는 근본적으로는 민주주의 체제의 견고함과 온전함에 있다. 하지만 이민·난민 문제와 경제 양극화, 경제 침체, 우파의 득세로 끊임없이 내부 분열이 지속되는 서유럽과 이들 서유럽 우방과의 연대와 공조에 무관심한 트럼프 행정부가 이끄는 미국의 대외정책은 앞으로도 러시아의 심리전이 효과적인 위력을 발휘할 원인을 지속적으로 제공하고 있는 셈이다.

## 5. 결론: 정책적 함의

선거와 같이 시민의 정치적 결정행위가 민주주의 제도를 통해 이루어지는 정치과정에서 타국이 선거에 영향을 끼칠 만한 허위정보를 적극적으로 유포하여 여론을 왜곡하는 활동은 한 국가의 정치제도의 정상적 기능을 훼손하는 정치적 교란행위이자 주권에 대한 침해로서 국가안보 차원에서 다룰 사안이다. 소위 신냉전의 도래와 미중 패권경쟁, 세계적 경제 침체, 그리고 서유럽과 동유럽의 극심한 여론 분열 및 우파의 득세, 유럽연합의 불안정성은 러시아나 중국과 같은 권위주의 레짐으로 하여금 세계 질서의 판도를 비정상적인 샤프파워를 통해 변화시키고자 하는 유인과 기회를 제공하고 있다.

중국과 러시아는 모두 샤프파워를 추구하지만 중국은 세계 정치경제 무대에서 자국의 높아진 위상에 걸맞게 개발협력과 투자, 미디어와 교육 프로그램, 다양한 인적 교류를 통해 선전전을 펼치면서 제3세계에 대해 체제의 동질성을 강조하고 미국을 대신할 잠재적 패권으로서의 차별된 이미지를 내세우며 접근하고 있다. 러시아는 탈냉전기 이후 유일한 패권인 초강대국 미국과의 하드파워 격차를 따라잡지 못하고 동유럽에서의 호전적인 군사행동으로 국제사회의 제재에 놓이면서 공공외교 활동이 무의미해졌고 국가 평판도 훼손되면서 소프트파워마저도 발휘할 기회를 놓쳤다.

이러한 상황에서 반전을 도모할 수단으로서 러시아가 강구한 것은 서구 민주주의 사회의 갈등과 여론 분열, 유럽의 균열과 불안을 악화시켜 서방의 사회적 통합성과 연대를 와해시키는 것이었고, 2016년부터 서방에 대해 수행한 사이버심리전은 러시아가 값싼 효과를 경험하게 했다. 앞으로 서방의 정치적 분열과 경제적 어려움, 이민·난민 문제가 지속적으로 악화되는 한, 러시아와 중국에게 사이버심리전은 더욱더 서구에 대한 매력적인 공격수단으로 인식될 것이다. 앞으로 발생할 수 있는 더욱 큰 문제는 이미 서방이 예상하고 대비책을 마련하고 있고 2018년 시리아 사태로부터 예상할 수 있듯이, 민주주의 진영 대 권위주의 레짐 간 사이버심리전이 간헐적으로 발생하는 세계 각지의 군사적 위기와 결합하면서 진영 간 하이브리드전으로 발전할 가능성이다. 앞서 살펴봤듯이 러시아는 사이버심리전을 서방과의 직접적인 군사충돌을 막을 일종의 선제적 위협수단으로 활용하려는 의도를 드러내고 있다. 하지만 이미 서방이 러시아발 사이버심리전을 통해 자국 민주주의 제도의 기능이 크게 훼손된 경험이 있으므로 사이버심리전은 러시아가 바라는 대로 서방을 견제하는 기능보다 오히려 서방의 공세적인 대응을 유발할 수도 있다.

이러한 맥락에서 볼 때, 그동안 학계의 사이버안보에 대한 논의는 주로 사이버공격과 관련된 기술적 혹은 법적 이슈의 측면에 집중해 온 감이 있다. 하지만 이제 사이버안보의 문제는 단순히 기술적 수준보다도 사이버공간의 사회적·규범적·민주주의적 제도에 대한 영향을 염두에 둔 보다 포괄적 차원에서 논의할 필요가 있다. 요컨대, 사이버공격에 대한 기존 논의는 컴퓨터와 데이터 네트워크가 사이버테러에 사용되는 기술적 맥락에서 협소하게 이루어졌고 악의적인 명백한 피해를 가하는 측면에 집중해 왔다. 그러나 사이버공간을 통해 이루어지는 위협과 테러, 심리전 등은 사회 전체 및 세계 질서 전체 등 시스템 차원에서의 도전으로서 다뤄질 필요가 있다(Kuusisto and Kuusisto, 2013: 41).

더군다나 전 지구적으로 연결된 사이버 네트워크망을 통해 가짜뉴스가 국경을 초월하여 확산되는 현상은 세계 각지 민주주의 국가의 심리전에 대한 대책이 한 국가 차원에서 마련될 수 없음을 말해준다. 그러므로 심리전에 대한 반격에 있어서 각국은 가짜뉴스를 걸러내는 인공지능 알고리즘이나 심리전의 징후를 포착해 내는 빅데이터의 도움을 받는 등 기술적 차원의 대응뿐만 아니라 제도적, 법적, 그리고 민주주의적 가치를 수호하는 통합적 성격의 포괄적 대책을 국제공조와 협업을 통해 마련해야 한다. 더불어, 그러한 정책 결정에 있어서 정치학, 군사학, 인지심리학, 커뮤니케이션학 등 다양한 학문 분야도 심리전의 양상과 초기 징후와 위기 고조의 포착 및 여론의 반응과 추세 등을 모니터링하고 분석할 수 있는 역량을 갖출 수 있어야 하며, 더 나아가 심리전 공격에 대한 효과적인 상쇄 커뮤니케이션 전략을 구축하는 데도 함께 고민해야 할 것이다.


두진호. 2014. 「러시아 군사공공외교의 특징과 함의」. ≪국방정책연구≫, 30(2).

박영민. 2017. 「구글-페이스북 가짜뉴스 원천봉쇄」. 지디넷(2017. 2. 8). http://www.zdnet.co.kr/news/news_view.asp?artice_id=20170208103017(검색일: 2017. 9. 3).

송태은. 2017. 「미국 공공외교의 변화와 국제평판: 미국의 세계적 어젠다와 세계여론에 대한 인식」. ≪국제정치논총≫, 57(4).

______. 2018a. "미국과 중국의 공공외교와 국제평판." 하영선·김상배 편. 『신흥무대의 미중 경쟁: 정보세계정치학의 시각』. 파주: 한울아카데미.

_____. 2018b. “인공지능의 정보생산과 가짜뉴스의 프로파간다.” 조현석·김상배 외. 『인공지능, 권력변환과 세계정치』. 서울: 삼인.

우준모. 2010. 「러시아의 공공외교: 특수성과 보편성」. ≪세계지역연구논총≫, 28(3).

장원주·박의명. 2017. “유럽, 러 가짜뉴스·해킹은 테러급 … 하이브리드전 경보.” ≪매일경제≫, 2017. 4. 25. https://www.mk.co.kr/news/world/view/2017/04/280824(검색일: 2017. 6. 20).

Alba, Joseph W. and Howard Marmorstein. 1987. “Information Utility and the Multiple Source Effect.” *Journal of Consumer Research*, 14(1).

Allied Joint Publication 3.10.1. *Allied Joint Doctrine for Psychological Operations*, 1(6).

American Association of University Professors. 2014. “On Partnerships with Foreign Governments: The Case of Confucius Institutes.” https://www.aaup.org/report/confucius-institutes(검색일: 2016. 5. 2).

Beesley, Arthur. 2017. “EU Suffers Jump in Aggressive Cyber Attacks.” *Financial Times*, 2017. 1. 9. https://www.ft.com/content/3a0f0640-d585-11e6-944b-e7eb37a6aa8e(검색일: 2018. 5. 4).

Betz, David. 2011. “Failure to Communicate: Producing the War in Afghanistan” in D. Richards and G. Mills(eds.). *Victory Among the People: Lessons from Countering Insurgency and Stabilizing Fragile States*. London.

Cardenal, Juan Pablo. 2017. “China in Latin America.” *Sharp Power: Rising Authoritarian Influence*. Washington D.C.: National Endowment for Democracy.

Chessen, Matt. 2017. “Understanding the Psychology Behind Computational Propaganda.” in Shawn Powers and Markos Kounalakis(eds.). *Can Public Diplomacy Survive the Internet? Bots, Echo Chambers, and Disinformation*. US Advisory Commission on Public Diplomacy(2017). https://www.state.gov/documents/organization/271028.pdf(검색일: 2017. 10. 1).

Cockrell, Collins Devon. 2017. “Russian Actions and Methods against the United States and NATO.” Army University Press(September 2017). https://www.armyupress.army.mil/Portals/7/Army-Press-Online-Journal/documents/Cockrell.pdf(검색일: 2018. 9. 19).

Cull, Nicholas J. 2009. “Public Diplomacy before Gullion: The Evolution of a Phase.” in Nancy Snow and Philip M. Taylor(eds.). *Routledge Handbook of Public Diplomacy*. New York & London: Routledge.

Defense Intelligence Agency. 2017. *Russia Military Power: Building a Military to Support Great Power Aspirations*. https://www.dia.mil/Portals/27/Documents/News/Military%20Power%20Publications/Russia%20Military%20Power%20Report%202017.pdf(검색일: 2018. 3. 3).

Farwell, James P. 2012. *Persuasion and Power: The Art of Strategic Communication*. Washington D.C.: Georgetown University Press.

Fukuyama, Francis. 1992. *The End of History and the Last Man*. New York: Free Press.

Golden, Daniel. 2017. *Spy Schools: How the CIA, FBI, and Foreign Intelligence Secretly Exploit American's Universities*. New York: Henry Holt and Co.

Hallahan, Kirk, Derina Holtzhausen, Betteke van Ruler, Dejan Verčič and Krishnamurthy Sriramesh. 2007. "Defining Strategic Communication." *International Journal of Strategic Communication*, 11).

Harkins, Stephen G. and Richard E. Petty. 1987. "The Effects of Frequency Knowledge on Consumer Decision Making." *Journal of Personality and Social Psychology*, 52(2).

Inside Science. 2018. "Battling Online Bots, Trolls, and People"(2018. 8. 31). https://www.insidescience.org/news/battling-online-bots-trolls-and-people(검색일: 2019. 3. 1).

Kuusisto, Tujia and Rauno Kuusisto. 2013. "Strategic Communication for Supporting Cyber-Security Leadership." *International Journal of Cyber Warfare and Terrorism*, 12(3).

Nakashima, Ellen and Shane Harris. 2018. "How the Russians Hacked the DNC and Passed Its Emails to WikiLeaks." *The Washington Post*, 2018. 7. 13. https://www.washingtonpost.com/world/national-security/how-the-russians-hacked-the-dnc-and-passed-its-emails-to-wikileaks/2018/07/13/af19a828-86c3-11e8-8553-a3ce89036c78_story.html?utm_term=.5fc31acf6f1a(검색일: 2019. 2. 5).

National Endowment for Democracy. 2017. *Sharp Power: Rising Authoritarian Influence*. International Forum For Democratic Studies. Washington D.C.

Nelson, R. Alan. 1996. *A Chronology and Glossary of Propaganda in the United States*. Westport, CT: Greenwood Press.

Nelson, Richard and Foad Izadi. 2009. "Ethics and Social Issues in Public Diplomacy." in Nancy Snow and Phillip M. Taylor(eds.). *Routledge Handbook of Public Diplomacy*, p.335. New York: Routledge.

Nye, Joseph. 2014. "The Information Revolution and Soft Power." *Current History*, 113(759).

O'Sullivan, Donie. 2017. "Fake News Rife on Twitter During Election Week, Study from Oxford says." *CNN*, 2017. 9. 28, http://money.cnn.com/2017/09/28/media/twitter-fake-news-election-study/index.html(검색일: 2017. 9. 25).

Paul, Christopher and Miriam Matthews. 2016. "The Russian 'Firehose of Falsehood' Propaganda Model: Why it Might Work and Options to Counter It." *Perspective*. RAND corporation. https://www.rand.org/pubs/perspectives/PE198.html(검색일: 2018. 4. 18).

Powers, Shawn and Markos Kounalakis. 2017. *Can Public Diplomacy Survive the Internet?: Bots, Echo Chambers, and Disinformation*. US Advisory Commission on Diplomacy(May 2017).

Rugge, Fabio. 2018. "Mind Hacking: Information Warfare in the Cyber Age." *ISPI Analysis*, No. 319(January 2018).

Shea, Jamie. 2012. "Communicating War: The Gamekeeper's Perspective." *The Oxford Handbook of War*. Oxford, U.K.: Oxford University Press.

Spiers, Edward M. 2015. "NATO and Information Warfare." in David Welch(ed.). *Propaganda, Power and Persuasion: From World War I To Wikileaks*. London & New York: I.B. Tauris.

Taylor, Philip M. 1990. *Munitions of the Mind: War Propaganda from the Ancient World to the*

*Nuclear Age*. Wellingborough: Patrick Stephens Ltd.

Thornton, Rod. 2008. *Asymmetric Warfare*. Cambridge: Polity.

U.S. Department of Defense. 2009. "Strategic Communication: Joint Integrating Concept." Washington D.C.

Vice, Margaret. 2017. "Public Worldwide Unfavorable Toward Putin, Russia"(2017. 8. 16). https://www.pewglobal.org/2017/08/16/publics-worldwide-unfavorable-toward-putin-russia(검색일: 2018. 12. 9).

Walker, Christopher and Jessica Ludwig. 2017. "Introduction: From 'Soft Power' to 'Sharp Power': Rising Authoritarian Influence in the Democratic World." *International Forum for Democratic Studies*. Washington D.C.: National Endowment for Democracy.

Walker, Christopher and Jessica Ludwig. 2017. "The Meaning of Sharp Power: How Authoritarian States Project Influence." *Foreign Affairs*, 2017. 11. 16. https://www.foreignaffairs.com/articles/china/2017-11-16/meaning-sharp-power(검색일: 2018. 4. 8).

Walker, Christopher, Shanthi Kalathil and Jessica Ludwig. 2018. "Forget Hearts and Minds." *Foreign Policy*, 2018. 9. 14.

Walker, Christopher. 2018. "What is Sharp Power?" *Journal of Democracy*, 29(3).

Walker, Vivian S. 2017. "Crafting Resilient State Narratives in Post Truth Environments: Ukraine & Georgia." in Shawn Powers and Markos Kounalakis(eds.). *Can Public Diplomacy Survive the Internet? Bots, Echo Chambers, and Disinformation*. US Advisory Commission on Public Diplomacy. https://www.state.gov/documents/organization/271028.pdf(검색일: 2017. 10. 1).

Welch, David. 2015. *Propaganda, Power and Persuasion: From World War I To Wikileaks*. London & New York: I.B. Tauris.

제2부

# 미중 미래전 경쟁과 국민국가의 변환

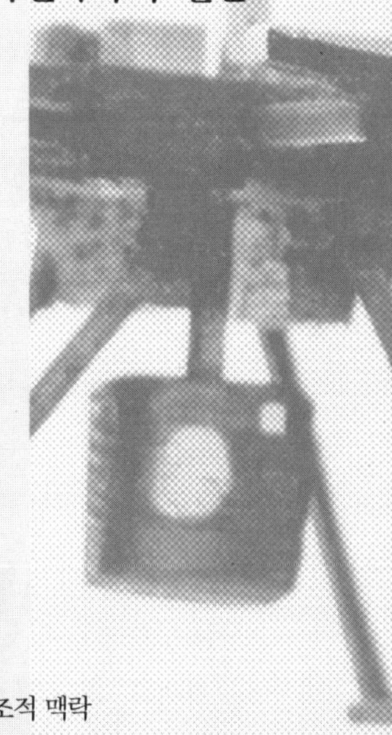

# 5 군사혁신의 구조적 맥락

## 미중 군사혁신 경쟁 분석과 전망

설인효 | 한국국방연구원

### 1. 서론

향후 상당 기간 동안 세계의 역사가 좋은 방향이든 나쁜 방향이든 아시아를 중심으로 기록될 것이라는 점(Rudd, 2013)에 대해서는 반론의 여지가 크지 않을 것이다. 미국은 2011년을 기점으로 중국과의 전략적 경쟁을 공식화하기 시작했고 이는 트럼프 행정부 출범 후 한층 고조되고 있다. 중국의 경제적 부상이 군사적 부상과 (지역)패권 도전으로 이어질 것인가 그렇지 않을 것인가를 둘러싼 논쟁은 사실상 결말이 난 상태이다.

오늘날의 국제정치에서 강대국 사이의 경쟁은 여전히 그 이면에 군사력 균형에 대한 고려를 배경으로 하면서 진행된다. 양국 간 충돌 시 상상할 수 없는 규모의 피해와 전략핵무기 균형의 존재로 인해 실제 군사적 충돌이 발생할 가능성은 매우 낮다. 그러나 세력전이 과정에서 정치적 갈등이 고조될 경우 제한적 군사충돌이 발생할 가능성을 완전히 배제할 수 없다. 최근 진행되고 있는 상황을 고려할 때 남중국해 및 동중국해, 대만 등의 지역에서 중국과 제3국이 충돌하고 여기에 미국이 개입하게 되는 상황은 언제 발생해도 이상하지 않은 상태이다(Gompert eds., 2016: iii~iv).

강대국들은 실제로 전쟁이 발생하지 않더라도 주요 잠재적 적들과의 가상전쟁 상황 속에서의 군사력 균형을 고려하며 정치·외교·경제·사회문화의 모든 영역에 걸쳐서 총력 경쟁을 펼친다. 우발적으로나마 실제로 충돌이 발생할 경우 그 결과와 양상에 따라 국제정치에서 힘의 균형에 대한 인식은 현격히 변화될 수 있기 때문이다. 또한 이러한 경쟁은 강대국 사이의 힘의 격차가 줄어들수록 심화된다. 즉, 미국과 중국의 국력 격차가 축소될수록 양국 관계를 포함한 국제관계 일반에 미중 간 군사력 균형을 배경으로 한 경쟁 양상은 더욱 구체적인 형태로 투영되게 될 것이다.

군사혁신Revolution in Military Affairs: RMA이란 기술, 무기체계, 군사전략, 조직, 교육체계 등 군사 분야 전반에 걸쳐 혁명적인 변화가 발생하는 현상으로 단순한 신무기 도입이나 일부 작전상 변화를 넘어 '전쟁수행방식 전반'이 혁신적으로 변화되어 '군사력의 효과성'이 극적으로 신장되는 현상을 말한다(Cohen, 2004: 395~407). 이와 같은 군사력 운용방식의 극적인 변화에 대해 이론적 또는 실제적으로 관심을 갖는 이유는 역사상 무기, 교리, 조직을 성공적으로 혁신시킨 군이 기존 방식을 고수하고 있던 군에 대해 압도적인 군사적 승리를 쟁취하면서 세력균형을 일시에 변경시킨 예들이 적지 않기 때문이다(설인효, 2012: 143). 오늘날 미국과 중국 사이의 전략적 경쟁은 군사혁신의 발생과 성취, 군사혁신의 전파 및 그로 인한 평준화, 새로운 군사혁신 창출 경쟁으로 이어지는 '역사적·군사사적 사이클' 속에서 이루어지고 있다. 따라서 이의 정확한 분석을 위해서는 군사혁신의 성취 과정에서 관측되는 다양한 국면에 대한 분석과 이해가 요구된다.

향후 미중 경쟁은 한반도를 둘러싼 동북아 지역질서를 결정하는 핵심 변수로 작용하게 될 것이다. 중국의 군사적 부상에 대한 미국의 대응이 미국의 전세계적 군사력 운용방식에 변화를 초래할 경우 이는 한반도에 대한 미국의 군사정책과 한미 동맹에도 직간접적인 영향을 미치게 될 것이다. 한국은 현재 북한 비핵화 및 한반도 평화체제 이행과정과 전작권 전환을 통해 보다 대등한 관계의 동맹을 지향해 나가는 과정에서 한미 동맹을 성공적으로 조정해 나가야 하는 과제를 안고 있다. 따라서 미중 군사경쟁의 양상을 이해하고 미국의 군사전략과 군사력 운용방식의 변화를 분석·예측하는 것은 한국의 미래를 설계하는 데 중요한 기초로 작용하게 될 것이다.

이에 따라 이하에서는 오늘날 고조되고 있는 미중 간 군사경쟁을 '군사혁신을 둘러싼 경쟁'의 관점에서 분석하기 위해 먼저 제2절에서 국제정치에서 군사혁신이 갖는 의미와 구체적인 전개 양상을 분석·제시한다. 제3절에서는 탈냉전 후 미국 중심의 단극질서가 중국의 도전으로 인해 변해가는 과정을 분석하고 특히 그 과정에서 미중 간 군사경쟁이 점차 양국관계 및 국제관계 일반에 광범위하게 투영되는 과정을 제시한다. 제4절에서는 미국과 중국 사이의 군사경쟁 양상을 보다 구체적인 수준에서 분석하면서 특히 군사혁신 경쟁을 중심으로 전개되는 양국 간 경쟁 양상을 정밀하게 분석할 것이다. 마지막으로 결론에서는 4차 산업혁명[1]을 배경으로 전개될 미중 양국 간 군사혁신 경쟁을 체계적으로 평가·전망할 수 있는 분석틀을 제시하고 한국의 대비 과제를 간략히 제시하도록 한다.

1 4차 산업혁명이란 2016년 개최된 '세계경제포럼'에서 슈바프(Klaus Schwab) 회장이 제기한 개념으로 인공지능, 빅데이터, 사물인터넷, 로봇공학 등의 새로운 기술이 인간 삶의 전 영역을 빠른 속도로 변화시키고 있는 상황을 지칭한다(정춘일, 2017: 184). 그러나 4차 산업혁명이 과거의 산업혁명과 같은 수준의 '질적 변화'를 초래할 것인가에 대해서는 여전히 논쟁이 존재한다(Raybourn et al., 2017: 2).

## 2. 군사혁신과 국제정치

전쟁이란 자신의 의지를 상대에게 강제하기 위한 정치집단 간의 조직적 무력투쟁으로 정의된다. 나의 의지를 실현하기 위해 적에게 굴복을 강요하는 폭력행위는 상호작용하면서 극단까지 치닫게 되는 경향이 있다(클라우제비츠, 2005: 12). 따라서 전쟁행위에 그 정치집단이 보유한 가장 우수한 과학기술을 적용하고자 노력하게 될 것이라는 점에는 의심의 여지가 없다.

새로운 과학기술은 전쟁행위의 기본 수단이 되는 새로운 무기체계를 제공할 수 있기 때문에 전쟁의 승패를 결정하는 중요한 요소가 된다. 그러나 새로운 기술에 기반한 신형 무기체계가 곧 전쟁에서의 승리를 보장하지 못한다는 사실은 군사사 연구를 통해 수차례 입증된 바 있다(Hundley, 1999; Cohen, 2004; Boot, 2006). 더구나 거대한 군 조직의 운영을 통해 달성되는 현대전은 단순히 새로운 무기를 도입하는 것을 넘어 군사전략과 교리, 군 조직과 교육체계 등 군사력의 동원 및 활용과정 전반을 혁신하는 노력을 통해서만 그 승리를 보장할 수 있다.[2] 현대 사회의 운영 전반이 기술에 기반하고 있다는 점에서 전쟁행위에 동원되는 기술이란 단순히 무기와 같은 도구를 생산하는 것이 아니라 인간의 제반 활동을 보다 효율적으로 만드는 기술의 총체라 규정하는 것이 현실적일 것이다.

그러나 군을 혁신하는 것은 결코 쉬운 일이 아니다. 군은 한 정치집단의 생존을 보장하는 최후의 보루이기 때문에 군을 변화시키는 것은 집단의 생존을 건 도박으로 치부되곤 한다. 전쟁은 어떠한 사회활동으로도 치환할 수 없는 독특한 내적 원리를 지니며 따라서 일반적인 사회활동에서 그 효율성이 입증되었다는 이유만으로 특정한 기술을 군에 적용하기 어렵다. 더구나 국제정치에

2 전쟁이 대규모화되어 좁은 의미의 전투를 넘어서게 되면 조직관리 등 다양한 기초적 기술의 발전이 특정 무기의 개발에 못지않은 중요한 요소로 등장하게 된다(박상섭, 2018: 30).

서 대부분의 강대국은 전쟁에서 승리함으로써 출현해 왔는데, 강대국의 군대란 지난번 전쟁에서 승리했던 전략과 교리, 조직을 바탕으로 구성되며 그 결과 자신의 조직과 운영방식에 대한 자부심이 매우 강하다. 따라서 이러한 조직을 상대로 지구상에서 시현된 바 없었던 새로운 전쟁양식을 구현한다는 것은 지극히 어려운 일이 아닐 수 없다.

'군사혁신'이란 용어는 전쟁수행방식의 혁명적 변화를 일컫는 학술적 개념인 동시에 탈냉전기 국방개혁의 비전이자 구호로 사용된 개념이기도 하다(설인효, 2012: 144). 냉전 후기부터 미국이 추진했던 '네트워크 중심전'을 구현하기 위한 국방개혁 노력은 처음에는 '군사기술혁명Military Technical Revolution: MTR'으로 지칭되었다. 정보기술의 등장으로 인한 산업 전반의 변화는 군사 분야에도 큰 변화를 초래할 것으로 예상되었고 기술은 모든 것을 가능케 하는 만능의 동인으로 인식되었다. 그러나 마치 전차를 전장에 최초로 도입했던 것이 영국이었음에도 불구하고 전차의 군사적 효과성을 제대로 구현했던 것은 독일이었던 것과 같이 기술이 모든 것을 해결해 줄 수 없었고 기술만으로 압도적인 군사적 효과성이 달성될 수도 없었다.[3] '군사 분야 전반의 변화Revolution in Military Affairs'를 일컫는 '군사혁신'이란 용어가 '군사기술혁명'을 대체해 미국의 국방개혁을 지칭하게 된 것은 이러한 인식의 결과였다.[4]

상술한 바 군사혁신이 발생할 경우 이를 성취한 군은 그렇지 못한 군을 상대로 압도적인 군사력의 우위를 확보하게 된다. 따라서 군사혁신은 중요한 국제정치 현상이다. 무정부적 국제체제하에서 권력의 극대화를 추구하는 국가들은

3 독일은 제2차 세계대전에서 전차를 활용한 '전격전'을 구사하여 전쟁 초기 국면에서 혁혁한 전과를 달성할 수 있었다. 그러나 전차를 최초로 도입한 것은 독일이 아닌 영국이었다. 결국 최종적인 전투효과성은 새로운 기술과 무기체계 자체보다 그 군사적 잠재성을 극대화할 수 있는 새로운 조직과 전술, 교리와 군사전략 전반을 혁신하는 것을 통해서만 확보될 수 있었다.

4 2000년대 중반에 이르면 미 국방부는 조직 혁신을 보다 강조하는 '군사변환(Military Transformation)'이라는 개념을 더 빈번히 사용하게 된다.

군사혁신을 먼저 성취하기 위해 노력한다. 이를 성취하는 것을 통해 군사력의 비약적 상승을 선취할 수 있을 뿐 아니라 경쟁국의 선취를 허용할 경우 파국적 결과를 맞이할 수 있기 때문이다. 따라서 국제정치의 주요 강대국들은 언제나 군사혁신의 기회를 살피고 기회가 주어졌을 때 이를 선취하기 위해 모든 노력을 기울인다고 할 수 있다.

군사혁신과 관련하여 중요한 또 하나의 현상은 '군사혁신의 전파 및 확산'이다. 각 국가의 안전을 보장해 줄 수 있는 상위의 권위체가 존재하지 않는 국제정치에서 국가들은 군사혁신을 선취한 국가의 사례를 모방하고자 할 것이라 예상할 수 있다(Resende-Santos, 1996: 196). 이를 빠른 시간 내에 달성하지 못할 경우 자신의 생존을 보장하지 못할 수도 있기 때문이다.

군사혁신의 전파에 대해서는 상반된 견해가 존재한다. 혁신이란 이를 가능하게 하는 특정 국가의 정치적·사회적·문화적 여건을 배경으로 가능해지는 것이기 때문에 다른 국가가 이를 수용하기는 어렵다는 것이다(Goldman and Eliason, 2003). 골드먼Emily Goldman과 엘리에슨Leslie Eliason은 한 연구에서 프러시아가 독일 통일 과정에서 성취했던 총참모부general staff 수립과 전쟁계획war plan 작성 등의 일련의 군사혁신이 프랑스, 영국, 미국 등의 수용 노력에도 불구하고 제대로 수용되지 못했다고 결론짓고 있다.[5] 특히 군 엘리트 집단으로 구성된 총참모부는 그 정치적 속성상 권위주의 사회가 아닌 공화제하에서는 수용되기 어려웠다.

그러나 같은 사례를 다른 관점에서 평가한 연구도 있다(설인효, 2012: 151~158). 프랑스, 미국 등은 프러시아가 이룩했던 총참모부의 원형 그대로의 모습을 구

5 이들의 연구는 미국이 군사혁신의 개념하에서 국방개혁을 활발히 추진하고 있던 시점에 이루어진 것이다. 당시 미국이 군사혁신을 지나치게 강하게 추진할 경우 관련국들을 자극하여 오히려 역효과를 낼 수 있다는 견해가 확산되어 있었다. 이들은 기업혁신이나 정책혁신이 국가별 '문화적 차이'로 인해 확산이 지연되는 현상에 착안하여 군사혁신 역시 쉽게 확산될 수 없다는 점을 주장했다.

현하는 데는 실패했지만 프러시아가 달성했던 새로운 기술을 이용한 '전쟁수행 방식의 혁신'과 그를 통한 '군사효과성의 극적 상승'은 어느 정도 달성할 수 있었다는 것이다. 1870년 보불전쟁Franco-Prussian War 당시 프러시아는 1850년대 이후 추진해 온 군사혁신을 기초로 짧은 시간 동안 프랑스군의 2배에 가까운 병력을 전선에 집결시킬 수 있었고, 그 결과 2주 내에 압도적인 승리를 거두어 독일 통일을 달성할 수 있었다.[6] 그러나 1914년 제1차 세계대전의 초기 전역에서는 프랑스 역시 독일과 대등한 병력을 유사한 시간 내에 동원했고 그 결과 독일은 압도적인 승리를 쟁취할 수 없었다. 프랑스는 프러시아가 이룩한 원형 그대로의 혁신을 완전히 구현하는 데는 실패했지만 '혁신의 핵심'을 상당 부분 달성했고 그 결과 독일의 군사효과성을 효과적으로 상쇄시킬 수 있었다.

이러한 사례는 군사혁신의 전파 여부가 혁신을 구성하는 요소들이 원형 그대로 달성되었는가가 아니라 실제 전장에서 혁신으로 인한 군사효과성을 '얼마나 효과적으로 상쇄시켰는가'의 관점에서 평가될 필요가 있음을 보여준다. 군사혁신이 군사효과성의 극적인 상승을 가져온다면 각자의 생존을 스스로 보장해야 하는 국제정치에서 국가들은 어떠한 희생을 각오하고라도 능력이 허락하는 한 이를 달성하기 위해 노력할 것이라 예상할 수 있다. 더구나 국가 간 상호거래와 정보의 유통이 빨라질수록 그 시간도 점차 짧아질 것이다. 그 결과 군사혁신의 역사적 사례들에 대한 연구는 한 국가가 군사혁신을 선도함으로써 누리게 되는 '군사력 우위의 기간'이 시간이 갈수록 짧아지고 있음을 보여준다 (Hundley, 1999: 14). 요컨대, 군사혁신이 군사효과성의 극적 상승을 가져온다면 '혁신의 전파'는 다시 '군사적 평준화'를 초래하는 경향이 있으며, 이러한 역사

6 프러시아가 이룩한 군사혁신은 산업혁명에 의한 새로운 기술과 혁신, 즉 증기기관을 이용한 철도교통, 전신을 활용한 유선통신, 기계를 이용한 공장제 생산방식과 무기 대량생산 등을 전쟁에 적용한 결과라 할 수 있다. 1866년과 1870년 전쟁에서 프러시아는 분 단위까지 계산한 철도 이송 계획을 수립하여 각 지역의 예비군 및 민방위 전력을 지역 무기 저장고로 이동·무장시키고 다시 전장까지 신속하게 이동시켰다(박상섭, 1996: 213~228).

적 사이클의 주기는 점차 짧아지는 경향이 있다고 정리할 수 있을 것이다.

한편, 국제정치의 중요 현상 중 하나로서 군사혁신 역시 국제정치의 안보·군사 지형의 구조적 맥락 속에서 진행된다는 점을 지적할 필요가 있다. 상술한바 군이 혁신적 변화를 달성한다는 것은 지극히 어려운 일이다. 또한 현대전의 규모와 복잡성을 고려할 때 새로운 군사혁신이란 거대한 산업기반과 신기술, 연구개발비를 포함한 대규모 자본의 투입을 통해서만 달성될 수 있다는 점을 쉽게 인식할 수 있다. 따라서 새로운 군사혁신은 이를 달성해야 하는 높은 수준의 동기와 방대한 국가적 역량을 배경으로 발생하며 이는 곧 국제정치의 패권대결, 즉 1등 국가와 2등 국가 사이의 대결 과정을 매개로 발생하게 될 것이라는 점을 암시한다.

과거 군사혁신 사례들을 살펴볼 때 많은 경우 새로운 기술이 혁신의 중요한 계기로 작용했다. 새로운 기술이 출현할 때 군은 그 기술의 군사적 잠재성이 무엇인지 인식하기 위한 다양한 노력을 기울인다. 그러나 상술한바 기술의 잠재성은 군사혁신의 필요조건일 뿐 충분조건은 아니다. 군사혁신은 당대의 전장 환경과 대표적인 군사적 충돌의 양상 속에서 규정되는 '군사적 요구조건'을 충족시키는 방식으로 발생된다.[7] 즉, 오늘날 4차 산업혁명의 신기술을 배경으로 추진될 새로운 군사혁신은 미중 양국 사이의 안보적·군사적 대결로 인해 형성된 구조적 맥락 속에서 태동되고 추진되게 될 것이다.

## 3. 글로벌 안보지형의 구조적 맥락

소련의 붕괴로 냉전이 해체되었을 때 미국은 핵 및 재래식 전력, 경제력을

7 일반적으로 군사기술의 발전은 진행 중인 군사적 갈등과 대결 과정에서 제기된 구체적 필요성과 관련하여 자극된다(박상섭, 2018: 100).

포함한 종합 국력에서 타의 추종을 불허하는 압도적인 패권의 지위를 보유하고 있었다. 미국은 냉전기 자유진영에만 적용하던 자유주의적 국제질서를 전 지구적으로 확대하며 탈냉전기 세계화를 확산시켜 나갔다. 미국은 '자유주의적 해양패권국'으로서 정치적 지배력을 폭압적인 방식으로 강제하기보다 자유로운 무역 거래와 규범에 의해 지배되는 국제질서 구축과 유지를 추구했다.

그러나 이와 같은 질서의 유지를 위해 미국은 국제분쟁에 개입해 군사력을 동원해야 했으며 전 세계적인 동맹 네트워크 유지를 통해 질서가 안정적으로 지속될 것이라는 확신을 심어주어야 했다. 이는 패권국이 흔히 겪게 되는 것으로 알려진 '군사적 과잉팽창military overstretch' 문제를 야기했다(Janaro, 2014). 즉, 패권의 유지 비용이 패권 유지에 소요되는 비용을 초과해 패권국의 부담을 가중시키게 되었다는 것이다. 1990년부터 시작된 미국 중심의 단극질서unipoloarity는 20여 년간 지속되었다고 할 수 있으나 미국의 상대적 국력 쇠퇴와 중국의 부상으로 그 근간이 흔들리기 시작했다.

중국의 부상으로 곧 '양극체제'가 다시 도래한 것은 아니다. 여전히 미중 양국 간 국력의 격차는 크다. 그러나 미국이 다른 강대국들에 대해 압도적인 국력과 군사력의 우위를 보유하고 있는 상황과 미국에 도전할 수 있는 '동급의 경쟁자'가 출현한 상황은 상당히 다르다. 냉전의 정점에서 소련은 미국의 60% 수준의 GDP만을 보유하고 있었다(Martinage, 2014: 22). 일부 전문기관들의 분석과 예측에 따르면 중국은 2020년대 중반 미국의 GDP를 추월하게 될지 모른다. 미중 양국의 경제적 상호의존이 높다는 점도 미국이 중국을 견제하는 데 어려움을 가중시키는 요인이 될 것으로 보인다.

냉전 종식으로 단극질서가 구축된 후에도 미국은 전 세계에 걸쳐 존재하고 있던 주둔미군을 철수시키지 않았다. 미국은 전 세계적인 동맹 네트워크를 유지하며 세계 각 지역의 전략적 안정성 유지에 기여하고 그 대가로 전 세계적인 영향력을 유지했다. 여기에는 미국이 세계 각 지역의 작은 분쟁을 막지 못할 경우 결국 미국이 개입할 수밖에 없는 대규모 분쟁으로 이어져 더 큰 희생을 초래하게 될 것이라는 안보적 고려도 작용하고 있었다.

미국은 자유주의적 국제주의를 선도했기 때문에 지역국가들은 미국에 대항하는 동맹을 결성하기보다 미국과 동맹을 맺고 지역 내 안정성을 유지하도록 협력했다. 미국은 국제질서 유지를 위한 선도적 역할을 담당하고 리더십을 발휘했으며 이 과정에서 동맹의 협력을 얻기 위해 동맹을 배려하고 동맹의 안보 유지를 위한 미국의 결의가 확고함을 지속적이고 반복적으로 강조했다. 미국 단일패권하에서 국제질서는 대규모 전쟁이 회피되고 전략적 안정성이 유지되었으며 다양한 분야에서 국제질서의 제도화가 진척되었다.

미국의 압도적 핵 및 재래식 능력으로 인해 미국의 적과 미국적 질서에 불만을 품은 세력들은 미국이 우위를 가지고 있는 영역을 우회하는 '비대칭적 방식'을 통해서만 미국에게 도전할 수 있었고, 그 정점에서 2001년 9·11 테러 사건이 발생했다. 미국은 2002년 이후 10년 이상 지속된 테러와의 전쟁으로 인해 천문학적 전비를 소모하고 그 결과 국력을 소진하게 되었으며 그 과정에서 중국의 경제적 부상을 허용할 수밖에 없었다. 미국은 중국 경제 성장의 과실을 향유하기 위해 중국을 세계무역기구WTO 체제에 편입시켰으며 2008년 세계 금융위기 당시에는 중국의 국제적 위상을 인정하고 국제 리더십의 비용을 분담하고자 했다.

신흥 강대국은 (지역)패권의 지위에 도전할 수 있을 정도로 성장할 경우 먼저 자신의 영향력이 배타적으로 작용할 수 있는 공간을 확보하고자 한다. 이는 우선 대부분의 강대국들이 해외무역 거래를 통해 성장하기 때문에 무역 및 자원이동 루트를 보호하기 위한 활동이다. 다른 한편으로 향후 자신의 성장으로 인해 위협을 느낄 국가들에게 전략적 취약성을 노출하지 않기 위해서는 점차 보다 큰 범위에서 상대의 영향력 투사를 차단할 수 있는 능력을 갖춰야 할 필요가 있다.[8]

미국의 패권은 전 세계 어디든 미군이 접근할 수 있는 '군사력 투사 능력'으로부터 파생된다는 점에서 신흥 부상국의 이러한 활동은 큰 위협이 아닐 수 없다. 국제체제 내에서 미국이 군사적으로 접근할 수 없는 지역이 등장했다는 것은 미국 주도 패권질서 전반에 큰 위협으로 작용한다. 먼저 그 지역 국가들은 더 이상 미국의 안정자 역할을 신뢰하기 어려워진다. 나아가 다른 지역 국가들 역시 미국이 해당 지역 문제에 몰두하느라 자신들의 지역으로는 힘을 투사할 수 없을 것이라 예상하게 되기 때문이다.

상술한바 미국은 2012년경부터 중국을 필두로 한 일군의 국가들이 시도하고 있는 '반접근/지역거부Anti-Access, Area Denial: A2/AD 전략'을 미국 안보에 대한 가장 큰 위협으로 규정했다(US DOD, 2012). 테러와의 전쟁war on terror을 수행하면서 '대반란전Counter Insurgency: COIN'을 가장 핵심적인 군사작전 형태로 운영해 온 미국은 과거 냉전기와 같이 강대국 간의 전략적 경쟁 및 군사적 충돌을 대비해야 하는 상황을 맞이하여 대외전략 전반을 변화시켜 나가게 되었다. 미국은 먼저 자신과 동급으로 성장할 잠재력을 갖춘 전략적 경쟁상대를 맞이하여 전 세계로 확대된 군사적 개입의 범위를 축소하고 무역거래 및 동맹에 대한 군사지원 방식을 개편하여 '힘의 회복 및 축적'을 강력히 추진해 나가야만 하게 되었다.

미국은 또 중동과 유럽에서의 군사개입 비중을 줄이고 동맹의 자구노력self help을 확대하도록 할 것이다(Mearsheimer and Walt, 2016). 현재 트럼프 행정부 하에서 미국의 동맹 재조정은 지역별 차이 없이 전 세계적 수준에서 진행되고 있으나, 중장기적으로는 아시아·태평양 또는 인도·태평양 지역을 제외한 나머지 지역에서 미국은 군사개입을 한층 줄이는 방향으로 나아갈 가능성이 크다. 그리고 그 결과 이러한 지역에서 미국의 군사개입 및 동맹 공약에 대한 신뢰는

8 역사적으로 강대국들은 자신의 뒤뜰을 안전하게 보호하기 위해 노력해 왔다. 미국 역시 예외가 아니다. 미국은 세계적 강대국으로 성장하는 과정에서 '먼로 독트린'을 발표하여 미국의 영향권 내에 유럽 강대국들이 개입하지 못하도록 선언한 바 있다. 공격적 현실주의자 미어샤이머(John Mearsheimer) 교수는 2001년 저서에서 미국은 중국 역시 '중국판 먼로 독트린'을 선언할 것에 대비해야 한다고 주장한 바 있다(Mearsheimer, 2001).

하락하게 될 것이다.[9]

이와 같은 미국 대외전략의 불확실성 증대 및 동맹국들의 불신은 스스로의 안보를 지키려는 개별적 또는 집단적 형태의 노력으로 나타나게 되고, 이는 지역 안보질서의 불안정성 확대로 이어질 가능성이 크다. 국제분쟁이 발생할 경우 미국이 즉시 개입할 것이라 확신했을 때 국가들은 자체적인 국력 증강에 큰 노력을 기울일 필요가 없었다. 그러나 이러한 기대가 더 이상 유지될 수 없는 경우 국가들은 군비증강에 나서게 되고 이는 다시 주변 국가들을 자극해 그들 역시 군비증강에 나서도록 할 것이다. 즉, 각 지역별로 전략적 불안정성이 확대되는 것이다.

미국은 또 탈냉전기 동안 심화되었던 국제기구의 활동, 다양한 분야의 국제제도에서 리더십 역할을 포기하기 시작했다. 기후변화에 대한 대응을 비롯하여 전 지구적 협력을 이끌어내기 위해서는 미국의 모범적인 자기희생적 노력이 필요한데 더 이상 그럴 여유가 없기 때문이다. 미국이 이탈한 후에도 발전된 제도와 규범이 자체적 동력을 가지고 지속될 것인지 쇠퇴하게 될 것인지는 아직 불확실하다.

강대국 사이의 패권경쟁은 지리적으로 확장되며 전 세계적 범위로 확대되는 경향이 있다. 신흥 강대국이 기존 강대국의 영향력 침투를 막기 위해 벌이는 '접근거부 노력'과 접근을 지속하고자 하는 기존 강대국의 노력, 신흥 강대국을 포위하려는 기존 강대국의 노력과 이를 우회하려는 신흥 강대국의 노력 속에서 전략적 요충지를 선점하려는 시도가 전 세계에 걸쳐 충돌하게 되기 때문이다. 이는 전통적으로 '그레이트 게임Great Game'이라 지칭되어 왔는데 오늘날 중국의 '일대일로 정책'과 미국의 '인도·태평양 전략'은 전형적인 그레이트 게임의

9 트럼프 대통령 이후의 대통령들도 본질적으로 트럼프와 유사한 정책을 펼 가능성이 적지 않을 뿐 아니라 이제 국가들은 미국이란 나라는 트럼프 같은 인물이 언제나 등장할 수 있는, 그를 지지하는 국민이 다수 존재하는 국가라는 점을 인식하게 되었기 때문이다.

양상을 띠어가고 있다고 할 수 있다(박병광, 2018; 설인효, 2019: 5, Green, 2018).

향후 미국과 중국 사이의 경쟁은 양국 간 국력의 격차 변화를 중심으로 세 가지 형태 중 하나로 전개될 것이다. 중국의 경제성장이 둔화되고 나아가 내적인 혼란이 가중되면서 국력 전반이 약화될 경우 탈냉전 직후와 같은 단극질서로 회귀하게 될 것이다. 중국의 경제성장이 둔화되나 일정 수준 이하로 떨어지지 않는다면 지금과 유사한 도전 및 경쟁 국면이 지속될 것이라 예상할 수 있다. 마지막으로 중국의 경제성장이 일정 수준 이상으로 지속되고 결국 미국을 추월한 후에도 상당 기간 계속된다면 국제질서는 냉전기와 유사한 사실상의 양극체제를 향해 나아가게 될 것이다.

현시점에서 앞으로의 국제질서가 이 중 어떤 형태가 될 것인지를 예측하기는 어렵다. 한편, 이러한 양국의 국력 경쟁과 함께 군사력의 우위를 점하기 위한 노력이 치열하게 전개될 것이다. 특히 향후 4차 산업혁명의 신기술을 토대로 새로운 군사혁신이 시도된다면 그 선취 여부는 양국의 종합국력 양상에 직접적인 영향을 미치게 될 것이다. 따라서 군사혁신과 이를 이룩하기 위한 국방개혁의 노력은 양국 대외정책 전반에 점차 더 큰 영향을 미치게 될 것이다.

## 4. 글로벌 군사지형의 구조적 맥락

상술한바 중국의 경제적 부상으로 인한 미중 양국 간 국력 격차 감소는 미국의 대외정책 전반뿐 아니라 탈냉전 후 지속되어 온 국제질서 전반의 변화도 초래하게 되었다. 미중 양국 간의 전략적 경쟁은 점차 '접근과 접근거부 사이의 대결' 양상을 띠게 되었으며 양국 간 국력 격차가 축소될수록 더욱 심화될 것이 예상된다. 미중 사이의 전략적 경쟁은 미국의 개입 축소로 인해 국제질서 전반의 전략적 안정성을 약화시킬 것이며, 그 결과 각 지역 및 국가들의 자력구제를 위한 노력 강화가 본격화될 것이다. 결국 국제관계 전반에서 군사의 비중은 점차 확대될 것이 전망된다.

미국에 대한 중국의 군사적 도전은 단지 중국의 경제적 부상으로 인한 국력 신장의 결과만이 아니었다. 중국의 군사적 부상은 미국만이 보유하고 있던 첨단 과학기술과 이를 바탕으로 한 군사력 운용방식이 전 세계적으로 확산된 결과, 즉 '군사혁신 전파'의 결과였다. 중국은 발달된 경제와 과학기술을 바탕으로 미국만이 시행할 수 있었던 '네트워크 중심전network centric warfare'을 구현할 수 있는 능력을 갖춰가고 있다. 즉, 광역감시정찰자산의 운용을 통해 원거리 표적을 식별하고 이를 신속하게 무기체계에 전달해 장거리 정밀타격무기로 타격할 수 있는 시스템을 구축하게 된 것이다. 중국은 점차 전장의 모든 단위가 정보통신망으로 연결되어 신속하고 정확하게 적을 타격할 수 있는 능력을 확보해 나가고 있다.

중국은 특히 남중국해와 연하고 있는 중국 연안지역에 수백 대에 이르는 이동식 미사일 발사차량TEL을 집중 배치·운용하여 적이 이를 먼저 타격하고 무력화시키기 어렵게 함으로써 적어도 중국군 탄도미사일 사거리 내로 접근하고 기동하는 것이 매우 위험한 일이 되도록 만드는 데 성공했다. 프러시아의 군사혁신이 프랑스로 전파되어 제1차 세계대전의 초기 전역에서 과거와 같은 군사효과성을 발휘할 수 없었던 것처럼 '네트워크 중심전'의 독점적 구현을 통해 발휘되었던 미군의 압도적인 재래식 우위는 적어도 이 지역 내에서는 상당 부분 잠식될 것처럼 보인다.

미국은 오바마 행정부 2기 후반부라 할 수 있는 2014년부터 중국의 반접근/지역거부 전략에 대응하기 위한 국방 차원의 노력을 본격화하기 시작했다. 당시 국방장관이었던 헤이글Chuck Hagel은 중국의 군사적 부상을 견제하기 위한 본격적인 국방개혁 프로그램으로서 '제3차 상쇄전략the Third Offset Strategy'을 발표했다. 헤이글 장관은 제3차 상쇄전략을 최초로 발표한 강연에서 '하늘과 땅, 바다에서 당연시되던 미국의 압도적 우위는 더 이상 주어진 사실이 아닌 상태가 되었다'고 규정하고 이는 '첨단 과학기술이 전 세계적으로 확산된 결과'라 지적했다(Martinage, 2014: 1~2).

제3차 상쇄전략이란 냉전기 두 차례에 걸쳐 시행되었던 '상쇄전략'을 다시 시행할 필요가 있음을 강조하는 국방전략 개념이다. 미국은 언제나 세계 군사기술과 군사혁신의 선두에 서 있었고 후발 주자들은 미국을 모방해 질적 개선을 이룬 뒤 대량생산을 통해 수적 우위를 달성함으로써 미국을 위협해 왔다. 이러한 도전에 직면했을 때 미국은 새로운 기술적 우위를 창출함으로써 수적 우위에 대응했다. '상쇄'전략이란 새로운 기술적 우위를 통해 수적 우위를 '상쇄'시킨다는 뜻이다. 제3차 상쇄전략은 냉전기 두 차례의 상쇄전략을 상기시키며 그때와 같은 국가적 수준의 노력이 필요함을 촉구하고 있는 개념이라 할 수 있다.

중국의 A2/AD에 대한 미국의 군사전략 차원의 대응도 진화의 과정을 거치며 계속되고 있다. A2/AD에 대응하기 위해 미국이 내놓은 최초의 대응 전략개념은 공해전Air Sea Battle: ASB이었다. 공해전은 공군과 해군의 효율적 합동작전을 통해 적의 네트워크 중심전 운용능력을 조기에 무력화시킨 후 미군이 해당 지역에 접근할 수 있도록 하는 것이었다. 즉, 적이 아군을 탐지하고 이 정보를 타격체계에 전송하여 탄도미사일 공격을 가할 수 없도록 적의 지휘통신체계를 분쟁 초기부터 집중 공격하여 조기에 무력화시키는 개념이었다(김재엽, 2012).

그러나 공해전은 발표 후 다양한 비판에 직면해 왔다(Friedberg, 2014: 80~84). 먼저 분쟁 초기부터 중국 내륙에 존재하는 적의 전략적 중심 중 하나인 지휘통신시설을 타격하도록 함으로써 위기를 급격하게 고조시킬 가능성이 컸다. 이러한 전략적 중심을 타격받은 적은 최후의 수단으로 핵사용을 고려하게 될 가능성도 배제할 수 없었다. 둘째, 만일 중국이 공해전을 시행하는 미국에게 이러한 전략적 부담이 있다는 점을 인식할 경우 미국이 실제로는 공해전을 실시하지 못할 것이라 예상하게 되어 군사적 모험주의로 기울 가능성이 있었다. 즉, 중국에 대한 억제력이 감소하게 되는 것이다. 마지막으로 공해전은 해·공군 사이의 합동작전에 집중한 나머지 지상군이 보유하고 있는 전략적 이점과 전장의 다양한 영역 사이의 교차 시너지 효과cross domain synergy를 충분히 발휘하지 못하는 문제점을 가지고 있었다.

미국이 공해전의 문제점을 극복하기 위해 내놓은 진화된 대중 군사전략 개념이 '국제 공역에의 접근 및 기동을 위한 합동개념Joint Concept for Access and Maneuver in Global Commons: JAM-GC'이다. 미 합참은 2015년 초 '공해전' 명칭을 공식 폐기하고 JAM-GC로 대체할 것임을 선언했다(Kazianis, 2015). JAM-GC 개념은 2016년 초 완성되어 합참의장에게 보고된 것으로 알려져 있으나 미국은 이를 일반에 공개하지 않고 있다(Bitzinger, 2016; Hutchens et al., 2017). 그러나 공해전 개념에 대한 비판이 제기되고 이에 대한 대안들이 제시되어 온 과정을 종합해 볼 때 JAM-GC의 현재 모습과 미래의 발전방향을 대체로 전망해 볼 수 있을 것으로 판단된다(설인효, 2017).

공해전에 대한 비판이 고조되고 있던 2010년대 중반 미국 군사전문가들 사이에서는 공해전을 대체할 수 있는 대안적 전략개념으로 '군도방어Archipelagic Defense', '원해봉쇄Distant Blockade', '연안차단Offshore Control' 등이 활발히 논의되었다. 먼저 군도방어란 미국의 동맹 및 우호국을 연결하는 가상의 선을 형성하고 이지스 구축함 등 해상자산을 동원하여 일종의 군도를 형성하고 이들 사이에 강력한 미사일 방어를 형성하여 해당 구역 내에서는 탄도미사일에 대한 방어를 구현한다는 개념이다(Krepinevich, 2015). 미군은 이 영역 안에서 안전하게 중국군을 상대로 해상작전을 수행할 수 있게 된다.

원해봉쇄란 중국의 수출입선, 원자재 해상 수송선을 차단하기 위해 원해의 전략적 거점(말라카 해협 등)을 해·공군력으로 차단하는 개념이다(Friedberg, 2014: 116~118). 이러한 지점들을 수주 이상 장기 봉쇄할 경우 중국은 정치적·사회적 압박으로 인해 군사적 도발을 중단하고 정치 협상에 나올 수밖에 없을 것이다. 연안 차단은 원해봉쇄에 더해 중국이 연안지역에서조차 해상활동을 일체 전개할 수 없도록 중국 연안지역에 대해 미국의 해·공군 및 동맹과 우호국 영토상의 미 지상군이 중국에 대한 '역逆A2/AD 작전'을 펼치는 것을 말한다(Friedberg,

2014: 116~118). 즉, 중국이 미국의 군사력이 접근하여 기동하는 것을 방해하고 거부하듯 미국 역시 동맹국과의 연합 및 지·해·공 합동작전을 통해 중국의 해상활동을 방해하고 거부하겠다는 의미이다.

JAM-GC는 군도방어와 원해봉쇄, 연안차단을 단계적으로 적용하고 나아가 공해전까지 포괄하는 작전개념일 것으로 추정된다. 즉, 분쟁 전반에 걸쳐서 군도방어가 시행되고 초기에는 원해봉쇄가, 분쟁이 심화될 경우 연안차단이 단계적으로 시행되며 최종적으로 공해전이 실시되는 개념일 것으로 추정되는 것이다. 이와 같은 단계적 이행은 우선 공해전이 초래할 것으로 예상되었던 분쟁의 급격한 에스컬레이션을 방지할 수 있다. 또 분쟁의 강도에 따라 다양한 대응방안을 마련해 둠으로써 미국이 실제로 이 작전들을 수행할 것이라는 신뢰성을 제고하여 중국에 대한 억제력도 강화할 것이다. 나아가 최종단계에서 공해전, 즉 중국 본토에 대한 공격이 실시될 가능성을 열어둠으로써 적이 공격무기에 대한 투자를 방어무기에 대한 투자로 돌리도록 강제할 것이다.

현시점에서 제3차 상쇄전략과 JAM-GC는 모두 고정된 개념이기보다는 열린 개념이라 할 수 있다. 먼저 제3차 상쇄전략의 경우 개혁의 방향성과 범위만을 규정하고 있을 뿐 구체적인 목표와 내용은 여전히 유동적이다. 이는 현재 4차 산업혁명을 배경으로 새로운 기술 또는 기술의 군집이 빠르게 등장하고 있고 향후 최소 10년 이상의 기간 동안 중국과의 전략적 경쟁이 지속될 것이라는 점에서 구체적인 지향점을 확정하기보다 유동적인 상태로 남겨두는 데 이점이 있다고 할 수 있다.[10]

JAM-GC 역시 일반에 공개되지 않고 있을 뿐 아니라 계속 진화해 나갈 것이

10 트럼프 행정부하에서 오바마 행정부가 시작한 '제3차 상쇄전략'이 지속될 것인가에 대해서는 논쟁의 여지가 있다. 일부는 본 개념이 트럼프 행정부하에서 폐기된 것으로 평가하나(Mcleary, 2017) 일부는 트럼프 행정부하에서도 대중 군사경쟁이 고조되고 있고 국방부 및 군이 추진하는 정책에 대해서는 어느 정도의 자율성이 보장된다는 면에서 지속될 것이라 전망한다(설인효·박원곤, 2017).

**그림 5-1** A2/AD에 대한 미국의 대응전략 체계: JAM-GC 현재형과 미래형

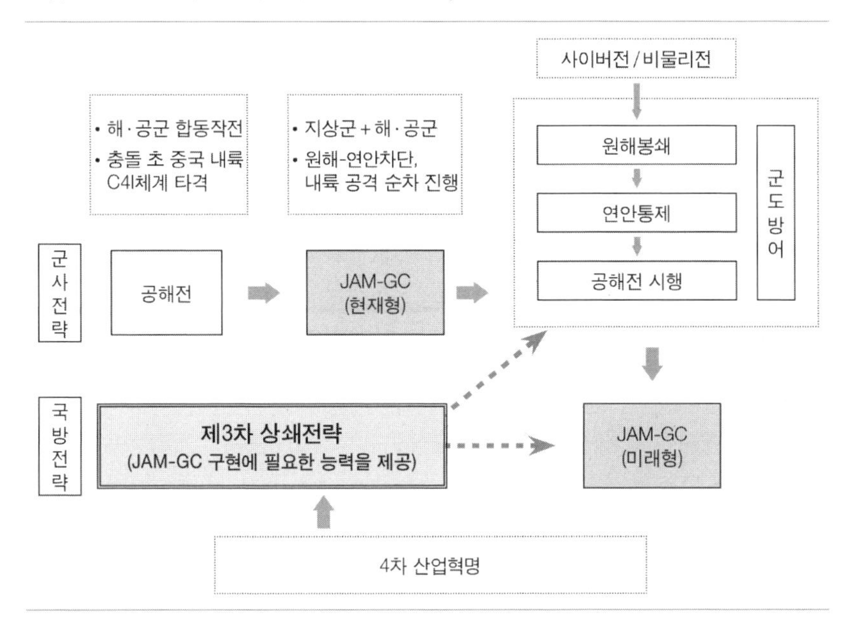


예상된다. 제3차 상쇄전략이 새로운 기술적 우위의 창출을 선언하고 있는 이상 JAM-GC는 이와 같은 새로운 기술적 우위를 활용하는 방향으로 발전해 나갈 것이기 때문이다. 미국 군사전문가들 사이에서 '제3차 상쇄전략이란 미 합참이 JAM-GC를 수행할 수 있는 능력을 갖도록 하기 위한 미 국방부의 노력'으로 규정되고 있는 이유이다(Bitzinger, 2016; Hutchens et al., 2017).

제3차 상쇄전략을 통해 미국이 새로운 기술적 우위를 창출하기 위해 노력하고 있는 동안 중국은 군사력의 전반적 현대화를 강력히 추진하면서 인공지능 등 4차 산업혁명이 제공하는 새로운 기술을 활용한 나름의 군사혁신을 추진하고 있다(박창희, 2013; 설인효, 2015; 구자선, 2016; 김재엽, 2018). 상술한바 미중 양국의 군사혁신 경쟁은 단순히 새로운 기술이 제공하는 군사적 잠재성에 의해서만 결정되는 것이 아니며 양국 사이에서 발생할 것이 예상되는 대표적인 군사적 충돌의 양상과 그 속에서 요청되는 '군사적 필요와 요구'를 충족하는 방식

으로 추진되게 될 것이다.

이러한 '군사적 요구'를 구체화하기 위해서는 미국과 중국의 가상 충돌 상황에서 군사적 분쟁이 어떻게 전개될 것인가에 대한 대체적인 전망이 필요하다.[11] 남중국해 또는 대만을 둘러싼 군사적 충돌이 발생할 경우 미중 양국은 먼저 사이버전, 전자전을 비롯해 상대에게 물리적 파괴를 초래하지 않는 다양한 형태의 비물리전non-kinetic warfare을 전개하게 될 것이다. 군사적 충돌이 중단되고 외교를 통한 해결이 시도되지 않는 한 재래식 전투는 계속 진행될 것인데, 중국의 탄도미사일 공격이 이루어지고 각종 회피기동, 미사일 방어 등을 통해 이와 같은 공격을 피하면서, 중국에 대한 미국의 군사적 압박은 원해봉쇄, 연안차단, 공해전의 시행 순으로 진행될 것이다.

공해전이 시행될 경우 중국의 탄도미사일 사거리 밖에서 또는 중국의 방공망을 성공적으로 돌파하여 공격을 감행할 수 있는 능력의 여부에 따라 성패가 결정될 것이다. 공해전이 성공을 거두어 중국의 C4ISR 체계에 대한 타격이 이루어질 경우 중국 역시 보복으로 주한미군 또는 주일미군 기지와 같이 중국 탄도미사일 사정권 내에 있는 미군 기지에 대한 공격을 감행할 가능성이 있다. 군사적 대결이 이 수준까지 이르게 되면 양국 모두 핵사용 여부를 진지하게 고려하게 되는 '핵 전역'으로 전환될 가능성이 큰데 이는 미중 양국 사이에 존재하는 전략핵균형과 미국 미사일 방어의 신뢰성 수준 등에 따라 결정될 것이다.[12]

군사적 분쟁이 진행되는 전 기간에 걸쳐 사이버전이 치열하게 수행되는 가운데 우주를 둘러싼 군사적 경쟁 및 실제 군사작전도 병행적으로 진행될 것이 예상된다. 네트워크 중심전은 전장의 제반 요소가 네트워크로 연결된 상태에

11 이하의 내용은 프리드버그(Aaron Friedberg)의 저서와 두 편의 랜드연구소(RAND) 보고서를 참조하여 작성했다(Friedberg, 2014; Heginbotham eds., 2015; Gompert eds., 2016).

12 즉, 양국 사이의 전략핵균형이 안정적일 경우 양국 모두 효과적으로 억제되어 핵사용 여부를 검토할 수 없을 것이다. 그러나 양측 중 어느 일방의 비약적 핵능력 발전으로 인해 전략핵균형이 불투명한 경우 핵사용은 실제 옵션 중 하나로 고려되는 상황이 초래될 것이다.

그림 5-2 미중 군사충돌 시 전장의 복합적 구조

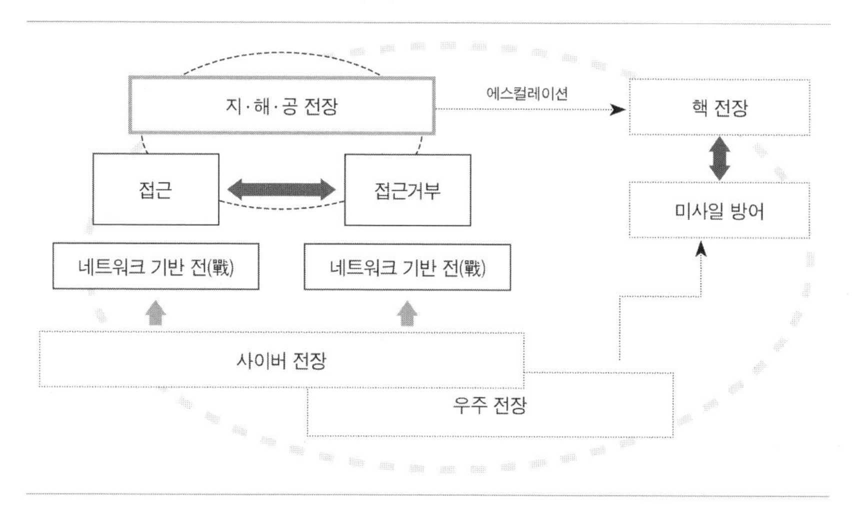


서 운용되며 인공위성을 비롯한 우주체계에 대한 의존도가 매우 높다. 즉, 우주는 군사적 효과성이 발휘되는 전략적 중심인 동시에 최대의 취약 요인으로 드러난다. 미국에 대한 비대칭전략으로서 중국의 위성 공격과 미국의 방어가 치열하게 전개될 전망이다. 또한 극초음속 비행체와 같이 매우 빠른 속도로 발사되는 발사체의 요격을 위해서는 우주에서의 감시정찰과 우주타격이 요구되는바 우주의 전장화는 거스를 수 없는 추세로 진행될 것이 전망된다.

이상에서 살펴본 바와 같이 A2/AD와 JAM-GC가 충돌하는 과정에서 군사적 우위를 점하기 위해서는 일차적으로 사거리의 연장 등 원거리에서의 작전, 스텔스 기능 강화를 통한 침투성 향상, 보다 빠른 결심 및 신속한 타격, 적의 타격에서 생존하고 높은 수준의 작전역량을 지속하기 위한 분산적 의사결정 체계 등과 같은 군사적 능력이 요청될 것으로 보인다. 먼저, 보다 먼 거리에서 빠른 속도로 상대를 타격함으로써 상대의 공격으로부터 자유로우면서 상대를 공격할 수 있는 능력을 확보해야 한다. 제3차 상쇄전략에 대한 연구보고서를 최초로 작성한 마르티네즈Robert Martinage는 미국이 달성해야 할 새로운 기술적 우위로서 지구상 어느 표적이든 수분 내에 타격할 수 있는 '전 지구적 감시-타격 체계Global Surveillance and Strike: GSS'를 제시한 바 있다(Martinage, 2014: 47).

적의 A2/AD하에서 강화된 방공망을 뚫고 작전을 수행할 수 있는 침투 능력 역시 핵심적 군사역량의 하나이다. 미국은 이를 위해 더욱 진보된 스텔스 기능을 갖춘 장거리 전폭기의 개발을 추진하고 있다. 스텔스 기능을 갖춘 드론이 더욱 발전할 경우 이러한 군사역량은 보다 강화될 것이다. 유인전투기와 달리 드론은 속도의 제한이 없을 뿐 아니라 전투 중 손실에 대한 부담이 상대적으로 낮기 때문이다.

상술한바 A2/AD는 미국만이 구사하던 네트워크 중심전을 중국 역시 구사하게 된 결과 출현한 것이다. 전장의 모든 구성요소를 네트워크화하여 장거리 정밀타격이 가능해진 두 개의 군이 충돌할 경우 '거리의 경쟁'은 '시간의 경쟁'으로 전환된다. 즉, 양측 모두 원거리에서 서로를 정확히 타격할 수 있게 될 경우 '누가 더 빨리 쏘는가'가 승패를 결정짓게 되는 것이다. 이와 같은 경쟁에서 작전개념은 '마비전'의 형태를 지향하게 된다. 최단시간 내에 최소한의 타격으로 상대의 전쟁 수행능력 자체를 제거해야 하기 때문이다.

한편, 상대의 마비전 수행 위협은 아군 측의 지휘체계를 다중화하여 한 번의 공격으로 인해 시스템 전체가 마비되는 결과를 회피하기 위한 노력을 요구하게 된다. 즉, 네트워크 중심전하에서 하나로 통합되었던 시스템은 그 정점에서 역설적으로 시스템을 분산시키는 방향으로 진화해 나가게 되는 것이다. 미 국방고등연구계획국DARPA의 전략기술국장인 그레이슨Tim Grayson은 최근 '모자이크 전쟁mosaic warfare' 개념을 발표했는데 이 개념에 따르면 개별 플랫폼이 독자적인 컴퓨팅 능력을 보유하여 중앙지휘체계가 파괴된다 할지라도 지속적인 작전능력을 보유하며 주변의 다양한 무기체계들과 조응하고 적의 위협에 맞춰 새롭게 전투조직을 구성함으로써 최적의 공격을 구사하게 된다(Grayson, 2018).

이상과 같은 군사역량을 발휘하는 데 4차 산업혁명의 대표적인 신기술로 언급되는 '인공지능'의 효용은 명백해 보인다. 드론을 비롯한 미래의 무인체계들

그림 5-3 미중 군사충돌 시 전장의 복합적 구조

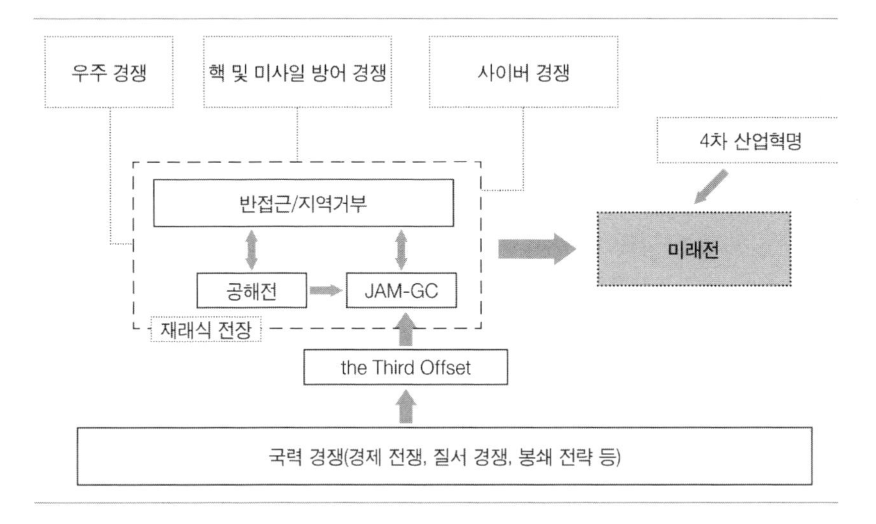


은 대부분 인공지능에 의해 자율 또는 반자율 형태로 운영되게 될 것이다. 이는 드론 조종 훈련소요를 대폭 감축시키고 드론의 운용효율성을 증대시킬 뿐 아니라 보다 정교하고 신속한 작전수행을 가능하게 할 것이다. 상호 간에 누가 먼저 마비전을 시행할 것인가를 경쟁하고 전장상황에 따라 모자이크와도 같이 전투체계를 결합하고 재구성하는 등의 의사결정은, 처리해야 할 정보의 양과 요구되는 속도를 고려할 때 상당 부분 인공지능에 의존하지 않을 수 없을 것이다. 이와 같이 4차 산업혁명이 제공하는 새로운 기술들은 미중 군사대결 양상 속에서 새롭게 구상되는 작전개념 및 전투체계 운용방식과 조응되며 새로운 군사혁신의 구체적인 모습을 형성해 가게 될 것이다.

향후 미국과 중국의 군사경쟁은 전장의 모든 영역에 걸쳐 다차원적으로 진행될 것이다. 먼저, 위에서 소개한 바와 같이 재래식 전장에서 접근과 접근거부를 둘러싼 대결이 치열하게 전개될 것이다. 미국과 중국의 군사혁신 노력은 이러한 재래식 전장에서 우위를 가져오기 위한 새로운 무기체계와 전쟁수행방식 도입을 목표로 할 것이다.

이와 같은 재래식 전장을 둘러싼 경쟁은 우주 및 사이버 전쟁에서의 우위를 둘러싼 경쟁을 배경으로 하여 전개될 것이다. 우주와 사이버 영역에서의 우위를 확보하지 못할 경우 재래식 전장에서의 전쟁수행은 불가능하다. 현대전의 수행체계는 우주 및 사이버 공간에 직접적으로 의존되어 있기 때문이다. 또한 우주 및 사이버 공간은 현대의 삶의 공간이 된바 국가안보의 주요 목적 중 하나가 이 공간들에 대한 보호가 되었다.

핵 및 미사일 방어를 둘러싼 소위 전략무기 경쟁 역시 치열하게 진행될 것이다. 미중 간의 재래식 충돌은 위기관리를 위한 양측의 노력에도 불구하고 언제든지 전략적 수준으로 격상될 수 있는 위험을 안고 있다. 따라서 재래식 분쟁에 대한 군사기획은 다른 한편으로 전략적 수준의 군사적 대결을 염두에 두게 된다. 즉, 핵전쟁 발발 시 이의 탐지와 방어, 제2격의 투사능력 확보는 전체 전장의 구성요소로서 영향을 미치게 된다. 극초음속 무기의 등장으로 지구상 전 표적에 대한 시간적 제약이 사실상 약화됨에 따라 양국 간 경쟁 양상은 새롭게 변모하게 될 것이다.

마지막으로 4차 산업혁명의 신기술을 전장에 적용한 미래전 경쟁이다. 초기 군사혁신은 현 전력의 운용을 효율화하는 방향으로 추진될 것이나 궁극적으로 군사혁신은 군사력을 전혀 새로운 방식으로 운용하는, 그야말로 미래전을 창출하는 노력으로 진화해 갈 것이다. 그것은 전장의 전쟁수행 주체의 상당 부분이 반자율, 나아가 자율화되는 역사상 유례가 없는 새로운 전쟁을 낳게 될 것이다. 앞으로 수십 년 동안 미국과 중국은 이러한 군사혁신을 수행하기 위한 국력 경쟁, 산업기반 건설 경쟁, 기술 경쟁, 군사혁신 경쟁을 치열하게 전개할 것이다. 그리고 그중 인공지능을 이용한 새로운 전쟁수행방식을 창출하기 위한 노력이 최종적으로 가장 중요한 경쟁으로서의 위상을 갖게 될 것이다.

## 5. 결론: 군사혁신 경쟁의 미래

이상에서 탈냉전 이후 미국 중심의 단극질서가 중국의 부상과 도전으로 인해 변화되는 과정과 그 속에서 미중 간 '접근 대 접근거부'를 중심으로 한 경쟁이 점차 구체화되고 고조되는 과정을 분석·제시했다. 중국의 부상은 단순히 고속 경제성장만의 결과가 아니었으며 첨단 과학기술의 확산으로 인해 미국만이 구사하던 군사혁신의 전투효과성이 중국에게도 전파된 결과였다. 미국은 2012년을 기점으로 중국의 A2/AD를 최대의 안보·군사위협으로 상정하며 이를 극복하기 위한 노력을 구체화하고 있다. 이는 4차 산업혁명의 신기술을 배경으로 새로운 군사혁신을 달성하고자 하는 노력으로 나타나고 있으며 미중 간의 군사혁신 경쟁은 점차 본격화되고 있다.

군사혁신은 중대한 국제정치 현상이다. 군사혁신을 선취할 경우 세력균형을 자신에게 유리한 방향으로 빠르게 변화시킬 수 있기 때문이다. 따라서 군사혁신은 기술이나 전쟁의 논리만이 아닌 국제정치의 구조적 맥락에 의해 그 구체적인 내용과 추진 방향이 결정된다. 더불어, 현대전의 거대한 규모와 복잡성을 고려할 때 군사혁신의 성공 여부는 단순히 신기술의 개발이나 새로운 전략개념의 산출만이 아니라 혁신을 추진하는 국가의 건전성 및 혁신친화적 조직문화, 국가적 노력의 경주 여부 등에 의해 결정된다 할 것이다.

미중 간 군사력 균형은 글로벌 및 지역 국제질서뿐 아니라 한반도의 안보환경을 결정하는 핵심변수이다. 특히 미국의 군사전략이 미중 간 군사경쟁의 맥락 속에서 변화될 경우 이는 미국의 한반도 군사정책 및 한미 동맹에 직접적인 영향을 미치게 된다. 따라서 우리는 향후 전개될 미중 간 군사혁신 경쟁을 체계적으로 인식하고 평가하며 전망하고 예측할 수 있는 우리 나름의 분석체계를 마련해 둘 필요가 있다.

향후 미중 군사혁신 경쟁의 양상은 다음과 같은 다층적·다면적 기준에 의해 평가될 필요가 있다. 먼저 미중 간 국력 경쟁이 중장기적으로 양국 중 어느 쪽이 군사혁신을 선취할지를 결정할 기본적인 배경으로 작용하게 될 것이다. 오늘날 산업혁명에 준하는 변화를 가져올 신기술은 국가적 수준의 산업 및 연구 기반을 바탕으로만 산출될 수 있다. 더불어, 이를 군에 적용하기 위한 국방개혁 추진과정은 방대한 자원의 투입을 필요로 한다. 따라서 미중 양국의 경제력을 중심으로 한 국력 경쟁은 군사혁신 성공 여부를 결정하는 기초 변수로 작용하게 될 것이다.

미중 간 국력 경쟁은 단순히 경제적 규모나 국방예산을 넘어서는 차원에서도 분석될 필요가 있다. 미중 양국은 상호 간의 전략적 경쟁을 자신에게 유리한 방향으로 이끌어가기 위한 다양한 노력을 경주할 것이다. 미국은 동맹 체제를 재편하여 중국과의 경쟁에 가장 효과적인 형태로 만들기 위해 노력할 것이며 국제제도 및 규범을 둘러싼 경쟁도 더욱 치열해질 것이다. 이 과정에서 미중 양국 중 누가 더 많은 주변국의 지원과 협조를 이끌어내고 중장기적 국력 경쟁뿐 아니라 실제 군사충돌이 발생했을 때 우호적인 전략 여건을 만들 수 있을 것인가가 중요한 관전 포인트가 될 것이다.

상술한바 군사혁신은 단순히 새로운 기술을 적용한 신무기체계의 도입뿐 아니라 군사전략과 교리, 군 조직 및 교육문화 전반의 혁신을 통해서 달성된다. 따라서 미중 양국의 군사혁신 경쟁은 양국 국방당국의 혁신 노력에 의해 평가될 필요가 있다. 군 조직은 본질적으로 변화에 저항한다. 미중 양국 모두에게 거대한 군 조직을 변화시키는 일은 큰 도전이 될 것이다.[13] 자유민주주의에 기초한 미국과 권위주의 정치체제를 유지하고 있는 중국 중 미래의 군사혁신 추진에 보다 유리한 쪽은 어디인가도 선험적 판단이 어려운 연구과제로 남아 있다.

13 이러한 점에서 중국군 현대화와 제3차 상쇄전략의 전개과정과 경쟁을 비교해 볼 필요가 있다. 미중 양측 모두 새로운 기술의 군사적 잠재성을 최대한 활용하기 위해 다양한 형태의 국방개혁을 추진할 것이다. 양국 군 모두 오랜 전통과 역사, 자부심을 가지고 있는 만큼 새로운 혁신에 대한 저항과 반대는 불가피할 것이다. 이러한 저항을 효과적으로 극복하는 군이 새로운 혁신을 선취하게 될 것이다.

새로운 기술을 개발하고 이를 발전시킬 양국의 산업기반과 연구기반도 중장기적으로 군사혁신 경쟁의 성패를 좌우할 중요한 요소이다. 특히 새로운 기술의 군사적 잠재성을 발견하고 이를 군 전반에 적용하는 과정을 얼마나 원활하고 신속하게 진행할 수 있는가는 군사혁신의 성패를 결정하는 가장 핵심적 요인 중 하나이다. 상술한바 신기술의 군사적 잠재성은 보편적 전투임무 수행과정이라는 진공상태가 아니라 미중 간 실제로 발생이 예상되는 군사적 충돌상황 속에서 승리를 위해 요구되는 전투역량의 관점에서 평가될 것이다. 문제는 이러한 신기술이 처음에는 대부분 기존 역량을 강화하는 방식으로, 즉 제한적인 형태로 적용되지만, 진정한 혁신은 군사력 운용방식 전반을 새롭게 구성하는 것에서 발생하게 된다는 점이다. 따라서 양국 군 중 어느 쪽이 현재 형성된 미중 간 군사경쟁의 구도 속에서 혁신적인 우위를 성취하도록 하는 잠재성을 발견하고 이를 본격적으로 적용할 수 있을 것인가를 면밀히 관찰할 필요가 있다.

이상과 같은 분석이 한국의 안보에 주는 함의 역시 다층적이다. 한국은 먼저 향후 미중 관계의 불안정성이 심화되고 군사적 경쟁이 강화되는 상황을 상정해야 한다. 북한 비핵화와 한반도 평화체제 이행이 달성될 경우 한국은 한반도 평화를 동북아 평화로 확대하기 위한 노력을 지속할 것이다. 그러나 이러한 노력과 별도로 우리를 둘러싼 안보환경은 더욱 악화될 가능성이 높다.

한국은 또 미국과 중국을 포함한 주변국의 대외정책이 점차 군사적 관점의 고려를 전면적으로 반영하는 형태가 될 것이라 예상해야 한다. 향후 주요 주변국의 대외정책은 그 이면에 존재하는 군사력 균형에 대한 고려의 관점에서 철저히 분석되어야 하며 우리의 대응전략 역시 이를 충분히 고려한 상태에서 수립될 필요가 있다.

향후 미중 간 군사혁신 경쟁이 더욱 구체화되고 실질적 수준에서 추진될 경우 한국은 미국이 주도할 새로운 군사혁신을 발전적으로 흡수하여 한국형 군사혁신을 추진하는 동시에 한미 동맹 및 한미 군사협력의 수준과 범위를 결정해야 할 어려운 선택에 직면하게 될 것이다. JAM-GC의 상당 부분은 동맹과의 협력을 통해 구현된다(Kelly, 2016: 139~178; Cronin and Lee, 2016).[14] 미중 군사경쟁이 심화될수록 중국을 겨냥한 JAM-GC 연합연습에 한국의 참여를 요구하는 미국의 압력은 더욱 거세질 것이다.

미국이 현 위협의 본질을 첨단 과학기술 및 무기체계의 무분별한 확산 결과라 인식하고 있는 이상 새로운 군사혁신 추진과정에서 기술 및 무기개발에 대한 통제를 더욱 강화할 가능성이 높다. 나아가 기술협력의 수준을 기준으로 동맹을 위계화하고 등급화하는 방향으로 재편할 가능성도 배제하기 어렵다. 이 경우 한국은 한미 군사협력을 한 차원 격상시켜 미국 주도 군사혁신의 과실을 향유할 것인가, 그렇지 않다면 적절한 수준으로 제한하여 주변국 자극을 최소화할 것인가 중 한쪽을 선택해야 할 것인데, 이는 미중 관계를 포함한 국제질서의 전반적 전개 양상 전망과 한국의 대외전략 방향의 선제적 수립을 요구하는 어려운 과제가 될 것이다.


구자선. 2016. 「중국 국방·군 개혁 현황 및 전망: 조직 구조를 중심으로」. ≪주요국제문제분석≫, No. 2016-53.

김재엽. 2012. 「미국의 공해전투(Air-Sea Battle): 주요 내용과 시사점」. ≪전략 연구≫, 54. 한국전략문제연구소.

_____. 2018. 「중국의 대주변국 군사 분쟁을 통해서 본 '적극방어' 군사전략의 특징, 함의」. ≪군사≫, 106.

박병광. 2018. 「미중 패권경쟁과 지정학게임의 본격화: 미 태평양사령부 개칭의 함의를 중심으로」.


14 미국의 군사전략가들은 중국의 주변국들이 중국의 A2/AD에 대항하여 벌이는 다양한 미래의 군사활동을 'Blue A2/AD'라 칭하고 미국이 이 작전을 지원하거나 연합 형태로 함께할 것이라 밝히고 있다(Kelly, 2016 :139~178).

≪Issue Briefing≫, 18(16)(6월호), 3쪽. 국가안보전략연구원.

박상섭. 1996.『근대국가와 전쟁』. 서울: 나남출판.

_____. 2018.『테크놀로지와 전쟁의 역사』. 서울: 아카넷.

박창희. 2013.「중국의 군사력 증강 평가와 우리의 대응방안」. ≪전략연구≫, 57. 한국전략문제연구소.

설인효. 2012.「군사혁신(RMA)의 전파와 미중 군사혁신 경쟁」. ≪국제정치논총≫, 50(3). 한국국제정치학회.

_____. 2015.「미중 군사경쟁 양상 분석과 전망: 중국의 군사력 현대화와 미국의 대응을 중심으로」. ≪KU 중국연구≫, 1(1). 건국대학교 중국연구원.

_____. 2017.「트럼프 행정부 대중 군사전략 전망과 한미동맹에 대한 함의」. ≪신안보연구≫, 17.

_____. 2019.「트럼프 행정부 인도·태평양 전략의 전개방향과 시사점」. ≪국방논단≫, 1740(2019. 1. 7).

설인효·박원곤. 2017.「미 신행정부 국방전략 전망과 한미동맹에 대한 함의: 제3차 상쇄전략의 수용 및 변용 가능성을 중심으로」. ≪국방정책연구≫, 33(1).

정춘일. 2017.「4차 산업혁명과 군사혁신 4.0」. ≪전략연구≫, 24(2), 183~211쪽.

클라우제비츠, 칼 폰(Clausewitz Carl Von). 2005. 김만수 옮김.『전쟁론 제1권』, 12쪽. 서울: 갈무리.

Bitzinger, Richard. 2016. *Third Offset Strategy and Chinese A2/AD Capabilities*. Center for New American Security.

Boot, Max. 2006. *War Made New*. New York: Gotham Books.

Cohen, Eliot. 2004. "Change and Transformation in Military Affairs." *The Journal of Strategic Studies*, 27(3), pp.395~407.

Cronin, Patrick and Seongwon Lee. 2016. "The ROK-US Alliance and the Third Offset Strategy." *International Journal of Korean Studies* (Spring).

Department of Defense. 2012. "Sustaining U.S. Global Leadership: Priorities for 21st Century Defense." Washington D.C.: Department of Defense.

Friedberg. Aaron. 2014. *Beyond Air-Sea Battle: The Debate Over US Military Strategy in Asia*. The International Institution for Strategic Studies.

Goldman, Emily O. and Leslie C. Eliason(eds.). 2003. *The Diffusion of Military Technology and Ideas*. California: Stanford University Press.

Gompert, David(ed.). 2016. *War with China: Thinking the Unthinkable*. Santa Monica, California: RAND.

Grayson, Tim. 2018. "Mosaic Warfare." keynote speech delivered at the Mosaic Warfare and Multi-Domain Battle. DARPA Strategic Technology Office.

Green, Michael. 2018. "China's Maritime Silk Road: Strategic and Economic Implication for the Indo-Pacific Region." China's Maritime Silk Road, CSIS Report(March).

Heginbotham, Eric(ed.). 2015. *The US China Military Scorecard*. Santa Monica, California: RAND.

Hundley, Richard O. 1999. *Past Revolution and Future Transformation: What Can the History of Revolution in Military Affairs Tell Us About Transforming the U.S. Military?* Santa Monica, California: RAND.

Hutchens, Michael E., William Dries, Jason C. Perdew, Vincent Bryant and Kerry Moores. 2017. "Joint Concept for Access and Maneuver in the Global Commons." *Joint Forces Quarterly*, 84(1st Quarter).

Janaro, Jeff. 2014. "The Danger of Imperial Overstretch." *Foreign Policy Journal*, 2014. 7. 15.

Kazianis, Harry. 2015. "Air-Sea Battle's Next Step: JAM-GC on Deck." *The National Interest*, 2015. 11. 25.

Kelly, Terrence K., David C. Gompert and Duncan Long. 2016. *Smarter Power, Stronger Partners Volume 1: Exploiting U.S. Advantages to Prevent Aggression*. Santa Monica, California: RAND.

Krepinevich, Andrew. 2015. "How to Deter China: The Case for Archipelagic Defense." *Foreign Affairs*(March/April).

Martinage, Robert. 2014. *Toward A New Offset Strategy: Exploiting US Long-term Advantages to Restore US Global Power Projection Capability*. Center for Strategic and Budgetary Assessments.

Mcleary, Paul. 2017. "The Pentagon's Third Offset May be Dead, But No One Knows What Comes Next." *Foreign Policy*, 2017. 12. 18.

Mearsheimer, John. 2014. *Tragedy of Great Power Politics*. New York: W.W. Norton & Company.

Mearsheimer, John and Stephen Walt. 2016. "The Case for Off Shore Balancing." *Foreign Affairs*, (July/August).

Raybourn, Elaine M. et al. 2017. "At the Tipping Point: Learning Science and Technology as Key Strategic Enablers for the Future of Defense and Security." Proceedings of the Interservice/Industry Training, Simulation and Education Conference(Orlando, FL.).

Resende-Santos, Joao. 1996. "Anarchy and Emulation of Military System: Military Organizations and Technology in South America, 1870~1930." *Security Studies*, 5(3).

Rudd, Kevin. 2013. "Beyond Pivot." *Foreign Affairs*(March/April).

US Department of Defense(US DOD). 2012. *Sustaining U.S. Global Leadership: Priorities for 21st Century Defense*. Washington D.C.: Department of Defense.

# 6 4차 산업혁명 시대 중국의 군사혁신*

## 군사지능화 전략과 군민융합(CMI)의 강화

차정미 | 연세대학교

### 1. 서론: 4차 산업혁명 시대 중국의 '강군몽(强軍夢)'

1978년 개혁개방 이후 40여 년간 군사 현대화는 산업·과학·농업의 현대화와 함께 중국의 발전과 부상에 중대한 과제로 지속되고 있다. 시진핑習近平 체제 들어 중국은 중화민족의 위대한 부흥을 꿈꾸며 21세기 중엽 세계 일류 강국이 되겠다는 중국의 꿈을 역설하고 있다. 중국 건국 100주년인 2049년까지 중화민족의 위대한 부흥을 이뤄내겠다는 중국몽中國夢은 세계 일류 강군을 꿈꾸는 강군몽을 주요한 요소로 하고 있다.[1] "부국과 강군, 이 두 가지가 중화민족의 위대한 부흥에 양대 기초富国和强军, 中华民族实现伟大复兴的两大基石"라는 시진핑의 언급은 중국의 꿈에 군사력이 가진 중요성을 다시 한번 보여주고 있다.[2] 시진핑

* 이 장은 ≪국가안보와 전략≫, 제20권 1호에 게재된 필자의 논문을 수정·보완한 것이다.

1 中华人民共和国国务院新闻办公室, "国防白皮书全文"(2015. 5), http://www.81.cn/dblj/2015-05/26/content_6507373.htm.

주석이 2018년 19차 당대회에서 밝힌 강군몽의 계획은 2020년까지 인민해방군이 기계화와 정보화로 군사력을 제고하고, 2035년까지 인민해방군의 현대화를 완성하고, 2050년까지 세계 일류의 강한 군대를 만든다는 것이다.[3] 21세기 중엽 중국은 경제력뿐만 아니라 군사력에서도 세계 최고의 위치에 있는 강대국을 꿈꾸고 있는 것이다.

이러한 중국 강군몽 전략의 핵심 담론 중 하나가 군사지능화軍事智能化이다. 19차 당대회에서 시진핑 주석은 군사지능화의 가속화와 정보통신체계에 기반한 전투력의 제고를 강조한 바 있다(石纯民, 2017). 인터넷과 인공지능 등 4차 산업혁명 시대 첨단기술을 기반으로 한 지능화·정보화·자동화·무인화라는 군사혁신의 추세는 중국의 강군몽 실현에 기회가 되는 환경을 제공하고 있다. 중국의 강군몽 전략은 급격히 부상하는 중국의 기술력, 특히 4차 산업혁명 기술의 군사적 활용과 군사기술의 발전을 주요한 요소로 하고 있다. "기술이 핵심 전투력이라는 점에서 중국은 자주적으로 주요 기술혁신에 매진해야 한다"라는 시진핑 주석의 언급은 군사력에 있어 기술의 중요성을 다시 한번 강조하고 있다.[4] 특히 5G, AI, 드론, 양자컴퓨터 등 4차 산업혁명의 핵심기술 분야에서 중국이 급격히 부상하고 있다는 점은 중국의 미래 군사력 강화에 주요한 자원이 되고 있다고 할 수 있다. 2017년 6월, 중국공정원中国工程院과 칭화대학이 개최한 인공지능AI의 군민양용軍民兩用 컨퍼런스에서 군민융합위원회 장비개발부 부부장은 "AI가 향후 10년간 가장 중요한 군민양용 기술이 될 것"이라고 강조한

2 人民日报, "沿着中国特色强军之路阔步前进–党中央, 中央军委领导推进国防和军队建设70年纪实"(2019. 9. 28), https://baijiahao.baidu.com/s?id=1645920941470993060&wfr=spider&for=pc.

3 China Daily, "PLA to be world-class force by 2050"(2017. 10. 27), http://www.chinadaily.com.cn/china/2017-10/27/content_33756453.htm.

4 Xijingping, "Secure a Decisive Victory in Building a Moderately Prosperous Society in All Respects and Strive for the Great Success of Socialism with Chinese Characteristic for a New Era"(2017. 10. 17). The Address of the 19th National Congress of the Communist Party of China, http://www.xinhuanet.com/english/download/Xi_Jinping%27s_report_at_19th_CPC_National_Congress.pdf.

바 있다.[5] 1978년 개혁개방 이후 군사 현대화에 있어 지속적으로 강조되어 온 기술의 중요성은 최근 4차 산업혁명 시대 군사혁신의 도래와 중국의 기술력 향상으로 그 어느 때보다 군사기술과 민군기술협력의 중요성을 높이고 있다.

이 장은 4차 산업혁명 시대 군사혁신의 추세 속에서 중국의 군사지능화 전략과 구체적인 양상들을 분석한다. 전통적 군사력 측면에서 미국에 열세인 중국의 군사전략은 전통적·전면적 추격전략이라기보다는 5G, AI로봇, 드론, 우주, 사물인터넷 등 4차 산업혁명 시대 미래 핵심기술에 대한 추격을 기반으로 하고 있다. 이러한 중국의 군사전략은 미래 핵심기술 돌파를 통한 비대칭 균형asymmetric balancing의 추구라고 할 수 있다. 이 장은 미중 군사력 경쟁에서 중국이 군사지능화 전략으로 전통적 군사력의 열세를 비전통적 군사기술을 강화하는 비대칭 균형의 추구로 상쇄하고자 한다는 점에 주목하고, 중국의 군사지능화 전략과 이를 뒷받침하는 군민융합체계Civil-Military Integration: CMI, 군사기술연구혁신의 중점과 국영 방산기업들의 변화 등 군사지능화 전략의 구체적인 내용들을 분석한다. 중국의 군사지능화 전략은 한편으로는 군사력 강화의 기반이면서 한편으로는 핵심기술의 향상과 산업화의 주요한 동력이 될 수 있다. 이렇게 중국의 군민융합 전략은 군사력 강화전략이면서 기술경제 발전전략이라는 점에서 이중 목적dual-purpose의 전략이기도 하다. 청Cheung Tai Ming(Cheung, 2018)은 시진핑 시대 중국을 기술안보국가Techno-Security State: TSS로 설명하고 있다. 즉, 과학기술의 향상과 산업 발전을 핵심으로 하여 경제력과 기술력을 최우선적으로 발전시키기 위해 안보를 적극적으로 활용하는 국가라는 것이다(Cheung, 2018). 반대로, 중국의 기술력 향상은 군사력 강화의 기반이 될 수 있다. 중국이 2015년에 중국경제혁신전략으로 제시한 '중국제조 2025'가 핵심 분야로 설정한 IT, 로봇, 우주, 첨단선박 등은 쉽게 군사화할 수 있는 기술이라는 점에서 미국의 의

5 科学网, "'长城工程科技会议'第三次会议聚焦人工智能"(2017. 6. 26), http://news.sciencenet.cn/htmlnews/2017/6/380507.shtm.

혹을 받아왔다. 중국이 주력하는 기술의 군민양용화 전략dual use policy과 군민융합체계는 군사기술의 향상을 가속화할 것으로 보인다. 결론에서 이 장은 4차 산업혁명 시대 안보와 기술, 산업의 경계가 점점 더 불명확해지고 있다는 점이 중국의 군사지능화 전략과 군민융합정책을 더욱 가속화할 것으로 전망하고, 미중 간 군사력 경쟁이 인공지능과 네트워크 등 미래 핵심기술 경쟁과 중첩되어 있다는 점에서 4차 산업혁명 시대 새로운 군비경쟁의 양상과 함의를 제시한다.

## 2. 4차 산업혁명 시대 군사력 경쟁과 중국의 군사혁신

### 1) 4차 산업혁명 시대 새로운 군사력 경쟁의 부상

27년 전 아킬라John Arquilla와 론펠트David Ronfeldt는 "사이버전쟁이 온다"고 경고한 바 있다(Arquilla and Ronfeldt, 1993). 4차 산업혁명 시대 사이버전쟁의 논의는 사이버공간의 문제뿐만 아니라 AI 로봇, IoT와 같은 다양한 기술의 부상과 함께 진화하고 있다. 이제 우리는 사이버전쟁을 넘어 "AI 전쟁이 온다"고 경고할 수 있을 것이다. 군사 분야가 점점 더 기술에 의존하고 기술은 점점 더 군사력 평가의 중요한 요소가 되어가고 있다. 역사적으로 군사독트린과 조직, 전략은 기술의 혁신으로 근본적인 변화를 경험해 왔다(Arquilla and Ronfeldt, 1993: 24~25). 정보화 시대 또한 전쟁에 거대한 변화를 겪고 있는 시기이다(Horowitz, 2010: 17). 군사전략은 최근 AI로 대표되는 4차 산업혁명 시대의 혁신기술에 주목하고 있으며, 기술의 혁신과 함께 군사 분야의 강대국 경쟁이 점점 더 새로운 형식의 군사기술과 전쟁의 양상에 중점을 두고 있다. 무기개발 분야의 많은 전문가들은 기술이 군비경쟁을 촉진하는 핵심 동력이라고 주장한다(Hamlett, 1990: 462~463). 최근에는 AI가 강대국 간 군비경쟁의 가장 큰 전장이 되고 있는 듯하다.

이러한 AI 기술의 군사화에 가장 선두에 있는 것은 미국이다. 미국은 군사력에서 패권적 위치를 유지하는 것에 주력하고 있다. AI가 미국 안보에 있어 주요한 과제가 되고 있는 것은 중국과 러시아로부터의 경쟁이 핵심 배경이라고 할 수 있다.[6] 러시아 푸틴Vladimir V. Putin 대통령은 AI 분야의 리더가 세계를 지배할 것이라고 강조한 바 있다(Field, 2019). 2017년 발표된 미국의 국가안보전략 보고서는 중국을 경쟁자로 지목하고 중국의 도전에 대응해 군사력을 재건하여 사이버공간의 전력을 강화해야 한다고 강조하고 있다. 특히 기술적 우위를 놓치지 않는 것이 군사력 패권 유지에 가장 중요한 요소라고 지적하고 있다.[7] 이러한 인식하에 미국은 2018년 6월 AI 기술의 군사적 적용을 확대하기 위해 AI연합전력센터Joint Artificial Intelligence Center: JAIC를 설립했고, 2019년 2월에는 미 국방부가 「AI 전략요강: AI를 활용한 미국의 안보와 번영 제고」라는 제목의 보고서를 발표하면서 군사력 강화를 위한 AI 이용 역량을 강조했다.[8]

중국 또한 세계 군사혁신의 변화에 주목하고 있다. 2019년 7월에 발표된 중국 국방백서는 "AI, 양자정보, 빅데이터, 클라우드 컴퓨팅, 사물인터넷 등 첨단과학기술이 빠르게 군사 분야에 적용되면서 새로운 과학기술 혁신과 산업혁명의 도래와 함께 세계 군사력 경쟁의 양상이 역사적 전환점을 맞이하고 있다"라고 강조했다. 군사무기와 장비의 지능화·자동화·무인화 추세가 명백해지고 있으며, 정보화 전쟁의 양상이 이미 가속화 추세에 있고, 지능화 전쟁의 부상이 시작되고 있다는 것이다. 이 백서는 또한 군사기술과 전쟁형태의 혁신적 변화가

6 Foxnews, "Pentagon Points to China, Russia Competition in New Ai Strategy"(2019. 2. 20), https://www.foxnews.com/tech/pentagon-points-to-china-russia-competition-in-new-ai-strategy.

7 The White House, "National Security of the United States of America"(Dec. 2017), https://www.whitehouse.gov/wp-content/uploads/2017/12/NSS-Final-12-18-2017-0905.pdf.

8 Department of Defense of U.S., "Summary of the 2018 Department of Defense Artificial Intelligence Strategy"(Feb. 2019), https://media.defense.gov/2019/Feb/12/2002088963/-1/-1/1/SUMMARY-OF-DOD-AI-STRATEGY.PDF.

국제정치와 군사의 지형에 중대한 영향을 미치고 있으며, 중국의 군사안보에도 심대한 도전이 되고 있다고 강조하고 있다.[9] 중국은 이러한 인식하에 AI 등 미래 기술을 군사화하는 군사지능화 전략을 적극 추진하고 있으며, 민군융합을 통한 연구체계를 통해 군사기술의 민영화와 민간기술의 군사화라는 양면 전략으로 군사기술력 향상에 주력하고 있다. 중국 정부는 AI 기술을 연구하는 산업 분야를 적극 지원해 왔으며, 2018년 현재 약 1500개의 AI 기업들을 가진 세계 2대 시장규모를 가지고 있고, 이미 20개 이상의 지방정부가 AI 기술산업의 성장을 지원하는 정책을 발표한 바 있다.[10] 이러한 기술혁신 전략과 정책적 지원은 군사력 강화를 위한 기술적 부상이라는 측면에서 그리고 기술의 군사화라는 측면에서 중국의 군사력 경쟁을 지원하는 요소라고 할 수 있다.

4차 산업혁명 시대의 기술발전이 군사 분야에 얼마나 어떻게 영향을 미칠 것인가에 대한 관심과 논의가 다양하게 부상하고 있다. 드론이 사우디의 유전을 공격하고, 말리의 반군들을 사살하는 등 이미 무인화·자동화 기술의 군사무기화와 실전에서의 활용은 새로워지는 전쟁의 양상을 보여주고 있다. 세계 각국이 4차 산업혁명 시대 군사기술 우위를 점하기 위한 군사력 경쟁을 본격화하면서, 군사로봇에 대한 세계 군비지출이 2025년까지 165억 달러에 달할 것으로 알려지고 있다.[11] 이러한 추세 속에서 미중 간 기술패권 경쟁은 군사력 경쟁과도 밀접히 연계되어 있으며, 중국의 핵심기술 돌파 전략은 군사지능화 전략과도 맞닿아 있다. 기술경제와 군사력 간의 경계가 모호해지면서 4차 산업혁명 시대의 부상이 기술의 군사화 경쟁을 촉진하고 있다.

9 国务院新闻办公室, ≪新时代的中国国防≫白皮书全文(2019. 7. 24), http://www.mod.gov.cn/regulatory/2019-07/24/content_4846424.htm.

10 CGTN, "China to Remain an Attractive Market for World'S High Tech Sector"(2019. 3. 16), https://news.cgtn.com/news/3d3d674e34677a4d33457a6333566d54/index.html.

11 Hpmegatrends, "Robots and AI Are Changing the Face of Military Operations Worldwide"(2017. 11. 5).

### 2) 중국 군사기술의 부상과 군사력 평가

GFP의 2018년 연례보고에 따르면, 중국은 136개국 중 3위의 군사력을 가지고 있다.[12] 중국은 특히 정보 공유와 처리, 신속한 결정의 중요성이 강조되는 현대 전쟁의 트렌드에 대응하기 위해 인민해방군의 C4ISR(지휘·통제·통신·컴퓨터·정보·감시·정찰)을 현대화하는 데 주력해 왔다.[13] 최근 중국 군사기술의 부상과 함께 중국의 군사력 증강에 대한 관심과 논의가 확대되고 있다. 그러나 중국이 미국의 군사력을 실제 추격해 가고 있는가의 문제는 논쟁의 여지가 존재한다. 한편에서는 중국이 머지않은 미래에 군사적 패권을 차지할 것이라고 주장하고 있으며 중국의 군사력 부상에 대한 위협 인식을 확산시키고 있다(Cheung, 2016: 5~6; Panda, 2009; Robertson and Sin, 2017). 또 다른 한편에서는 중국의 인민해방군이 다양한 측면에서 경쟁력이 없다고 주장하기도 한다(Chase et al., 2011). 이러한 중국 군사력의 실제 역량에 대한 논란은 중국 군사기술의 부상으로 더 뜨거워지고 있다. 급속히 부상하는 중국 군사기술이 과연 미국의 군사기술을 따라잡을 수 있을 것인가에 대한 논쟁이 다양하게 전개되고 있는 것이다. 호로위츠Michael Horowitz는 군사기술이 쉽게 확산된다는 점에서 첫 개발자가 반드시 군사기술에서 압도적 우위를 차지하는 것은 아니라고 주장한다(Horowitz, 2010: 1~3). 미국이 군사기술 분야에서 선두를 차지하고 있으나 이러한 기술들이 쉽게 확산되고 중국과 같은 경쟁국들이 미국을 따라잡을 수 있다고 강조한다. 한편, 길리Gilli 형제는 2차 산업혁명 시대에서 정보의 시대로 전환되면서 군사기술의 모방이 점점 더 어려워지기 때문에 중국이 미국과의 군

12 GFP, "2018 China Military Strength," https://www.globalfirepower.com/country-military-strength-detail.asp?country_id=china.

13 Defense Intelligence Agency of the U.S., "China Military Power: Modernizing a Force to Fight and Win"(2019), p.27.

사기술 격차를 급속하게 줄이는 것은 매우 어려운 일이라고 주장한다(Gilli and Gilli, 2019: 141~189). 또한 군사기술 자체만으로 군사력의 충분조건이라고 하기 어렵다는 논의도 존재한다. 군사패권은 기술만으로 이뤄지는 것이 아니라 전투역량을 갖추어야 한다는 것이다. 미 국방부가 핵심적인 임무로 전쟁에서 이기는 '전투역량이 우수한 군사력'을 강조하고 있는 것은 이러한 실전 전투력의 중요성을 반영한다고 할 수 있다(Department of Defense of U.S., 2018: 2). 4차 산업혁명 시대 군대도 새로운 기술과 함께 독트린의 변화, 조직의 조정, 전투력을 높이는 훈련 등이 함께 수반되어야 실제 전쟁에서 이길 수 있다는 것이다. 이러한 맥락에서 중국의 군사혁신은 미국에 상당히 뒤처지고 있다고 할 수 있다. 중국 군사 분야 연구자들은 중국군의 핵심 취약점이 군 조직의 결함과 군인들의 실제 전투역량을 효과적으로 제고하지 못하는 점에 있다고 강조한다. 많은 중국 전략가들은 중국 인민해방군이 통합된 연합작전을 수행하는 역량이 부족하여 실제 전투역량 측면의 한계가 있다고 지적한다(Chase et al., 2011: xi). 전쟁에서 이기는 실제 통합된 전투력의 측면에서 중국은 여전히 미국에 상대적 경쟁 열세에 있다는 것이다.

이 글은 중국의 실제 군사력이 미국을 추격할 수 있을 것인가 아닌가에 대한 분석보다는 4차 산업혁명 시대 중국의 군사혁신과 기술발전 그 자체에 중점을 둔다. 많은 연구자들의 분석처럼 현재 중국의 기술력 부상이 곧바로 실제 전투력으로 연결되는 것은 아니나 최근 중국은 군사기술력 강화에 중점을 두면서 한편으로 군사독트린, 조직의 변화를 추진함은 물론 연합전투력 향상을 강조하고 있다. 여전히 미중 간 군사력 격차가 상당하고, 가까운 미래에 미중 간 군사력 경쟁에서 중국이 미국의 군사력을 따라잡을 것으로 전망하기는 매우 어렵다고 할 수 있다. 그러나 분명한 것은 중국이 군사기술, 특히 AI 기술을 강군몽 달성의 핵심 요소로 인식하고 AI 기술 분야에 상당한 투자를 하고 있으며 민군 협력의 연구개발체계 속에서 민군양용의 기술발전에 주력하고 있다는 사실이다. 중국의 실제 군사력에 대한 논란과 미래 패권국으로의 부상에 대한 불확실성에도 불구하고 분명한 것은 중국의 군사기술이 급격히 강화되고 있으며 중국의 군사적 영향력이 확대되고 있다는 것이다.

### 3) 미중 군사력 경쟁과 중국의 비대칭 세력균형 전략

기술혁신은 상대적으로 약한 세력의 국가들이 열세를 상쇄할 수 있는 기회를 제공하고 있다. 비전통적 군사력의 부상으로 비대칭 군사력은 강대국 간 군사력 경쟁의 주요한 분야가 되고 있다. 탈냉전 시기 비대칭 위협은 미국 안보에 지속적인 위협으로 인식되어 왔다(Metz and Johnson, 2001: 2). 탈냉전과 경제력 중심 국제질서의 도래는 실제 과거 군사력 중심의 패권경쟁에 일정한 변화를 초래해 왔다. 미국 일극체제의 지속 속에서 도전국들의 패권국에 대한 도전이나 세력균형의 양상 또한 변화해 왔다. 미국의 압도적 군사력 우위에 대해 도전국들이 비대칭적 세력균형을 추구하게 되는 것이다. 폴T. V. Paul은 탈냉전 이후 질서 속에서 준강대국들second-tier great power states이 제한적이고 기술적이고 혹은 간접적인 세력균형을 추구한다고 주장한다(Paul, 2005). 즉, 공식적인 양자 혹은 다자 동맹보다는 현 국제체제 속에서 연합을 결성하거나 외교 협상을 채택하는 방식을 취한다는 것이다(Paul, 2005: 58). 퍼슨Robert Person도 준강대국들이 국제문제에서 이익을 달성하기 위해 패권국의 역량을 상쇄하거나 약화시키는 "비대칭 균형"을 추구한다고 강조한다(Person, 2018: 2). 즉, 도전국들이 패권국에 전면적이고 직접적인 대응을 하기보다는 제한적이고 간접적인 대응으로 '비대칭 세력균형' 전략을 취한다는 것이다. 엘리슨Graham Ellison은 이러한 비대칭 전략을 가능케 한 것이 새로운 기술의 부상이라고 강조한 바 있다. 중국 대륙에 배치된 미사일이 항공모함을 파괴할 수 있고, 백만 달러의 위성공격무기가 수천만 달러의 미 위성을 파괴할 수 있다고 주장한다(Ellison, 2017: 19). 비대칭 전쟁asymmetric war 또한 상대적 약자들이 열세를 상쇄하기 위해 비전통적 방법을 사용하는 것으로 전통적인 게릴라 전쟁과는 구분되는 현대적 개념이다(Sudhir, 2008: 60). 1999년 미국 국방검토보고서는 이러한 비대칭 위협에 대한 미국의 경계를 보여주고 있다. 보고서는 전통적 군사 분야에서 미국의 압도적 우세가 적국들이 미국의 힘과 이익을 공격하는 데 비대칭적 수단을 사용하도록 촉진하고 있다고 강조했다(Sudhir, 2008: 58). 패권국에 대한 도전국들의 비대칭적 세력균형은 기술의 발전과 확산이 주요한 자원이 되고 있다.

최근 AI와 같은 신기술의 부상은 중국에게 전통적 군사우위를 가진 미국과의 군사력 경쟁에 유리한 환경을 제공하고 있다. 기술의 발전이 미국의 전통적 군사력을 위협하는 요소가 되고 있는 것이다. 2017년의 미국 국가안보전략보고서는 "기술에 대한 접근이 약한 국가들을 강하게 만들고 있으며, 미국의 우위는 점차 줄어들고 있다"고 강조했다.[14] 미 국방전략보고서도 급격한 기술혁신으로 안보환경이 점점 더 복잡해지고 있다고 지적했다.[15] 미 국방부의 '2018 AI 전략요강' 보고서 또한 다른 국가들, 특히 중국과 러시아의 기술향상 위협을 강조했다. 보고서는 "미국이 항상 기술우위를 유지해 왔고 이것이 군사적 우위를 뒷받침해 왔으나, 중국과 러시아 등 국가들이 군사목적으로 AI에 상당한 투자를 하면서 이것이 미국의 기술적·전략적 우위를 약화시키고 자유롭고 열린 국제질서를 위협하고 있다"라고 밝히고 있다.[16] 미국은 4차 산업혁명 시대의 도래와 함께 미래 핵심기술에 대한 중국의 대규모 투자가 미국의 전통적 군사우위를 위협하고 있다고 인식하고 있다. 이러한 맥락에서 4차 산업혁명 시대 중국의 대미 군사전략은 첨단 군사기술로 미국의 전통적 군사우위를 상쇄하는

14 The White House, "National Security of the United States of America"(2017. 12), p.3, https://www.whitehouse.gov/wp-content/uploads/2017/12/NSS-Final-12-18-2017-0905.pdf.

15 Department of Defense of U.S., "Summary of the 2018 National Defense Strategy of the United States America", p.1, https://dod.defense.gov/Portals/1/Documents/pubs/2018-National-Defense-Strategy-Summary.pdf.

16 Department of Defense of U.S., "Summary of the 2018 Department of Defense Artificial Intelligence Strategy," p.4, https://media.defense.gov/2019/Feb/12/2002088963/-1/-1/1/SUMMARY-OF-DOD-AI-STRATEGY.PDF.

'비대칭 기술균형asymmetric technological balancing' 전략으로 규정할 수 있다. 상대적으로 미국에 전통적 군사열세에 있는 중국의 군사전략은 전면적이고 전통적인 군사력 추격전략이라기보다는 새로운 기술을 통한 군사력 강화로 미국의 패권적 군사우위를 상쇄하는 기술적이고 간접적인 세력균형인 것이다.

## 3. 중국의 군사지능화 전략과 군사기술 발전 추진체계

### 1) 중국의 비대칭 세력균형 전략과 군사지능화

급속히 부상하는 중국의 기술력은 중국의 비대칭 전략역량을 강화하고 있다. AI, 드론, 5G 등 4차 산업혁명 시대 핵심기술 분야에서의 중국의 역량 발전은 미국의 군사력에 대한 비대칭 세력균형을 촉진하고 있다. 1990년대 후반부터 중국 군대는 "첨단기술 조건하의 국지전高技术条件下局部战争"에서 승리하는 것을 전략목표로 해왔다고 2000년 국방백서에서 밝히고 있다.[17] 4년 뒤 2004년 국방백서에서는 첨단기술이라는 용어가 좀 더 구체화되어 "정보화 조건하의 국지전信息化条件下的局部战争"에서 승리하는 것을 인민해방군의 전략목표라고 강조하고 있다.[18] 이것은 중국이 전면전과 전통적 군사력이 아닌 첨단기술 기반, 특히 ICT 기술에 기반한 제한전쟁을 목표로 하여 군사력을 준비하고 있다는 의미라고 할 수 있다. 이러한 '정보화 기반의 국지전' 승리라는 목표는 중국이 더 정보화와 지능화에 기반한 새로운 군사기술에 주력하는 군사혁신을 지속하도록

17 人民网, "≪2000年中国的国防≫白皮书," http://www.mod.gov.cn/affair/2011-01/07/content_4249945_4.htm.

18 新华社, "≪2004年中国的国防≫白皮书," http://www.mod.gov.cn/affair/2011-01/06/content_4249947_9.htm.

만들었다.[19]

중국은 1991년 걸프전쟁부터 '기술'과 '정보전쟁'의 중요성을 인식하기 시작했고 '군사혁신Revolution in Military Affairs: RMA'의 개념을 본격적으로 도입하기 시작했다(Panda, 2009: 287). 2000년 국방백서는 군사기술이 중국 안보전략의 가장 중요한 핵심 요소라고 강조하고 있다. 중국은 국방과학기술과 산업을 발전시키는 데 있어 국가의 과학기술 역량을 적극 활용하고 다른 국가들과의 협력을 통해 새로운 첨단기술의 무기와 장비들을 발전시켜 고품질의 완성도 높은 무기를 공급하는 데 주력하겠다는 것이다.[20] 중국의 국방백서에서 지속적으로 등장하고 있는 국방과학기술산업国防科技工业의 내용은 군 현대화에 있어서 과학기술과 산업의 중요성을 지속적으로 강조해 온 중국의 군사전략을 확인할 수 있다. 2004년 국방백서에서는 국방과학기술산업이 독립적인 별도의 장으로 기술되어 전략적 인식과 정책적 중요성이 강화되었음을 보여주고 있다. 백서는 21세기 초 20년이 군사혁신의 매우 중요한 시기라고 강조하고 중국 특색의 군사혁신의 필요성을 강조하면서 국방과학기술산업의 혁신을 통해 군민통합과 군민양용의 기술발전을 강조했다.[21] 2006년 국방백서는 새로운 첨단기술무기와 장비 개발을 위한 R&D의 중요성을 강조하고 있다. 중국은 핵심기술의 돌파와 기술진보의 도약에 주력하고 무기와 장비의 현대화를 가속화할 것이라는 것이다.[22] 2010년 국방백서부터는 정보화 기반의 국방기술산업이 중점적으로 다루

19 2017년 대만 국방백서는 중국의 군사전략이 19차 당대회 이후 '정보화 조건하의 국지전' 승리에서 다영역 작전능력 발전으로 변화할 것으로 보인다고 분석하고 있다(Taiwan's 2017 National Defense Report, "Guarding the Borders, Defending the Land: The ROC Armed Forces in View"(2017. 12), p.41.

20 人民网, "≪2000年中国的国防≫白皮书", http://www.mod.gov.cn/affair/2011-01/07/content_4249945_2.htm.

21 中华人民共和国国防部, "≪2004年中国的国防≫白皮书", http://www.mod.gov.cn/affair/2011-01/06/content_4249947_6.htm.

22 中华人民共和国国防部, "≪2006年中国的国防≫白皮书," http://www.mod.gov.cn/affair/2011-01/06/

어지고, 2008년 세계 경제위기 이후 중국은 군사역량 강화를 위한 민간의 기술과 역량에 주목하기 시작한다.[23] 국방 관련 기업과 연구기관들은 민간의 산업 역량과 사회자본을 무기 및 장비 연구와 개발에 적극 활용하도록 권장하고 있다.[24] 2015년 국방백서는 세계 군사혁신의 트렌드가 가속화되어 무기와 장비가 지능화와 무인화의 추세로 점점 더 고도화되고 있다고 지적하고, 핵, 우주, 위성, 항모, 무기, 전자 등 국방산업의 기술과 제품을 발전시키는 데 전략적 우선순위를 둘 것이라고 명시하고 있다.[25]

최근 ICT 기술의 급격한 발전과 함께 중국군의 발전 방향은 점점 더 지능화·정보화의 방향으로 나아가고 있다. 시진핑은 2020년까지 중국의 IT 기반 군 현대화가 달성되고 전략 역량이 크게 향상될 것이라고 언급했다.[26] 군의 정보화와 지능화는 4차 산업혁명 시대 중국 군사 현대화의 핵심 어젠다가 되어가고 있다. 중국의 군사지능화 전략은 중국의 4차 산업혁명 시대 핵심기술 돌파와 혁신경제라는 기술경제 담론과 맞닿아 있다. 2015년 중국 정부가 발표한 '중국제조中國制造 2025' '인터넷플러스'는 중국 경제혁신전략의 핵심으로 자동화와 정보화, 지능화의 방향을 제시하고 있다. 여기에 더해 13차 전인대 2기 회의에서 리커창李克强 총리는 정부 업무보고에서 'AI플러스(智能+)' 전략을 제시한 바 있다.[27] 리커창은 인터넷플러스, AI플러스 정책이 제조 강국의 핵심 요소라고

content_4249948_6.htm.

23 中华人民共和国国防部. "≪2010年中国的国防≫白皮书," http://www.mod.gov.cn/affair/2011-03/31/content_4249942.htm.

24 中华人民共和国国防部. "≪2010年中国的国防≫白皮书."

25 新华社, "中国的军事战略"(2015. 5. 26), http://www.mod.gov.cn/affair/2015-05/26/content_45881321_3.htm.

26 Xijingping, "Secure a Decisive Victory in Building a Moderately Prosperous Society in All Respects and Strive for the Great Success of Socialism with Chinese Characteristic for a New Era"(2017. 10. 18), The Address of the 19th National Congress of the Communist Party of China.

27 人民网, "李克强作的政府工作报告"(2019. 3. 6), http://cpc.people.com.cn/n1/2019/0306/c64094-

강조했다. 4차 산업혁명의 도래와 함께 중국의 인터넷플러스와 AI플러스 전략은 중국의 산업을 정보화와 지능화의 방향으로 혁신하고자 하는 중국제조 2025의 핵심이라고 할 수 있다. 이러한 정보화와 지능화의 방향인 인터넷플러스와 AI플러스라는 담론과 전략은 군사 분야에도 그대로 적용되고 있다고 할 수 있다. 중국의 군사지능화, 정보화 전략은 전면적이고 전통적인 세력균형이 아닌 첨단기술을 통해 미국의 전통적 군사우위를 상쇄하는 비대칭 기술균형 전략이라고 할 수 있다. 2018년 10월 베이징 샹산포럼에 참석한 중앙군사위 판공청 부주임 딩샹롱丁向榮은 "중국이 정보기술과 인공지능기술에 집중하는 군사혁신으로 세계 선진강국들과의 군사력 격차를 줄이는 것"을 중국군의 목표로 강조했다. 중국의 군사지도자들은 지능화 군사기술이 미래전쟁의 요소가 될 것이라고 언급한다(Allen, 2019). 2017년에 발표된 중국의 '차세대 인공지능 발전계획' 보고서도 중국은 모든 종류의 AI 기술을 발전시켜 국방혁신 분야에 적용할 것이라고 강조하고 있다. 이렇듯 중국의 군사력 강화전략은 인공지능, 정보기술 발전에 점점 더 중점을 두고 있으며, 이것이 미국과의 전통적 군사력 격차를 줄일 것으로 기대하고 있다.

### 2) 군사지능화와 군사기술 향상을 위한 정부 추진체계

중국공산당 중앙군사위원회는 최근 인민해방군의 국방연구와 혁신역량을 강화하기 위해 민간 분야와의 협력을 강화하는 방향으로 조직과 정책을 재정비했다. 중앙군사위원회는 산하에 군사과학기술 연구, 교육, 전투기관들의 혁신을 강화하면서 군사지능화와 정보화 방향의 군사혁신을 주도해 갔다. 중국인민해방군은 2017년 초 첨단과학기술 분야의 과학자와 기술자들로 구성된 군

30959596.html.

사과학연구지도위원中央军委军事科学研究指导委员을 중앙군사위 직속으로 신설했다. 이 조직은 중앙군사위 과학기술위원회와 함께 중앙군사위의 첨단연구 프로젝트를 자문하면서 과학기술 혁신을 지도하게 될 것이다. 인민해방군의 군사과학원军事科学院과 국방과학기술대학国防科学技术大学은 군사 과학기술 연구의 핵심 기관이다. 군사과학원은 1958년 설립 이후 중국 인민해방군의 최고 연구기관이면서 군사과학센터로 역할을 해왔다. 국방과학기술학은 고위 과학자들과 기술자들, 전문화된 지휘관들을 교육하고 훈련시키는 역할을 해왔다. 중국은 2017년 새로운 전쟁형태, 지능화되고 정보화된 전쟁의 부상에 중점을 두고 군사과학원과 국방과학기술학의 조직을 재정비했다.[28] 무기체계의 지능화와 정보화에 더욱 중점을 둔 혁신이 이뤄지고 있다. 군사과학원은 군사이론과 과학기술 발전을 밀접히 연계시키고 인공지능 등 새로운 군사과학기술에 중점을 두는 방향으로 조직을 개편했다. 이러한 방향에 따라 군사과학원은 2017년 조직 재정비를 통해 국방공정연구원国防工程研究院, 시스템공정연구원系统工程研究院, 국방과학기술혁신연구원国防科技创新研究院 등 8개의 연구기관을 설립한 바 있다.[29]

특히 군사과학원의 국방과학기술혁신연구원은 인공지능 등 첨단군사과학기술 발전을 책임지기 위해 신설된 조직이다. 국방과학기술혁신연구원은 산하에 인공지능연구센터人工智能研究中心, 무인시스템기술연구센터无人系统技术研究中心, 선도교차기술연구센터前沿交叉技术研究中心 등 5개의 연구센터를 설립하고 기초기술 연구는 물론 인공지능, 무인체계, 생체전자기학 등 새롭게 부상하는 첨단기술 연구를 총괄하고 있다. 또한 국방과학기술혁신과 민군융합의 시너지를 촉진하고, 첨단과학기술 인재를 양성하고, 국제 과학기술 교류와 협력을 촉진하는 등

28 人民网. "≪2000年中国的国防≫白皮书," http://www.mod.gov.cn/affair/2011-01/07/content_4249945_3.htm.

29 晨阳新闻资讯, "新组建的军事科学院下属八个研究院全部亮相"(2018. 10. 11), http://www.chenyang88.com/mil/152967.html.

첨단기술 분야의 다양한 역할을 책임지고 있다. 국방과학기술혁신연구원은 2017년 9월 광저우대학과 협약을 맺고 AI 로봇 기술을 연구하기 위한 공동연구센터를 설립하는 등 민간 분야와의 다양한 연구협력을 주도하고 있다.[30] 국방과학기술혁신연구원은 또한 베이징, 상하이, 광저우, 텐진, 창샤 등 혁신중심 지역의 대학, 연구기관, 첨단기업들과 함께 지능우주과학연구센터智能空天科学研究中心, 지능해양과학연구센터智能海洋科学研究中心, 지능제조연구센터智能制造研究中心, 지능컴퓨팅연구센터智能计算研究中心 등을 설립할 계획이다.[31] 국방과학기술혁신연구원은 2019년 현재 90명 이상의 박사 연구자들을 보유하고 있는데, 연구원들은 대체로 국가과학기술상을 받거나 국가의 우수과학기술영재장학금을 수상하는 등 엄선된 과학인재들이거나 중앙군사위 과학기술위원회의 고위 혁신인재와 전문가들로 지능위성, 양자정보기술, 다영역 무인기 등 첨단 장비들을 발전시키는 임무를 수행하고 있다.[32]

국방과학기술대학 또한 2017년에 군사지능화와 정보화의 전략적 방향에 기반하여 조직을 재정비했다. 조직 재정비 이후 국방과학기술대학의 연구와 교육의 중점 또한 AI 군사기술로 전환되었다. 국방과학기술대학의 지능과학학원智能科学学院은 이러한 연구와 교육혁신의 대표적 기관이라고 할 수 있다. 국방과학기술대학 지능과학학원은 무인체계혁신팀无人机系统创新团队, 로봇연구센터机器人研究中心 등 군사지능화를 위한 새로운 연구조직들을 신설하고,[33] 지능로봇체

30 广州大学官网, "我校与国防科技创新研究院共建军民融合智能制造工程协同创新中心"(2017. 9. 27), http://www.sohu.com/a/195053712_667940.

31 工信人才网, "军事科学院国防科技创新研究院", 企业简介, http://www.miitjob.cn/company/company-show.php?id=7122.

32 中国军网, "军科院国防科技创新研究院多措并举集聚顶尖人才"(2018. 2. 4), http://www.81.cn/jwgz/2018-02/04/content_7931564.htm.

33 解放军报, "国防科技大学智能科学学院着力推进科技创新; 做新时代军事智能化发展的开拓者"(2017. 12. 5), http://navy.81.cn/content/2017-12/05/content_7855748.htm.

그림 6-1 중국의 첨단군사과학기술 발전 추진체계

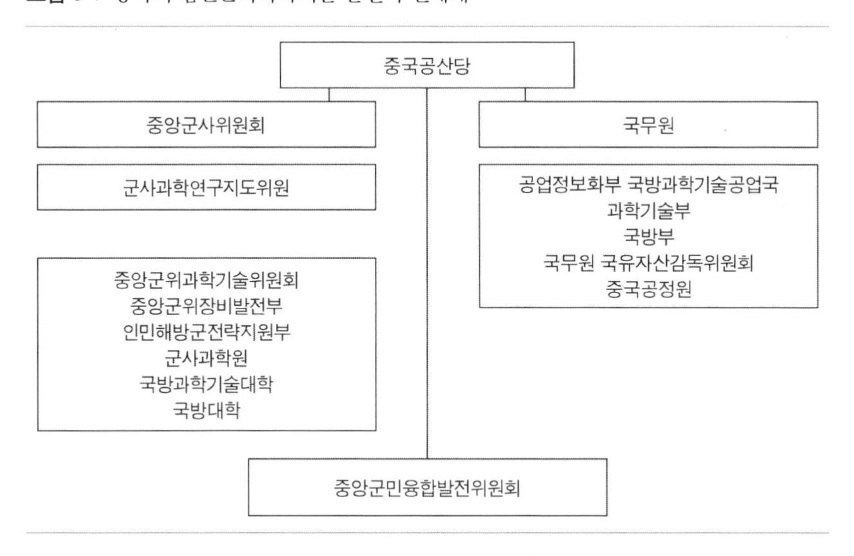


계智能机器人系统[34]라는 새로운 교과목을 신설하는 등 군사지능화를 목표로 연구와 교육에 혁신적 변화를 만들어가고 있다.

중국은 또한 2015년에 4차 산업혁명 시대 새로운 군사기술이 적용된 전쟁에 대비하기 위한 군사조직인 전략지원부대战略支援部队를 신설하여 우주·사이버·전자·심리전 대응을 통합·집중시켰다(차정미, 2019: 10). 전략지원부대는 육·해·공·미사일군에 이은 제5부대로 비전통·비대칭 군사력을 담당하고 있다. 전략지원부대는 우주체계부와 네트워크체계부를 관장한다(Costello and McReynolds, 2018: 1~2). 2018년 전략지원부대는 570명의 요원들을 채용했는데 대부분이 대학과 기술연구기관들에서 채용되었다.[35] 전략지원부대는 많은 수의 우수한 지

34 中国大学MOOC, "智能机器人系统_国防科技大学," https://www.icourse163.org/course/NUDT-1205969803.

35 解放军报, "战略支援部队570名直招士官来了"(2018. 8. 31), http://www.mod.gov.cn/power/

도급 기술인력들이 포진되어 있고 이는 전략지원부대가 가장 중점을 두는 역량이라고 할 수 있다.[36] 전략지원부대뿐만 아니라 육해공군도 AI, 빅데이터, 정보시스템 등 비대칭 군사력을 강화하고 있다. 중앙군사위원회 장비발전부中央军事委员会装备发展部 또한 새로운 기술발전의 필요에 따라 조직을 재정비했다. 장비발전부의 국방지적재산권부가 군사과학기술, 무기와 장비건설 혁신을 지원하고 있다. 국무원 산하의 공업정보화부, 과학기술부, 중국공정원 등도 민군기술협력 기반의 군사과학기술 발전에 주요한 채널로 역할하고 있다.

### 3) 4차 산업혁명 시대 군사과학기술 발전을 위한 군민융합 전략과 거버넌스

중국의 군사지능화를 위한 군사기술 발전의 핵심 거버넌스는 군민융합Civil-Military Integration: CMI 체계라고 할 수 있다. 2015년 중국 국방백서는 중국의 무장력이 군민융합의 길을 지속할 것이라고 강조했다. 중국은 핵심기술 분야와 주요 산업의 군민통합을 강화할 계획이며, 이러한 차원에서 군인들이 민간교육기관에서 훈련을 받거나 국영방위산업체들이 무기와 장비를 개발하고 물류지원시스템 등은 민간에 맡기는 등 다양한 군민협력구조를 창출해 갈 계획이다.[37] 최근 중국이 적극 강화하고 있는 군민융합 전략은 군사과학기술을 선도해 왔던 국방 분야의 기술들을 민간과 공유하고, 빅데이터, AI, 5G 등 최근 급속히 성장한 민간 분야의 첨단기술을 군사기술 발전에 참여시켜 경제성장과 군 현대화라는 두 가지 목표를 동시에 달성하고자 하는 이중목적 전략이라고 할 수

2018-08/31/content_4823804.htm.

36 解放军报, "战略支援部队某部大抓科技练兵, 圆满完成数十次发射任务"(2019. 1. 16), http://www.mod.gov.cn/power/2019-01/16/content_4834595.htm.

37 新华社, "中国的军事战略", 2015. 5. 26. http://www.mod.gov.cn/affair/2015-05/26/content_4588132_3.htm.

있다. 중국은 이러한 군사기술의 민용화, 민간기술의 군사화라는 쌍방향적 상호지원을 위한 제도적·체제적 개편을 지속해 왔다. 2007년 중국 국무원은 '국방과학기술산업투자 제재 개혁에 대한 의견深化国防科技工业投资体制改革的若干意见'을 승인하여 국방과학기술산업에 대한 사회자본의 투자와 군민융합체계 등을 제시했다. 이를 통해 국방과학기술산업의 개방된 발전 패턴이 형성되고, 투자분야와 투자구조가 더 확대되었다. 투자방식도 직접투자뿐만 아니라 자본과 투자보조금을 투입하는 방식으로 다양화되었다.[38] 중앙군사위원회 산하에서 군사과학기술산업 발전을 주도했던 국방과학기술공업국国防科技工业局이 2008년 정부개혁 이후에는 공업정보화부로 이관된 것 또한 군민융합의 군사기술 발전을 위한 체계개편으로 이해할 수 있다.

중국의 첨단군사기술 개발을 위한 군민융합 전략은 시진핑 체제 들어 추진체계가 더욱 제도화·고도화되면서 강화되고 있다. 중국은 지난 20여 년 동안 군과 민간의 경제 융합에 주력해 왔고 이러한 추세는 2017년 중앙군민융합발전위원회中央军民融合发展委员会를 설립하면서 공산당 주도의 군민융합 전략체계를 강화했다. 2018년 3월 시진핑 주석은 중앙군민융합발전위원회 3차 회의에서 시장경제와 국방산업의 경계를 완화하는 국력 일체화의 전략적 중요성을 강조했다(Laskai, 2018). 2017년 19차 당대회에서도 시진핑 주석은 군민융합과 군민기술교류의 중요성을 강조한 바 있다(谢地·荣莹, 2019: 11). 군사 분야에 민간 역량을 활용하는 군민융합 전략은 중국의 '민병民兵' 제도를 통해서도 확인할 수 있다. 2002년 국방백서에서 민병이 공식 언급된 이후 민병은 무장된 대중조직으로 현대전에서 인민전쟁을 수행하는 기본 요소라고 할 수 있다.[39] 전통적인

38 中华人民共和国国防部, ≪2008年中国的国防≫, http://www.mod.gov.cn/affair/2011-01/06/content_4249949_7.htm.

39 中华人民共和国国防部, "≪2002年中国的国防≫白皮书," http://www.mod.gov.cn/affair/2011-01/06/content_4249946_3.htm

민병의 개념은 4차 산업혁명 시대 들어 새롭게 변화하고 있다고 할 수 있다. 단순한 인해전술 차원의 민병이 아니라 군사기술 개발과 운영에 직접 참여하는 기술인력들이 예비전력으로 군사기술 발전에 상시 참여하는 개념으로 확대되고 있는 것이다. 중국은 최근 민간의 기술인력들이 군사기술 개발과 운영에 참여하는 것을 촉진하는 체계와 제도들을 지속 확대하고 있다. 2014년 장비의 기술발전과 민군 간 상호 기술교류를 촉진하기 위해 군민융합기술장비특위를 설립했고, 2015년 3월 군민융합기술평가센터를 설립하여 군민 기술이전과 기술산업 교류를 관장하도록 했다. 2014년에는 중관촌에 Z Park중관촌군민융합장비산업연맹中关村联创军民融合装备产业联盟을 설립하여 민군 연합의 연구개발단지를 조성했고, 중앙군사위 연합참모부가 현지 사무소를 개설하여 연구협력을 지원하고 있다.[40] 2017년 과학기술부와 중앙군사위 과학기술위원회는 '13차 5개년 계획의 군민융합 특별계획'을 발표하고 13차 5개년 기간 동안 과학기술 발전을 위한 군민융합 촉진 과제들을 제시했다.[41] 또한 국무원은 '국방과학기술산업 군민융합 심화발전에 대한 의견'을 공표하여 군민협력의 군사기술 개발을 촉진했다.[42] 2019년 1월에는 첫 번째 중관촌장비군민융합혁신발전정상포럼中关村武器装备军民融合创新发展高峰论坛이 개최되어 전시회를 열었는데 이 전시회에는 드론, 로봇 등 무인의 인공지능 장비들이 주를 이루었다.[43] 이러한 군민융합의 군사기술발전 체계는 중앙군사위원회의 전략적 지원하에 적극 확대되고 있음을 보여주고 있다. 이제 군민융합의 개념은 점점 더 기술협력에 중점을 두고 있으

40 中关村联创军民融合装备产业联盟, http://www.zjmrh.cn/node/840.

41 军委科学技术委员会, "十三五 科技军民融合发展专项规划"(2017. 8. 23), http://www.mod.gov.cn/topnews/2017-08/23/content_4789729.htm.

42 国务院办公厅, "国务院办公厅关于推动国防科技工业军民融合深度发展的意见," http://www.gov.cn/zhengce/content/2017-12/04/content_5244373.htm(검색일: 2019. 9. 19).

43 "首届中关村武器装备军民融合创新发展高峰论坛举办"(2019. 1. 24), http://www.sastind.gov.cn/n112/n117/c6805291/content.html.

며, 4차 산업혁명 시대 군민융합은 민간 기업들의 군사기술산업 발전에의 참여를 확대하게 될 것으로 보인다.

## 4. 중국 군사지능화의 핵심 분야와 국영 방위산업체의 역할

### 1) 4차 산업혁명 시대 핵심기술 분야와 중국의 군사지능화 전략

4차 산업혁명 시대 군사기술과 민간기술의 경계가 점점 더 모호해지고 있다. 민간의 정보기술과 인공지능 기술은 쉽게 군사 분야에 활용될 수 있다. 최근 인공지능과 네트워크, 빅데이터 등 민간의 기술들을 적극적으로 군사화하는 추세가 강화되고 있다. 민간 기술의 군사화와 군사기술의 민간화가 더욱 두드러지고 있다는 것이다. 이러한 맥락에서 중국이 인공지능과 IT 기술 등 첨단기술 분야에서 역량이 급속히 발전하고, 또 정부가 주도적으로 핵심기술 돌파에 주력하고 있는 모습은 단순히 기술경제의 발전을 넘어 군사기술의 발전을 가능케 하고 결과적으로 군사력을 강화하는 핵심적 자원이 될 수 있다. 또 한편으로 첨단군사기술의 발전이 민간화하고 상용화하면서 경제발전의 핵심 동력이 될 수 있다는 점에서 민군 간 기술교류와 융합이 어느 때보다 강조되고 있다. 경제와 안보라는 이중 목표로 군사기술이 급격히 발전할 수 있다는 것이다. 중국 중앙군사위원회의 군사과학원 또한 "민군융합"의 중요성을 강조하면서 군사력 발전을 위한 민군양용 기술·정책·조직을 발전시켜 가고 있다. 중국의 국방백서도 국방과학기술산업의 주요 책임이 국가안보를 위한 군사무기와 장비를 생산하고 공급하는 것은 물론 동시에 국가경제를 발전시키고 종합적인 국력을 신장시키는 책임도 지니고 있음을 강조하고 있다.[44] 군사과학기술이 국가안보뿐만 아니라 경제성장, 나아가 국력신장의 임무까지 가지고 있는 것이다.

### (1) 중국의 5G 기술과 군사지능화 전략

5G와 같은 정보통신인프라가 가장 대표적인 민군양용의 기술로, 군사지능화와 군사정보화의 핵심적 요소라고 할 수 있다. 중국에게 전자전은 '육, 해, 공, 우주, 사이버' 공간 다음의 6번째 전장으로, 중국은 시진핑의 주도하에 '전자환경에서의 지역전쟁을 승리'한다는 목표와 '과학기술을 통한 강한 군대를 건설'한다는 목표를 가지고 전자전 역량을 제고시키고 있다.[45] 이러한 전자전의 환경과 전자전 승리의 목표에 5G 기술은 핵심적인 전투역량이 될 수 있다. 5G 기술의 군사적 적용은 4차 산업혁명 시대 군사전략과 전투에 결정적 요소로 인식되고 있다. 5G는 군대가 완성도 높은 IoT 시스템을 구축하고 미래의 '정보전·전자전'을 실현하는 데 핵심적인 도움을 줄 수 있다(杨仕平, 2019: 221). 인공지능 기반의 군사무기체계의 활용과 네트워크 기반의 작전수행에서 5G는 가장 중요한 군사기술의 기반이 될 수 있다. 또한 5G는 로봇과 AI 등 다른 군사기술 자체의 발전을 촉진하는 역할을 할 수 있다. AI와 머신러닝 역량 등은 5G를 통한 데이터프로세싱 속도가 주요한 결정 요소가 될 수 있기 때문이다.[46] 이러한 차원에서 중국의 높은 5G 기술역량은 민간 경제성장의 동력이면서 중국의 군사지능화와 강군몽 실현을 위한 핵심 기반으로서 역할하고 있다고 할 수 있다.

44 中华人民共和国国防部, "≪2004年中国的国防≫白皮书", http://www.mod.gov.cn/affair/2011-01/06/content_4249947_6.htm.

45 Taiwan's 2017 National Defense Report, "Guarding the Borders, Defending the Land: The ROC Armed Forces in View"(2017. 12), p.46, http://www.us-taiwan.org/reports/2017_december_taiwan_national_defense_report.pdf.

46 CFR, "The Overlooked Military Implications of the 5G Debate"(2019. 4. 25), https://www.cfr.org/blog/overlooked-military-implications-5g-debate.

(2) 중국 드론기술의 군민양용 발전과 군사지능화

드론Unmanned Aerial Vehicle: UAV 또한 중국의 군사지능화의 핵심기술이라고 할 수 있다. 드론은 미래 AI 전쟁에 핵심적인 군사기술이 될 것으로 보인다. 미 국방부가 드론에 투자하는 예산만 보더라도 드론 기술의 중요성을 볼 수 있다. 2018년 미 국방부는 드론 관련 연구개발과 시스템 구축, 기기 구입 등에 약 67억 달러를 배정했다.[47] 중국은 2013년부터 2022년 사이 군사드론에 대한 수요가 매해 15% 증가하여, 2013년 5억 7천만 달러에서 2022년 20억 달러가 될 것으로 전망된다. 중국은 이미 세계 드론시장의 80%를 점유하고 있고 2021년에는 중국의 드론 수출이 120억 달러에 달할 것으로 전망된다.[48] 중국 DJI는 드론 수출의 선두 기업으로 74%의 시장점유율을 기록하고 있다.[49] 민간기업의 기술력이 군사기술의 발전과 군사역량 강화로 이어질 수 있다는 것이 민군양용기술의 핵심이다. 중국은 군사드론의 주요 수출국으로 부상하여 2008년부터 2017년까지 총 88대의 드론을 11개의 국가들에게 수출했다. 미국이 여전히 군사드론의 최대 수출국이나 중국의 수출이 급격히 증가하면서 중국이 미국을 추격해 가고 있다(Weinberger, 2018). 중국은 또한 2018년 파키스탄과 공동으로 드론을 생산하는 협약을 체결하는 등 드론기술의 부상을 넘어 대외협력을 확대해 가고 있다.[50]

47 Center for the Study of the Drone, "Drones in the FY 2018 Defense Budget," https://dronecenter.bard.edu/drones-2018-defense-budget/.

48 China Power, "Is China at the forefront of drone technology?" https://chinapower.csis.org/china-drones-unmanned-technology/.

49 "DJI Market Share: Here's Exactly How Rapidly It Has Grown in Just a Few Years"(2018. 9. 18), http://thedronegirl.com/2018/09/18/dji-market-share/.

50 *South China Morning Post*, "China, Pakistan Sign Deal to Build 48 Strike-Capable Wing Loong II Drones"(2018. 10. 10), https://www.scmp.com/news/china/military/article/2167857/china-pakistan-sign-deal-build-48-strike-capable-wing-loong-ii.

(3) 중국의 인공지능기술 투자와 군사화 전략

중국은 AI의 군사화에 상당한 투자를 하고 있으며, AI를 통해 군사역량을 제고하기 위한 다양한 조치들을 취해가고 있다. 공식 통계에 따르면 중국의 AI 산업은 2018년 말 약 100억 달러에 달했고, 2021년까지 8조 5천억 달러에 달할 것으로 전망된다. 이러한 AI 산업의 급속한 발전의 뒤에는 중국 정부의 막대한 투자가 역할을 하고 있다.[51] 중국의 AI는 산업적 발전을 넘어 군사현대화를 가속화하는 핵심 요소가 되고 있다. 중국은 2035년까지 인공지능을 탑재한 6세대 전투기를 생산하기로 하는 등 AI 기술을 군사 분야에 적극 활용하면서 군사역량을 제고하는 데 주력하고 있다.[52] 중국은 또한 남중국해에 무인의 잠수과학군사기지를 건설하기로 하면서 군사적 조치에 인공지능을 적극 활용하고 있다.[53] 중국은 또한 AI 기반의 체계를 갖춘 무인탱크를 선보였다.[54] AI 기술은 군사지능화의 핵심기술 분야로 부상하면서 집중적인 연구개발과 군사적 적용이 추진될 것으로 보인다.

## 2) 중국의 군사지능화 전략과 국영방위산업체의 혁신

중국의 강군몽을 위한 군사지능화 전략과 미래 군사과학기술 육성의 최전선에 중국의 국영 방위산업체들이 존재한다. 중국의 국영 방위산업체들의 연구

51 CGTN, “China to Remain an Attractive Market for World'S High Tech Sector”(2019. 3. 16), https://news.cgtn.com/news/3d3d674e34677a4d33457a6333566d54/index.html.

52 *Global Times*, “China Eyes Building Next-Generation Fighter Jets by 2035”(2019. 2. 11), http://www.globaltimes.cn/content/1138454.shtml.

53 *South China Morning Post*, “Beijing Plans an AI Atlantis for the South China Sea: Without a Human in sight”(2018. 11. 26), https://www.scmp.com/news/china/science/article/2174738/beijing-plans-ai-atlantis-south-china-sea-without-human-sight.

54 https://www.telegraph.co.uk/news/2018/03/21/china-testing-unmanned-tank/.

생산의 방향과 중점이 변화하는 것은 중국의 군사혁신과 군사지능화 전략의 주요한 반영이라고 할 수 있다. 중국의 방위산업체들은 오랫동안 과학기술 기반의 군사현대화를 주도해 왔던 핵심 주체이면서 한편으로 군사혁신전략과 기술 중점의 변화를 반영하는 주요 공간이었다. 핵, 우주, 항공, 선박, 무기 등 5개의 방위산업체들은 1999년에 10개 기업으로 확대 개편된다.[55] 이후 중국전자과학기술집단공사中国电子科技集团公司를 포함하여 11개의 기업으로 확대된다.[56] 이들 국영 방위산업체들이 군사기술산업 혁신과 발전에 주도적 역할을 해왔고, 최근 4차 산업혁명 시대에도 핵심기술을 군사화하고 군사기술을 민간화·상용화하는 데 핵심적인 역할을 하고 있다.

**표 6-1** 중국의 국영 방위산업체

| 중국의 국영 방위산업체 |
|---|
| 중국핵공업집단유한공사(CNNC, 中国核工业集团有限公司) |
| 중국우주과학기술집단유한공사(CASC, 中国航天科技集团有限公司) |
| 중국우주과공집단유산공사(CASIC, 中国航天科工集团有限公司) |
| 중국항공공업집단유한공사(AVIC, 中国航空工业集团有限公司) |
| 중국선박집단유한공사(CSSC, 中国船舶工业集团有限公司) |
| 중국선박중공업집단유한공사(CSIC, 中国船舶重工集团有限公司) |
| 중국병기공업집단유한공사(Norico Group, 中国兵器工业集团有限公司) |
| 중국병기장비집단유한공사(CSGC, 中国兵器装备集团有限公司) |
| 중국전자과학기술집단공사(CETC, 中国电子科技集团有限公司) |
| 중국항공발동기집단유한공사(AECC, 中国航空发动机集团有限公司) |
| 중국전자정보산업집단융한공사(CETC, 中国电子信息产业集团有限公司) |
| 중국공정물리연구원(CAEP, 中国工程物理研究院) |

자료: 国防科技工业局, http://www.sastind.gov.cn/n448154/index.html.

55 中华人民共和国国防部, "≪2000年中国的国防≫白皮书," http://www.mod.gov.cn/affair/2011-01/07/content_4249945_3.htm.

56 中华人民共和国国防部, "≪2002年中国的国防≫白皮书," http://www.mod.gov.cn/affair/2011-01/06/content_4249946_3.htm.

현재 중국의 국영 방위산업체들은 **표 6-1**에 나타난 12개가 존재하고, 이들 모두가 군사지능화와 군민융합 발전에 있어서의 자신들의 역할을 강조하고 있다. 이들 기업들은 AI 기술, 무인화 기술 등 4차 산업혁명 시대 기술에 대한 연구와 개발을 확대하면서 중국의 군사지능화 전략과 군사기술혁신의 방향을 보여주고 있다.

이들 방위산업체들은 대부분 많게는 수십 개의 산하기업과 연구기관들을 지니고 있는 대기업들이다. 이러한 방위산업체와 산하기업들은 지능화와 정보화라는 환경적·전략적 요소에 부응하여 기술과 제품의 혁신을 주도해 가고 있다. 방위산업체들은 이러한 첨단기술 기반의 무기와 장비를 연구개발하는 것을 넘어 적극적으로 해외에 수출하는 역할도 담당하고 있다. 중국우주과기공사는 ≪포천Fortune≫ 지가 지정하는 500대 기업 중의 하나로, 차이훙彩虹-4와 5 등 무인기 군사기술 수출을 확대해 가고 있다.[57] 중국우주과기공사는 1956년에 중국 최초의 미사일 연구기관으로 설립되었고 이후 방위산업체로 전환했다.[58] 중국우주과기공사는 최근 베이두 위성과 우주통합 정보네트워크 등 대형 국가과학기술프로그램을 수행하고 있다.[59] 중국우주과기공사는 베이두-2 시스템을 구축하고, 2020년까지 글로벌 베이두 위성 내비게이션 시스템을 건설할 계획이다.[60] 또한 중국 국내뿐만 아니라 아시아, 아프리카, 유럽 등 30여 개국 이상에 군사기술과 무기를 수출하고 있다.[61]

57 国家国防科技工业局, "中国"彩虹"无人机飞上"世界屋脊"(2018. 6. 6), http://www.sastind.gov.cn/n127/n209/c6801808/content.html.

58 China Aerospace Science and Technology Corporation Website, http://english.spacechina.com/n16421/n17138/n382513/index.html.

59 China Aerospace Science and Technology Corporation Website, http://english.spacechina.com/n16421/n17138/n17229/index.html.

60 CASC, "Products and Services—Defense System: UAVs and Other Equipment," http://english.spacechina.com/n16421/n17215/n17269/c2427263/content.html.

61 CASC, "Products and Services—Defense System: UAVs and Other Equipment," http://english.

중국항공공업공사는 중국 군사무인항공시스템에 최대의 공급자일 뿐만 아니라 산업무인항공시스템에서도 중요한 공급자로 역할하고 있다. 국제시장 수요에 맞게 통합된 다목적 무인기로 윙롱I을 개발했고, 무인항공기 SW1과 나이트호크를 생산했다.[62] 중국항공공업공사는 2018년에 무인기 연구개발에 집중할 무인기시스템공사无人机系统股份有限公司를 신설했다. 연구개발과 제조역량을 향상시켜 차세대 세계 일류 무인기 특화기업으로 키운다는 계획이다.[63] 2018년 11월 중국항공공업공사는 '무인기 시스템 발전백서'를 발간하여, 2025년까지 중국이 핵심 역량과 국제경쟁력을 갖춘 무인체계를 구축하고 2035년까지 드론 핵심기술에서 세계 일류를 달성함으로써 세계 최고의 군대를 만들고 세계 무기시장을 주도하겠다는 계획을 제시했다.[64] 중국우주과공공사는 60여 년 전 설립되어 주로 방공미사일 체계를 위한 연구와 생산을 담당하고 있다.[65] 중국우주과공공사도 최근 AI 기술에 더 많은 역량을 투입하면서, 2015년 10월 인공지능로봇회사를 설립했다. 로봇산업은 '중국제조 2025'에서 핵심 육성사업으로 제시된 분야 중 하나이다.[66] 중국우주과공공사는 또한 최근 산업지능클라우드 시스템을 구축하여 기업들을 위한 지능화, 통합된 클라우드 제조 공공서비스 플랫폼을 제공하고 있다.[67] 중국병기공업공사는 육군무기 체계의 핵심 제공

spacechina.com/n16421/n17215/n17272/c2388583/content.html.

62 The Aviation Industry Corporation of China, "Military Aviation and Defense-Unmanned Aerial Vehicles," http://www.avic.com/en/forbusiness/militaryaviationanddefense/unmannedaerialvehicles/index.shtml.

63 国家国防科技工业局, "中航(成都)无人机系统股份有限公司成立"(2018. 12. 16), http://www.sastind.gov.cn/ n112/n117/c6804942/content.html.

64 航空工业, "航空工业发布〈无人机系统发展白皮书(2018)〉"(2018. 11. 9), http://www.sohu.com/a/274341818_651535.

65 CASIC, "AEROSPACE DEFENSE," http://www.casic.com/n189300/n189322/index.html.

66 国防科工局, "航天科工成立智能机器人公司"(2015. 10. 16), http://www.sastind.gov.cn/n127/n199/c6166859/content.html.

자로서 최근 인민해방군의 정보화 설비를 담당하면서 네트워크 안보와 정보기술산업을 책임지고 있다.

### 3) 중국 국영 방위산업체들의 군민융합 전략

최근 군사기술 개발에 민간 역할의 중요성이 부상하면서 우수한 인공지능 기술력을 가진 AI 기술기업들의 군사기술 개발 참여가 더욱 중요해지고 있다. 중국의 센스타임, 메그비, 이투 등 민간의 대형 AI 기술기업들은 스마트 감시 카메라, 음성인식, 빅데이터 서비스 등을 정부와 해외에 팔고 있다.[68] 중국은 이러한 민간의 기술이 군사 분야에 적극 활용될 수 있도록 민군융합을 강화하고 있다. 과거 국영기업들이 독점하던 방산기술개발과 산업 또한 민간에 투자와 참여를 개방하고 있다. 중국의 국방기술산업 분야의 무기 연구와 개발에 대한 허가체제가 비국영기업들에게도 열려 있는 것이다. 2005년 '무기장비과학연구생산허가실시방안武器装备科研生产许可实施办法'이 검토되면서 국방과학기술산업은 무기장비연구개발에 허가제를 도입하게 되었다. 군사 분야 연구개발에 대한 국가의 통제력은 유지하면서 비국영기업들에게도 참여를 허용함으로써 연구개발의 경쟁력을 높이고자 한 것이다.[69] 본 방안은 과학기술 분야의 다양한 민간주체들이 무기와 장비개발에 참여할 수 있도록 촉진하게 된다. 이후 민간기업들이 무기장비 연구개발에 참여하게 되면서 2010년 국방백서에 따르면 무기장비 연구개발 허가를 받은 기업들의 3분의 2를 민간기업들이 차지하게

67 CASIC, "INDUSTRIAL INTERNET," http://www.casic.com/n189300/n189324/index.html.

68 *Time*, "China and the U.S. Are Fighting a Major Battle Over Killer Robots and the Future of AI" (2019. 9. 13), https://time.com/5673240/china-killer-robots-weapons/.

69 中华人民共和国国防部, ≪2008年中国的国防≫, http://www.mod.gov.cn/affair/2011-01/06/content_4249949_7.htm.

되었다.[70] 과학기술 분야 민간기업의 군사 분야 참여는 최근 들어 그 중요성이 더욱 강조되고 있다. 2019년 13차 전인대 2기 회의에서 리커창 총리는 민간기업들의 주요 과학기술 프로젝트를 지원할 수 있도록 통합된 혁신 메커니즘을 향상시킬 것이라고 강조했다.[71] 이는 과거에 비해 높은 첨단기술 역량을 가진 기업들의 기술 참여를 독려하는 것임은 물론 군사 분야의 연구개발에도 민간 기술기업들의 참여가 확대될 수 있음을 보여주는 것이라 할 수 있다. 중국은 또한 군민융합뿐만 아니라 세계 우호국들과의 군사기술 협력을 확대해 가는 추세에 있다.

군사기술 발전을 위한 군민융합과 해외협력의 두 축 또한 국영 방위산업체들이 적극 주도해 가고 있다. 이들은 군민융합 체계구축에 주력하면서 공동 연구개발을 확대해 가고 있다. 중국은 이러한 방위산업체들과 연구기관들의 해외교류와 협력을 확대하도록 지원·촉진하고 있다.[72] 2018년에는 중국 최초의 육·공 양용의 스마트장비 연합실험실陆空两栖智能装备联合实验室이 베이징 이공대학에 설립되었다. 이 실험실은 군민융합전략의 배경하에 육군과 공군이 최초로 민간기관과 함께 공동연구실을 구축한 것이다.[73] 2019년 5월 중국우주과공공사는 칭화대학과 차세대 정보네트워크 시스템, 마이크로 나노기술, 위성기술과 적용, 레이저와 양자기술, 드론기술, AI 제조 등에 대한 연구·생산·교육에 협력하는 협약을 체결하고 차세대 우주력과 AI에 대한 광범위한 과학기술 협력과 공동연구를 진행하기로 했다.[74] 2019년 1월에는 중국전자정보산

70 中华人民共和国国防部. ≪2010年中国的国防≫白皮书.

71 新华社, "≪政府工作报告≫全文发布," 2019/03/16, http://news.ifeng.com/c/7l5ccHFW56e.

72 中华人民共和国国防部, "≪2010年中国的国防≫白皮书," http://www.mod.gov.cn/affair/2011-03/31/content_4249942.htm.

73 国防科工局, "国内首个陆空两栖智能装备联合实验室在北理工成立"(2018. 6. 6), http://www.sastind.gov.cn/n127/n209/c6801810/content.html.

74 航天科工, "航天科工与清华大学签署战略合作协议"(2019. 5. 9), http://www.sastind.gov.cn/n112/

업공사가 베이징 사범대학과 AI 분야의 과학기술 협력을 위한 협약을 체결했다.[75] 2019년 3월에는 중국선박중공공사가 시안교통대와 AI 및 딥러닝에 대한 연구 협약을 체결했다.[76] 2018년 5월에 중국핵공업공사는 "핵공업로봇과 스마트장비협동혁신연맹核工业机器人与智能装备协同创新联盟"을 결성하여 다수의 과학기술기관과 대학, 유수의 민간기업들을 모아 로봇과 스마트장비에 대한 협동체계를 구축했다.[77] 이 연맹은 시아순SIASUN, 新松机器人自动化股份有限公司과 같은 민간기업, 하얼빈 공업대학과 같은 대학, 핵동력운행연구소와 같은 국책연구기관 등으로 구성되어 있다.

국영 방위산업체들은 국내적으로 군민융합 거버넌스를 주도해 가는 것은 물론 첨단군사기술 협력과 수출을 위한 글로벌 네트워크 구축에도 역할을 하고 있다. 중국우주과공공사는 2013년 러시아의 로스텍Rostec과 협약을 체결하여 중러 양국 간 민간 첨단기술 분야의 협력을 개척하는 전략협력에 착수했다.[78] 중국우주과공공사의 산하기업인 중국장성공업공사는 원격감지 위성프로젝트인 웨이야오委遥2를 베네수엘라에 수출했다.[79] 중국우주장정국제무역공사航天长征国际贸易有限公司는 2018년 파키스탄 국제방산전시회에 참여하여 파키스탄, 아랍에미리트의 군 지도자들을 만나는 등 군사협력의 기회들을 확대해 갔다.[80]

n117/c6806262/content.html.

75 中国电科, "中国电科与北京师范大学签署战略合作协议"(2019. 1. 30), http://www.sastind.gov.cn/n112/n117/c6805322/content.html.

76 中船重工, "中船重工与西安交大签署战略合作框架协议"(2019. 5. 30), http://www.sastind.gov.cn/n112/n117/c6806412/content.html.

77 人民网, "核工业机器人与智能装备协同创新联盟成立"(2018. 12. 25), http://energy.people.com.cn/n1/2018/1225/c71661-30487103.html.

78 Rostec은 600개의 산하 기업을 가지고 무기산업부터 정보통신 등 첨단산업을 포괄하면서 러시아 군수산업 수익의 4분의 1을 차지한다. http://www.casic.com/n189308/n7483158/index.html.

79 国防科工局, "中方向委内瑞拉交付'委遥二号'卫星项目"(2018. 3. 23), http://www.sastind.gov.cn/n142/c6800277/content.html.

중국항공공업공사의 첨단전투기 사룡梟龙은 파키스탄에서 최초 비행을 성공적으로 수행하기도 했다.[81] 중국항공과기공사는 2018년 4월 통신위성 '아싱 No.1'을 알제리의 우주국에 전달했다.[82] 이렇듯 중국의 국영 방산기업들은 국내적으로 군민융합체계와 기술협력을 주도하면서 군사지능화 달성의 체계를 구축하고, 대외적으로는 중국의 첨단군사기술을 기반으로 군사협력의 기반을 확대하고 중국 군사기술산업의 시장을 개척하는 역할을 주도하고 있다. 중국은 군사동맹을 추구하지는 않으나 중국의 급속한 군사기술의 발전을 기반으로 군사협력과 공동연구 파트너십을 확대해 가면서 전통적 군사동맹과 다른 비전통적 군사기술 협력 기반의 군사협력 네트워크를 구축해 가고 있다. 중국의 군사지능화 전략은 군사력 강화와 경제성장이라는 두 개의 목적을 동시에 가진 이중목적 전략이라고 할 수 있다. 따라서 중국의 군사지능화 전략은 향후 오랜 기간 지속적으로 확대되고 가속화될 것으로 보인다.

## 5. 결론

클라우스 슈바프Klaus Schwab는 전쟁과 안보의 역사는 기술혁신의 역사였다고 강조한다. 슈바프는 오늘날 전쟁이 점점 더 하이브리드화하면서, 전통적 전쟁기술이 과거에는 비국가적 행위자와 연계되었던 요소들과 결합하고 있고, 전쟁과 평화, 군인과 비군인, 심지어는 폭력과 비폭력(사이버전쟁) 간의 경계가

80 Aerospace Long-March International Trade Co., "长征国际参加巴基斯坦国际防务展," http://cloud.alitchina.com/cn/index.php?m=content&c=index&a=show&catid=6&id=68.

81 国防科工局, "'枭龙'双座战斗教练机01架在巴基斯坦成功首飞"(2018. 3. 21), http://www.sastind.gov.cn/n142/c6800237/content.html.

82 国防科工局, "阿尔及利亚首颗通信卫星在轨交付"(2018. 4. 3), http://www.sastind.gov.cn/n142/c6800541/content.html.

점점 더 모호해지고 있다고 역설한다(Schwab, 2016). 중국의 군사지능화 전략, 미래 핵심기술의 군사화, 군민융합 정책 등은 이러한 4차 산업혁명 시대의 기술적·구조적 반영이라고 할 수 있다. 중국은 4차 산업혁명 시대 군사전략으로 인공지능, 빅데이터, 양자컴퓨터 등 미래 핵심기술을 기반으로 한 첨단군사기술을 발전시키고 있으며, 이는 미국과의 전통적 군사력 열세를 상쇄하기 위한 비대칭 세력균형 전략이라고 할 수 있다. 중국은 5G, 드론, 인공지능 등 미래 핵심기술 분야에서 세계 일류의 기술력과 시장점유율을 넓혀가고 있는 민간의 기술력을 군사화할 수 있다는 점에서 군사지능화·정보화를 기반으로 2050년 세계 일류 강군이 되겠다는 강군몽의 실현을 꿈꾸고 있다. 그리고 그 핵심전략으로 군민융합 체제와 군민기술 교류를 내세우고 있다. 최근 중국의 군사전략은 점점 더 군사기술과 민간기술의 경계가 모호해지고, 군사력 강화와 경제력 강화의 목적이 결합하고 있는 듯하다.

미국은 이러한 중국의 기술력 부상과 기술의 군사화에 대한 위협인식을 가지고 있으며, 이는 최근 중국제조 2025에 대한 문제제기와 무역제재 등으로 나타나고 있다. 이와 함께 미국은 기술혁신의 주도권과 첨단기술의 우위를 유지하기 위한 투자를 강조하고 있다. 중국은 이러한 미국의 제재에 자력갱생과 핵심기술 돌파로 기술패권으로의 부상을 추구하고 있다. 호로위츠는 기술의 발명이나 그 기술의 최초 사용이 국제정치에서의 우위를 보장하는 것은 아니라고 강조하면서 기술의 빠른 확산에 주목한 바 있다(Horowitz, 2010: 2). 호로위츠의 분석처럼 중국의 군사기술 발전 자체가 실질적인 전투력의 우위를 증명하거나 보장하는 것은 아니다. 중국의 군사기술과 실제 전투역량 사이의 격차는 여전히 중국 군사력을 평가하는 데 있어 딜레마를 안겨주고 있다. 이것은 중국의 대미 군사력 열세를 지속시키는 요인일 수 있고 미국이 중국의 전투력 향상을 초래할 수 있는 연합훈련에 소극적인 배경일 수 있다(Allen, Saunders, and Chen, 2017: 3).

전통적 군사력 규모와 전투역량의 상대적 열세는 중국으로 하여금 인공지능, 정보통신, 양자정보, 무인기 등 4차 산업혁명 시대 핵심기술의 군사화를 통해 비대칭 세력균형을 추구하게 만들고 있다. 2017년 19차 당대회에서 시진핑 주석은 싸워서 이길 수 있는 군대를 건설하는 것이 중화민족의 위대한 부흥을 이뤄내는 데 전략적으로 매우 중요한 과제라고 강조한 바 있다.[83] 중단기적으로 중국의 강군전략은 전통적 군사력 규모를 추격해 가는 것이 아니라 군민융합을 통해 첨단기술 기반의 군사혁신에 주력하는 것이라 할 수 있다. 그러나 기술의 급격한 부상은 독트린과 작전 등의 혁신을 병행하게 될 것이고 중국의 군사 대국화에 핵심 동력이 될 것이라는 점에서 군사기술의 부상은 장기적으로 미중 군사력 경쟁을 심화시킬 수 있다.


차정미. 2019.「미중 사이버 군사력 경쟁과 북한위협의 부상: 한국 사이버안보에의 함의」. ≪통일연구≫, 23(1), 43~93쪽.

Allen, Gregory C. "Understanding China's AI Strategy." Center for a New American Security(2019. 2. 6).

Allen, Kenneth, Phillip C. Saunders and John Chen. 2017. "Chinese Military Diplomacy, 2003~2016: Trends and Implications", *China Strategic Perspectives*, 11, pp.1~96.

Arquilla, John and David Ronfeldt. 1993. "Cyberwar is Coming!" *Comparative Strategy*, 12(2). https://www.rand.org/content/dam/rand/pubs/reprints/2007/RAND_RP223.pdf.

Chase, Michael, Jeffrey Engstrom, Tai Ming Cheung, Kristen A. Gunness, Scott Warren Harold, Susan Puska and Samuel K. Berkowitz. 2011. *China's Incomplete Military Transformation: Assessing the Weaknesses of the People's Liberation Army*. RAND. https://www.rand.org/content/dam/rand/pubs/research_reports/RR800/RR893/RAND_RR893.pdf.


83 Xijingping, "Secure a Decisive Victory in Building a Moderately Prosperous Society in All Respects and Strive for the Great Success of Socialism with Chinese Characteristic for a New Era"(2017. 10. 18), The Address of the 19th National Congress of the Communist Party of China.

Cheung, Tai Ming. 2015. "Continuity and Change in China's Strategic Innovation System." *Issues and Studies*, 51(2), pp.139~169.

_____. 2016. "Innovation in China's Defense Technology Base: Foreign Technology and Military Capabilities." *Journal of Strategic Studies*, 39(5-6), pp.728~761.

_____. 2018. "China's Rise As a Global Military Technological Power: Geo-Strategic and Geo-Economic Implications." https://chairestrategique.univ-paris1.fr/fileadmin/chairestrategiesorbonne/Conference_2018/Documents/Tai_Ming_Cheung_-_Chaire_des_Grands_Enjeux_Strategiques_2018.pdf.

Costello, John and Joe McReynolds. 2018. "China's Strategic Support Force: A Force for a New Era." *China Strategic Perspectives*, 13, pp.1~84.

Defense Intelligence Agency of the U.S. 2019. *China Military Power: Modernizing a Force to Fight and Win*. https://www.dia.mil/Portals/27/Documents/News/Military%20Power% 20Publications/China_Military_Power_FINAL_5MB_20190103.pdf.

Department of Defense of U.S. 2018. "Summary of the 2018 National Defense strategy of the United States of America." p.2.

Ellison, Graham. 2017. *Destined for War: Can America and China Escape Thucydides's Trap?* Marina Books.

Field, Matt. 2019. "China Is Rapidly Developing Its Military Ai Capabilities." *Bulletin of the Atomic Scientist*, 2019. 2. 8.

Gilli, Andrea and Mauro Gilli. 2019. "Why China Has Not Caught Up Yet: Military-Technological Superiority and the Limits of Imitation, Reverse Engineering, and Cyber Espionage." *International Security*, 43(3), pp.141~189.

Hamlett. Patrick W. 1990. "Technology and the Arms Race." *Science, Technology & Human Values*, 15(4), pp.461~473.

Horowitz, Michael. 2010. *The Diffusion of Military Power: Causes and Consequences for International Politics*. Princeton University Press.

Laskai, Lorand. "Civil-Military Fusion and the PLA's Pursuit of Dominance in Emerging Technologies." The Jamestown Foundation(2018. 4. 9).

Metz, Steven and Douglas V. Johnson II. "Asymmetry And U.S. Military Strategy: Definition, Background, And Strategic Concepts." The Strategic Studies Institute U.S. Army War College (January 2001).

Panda, Jagannath P. 2009. "Debating China's 'RMA-Driven Military Modernization': Implications for India." *Strategic Analysis*, 33(2), pp.287~299.

Paul, T. V. 2005. "Soft Balancing in the Age of U.S. Primacy." *International Security*, 30(1), pp.46~71.

Person, Robert. 2018. "GrayZone Tactics as Asymmetric Balancing." Paper presented at the 2018 American Political Science Association Annual Meeting(Boston, MA).

Robertson, Peter E. and Adrian Sin. 2017. "Measuring Hard Power: China's economic growth and

military capacity." *Defence and Peace Economics*, 28(1), pp.91~111.
Schwab, Klaus. "The Fourth Industrial Revolution: What It Means, How to Respond." *World Economic Forum*, 2016. 1. 14. https://www.weforum.org/agenda/2016/01/the-fourth-industrial-revolution-what-it-means-and-how-to-respond/.
Sudhir, M. R. 2008. "Asymmetric War: A Conceptual Understanding," *CLAWS Journal*, 58(66).
Weinberger, Sharon. "China Has Already Won the Drone Wars." *Foreign Affairs*, 2018. 5. 10. https://foreignpolicy.com/2018/05/10/china-trump-middle-east-drone-wars/.

计宏亮. "美国军民一体化网络空间安全体系发展研究."『情报杂志』(2019. 8. 27).
杨仕平. "5G在军用通信系统中的应用前景."『信息通信』, 2019年06期.
谢地·荣莹. "新中国70年军民融合思想演进与实践轨迹."『学习与探索』, 2019年06期.
石纯民. "军事智能化时不我待." 中国军网(2017. 12. 11). http://www.81.cn/gfbmap/content/2017-12/11/content_193967.htm.

# 7 군사국가의 변환*

## 안보사영화, 전장무인화와 국가

이장욱 | 한국국방연구원

### 1. 서론

전쟁의 역사에 있어 새로운 기술의 등장은 싸움의 방식을 변화시키는 주요한 요인이 되어왔다. 마상에서 자세를 안정시켜 주는 등자가 도입된 이후, 기마기술의 발전은 중장보병 중심의 전투를 기병 중심으로 바꾸었고 이는 고대 전투가 중세의 전투로 넘어가는 계기를 마련해 주었다. 또한 화약의 등장과 이를 활용한 개인화기(머스킷 소총)의 등장은 많은 수의 병력을 통한 밀집대형이 전장에서 승리를 가져다주는 공식으로 인식되게 했고 이는 전투양상 및 전쟁양상을 또 한 번 바꾸는 계기를 마련했다. 지난 20세기에도 예외는 아니어서 효율적인 내연기관의 등장은 전장에 기계가 대거 투입되는 결과를 초래했고, 보병 중심의 전투를 기계 중심 ― 물론 20세기의 기계는 사람이 조작해야만 했다 ―

* 본 연구는 필자 개인의 견해이며, 한국국방연구원의 공식적인 입장이 아님을 밝힌다.

으로 전환시켰다.

새로운 기술의 등장과 이를 군에 도입하기 위한 군사혁신은 비단 전쟁과 군대만 변화시킨 것은 아니다. 전쟁 양상 및 군의 변화는 국가의 변화에도 영향을 주었다. 특히 중세에서 근대로 전환하는 시기, 용병에 의한 사적 군사력이 국가가 보유한 국민군의 군사력에게 밀리면서 국민국가의 상비군은 군사적인 주력을 차지하게 되었을 뿐만 아니라 국가의 모습도 바꾸었다. 베버Max Weber가 근대성의 정의에서 언급한 것처럼, 근대국가는 폭력의 공공화(국가에 의한 무력의 독점)를 그 핵심으로 하게 된 것이다.

하지만 20세기 말~21세기 초의 시기에 접어들면서, 과학기술은 그 어느 때보다도 발전된 모습을 보였으며, 기존에는 불가능으로 여겨졌던 것들이 기술에 의해 극복되고 있다. 제4차 산업혁명으로 대표되는 최근의 기술산업의 진보는 군사 영역에도 영향을 미치고 있으며, 첨단 과학기술의 군사적 접목을 통한 군사혁신은 군 및 전쟁을 과거와는 다른 양상으로 변화시킬 것으로 전망되고 있다. 여기서 주목할 것은 이러한 군사혁신이 국가에 미치는 영향이다. 국가는 그동안 근대국가라는 틀 안에서 군사력을 설립·유지·발전시켜 왔다. 하지만 제4차 산업혁명 기술의 군사적 접목은 베버의 근대화의 전제에 중대한 도전을 제기하고 있다. 지난 수백 년간 당연시 여기던 폭력의 공공화가 새로운 기술의 등장으로 도전을 받게 된 것이다. 동 시기 새롭게 등장한 기술은 크게 두 가지이다. 하나는 조직 운영의 혁신으로 기존의 상비군을 대치하는 군사대행기업의 등장과 안보사영화로 대표되는 국가의 군사대행기업 활용이고 다른 하나는 보다 근본적인 변화로 인간을 대체하는 군사력의 활용방안인 전장무인화이다. 다른 시대의 혁신보다 최근의 혁신이 중요한 것은 바로 지난 수백 년간 유지되어 온 근대국가 및 폭력의 공공화에 일련의 변화를 초래할 가능성이 보이기 때문이다.

기술낙관론 혹은 기술주도적 시각에서 보면 이러한 혁신적인 기술이 군사적 우위를 유지하는 데 도움이 된다면 큰 문제 없이 군사 부문에 적용되고 그 경향은 급속하게 확대된다고 생각할 수 있다. 하지만 새로운 기술이 반드시 연착륙의 과정을 거쳐 도입되는 것은 아니다. 새로운 기술과 관련하여 생각해야 할 것은 이를 도입하는 국가 및 군의 기술을 바라보는 입장이다. 혁신은 이를 추진하는 주체(조직)에게 변화를 요구한다. 이러한 변화는 때로 강력한 저항에 직면하게 되며 이로 인해 혁신은 좌절되거나 지연되기도 한다. 특히 조직 내 엘리트의 이익에 반하는 형태의 변화에 대해서는 더욱 강력한 저항이 발생하기 마련이다.

군사적 영역에서의 제4차 산업혁명을 고찰함에 있어 이 장은 새롭게 등장하는 기술과 이를 도입하려는 군 그리고 국가의 관계를 중심으로 살펴보고자 한다. 이를 위해 이 장에서 던지는 질문은 다음과 같다.

첫째, 제4차 산업혁명 기술은 군 및 국가의 변화를 가져왔는가? 가져왔다면 어느 정도의 변화인가?

둘째, 4차 산업혁명과 관련하여 혁신에 결정적인 영향을 준 것은 무엇인가? 보다 구체적으로 기술 그 자체인가 아니면 다른 요인인가?

상기의 질문에 답하기 위해 이 장에서는 국가의 안보사영화와 전장무인화의 도입 사례를 조사하여 분석하고자 한다. 안보사영화의 경우, 미국과 같은 군사강국은 물론, 크로아티아, 보스니아, 사우디아라비아, 앙골라, 시에라리온, 크로아티아, 파푸아뉴기니 등 군사적 약소국의 안보사영화 사례를 살펴보게 될 것이다. 전장무인화의 경우, 현재 추진 중인 국가의 사례와 관련한 정보의 제약이 존재하는바, 미국의 사례를 위주로 하되 한국의 전장무인화 추진사례를 살펴보게 될 것이다. 사례를 통한 분석이 끝나면, 안보사영화 및 전장무인화의 도입을 결정하는 주요 요인을 정리하고 이의 정책적 함의에 대해 살펴보게 될 것이다.

## 2. 안보사영화 및 전장무인화가 가져오는 싸움방식의 변화

### 1) 안보사영화와 싸움방식의 변화

군사대행기업을 활용하는 안보사영화는 정규군의 싸움방식 변화에 일정 부분 영향을 미칠 수 있다. 하지만 이 싸움방식의 변화의 수준은 국가 혹은 정규군이 어떠한 영역에서 군사대행기업에게 자신의 군사임무를 위임하는가에 따라 결정된다. 군사임무는 군종별로 약간의 차이가 있을 수 있으나 다음과 같은 요소들을 포함하고 있다. 첫째, 군대의 가장 기본적인 임무로 전투가 있다. 둘째, 이러한 전투는 단독으로 행사되는 것이 아니라 무수히 많은 사전업무 혹은 준비과정에 의해 형성된다. 이러한 사전 준비과정은 훈련 및 전략기획으로 대표된다. 셋째, 전투를 지원하기 위한 다양한 업무도 군대의 주요한 임무이다. 여기에는 막사 및 기지 건설, 장비의 정비 및 보수, 각종 병참물자의 지원, 급양 및 복지시설의 운영, 인사고과를 비롯한 각종 행정업무의 수행 등이 있다. 국가는 계약을 통해 상기의 임무를 부분적으로 혹은 경우에 따라서는 전부를 군사대행기업에 위임할 수 있다.

군사대행기업은 최후방 임무인 전략기획에서 최전방의 임무인 전투까지 대행이 가능하다. 전략기획을 대행한 사례로는 미국의 MPRI를 들 수 있다. MPRI는 1990년대 중반부터 미 국방성의 4년 주기 국방계획인 QDRQuadrennial Defense Review의 감수를 맡은 바 있다. 또한 이 회사는 크로아티아 군 창설과 관련하여 장기전략의 자문을 제공했으며, 보스니아 및 앙골라, 나이지리아 및 적도기니 정부를 위한 전략기획자문서비스를 제공했다(싱어, 2005: 237). 병참 및 공병 임무도 위임이 가능하다. 전쟁의 승리를 위해 병참은 그 어느 업무보다도 강조되는 분야이다. 미국은 이라크전 및 아프가니스탄전을 수행하기 위한 병참 임무 전반을 KBR에 위임하는 한편 전장에서의 건설 업무도 군사대행기업에게 위임했다.[1] 교육 및 훈련도 군사대행기업이 적극적으로 활용되기 시작한 분야이다.

미국의 경우 주요 대학의 학군단은 더 이상 군인들이 담당하지 않는다. 1995년 이래로 미 국방성은 220개 주요 대학의 학군단 훈련을 MPRI[2] 및 COMTekCommunication and Technology에게 의뢰했다(Avant, 2005: 118).[3] 학군단뿐만이 아니라 각 군의 훈련에 군사대행기업을 동원하는 일도 있다. 미 육군만 하더라도 M2/3 보병전투차의 훈련 및 적외선 장비를 착용한 가상전투훈련(일명 마일스기어Miles Gear 훈련)을 MPRI에게 의뢰한 바 있다(싱어, 2005: 223).[4] 또한 MPRI는 1995년 크로아티아를 위해 신생 크로아티아군의 훈련을 맡은 바 있다.

아주 예외적인 경우, 국가는 최전방의 전투임무를 군사대행기업에 의뢰하기도 한다. 군사대행기업이 전투행위에 가담하고 있는 명확한 증거가 앙골라 및 시에라리온 내전에서 발견되었다. 남아공의 EO는 1990년대 중반 아프리카의 약소국인 앙골라와 시에라리온에 고용되었다. 당시 이 두 국가는 내전 자체의 해결을 EO 측에 의뢰했는데, 이 계약의 내용에 따라 EO는 현지 저항세력과의 실제 전투를 수행했을 뿐 아니라 고용주인 시에라리온 정부의 정규군을 지휘하는 등 사실상 전쟁지도부 역할을 수행했다. 이러한 명백한 전투행위 이외에도 이라크에서는 군사대행기업의 비공식적인 전투행위가 빈번하게 관찰되었다. 미국은 공식적으로 이라크에 파견된 군사대행기업의 전투행위를 부인했는데, 2004년 일련의 사건을 통해 이라크에 파견된 군사대행기업이 전투행위에 가담하고 있다는 사실이 목격되었다. 블랙워터라는 미국의 군사대행기업이 현지저

1 미 해군과 공군의 CONCAP 및 AFCAP은 해군기지 및 공군 비행장 건설과 관련이 있다. Global Security, "Construction Capabilities (CONCAP)," http://www.globalsecurity.org/military/agency/navy/concap.htm(검색일: 2006. 12. 15); "Air Force Contract Augmentation Program(AFCAP)," http://www.globalsecurity.org/military/agency/usaf/afcap.htm(검색일: 2019. 2. 15).

2 MPRI의 학군단 훈련대행에 대한 연구로는 Avant(2005: 116~120) 참조.

3 http://www.goarmyrotc.com/index.html(검색일: 2006. 12. 15).

4 MPRI, "Laser Marksmanship Training System," http://www.mpri.com/main/ simulationslmts.html (검색일: 2007. 2. 15).

항세력의 공격으로 위험에 처한 임시연합행정처Coalition Provisional Authority: CPA를 보호하기 위해 현지 저항세력과 전투를 벌인 사례를 들 수 있다(Priest, 2004). 위에서 언급한 기본적인 업무 이외에 각 군종별 특수임무에 군사대행기업이 고용되는 일도 있다. 예로 지상군의 경우 지뢰 제거나 폭발물 처리와 같은 특수 임무에 군사대행기업을 고용하기도 하며, 해군의 경우 함정의 보수나 정비와 같은 임무를 군사대행기업에 의뢰하는 경우도 있다. 또한 공군의 경우 기지 관제 및 조종사 훈련과 같은 임무를 군사대행기업에 의뢰하기도 한다. 또한 신무기의 도입에 따르는 초기 운용과 그 무기의 도입훈련 및 군정보시스템의 운용도 군사대행기업에게 의뢰하는 사례가 있다.

교전수칙에 관한 국제법규상, 정규군 이외의 주체가 전투에 가담하는 것은 교전수칙 위반에 해당된다. 만약 군사대행기업의 직원이 교전에 가담한 경우, 제네바 협정상의 전쟁 포로의 권리를 누릴 수 없다. 이러한 교전수칙상의 문제로 인해 군사대행기업을 전투에 활용하는 데는 한계가 있다. 이 점은 군사대행기업 활용의 한계로도 작용할 수 있다. 직접적으로 전투에 활용할 수 없기 때문에 군사대행기업에게 각국 군사력의 핵심 임무인 전투를 의뢰하는 것은 어렵다. 전투 이외의 분야에서의 활용 제약으로 인해 군사대행기업의 활용이 주력부대 혹은 싸움방식 변화에 미치는 직접적인 영향은 크다고 보기는 어렵다. 하지만 위임을 통해 일국의 군대에 추가적인 역량을 보태거나 전에 없던 능력을 보유하게 하는 군사대행기업의 활용은 다음과 같은 이점을 국가에게 제공할 수 있다.

첫째, 국가는 정규군을 최소화하면서도 보다 강한 군사역량을 발휘할 수 있다. 전투분야 이외의 임무를 군사대행기업에 위임하면서 현존 정규군 병력의 대부분을 전투병력으로 활용하는 것이 가능해진다.

둘째, 국가는 위기 시 단기간 내에 보다 많은 병력을 동원할 수 있게 된다.

셋째, 일부 국가는 자신에게 없거나 노력을 해도 단기간 내에 획득할 수 없는 질적 우위의 군사력을 획득할 수 있다(제한적).[5]

넷째, 국가가 직접 수행하기 곤란한 비정규전 임무에 활용이 가능하다.

다섯째, 동맹의 군사력 이외에 활용가능한 외부균형 수단이 등장함으로써 국가에게 보다 다양한 군사적 옵션이 가능해진다.

상기 언급한 이점을 보면, 군사대행기업의 활용은 군사력 강화 방안을 모색하는 국가에게 매력적인 대안이 된다. 하지만 이러한 이점에도 불구하고 국가는 군사대행기업 활용을 신중하게 결정하는 모습을 보였으며, 때로는 군사대행기업 활용을 거부하는 모습을 보이기도 한다. 이에 대해서는 구체적으로 사례를 통해 살펴보게 될 것이다.

### 2) 전장무인화와 싸움방식의 변화

기존의 각종 무기, 특히 유인 플랫폼은 조작 요원으로서의 인간이 지속적으로 탑승하면서 전투를 수행한다. 유인병기는 탑승자인 인간을 보호해야 하므로 생존성 및 내구성을 요구받게 되며, 탑승자인 인간의 체력 및 생리현상으로 인해 극단의 기동이나 장기간의 운행이 불가능한 경우가 많다. 생존성, 방호력 등을 고려할수록 병기는 크고 무거워지며 이에 따른 개발단가도 상승하게 된다. 20세기 후반, 이른바 첨단 유인병기들은 강력한 화력과 정확성 및 기동성을 보유했지만 인간의 탑승으로 인한 한계도 아울러 갖고 있었다.[6]

5 이 장점은 대부분 군사적 약소국에 해당되며, 이들은 강대국 국적의 군사대행기업을 통해 자신이 갖지 못한 군사기술을 습득하게 된다. 강대국의 경우, 군사대행기업을 통한 최신 군사기술의 획득은 제한적이다. 이것의 이유는 군사대행기업의 공급원에 기인한다. 군사대행기업의 공급원은 퇴역 군인들로 기존의 군이 활용하는 기술에 대한 노하우와 숙련도를 보유한 자들이다. 특히 강대국의 군사대행기업 고용직원 중에는 냉전 종식 이후 대규모 병력감축에 의해 퇴역을 한 군인들도 상당수가 있다. 이러한 퇴역 군인들로부터 현역 군인들도 보유하지 못한 신기술을 획득하는 것은 어려운 일이다.

6 대표적인 사례로 1970년대 개발 도중 취소된 미국-독일의 주력전차 MBT-70를 들 수 있다. MBT-70의 경우 조작병사의 생존성을 향상시키기 위해 모든 조작요원을 포탑에 배치했는데 전차조종수도 포탑에 배치하는 특이한 설계였다. 포탑에서도 조종수의 몸이 전차의 운행방향과 일치할 수 있도록 포탑

이에 비해 무인병기는 인간의 탑승을 배제한다. 탑승자가 없는 무인병기는 기존의 무기들에 비해 소형-경량화가 가능하며, 탑승자의 체력 및 생리현상을 고려하지 않아도 된다. 따라서 기존 유인병기에서 인간에 대한 고려로 포기했던 극단의 성능을 추구하는 것이 가능하며, 탑승자의 생환을 위해 장착해야만 했던 각종 생존 및 방호장비를 장착할 필요도 없다. 이는 개발단가의 절감도 가능하다는 이야기이다. 또한 인간 탑승의 배제는 몇 가지 다른 시각을 제공한다. 무인병기는 생환을 전제할 필요가 없어 극단적으로 위험한 임무에도 투입 가능하다. 또한 생환을 전제하지 않는다면, 운행 도중 필요할 경우 자살공격 같은 형태의 운용이 가능하며, 소모적 동원이 필수적인 작전 운용에도 활용 가능하다. 이러한 무인병기가 가진 특이성을 고려한 미국의 무인병기 관련 기술자들은 무인병기를 소모품으로 간주하면서 개발하고 있다고 한다. 이들에 따르면 무인병기는 마치 1회용 종이컵처럼 사용 후에 폐기처분해도 무방한 병기이다. 사람이 탑승하지 않기 때문에 방호력 및 내구성에 집착하지도 않는다. 임무에 투입되어 목적을 달성하면 그 자리에서 폐기되어도 무방한 병기, 그것이 바로 무인병기이다. 또한 무인병기는 다목적의 용도가 아닌 한정된 임무수행을 목표로 개발되고 있다. 어차피 1회용의 용도로 사용할 저렴한 무기체계이기 때문에 범용성은 필요가 없는 것이다. 숱한 군 관계자에게는 상당히 생소한 개념으로 다가설 가능성이 높다.

이러한 무인병기의 특성은 싸움방식에도 변화를 가져다줄 수 있다. 전장무인화에서 상정하는 새로운 싸움방식은 이른바 "벌떼 전술Swarming"인데, 무리를 지어 적을 여러 방면에서 에워싸 위협을 물리치는 벌의 행태에서 착안한 전술이다. 한 마리의 벌 자체는 자신보다 훨씬 큰 맹수를 상대하기 힘들지만 무리를 이루어서 한꺼번에 공격하는 벌떼는 그 어떤 맹수도 물리칠 수 있다. 벌처

내 회전 조종석을 설치했는데, 이로 인해 포탑의 크기는 불필요하게 커지는 한편, 운행 도중 회전하는 조종석으로 인해 조종병사의 방향감각 상실과 멀미를 야기했다.

럼 엄청난 수의 무인병기 무리를 동원하면, 적의 방어능력에 과부하를 줄 수 있고 이러한 과부하를 통해 적을 물리칠 수 있다는 것이 벌떼 전술의 핵심 내용이다.[7] 특히 벌떼 전술의 대표적 연구인 아킬라John Arquilla와 론펠트David Ronfeldt의 연구는 벌떼 전술이 필요로 하는 핵심 요소를 다음과 같이 언급했다.

첫째, 작고 양적으로 많으며small and many, 분산되고 네트워크화된 병기 및 부대를 통해 작전을 운용할 것.

둘째, 모든 종류의 전력에 대한 혼합 및 결합적 운용mixing and matching.

셋째, 근접 및 원격close and stand off을 모두 포함하는 전투능력 구비.

넷째, 통합된 정찰 및 감시체계의 구비.

다섯째, 목표: 전력 및 화력의 지속적 동원 및 적에 대한 충격 부여.

여섯째, 외관상 무정형으로 보이나 잘 조율된 형태로 행해지는 전 방향으로부터의 공격.

일곱째, 전략은 집중적으로, 전술은 분산적으로, 병참 및 부대편제는 광역적으로 배치운용할 것(Aquilla and Ronfeldt, 2000: 45).

상기의 벌떼 전술의 핵심 개념에서 중요한 요소는 바로 "무리"의 규모에 대한 것이다.[8] "작고 많은 단위"는 유인 플랫폼 중심의 군사력을 발전시킨 국가들에게는 다소간 생소한 개념이다. 제2차 산업혁명 이후, 군사력 건설은 상당 부분 '고성능의 장비'를 보유하는 것을 핵심 내용으로 했다. 고성능 장비는 그렇지 않은 적과의 교전에서 교환비율을 높일 수 있는데, 고성능 장비의 보유는 무기의 성능과 같은 군사력의 질적 격차가 전쟁의 승패를 좌우한다는 생각과

7 벌떼 전술과 관련된 주요 문건은 Edwards(2000); Aquilla and Ronfeldt(2000) 참조.

8 아킬라와 론펠트는 벌떼 전술을 구사하면 여러 방면에서 적을 포위하므로 보다 적은 수의 병력(1/10)으로 적을 물리칠 수 있지만, 벌떼 전술의 핵심은 작고 네트워크로 연결된 많은 수의 부대나 병기(unit)를 동원하는 것이라고 주장했다(Arquilla and Ronfeldt, 2000: 45~47). 아킬라는 싱어와의 인터뷰에서 무인병기의 미래 비전에 대해 "모든 방향으로부터 적군을 공격할 수 있는 다수의 소형 로봇"이라고 말하면서 양적 규모의 중요성을 강조한 바 있다(싱어, 2005: 333).

함께 고성능 장비를 통해 보다 적은 수로 많은 적을 상대할 수 있다는 믿음을 심어주게 되었다. 하지만 고성능을 유지하기 위해서는 많은 비용이 들어가고 그 크기도 커질 수밖에 없다. 크기가 커지면, 쉽게 발견되고 적에게 공격을 받을 확률이 높아진다. 이러한 약점을 극복하는 것은 방호력을 높이는 방법을 동원하는 것인데, 방호력 강화는 기존보다 거대화된 플랫폼을 더욱 거대하고 무겁게 만들어버리며,[9] 개발비용 역시 상승시키게 된다. 또한 개발비용의 상승은 국가들에게 국방예산의 부담으로 작용하게 된다.

하지만 작고 많은 단위Small and Many Unit는 고성능 장비를 통한 질적 격차와는 상반된 논리로 군사력의 우위를 구축한다는 논리이다. 리비키Martin C. Libicki는 군사기술의 발전으로 인해 군사력은 보다 더 작고 많은 개별단위(unit을 말하며 개별 무기의 숫자에서 단위부대를 의미하기도 한다)의 형태로 운용하는 것이 가능하다고 주장한다(Libicki, 1997: 191~216). 정보기술의 발전은 복잡한 탐지장비를 병기 내에 탑재할 필요가 없게 만들어[10] 병기를 보다 작게 만들 수 있게 하며, 이를 통해 보다 많은 수를 보유할 수 있게 한다는 것이다. 그리고 이를 통해 개별 단위부대의 규모도 조절할 수 있다고 주장한다.[11] 특히 리비키는 현재 대부분의 병기들은 실제 전투에 임하면 마치 적과의 일대일 결투를 상정하여 운영

9 단적인 예를 들면 최초의 전차였던 영국의 Mk.1은 28톤의 무게였다. 현재 한국의 차세대 주력전차인 K2는 55톤이며, 미국과 독일의 주력전차(M1A2 및 레오파르트 2)는 무려 67톤에 달한다. 산업화 시대, 고성능 플랫폼 위주의 병기들은 거대화되고 무거워지는 추세였다.

10 리비키가 들고 있는 대표적 사례는 바로 GPS이다. 과거의 장비는 위치 추적 및 지형 탐색과 관련한 장비를 병기 내에 탑재하고 있어야 되는 데 비해, GPS는 위치 추적에 대한 대부분의 정보를 외부(GPS 위성)에서 받기만 하면 되기 때문에 병기의 크기를 보다 작게 할 수 있다는 것이다.

11 리비키의 연구는 전투의 핵심을 타격대상의 발견과 이에 대한 정보처리(sensor)에 집중하고 있다. 리비키의 논리에서 흥미로운 것은 일개의 탐지센서가 모든 정보를 다 처리할 필요는 없음을 주장한 것이다. 제한된 성능의 센서라 하더라도 개별적으로 흩어진 센서들이 감지한 정보의 파편이 모여 완전한 정보를 만드는 것을 주장한 것인데, 쉽게 이해하자면 파리나 잠자리의 눈과 같은 것을 생각할 수 있다. 파리나 잠자리의 눈은 인간의 눈과 달리 아주 작은 낱눈들이 촘촘하게 짜인 낱눈의 망(mesh)과 같다. 이러한 작고 많은 낱눈이 감지한 시각 정보를 모아 전체의 상을 만들어내는 것이다.

되지만, 작고 많은 개별무기들이 모여 있는 상태의 전투는 한 개의 적에 대하여 다수의 아측 병기가 교전하는 양상으로 변하게 된다고 한다. 이러한 양상은 현대전에서 중첩성redundancy으로 취급되어 지양의 대상이다. 하지만 리비키는 작고 많은 개별 무기의 벌떼 공세로 적을 제압하는 것이 보다 효과적인 전술이 될 수 있다고 주장한다.[12] 또한 리비키는 이러한 많은 단위의 개별 병기들을 망의 형태mesh로 촘촘하게 연동시킬 것(네트워킹)을 강조하고 있는데, 여기서 개별 병기들은 모든 것을 완벽하게 혼자independently 처리할 필요는 없으나 각 제한된 성능의 개별병기 간 상호작용을 통해 시너지 효과가 전장에서 강력한 힘을 발휘할 것이라 주장한다(Libicki, 1997: 200). 리비키의 주장과 같이 벌떼 전술은 수적 우세의 중요성을 재차 강조한다.[13] 하지만 리비키는 란체스터 법칙에서 전제하는 교전 양측의 질적 동질성을 이야기하고 있지 않다. 오히려 개별 전투주체의 성능에서는 상대보다 떨어진다고 하더라도 네트워크를 통한 기능적 상호 연동이 이루어질 경우, 전장에서 승리할 수 있다는 것을 주장하고 있다.

벌떼 전술은 무인병기의 전력화에 있어서는 상대적으로 유용한 개념으로 발전되고 있다. 무인병기를 통한 벌떼 전술에 대한 대표적인 연구는 1998년 미 랜드연구소에서 발간한 「확산형 자율무기체계: 협동적 행동의 한 예시Proliferated Autonomous Weapons: An Example of Cooperative Behavior」[14]를 들 수 있는데, 동 연구에

12 제2차 세계대전 당시, 독일의 타이거 전차를 상대하는 연합군은 될 수 있으면 교전을 피하고 피치 못할 교전상태에 이를 경우 여러 대의 연합군 전차가 한 대의 타이거 전차를 둘러싸 협공을 하는 전술을 펼쳤다. 리비키가 주장하는 전술도 이와 비슷한 취지의 주장이라 할 수 있다.

13 전장에 있어서 수적 우세의 중요성을 역설한 법칙이 바로 란체스터의 법칙(Lanchester's Law)이다. 란체스터의 법칙에 의하면 다른 조건이 일정할 경우, 수적으로 우세한 측이 그렇지 못한 측보다 개별전투에서 산술적 계산보다 우월한(제곱의) 교환비율을 갖는다. 만약 수적으로 2:1의 상황에 있는 양측이 교전을 할 경우, 전투 중 교환비율은 2:1이 아니라 4:1이 되어 수적으로 두 배가 되는 측은 거의 피해를 입지 않는 상황에서 상대방을 섬멸시킬 수 있다는 것이다.

14 동 보고서는 미래형 무인병기의 개념을 연구한 것으로 주된 연구의 관심은 무인병기의 인공지능에 대한 것이다. 이 연구 보고서는 새와 물고기가 무리를 지어서 행동하면서도 서로 충돌하지 않으며, 무리가 움직이는 방향을 따라 이동하는 행동양상(flocking)을 소형 무인병기에 도입하여 벌떼 전술

**그림 7-1** 벌떼 전술의 활용 개념도

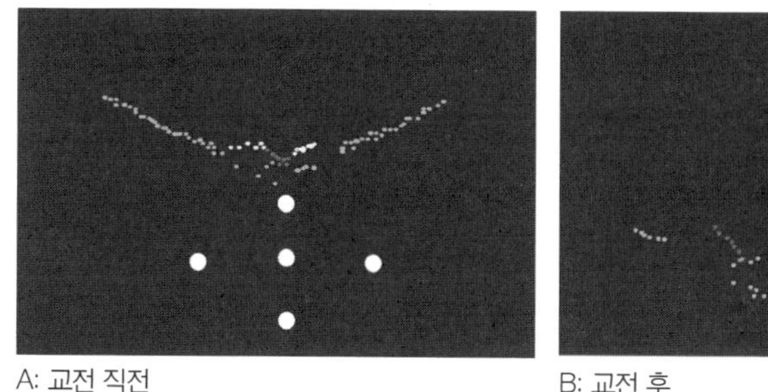

A: 교전 직전　　B: 교전 후

자료: Freinger, Kvitky and Stanley(1998: 25).

서는 무인병기로 구성된 독자적 전력을 통해 적국의 지상목표를 타격하는 방안을 제시했다.

**그림 7-1**은 「확산형 자율무기체계: 협동적 행동의 한 예시」에서 제시한 벌떼 전술의 활용 모습을 보여주는 도면이다. 동 도면에서 소개된 바에 따르면, 동 보고서는 미 공군의 요청에 의해 소형/다수의 무인병기의 전술적 활용(특히 소형/다수 무인병기 간 커뮤니케이션 및 충돌방지를 위한 프로그램 개발)을 연구했다. 동 보고서도 벌떼 전술의 핵심 요소로 '제한된 성능'을 보유한 다수의 병기들을 운용하는 것을 제시하고 있다.[15] 각 개별병기들은 탐지장비나 화력이 기존의 병기보다 열세이지만 상호 커뮤니케이션을 할 수 있는 개별주체로 많은 수가 떼를 이루어 몰려다니면서 기존의 첨단병기보다 월등한 타격성능을 보인다는 것이다. **그림 7-1**에서 나타나듯이 교전 직전, 무리를 이루어 진입하는 소형 무인병기들은 제한된 탐지능력을 가지고 있지만 상호 자신이 발견한 타격목표에 대한 정보를 주고받으며 이동한다. 사전 프로그램된 행동패턴 — 이러한 행동패

을 효과적으로 구상할 수 있는 방안을 모색하고 있다(Freinger, Kvitky and Stanley, 1998).

15 동 보고서에서는 개별무기의 가격은 약 3만 달러로 상정하고 보유해야 할 개별무기의 수는 1만 2000대를 상정했다(Freinger, Kvitky and Stanley, 1998: 45).

턴은 무리를 지어 이동 및 사냥을 하는 곤충이나 새의 행태에서 아이디어를 얻는다고 한다 – 에 의해 특정 목표만 과도하게 공격하지 않게끔 통제를 하게 된다. 이것이 바로 확산형 자율무기체계Proliferated Autonomous Weapons: PRAWNs의 핵심기술이다. CNASCenter for New American Security의 샤레Paul Scharre도 자신의 연구[16]를 통해 벌떼 전술이 가져다주는 전장무인화의 효용성을 강조했다. 그의 연구에 의하면, 벌떼 전술의 가장 큰 문제점의 하나는 희생의 문제이다. 벌떼 전술은 태생적으로 개별 전투주체를 희생적(소모적) 주체로 간주하기 때문에 인간병사가 구현하는 데는 제약이 따르지만, 무인병기에 적용할 경우 벌떼 전술을 보다 효과적으로 구현할 수 있다고 주장한다.[17]

전장무인화는 벌떼 전술을 통해 기존과는 다른 새로운 싸움방식을 도입하게 될 가능성을 열어두고 있다. 하지만 전장무인화는 이와는 별도로 기존의 군대의 모습을 새롭게 변화시키는 모습을 보여주고 있다. 우리는 통상 군을 육해공군으로 나눈다. 이러한 군종별 구분은 특정 공간에서의 전투에 대한 전문성을 기준으로 하는 것이다. 육군은 지상에서, 해군은 바다에서, 공군은 하늘에서 독자적 전문성을 가지고 있다. 각 군은 지상, 바다 및 공중에서의 전투기술의 전문성을 확보하기 위해 특화된 장비 및 조작요원을 보유하고 있다. 특히 해군과 공군의 경우 선박 운용과 관련된 특기 및 항공기 조종과 관련된 특기가 중요하며, 이러한 기술을 훈련시키는 데 막대한 비용을 투입한다. 전장무인화는 각 군이 가지고 있는 독자적인 전투공간의 경계를 느슨하게 할 수도 있다. 지난 세기 동안 하늘과 바다는 공군과 해군만의 공간이었다. 하지만 무인병기는 지상군으로 하여금 하늘과 바다에서의 전투가 가능토록 하고 있다. 무인병기

16 Sharre(2014); Paul Sharre, "Unleash the Swarm: The Future of Warfare,"(2015. 3. 4), http://warontherocks.com/2015/03/unleash-the-swarm-the-future-of-warfare(검색일: 2019. 3. 10).

17 Paul Sharre, "Unleash the Swarm: The Future of Warfare,"(2015. 3. 4), http://warontherocks.com/2015/03/unleash-the-swarm-the-future-of-warfare/3/(검색일: 2019. 3. 10).

가 가지는 특성, 탑승자를 배제하는 특성은 유인병기와 대비하여 조작요원의 교육 및 육성에 상대적으로 적은 비용을 요구하며, 해당 무기의 획득비용에서도 저렴한 장점이 있다. 이로 인해 지상군이 항공기와 함정을 보유하는 것이 가능해진다. 2000년대 초반 미 육군은 미군이 보유한 프레데터 무인기 중 50%를 보유하고 있었다. 미 육군은 2000년대 초반부터 하늘이라는 공간을 자신의 전투공간으로 활용하게 되었다는 의미이다. 이러한 무인병기의 활용은 각 군이 타군의 전투공간을 활용하게 만들 수 있으며, 이제까지 존재해 온 군 간의 기능적 경계를 느슨하게 만들 가능성도 있다. 물론 이러한 기술적 특성은 반드시 긍정적이라고 볼 수는 없다. 각 군 간의 기능적 중첩성으로 인한 비효율성도 우려되며, 특히 기존에 독자적으로 활용해 오던 전투공간을 타군이 활용하는 것에 대한 군 간의 갈등도 새로운 도전요인으로 작용할 수도 있다.

이상 소개한 전장무인화와 관련한 본질적인 변화들은 기존과는 다른 전쟁양상을 예고하고 있다. 정리하면, 전장무인화는 1) 기존과 달리 개별 전투주체를 1회성 소모품으로 간주하되, 2) 개별 전투단위를 작고 많게 구성하여, 3) 일시에 떼를 지어 공세를 펼치는 벌떼 전술을 통해 미래 전장에서 승리한다. 4) 또한 전장무인화는 각기 다른 전투공간에서의 전문성을 토대로 분화된 각 군의 역할의 경계를 느슨하게 하는 모습도 보인다. 아울러 전장무인화는 명령-통제에 있어서도 기존과 달리 극단적으로 중앙에 집중된 의사결정과 분산된 집행을 통해서 이루어진다는 특성도 가지고 있다. 하지만 국가가 전장무인화를 추진함에 있어 고려하는 것은 해당 군사기술의 우수성만이 아니다. 실제 사례에서 국가 특히 각 군은 전장무인화를 바라보는 시각이 달랐으며, 이런 상이한 시각이 전장무인화의 도입 및 수준에 큰 영향을 미쳤다. 이에 대해서는 구체적인 사례를 통해 설명하게 될 것이다.

## 3. 안보사영화 및 전장무인화의 사례: 중요 의사결정자로서의 국가를 중심으로

### 1) 안보사영화와 국가

#### (1) 미국의 안보사영화 추진 사례

미국의 안보사영화 추진 사례는 군사대국이 군사대행기업을 추진한 대표적 사례이다. 미국이 군사대행기업을 활용하게 된 배경에는 냉전 종식 이후 대규모 병력 감축을 주요한 내용으로 하는 미국의 국방계획이 자리 잡고 있다. 냉전이 종식된 직후, 아버지 부시George H. W. Bush 대통령 집권 당시의 기본 전력 계획Base Force Plan, 클린턴 행정부의 QDR 및 조인트비전Joint Vision 2020 등 미국은 냉전 이후 미국의 군사력을 재편성하기 위한 계획을 수립하게 된다. 중요한 것은 이러한 계획이 전제하는 냉전 종식 이후의 전장환경에 대한 관점이었다. 당시 미국은 냉전 종식 이후의 국제질서에 대해 낙관적인 전망을 하고 있었다. 구소련과 같은 초군사강대국과의 대결이 소멸하고 미국이 주도하는 국제질서는 이전과 대비해 현격히 안정된 질서가 될 것이라 전망했다. 따라서 미국은 냉전 당시 보유한 거대한 규모의 군사력이 필요 없게 되고 특히 유럽을 비롯한 핵심지역 방어를 위해 필요했던 대규모 재래식 병력이 필요 없게 될 것으로 내다보았다. 이러한 전망은 대규모 병력감축으로 이어졌다. 특히 클린턴 행정부는 미국의 경제적 위기가 냉전 당시부터 지속되어 온 과도한 국방비에 있다는 것에 주목하고 대규모 국방예산(인건비) 삭감을 추진했다. 1990~1993년의 기간 동안 미군은 약 70만 명을 감축하는데, 이는 냉전 당시 보유한 전체병력의 약 1/3의 규모였다. 하지만 1990년대 초부터 미국의 낙관적 기대는 어긋나기 시작했다. 냉전 종식 이후 전 세계적인 국지분쟁이 급증했으며, 동유럽 및 아프리카의 내전 발발로 미국은 냉전 당시보다 더 많은 군사개입과 이에 따른 임무를 수행해야만 했다.

기존보다 증가한 임무에 비해 감축된 병력은 여러 가지 문제를 일으킬 수 있었다. 가장 문제가 되는 것은 대규모 병력감축에 의해 미군에게 과도한 임무가 부과되어 전반적인 전비태세가 악화되는 문제이다. 이러한 문제에 대해 미국은 대략 다음과 같은 대안을 고려했다. 첫째, 정규군 재증강, 둘째, 예비군의 차출 증가, 셋째, 동맹국의 군사적 기여 확대, 넷째, 기술적 해결로 첨단 군사장비를 통한 해결, 다섯째, 군사외주 확대를 통해 병력부족을 해결하는 방안이다. 미 회계감사국은 이상의 방안 중 군사외주가 가장 유력한 대안이 될 수 있다고 평가했다. 하지만 안보사영화의 경우, 국방예산이 증가한다는 부작용도 있다는 우려가 있었다. 이에 미군은 안보사영화 추진을 위한 사전 검토에 착수했다. 우선적으로 미군이 고려한 것은 안보사영화가 적용가능한 영역에 대한 탐색이었다. 병참Logistics Civil Augmentation Program: LOGCAP,[18] 군사훈련과 군교육,[19] 대학의 학군단ROTC에 대한 사영화가 검토되고 타당성이 검증될 경우 실행에 착수했다.[20] 1996년에 접어들면서 군사대행기업을 통한 안보사영화는 점차 확대되었다. 1996년 미 국방부는 군사대행기업의 활용 확대가 신병 충원의 부족과 늘어난 해외 군사임무에 따른 인력난 해소에 도움을 줄 것이라고 판단하고 미 본토 사령부Continental United States: CONUS의 정보처리, 모든 유형의 기술훈련Technical Skill Training, 의료지원, 막사 건설을 포함한 관사건축Military Housing, 조종사 훈련Pilot Training(Lowe, 2000: 1), 무기체계의 정비Weapon System Maintenance, 개별병사의 훈련, 공군기지 운용Airfield Operation에 이르기까지 사영화의 범위를 넓혔다. 또한 미 본토 방공의 핵심기구인 북미방공사령부NORAD는 샤이언

18 미군은 육·해·공 3군이 각기 다른 이름으로 명명된 민간병참프로그램을 두고 있다. 육군의 LOGCAP(Logistics Civil Augmentation Program)과 해군의 CONCAP(Contingency Capabilities) 그리고 공군의 AFCAP(Air Force Contract Augmentation Program)이다.

19 육군 부대관리학교(Army Management School)를 시작으로, 합동무장지원학교(Army Combined Arms and Service School), 참모대학(Command and General Staff College) 내 교육 프로그램(Training and Doctrine Command Pilot Mentor Program)이 군사대행기업 MPRI에 맡겨졌다(싱어, 2005: 219).

20 2006년 7월에 이르면 ROTC 훈련대행은 234개 대학으로 확대된다. http://www.goarmyrotc.com (검색일: 2019. 3. 28).

산의 정보처리와 통신업무가 군사대행기업OAO Corporation(Saint, 2000)으로 넘어갔으며, 심지어는 QDR의 감수 및 TRADOC의 전략기획과 같은 정책기획을 위한 분석업무까지 사영화를 추진했다.[21] 하지만 여기에서 군의 핵심역량인 전투 관련 부문은 사영화가 추진되지 않았다. 이 사실은 이후 서술할 군사대행기업에 대한 국가의 자율성 및 혁신 추진과 관련한 엘리트의 저항과 관련하여 중요한 함의를 가진다. 바로 군의 핵심 보직 및 주요 승진 경로에 큰 변화가 없게 된 것이다. 여전히 승진을 위한 핵심 경로에 전투병과는 중심에 서게 되고 이러한 것은 안보사영화 추진과 관련하여 군 내부의 저항이 발생하지 않는 주요한 요인이 되었다.

미국의 문제는 다른 곳에 있었다. 안보사영화가 확대되면서 군의 군사대행업체에의 의존도가 심화된 것이다. 특히 이라크-아프간전을 수행한 부시 행정부 기간 동안 미국의 군사대행기업 활용은 사상 최대를 기록했다. 군사대행기업의 대규모 활용은 이에 따른 부작용을 수반했다. 미 의회 연구소의 보고서(Shwartz, 2009)를 비롯하여 미국의 군사대행기업에 대한 의존도 심화에 따른 문제점이 지적되기 시작했다. 미국의 군사대행기업 활용의 문제점은 크게 두 가지이다. 하나는 군사대행기업의 정부-군사대행기업 간 계약관리의 미흡으로 과도한 예산지출 및 불충분한 서비스 제공의 문제점이 발생하고 있다는 것이고 다른 하나는 검증되지 않은 군사대행기업 직원들의 전장 내 일탈 및 범죄행위로 인해 미국의 아프간 및 이라크전에서의 입지를 약화시킬 가능성이 매우 높다는 것이다(Shwartz, 2009: 2).

이후 미 대선 과정에서 군사대행기업에 대한 과도한 의존은 선거 중 하나의 쟁점이 되었으며, 당시 민주당 대선후보였던 오바마Barack Obama는 미국의 전략목표의 수정(축소)을 포함하는 구체적인 대안을 제시했다. 당시 오바마는 이

21 MPRI, "Strategic Planning Programs," http://www.mpri.com/main/strategicplanning.html.

라크전의 종결, 이라크 주둔 미군 병력의 철수와 대이라크 지원 축소를 비롯하여,[22] 주방위군 및 예비군의 전비태세 복구, 다른 국가와의 군사협력 강화 및 군사외주계약과 관련한 제도 개선 방안도 제시했다.[23] 집권 이후 오바마는 지나친 공공 부문 사영화가 오히려 세금을 낭비시키고 있다고 판단하여 공공 부문 사영화를 축소시키는 방안을 모색했다. 오바마 대통령은 자신이 상원의원이던 시절 발안한 「군사안보 계약에 관한 투명성 및 책임성 확보법Transparency and Accountability in Military and Security Contracting Act, S. 674」을 강조하는 한편, 2009년 2월에는 군사·정보를 포함한 주요한 군사임무에 대한 민간 부문의 활용을 줄이고 (군인을 포함한) 공무원을 통해 임무를 수행할 것을 주요한 내용으로 하는 개혁안을 추진했다.[24] 2010년 8월 9일에는 미 국방부 예산 관련 브리핑을 통해 군사대행기업과 관련하여 매년 10%씩 3년간 군사대행기업 활용을 줄이는 것으로 방향을 잡았고, 정보활동 영역에서의 군사대행기업에 대한 의존도를 줄이기로 했다.[25]

다인코프DynCorp의 회장 롬바디Paul Lombardi의 언급을 비롯하여 미국의 안보 사영화는 되돌릴 수 없을 정도까지 되었다는 주장[26]도 있으나 미국의 사례는

22 김선일, "이라크 미군 철군해 파키스탄 보낼 것," ≪조선일보≫, 2007. 8. 3.

23 오바마 후보의 군사안보 관련 공약은 1) 이라크전 종결, 2) 21세기 군 통수권자로서의 미 대통령의 역할 강화, 3) 21세기 군사력을 위한 투자, 4) 주방위군 및 예비군의 전비태세 복구, 5) 21세기에 부합하는 국방력 건설, 6) 전 지구적 안정을 촉진하기 위한 추가수단의 개발, 7) 다른 국가와의 군사협력 강화, 8) 군사외주계약 관련 제도 강화이다. 특히 이라크전과 관련해서는 16개월 이내에 이라크 파병미군의 철수를 주요한 내용으로 한다. Obama'08, "A 21st Century Military for America: Barack Obama on Defense Issues," http://www.barackobama.com/pdf/Defense_Fact_Sheet_FINAL.pdf (2019. 8. 15).

24 David Isenberg, "Private Military Contractors and U.S. Grand Strategy," PRIO Report(January 2009), p.15.

25 Christine Fox, "DoD Efficiency Decisions"(2010. 8. 9, 12:00PM), 미 국방부 브리핑 슬라이드 자료, p.5, 10.

26 대표적으로 다인코프의 CEO인 폴 롬바디의 언급을 들 수 있다. "당신(미국 정부)은 우리(군사대행

군사대행기업에 대한 국가의 자율성을 보여준다. 미국이 이라크와 아프가니스탄에 대한 군사개입을 지속한다고 가정할 경우, 롬바디의 주장은 상당한 설득력을 가진다. 하지만 롬바디는 다른 일면을 보지 못했다. 오바마 정부가 보여주었듯이 미국 정부는 군사적 개입 및 전쟁수행 자체를 선택할 수 있는 결정권이 있다는 것이다. 이러한 자율성을 발휘할 수 있었던 것은 군사력의 핵심인 전투 및 주력 부대를 정규군의 고유 영역(독점성 유지)으로 보존했다는 점도 무시할 수 없는 요인이다. 만약 미국이 전투부문이나 주력부대와 관련한 분야에 군사대행기업을 활용할 경우, 미국은 추진과정 자체에서 어려움에 처할 가능성이 높았다. 내부 엘리트의 반발로 인해 군사대행기업 활용에 상당한 저항이 발생할 수도 있었다. 하지만 미군은 군사대행기업을 통해 대규모 병력감축 이후 발생한 병력부족을 주력부대 이외의 영역에서 보완했다. 앞서 살펴보았듯이 추진과정에서 비전투 분야를 중심으로 활용 분야를 확대하여 미군 내 전투병과를 중심으로 하는 엘리트에 큰 저항을 발생시키지 않았다. 군사대행기업은 주력부대 자체의 병력부족을 직접적으로 보완한 것이 아니라 비전투 분야에서 외주를 통해 병력을 절감하여 미군의 전체 병력에서 전투병력의 비중을 늘리는 데 기여했다. 이러한 과정을 통해 미국의 군사대행기업은 군 내 엘리트들의 저항을 최소화하면서 추진할 수 있었으며, 군사대행기업에 대한 의존도에서도 일정 부분 자유로울 수 있었다.

#### (2) 크로아티아, 보스니아 및 사우디아라비아의 사례

미국의 안보사영화와 달리 크로아티아, 보스니아 및 사우디아라비아는 외부

기업) 없이 전쟁을 수행할 수 있을지 모르나, 그것은 매우 어려울 것이다. 왜냐하면 우리는 이제 너무나 깊이(미국이 수행하는 전쟁에) 관여하고 있기 때문이다." David Isenberg, "Shadow Force: Private Security Contractors in Iraq"(2009. 2. 16), http://www/cato.org/ pub_display.php?pub.id=9979(검색일: 2019. 3. 4).

의 군사지원을 대체할 목적으로 안보사영화를 추진했다. 앞서 언급한 국가들은 냉전 종식 이후 공통의 문제를 안고 있었다. 오랜 기간 외부 군사지원 의존으로 인해 자체 군사력 증강에 필요한 장기적 기획능력과 훈련의 노하우를 갖추지 못하게 된 문제였다. 냉전 당시에는 구소련 혹은 미국의 군사지원 및 군사고문단 파견을 통해 해결할 수 있었지만 냉전 종식 이후 이들 국가로부터의 지원은 요원해졌다. 이들 국가의 문제를 해결하는 것은 군사대행기업 활용이 되었다. 동 방안을 통해 이들 국가는 외부군사지원을 우회적으로 달성할 수 있었다. 또한 이들 국가에서 나타난 군사대행기업 활용이 자국군 내 엘리트를 해치지 않는 군사훈련 및 자문 분야에서 일어났다는 것도 이들이 비교적 수월하게 군사대행기업을 활용할 수 있었던 요인 중의 하나가 되었다. 이들에게 필요한 것은 자국군의 창군 및 역량 강화에 필요한 훈련 및 자문이고 이러한 영역은 해당 국가 정규군의 역량을 강화하는 것이었기에 군의 입장에서도 반대할 이유가 없는 것이었다. 또한 이들이 처한 안보상황에서 자국의 군사력 강화는 절실한 문제였기 때문에 군사대행기업과의 계약을 통한 군사자문 및 훈련 획득은 현실적으로 가능한 대안이 될 수 있었고 내부의 저항 없이 추진이 가능했다. 이들 국가에서 군사대행기업은 해외 군사고문단의 역할을 대행하는 모습을 보이게 된다. 이들 국가의 사례를 보다 구체적으로 언급하면 다음과 같다.

크로아티아의 경우, 냉전 종식에 의해 구舊유고연방에서 분리되어 신생국가가 된 후 처한 자국의 안보위협에 군사대행기업 활용으로 대응했다. 1990년대 초, 연방의 주도권을 두고 벌어진 세르비아와의 갈등은 인종적·종교적 문제와 연결되어 내전으로 확대되었다.[27] 내전 발발 직후 비교적 빠른 시일 내에 UN

27 유고연방에 가입했던 각 공화국들은 각 국가의 인종 및 종교 분포가 상이했다. 예로 세르비아는 슬라브족의 일종인 세르비아인이 위주가 되었고 크로아티아는 크로아티아인이 주된 인종이었으며 가톨릭을 종교적 배경으로 하고 있었는데 유고연방 전체적으로 보면 세르비아인이 우세하나 크로아티아 내에서 세르비아인은 소수민족으로 전락하게 되는 것이다. 크로아티아의 내전도 이러한 배경을 안고 있었다.

및 미국을 비롯한 국제사회의 개입 및 중재가 있었지만[28] 이러한 국제사회의 개입에도 불구하고 전황은 크로아티아에게 불리하게 돌아가고 있었다. 크로아티아는 연방에서 탈퇴한 직후 변변한 군대도 갖추지 못한 상태였다. 이에 당시 크로아티아의 대통령이었던 투지만Franjo Tudjman은 크로아티아 정규군Croatia Armed Forces, Hrvatska Vojka: HV 창설을 비롯한 국방력 강화계획을 추진했다. 하지만 크로아티아는 스스로 자국의 군사력을 건설할 노하우가 없었다. 외부로부터의 지원이 절실했지만 해외군사지원을 확보하는 것은 쉬운 일이 아니었다. 가장 유력한 군사지원국인 미국은 대규모 병력감축과 소말리아 사태의 파장으로 인해 지상군 파병에 상당히 소극적인 입장을 가지고 있었기 때문이다.[29] 크로아티아의 고민은 안보사영화를 통해 해결되었다. 1994년 9월, 크로아티아는 미 국무성으로부터 MPRI와의 계약에 대한 허가를 얻어냈다.[30] 크로아티아는 과거 바르샤바조약기구의 구성원인 구동구권 국가와의 안보협력을 위한

28 Paul Lewis, "U.N. is Extending Force in Croatia," *The New York Times*, 1993. 10. 5, http://www.nytimes.com/1993/10/05/world/un-is-extending-force-in-croatia.html(검색일: 2010. 4. 5). 이러한 중재안이나 평화유지군의 파견이 모두 다 효과적인 것은 아니었다. 1992~1993년 UN의 중재 노력은 별 효과를 거두지 못했다. 평화회담은 세르비아계 혹은 무슬림계의 불참으로 결렬되기 일쑤였고 평화협정 이후에도 지역 내의 인종청소를 비롯한 학살이 지속되는 경우도 있었다. 결국 이러한 문제는 1999년 코소보사태로 나타나게 되는 것이다.

29 베트남전의 경험이 있는 파월은 1993년 4월 상원의회 증언에서 "만일 미국이 2000명의 지상군을 이 지역에 파견한다면 그 2000명을 지키기 위해 추가적으로 10만 명을 투입해야 할 것"이라고 주장하면서 유고 지역의 지상군 파견을 경계했다. 파월은 지상군 파병의 반대에 덧붙여 이 지역에 대한 미국의 군사적 개입은 수차례의 공중폭격(a little surgical strike)과 같은 제한적인 것이어야 한다고 주장했다. 파월의 주장은 1999년의 코소보사태에서 관철되어 미국은 지상군의 파병 없이 공중폭격으로만 전쟁을 치렀다. Lyle J. Goldstein, "General John Shalikashvili and the Civil-Military Relations of Peacekeeping," *Armed forces and Society* (Spring 2000), http://www3.gettysburg.edu/~dborock/courses/Spring/p344/ps344read/GOLDSTEIN-SHALIKASHVILI,PEACEKEEPING.HTM(검색일: 2006. 11. 20).

30 David Isenberg, "Soldier of Fortune Ltd.: A Profile of Today's Private Sector Corporate Mercenary Firms," Center for Defense Information Monograph(November 1997), http://www.aloha.net/~stroble/mercs.html(검색일: 2019. 3. 20).

NATO의 프로그램인 평화동반자프로그램을 활용하여 MPRI와의 계약을 추진하게 된다. 평화동반자프로그램의 후보로 적합하도록 크로아티아군을 NATO식으로 개편하고(싱어, 2005: 227), 이에 대한 자문을 MPRI로부터 받는다는 구실을 만들어낸 것이다. 또한 이 구실은 미국으로부터 재정지원을 받을 수 있는 방편이 되기도 했다. NATO의 확산과 관련된 동 프로그램에 미국이 재정지원을 하고 있었기 때문이다(Avant, 2005: 153). 달리 말해, 크로아티아의 MPRI의 활용은 대체적 수단을 통해 군사고문에 대한 지원을 받는 것이었다. 장성을 포함하여 전직 미군 고위직으로 구성된 MPRI 직원들의 자문은 반격 작전계획을 입안하는 크로아티아군에게 '족집게 과외' 같은 효과를 발휘했다. 전투와 같은 군의 핵심역량의 전반을 대체하는 것도 아니었기에 군 내부의 저항도 없었다. MPRI와의 계약 이후 크로아티아군은 1995년 세르비아계에 대한 공세를 통해 세르비아계가 장악하고 있던 영토를 대부분 회복했을 뿐 아니라 보스니아 영토의 20% 정도를 점령하기도 했다(Zarate, 1998: 108). 이러한 압도적인 승리를 통해 1995년 데이턴 평화협정Dayton Agreement이 체결되었다.[31]

크로아티아가 MPRI를 활용하여 군사적 성공을 거둔 이후, 안보사영화를 통한 군사력 개편의 방식은 비슷한 처지에 놓인 보스니아와 같은 이웃국가들에 의해 응용되기 시작했다. 1996년 5월, 보스니아는 보스니아 연방군의 개편을 지원하는 것을 내용으로 하는 계약을 MPRI와 체결했다(싱어, 2005: 230).[32] 크로아티아와 마찬가지로 보스니아도 군사대행기업과의 계약을 후원할 외부지

31 "Dayton Accords," *Encyclopædia Britannica*, Retrieved August 30, 2010, Encyclopædia Britannica, http://www.britannica.com/EBchecked/topic/153203/Dayton-Accords(검색일: 2019. 4. 1). 데이턴 협정에 의해 미국의 지상군의 파견이 결정된다. 하지만 당시 미군이 수행한 임무는 크로아티아나 보스니아에게 어떠한 도움을 주지도 못했다. 당시 미국의 임무는 UN평화유지군의 임무와 별다를 것이 없었고 주둔 시기도 1년 정도로 못박았다. 약 1년간 분쟁 당사자에게 숨 쉴 틈을 제공한다는 아주 모호한 임무였던 것이다.

32 당시에는 경쟁 입찰로 MPRI 이외에도 미국이 SAIC과 BDM이 참여했으나 MPRI에게 낙찰되었다. MPRI의 크로아티아에서의 명성이 작용한 결과이다.

원세력을 확보할 수 있었다. 이러한 점은 1990년대 중반 시에라리온이나 앙골라처럼 국제적으로 완전히 고립된 약소국들과는 차별이 되는 경우이다. 보스니아가 종교적으로 무슬림muslim에 기반한 국가라는 것은 아랍세력의 지원을 획득할 수 있는 좋은 구실이 되었다. 아랍 국가들은 기독교(서방)세력과 무력분쟁 중에 있는 국가들에 대해 지속적인 재정지원을 해왔다. 사우디아라비아의 하마스HAMAS 지원은 대표적 사례이다. 이들 아랍세력은 파병과 같은 직접적인 군사적 지원을 주지는 못하지만 서방 세력과 투쟁하는 형제국가에 대해 재정적 도움을 줄 수 있었다. 보스니아도 이러한 아랍국가의 지원 혜택을 누릴 수 있었다. 보스니아와 MPRI의 계약에 필요한 자금은 사우디아라비아, 쿠웨이트, 브루나이, 아랍에미리트연합 및 말레이시아와 같은 이슬람 국가들로부터 지원받았다.[33] 또한 보스니아는 MPRI와의 계약에 있어 노골적으로 전투훈련을 위주로 한 내용을 담게 했다. 군 안정화 프로그램Military Stabilization Program으로 명명된 보스니아의 군사력 개편 프로그램은 보스니아 내부의 무슬림과 세르비아계의 세력균형을 창출하는 데 목적을 두고 있었으나 세르비아계를 지원하는 신유고연방과의 무력충돌까지 고려한 것이기도 했다.

사우디아라비아의 경우, 냉전 당시부터 미국과 공고한 우방관계를 유지한 아랍의 친미국가로 이들에게 있어 미국과 같은 외부로부터의 군사지원은 냉전 이전부터 지속되어 온 당연한 것이었다. 하지만 냉전 종식 이후 미국과 사우디아라비아의 관계는 점차 악화되었고 이러한 추세는 안보협력의 약화로 나타나

33 보스니아와 MPRI의 계약에 필요한 자금은 사우디아라비아, 쿠웨이트, 브루나이, 아랍에미리트연합, 및 말레이시아와 같은 이슬람 국가들로부터 지원받았다(싱어, 2005: 231). 이러한 아랍의 재정적 지원은 체첸 지역의 내전에서도 나타나고 있다고 전한다. 체첸 내전은 용병 간의 전쟁이 되고 있는데 아랍 진영과 유럽의 무슬림 국가인 터키가 용병을 사들여 체첸에 보내고 있다고 한다. "RUSSIA: Turkish Organizations Support Chechnya Mercenaries?" Corp Watch(2004. 11. 5), http://www.corpwatch.org/article.php?id=11654(검색일: 2006. 11. 24), "Mercenaries aid Chechen rebels," CNN(2001. 2. 14), edition.cnn.com/video/world/2001/02/14/sh.chechnya.affl.html(검색일: 2019. 2. 24).

게 되었다. 1993년 클린턴 행정부가 출범한 이후 미국이 사우디아라비아에 석유무역의 균형(Pollak, 2003: 85), 사우디아라비아의 민주화 및 이스라엘과 관계 정상화를 요청한 사건은 양국 간 심각한 외교갈등으로 확산되었다.[34] 2001년 9·11 테러 이후 미국과 사우디아라비아와의 관계는 더욱 악화되었다. 9·11 이후 미국의 테러와의 전쟁에 대한 사우디아라비아의 비협조적 태도는 양국 관계를 1973~1974년 중동 석유 금수조치 이래 최악의 상황으로 몰고 갔다.[35] 이러한 양국의 갈등이 사상 유례없는 수준으로 증폭되는 가운데 2003년 미국은 사우디아라비아에 주둔하고 있던 자국의 병력을 철수시키기로 결정하게 되었다. 냉전 당시부터 미국과의 군사협력에 의해 자국의 군사력을 유지한 사우디아라비아에게 미국과의 갈등은 자국 군사력 유지의 핵심 지원세력을 잃게 되는 결과를 초래했다. 사우디아라비아는 미국과의 관계 악화로 야기된 자국의 군사적 공백을 보완할 대책이 필요했다. 이러한 외부 군사지원의 공백에 대해 사우디아라비아가 활용한 것은 당시 사우디아라비아에서 활동하고 있던 비넬Vinnell이라는 군사대행기업이었다. 미국과의 관계가 소원해졌을 때마다 사우디아라비아는 비넬과의 계약을 강화했다. 1995년은 사우디아라비아에서 테러가 발생한 해이고 대테러 대응을 두고 미국과 사우디아라비아 간 긴장이 조성된 시기였다. 리야드Riyadh 테러가 발생하고 나서 약 4개월이 지난 1995년 12월, 비넬의 핵심 당국자인 칼루치Frank Carlucci는 리야드를 방문하여 비넬의 사우디

34 사우디아라비아 국가자문평의회(Shura Council)의 오트만 알 라와프(Othman Al-Rawwaf)는 이러한 클린턴의 중동정책에 대해 사우디아라비아 정부가 강력한 반대 입장을 표명했고 이러한 클린턴 행정부의 정책이 사우디아라비아로 하여금 아랍 국가들의 팔레스타인에 대한 지원을 주도하는 역효과를 초래했다고 증언했다. "Saudi Shura Member: Saudi Arabia Should Seek a Strategic Alternative to U.S," *Ai-Asharq Al-Awasat*, 2002. 1. 25, translated by MEMRI(The Middle East Media Research Institute).

35 미국은 크게 세 가지 영역에서 사우디아라비아의 협력을 의심하고 있었다. 사우디아라비아 내 기지 사용, 테러리스트 집단의 재정연계망에 대한 조사, 사우디아라비아 내의 극단주의자에 대한 억제가 그것이었다(Prados, 2001: 2).

아라비아 현지 사업 확장을 논의했다(Habley, 1997). 그 결과 비넬은 사우디아라비아 측에 조인트벤처 기업을 설립할 것을 제안하고 비넬 사우디아라비아Vinnell Arabia in Saudi Arabia라는 현지 법인을 세웠다.[36] 이후 비넬은 사우디아라비아군의 훈련뿐 아니라 사우디아라비아 국방부가 추진한 군 현대화계획을 포함한 전략컨설팅까지 사업영역을 확대하게 되었다. 비넬과 사우디아라비아의 계약은 1996년 빈 라덴Osama bin Laden 검거 실패 이후 더욱 악화된 양국 관계에도 불구하고 지속적으로 유지되었으며, 비넬은 사우디아라비아군 운용의 실질적 주체라고 할 정도로 입지가 강화되었다. 이러한 모습은 미군이 철수를 결정한 2003년에도 나타났다. 미군이 철수를 결정한 뒤 얼마 지나지 않은 시점인 2003년 12월, 사우디아라비아는 사우디 국가보안군의 전투 관련 부문까지 포괄적으로 외주화하는 내용을 담은 계약을 비넬과 체결했다.[37]

크로아티아, 보스니아 및 사우디아라비아의 군사대행기업 활용은 해외군사지원 획득이 요원한 상황하에서 국가가 적극적으로 자국의 군사력 강화를 위한 대안을 모색하는 가운데 나온 조치이다. 이들 국가의 군사대행기업 활용에서 주요한 부분은 국가가 적극적으로 이들에 대해 활용을 하는 움직임을 보였다는 점이다. 또한 이들 국가 역시 전투 부문을 제외한 영역에서 군사대행기업을 활용했다는 점도 주목해야 할 사항이다. 군 역량의 중심이 각국의 정규군으로 되어 있는 상황에서 정규군이 절실하게 필요로 하는 훈련 및 자문만 제공받은 것은 이들이 내부적인 갈등 혹은 저항을 겪지 않게 했으며, 이를 통해 보다 수월하게 군사대행기업을 활용할 수 있게 한 요인이기도 했다.

36 Vinnell, "Contract Support to the Saudi Arabian National Guard", http://vinnell.com/ArabiRecruiting/recruiting.htm(검색일: 2006. 12. 2).

37 동 계약의 기간은 5년(2004년 1월부터 2008년 12월 31일까지)이고 계약 당시 잠정 집계된 계약금액은 9억 9천만 달러였다(Hughes, 2003).

### (3) 앙골라, 시에라리온 그리고 파푸아뉴기니: 극단적 사용 및 추진 거부

앙골라, 시에라리온 및 파푸아뉴기니는 내전으로 자국 정권이 붕괴 직전의 상황에 처한 가운데 최후의 수단으로 군사대행기업을 활용하는 모습을 보여주는 공통점을 가지고 있다. 이들은 고립된 약소국으로 자국의 내전 상황이 악화되었음에도 불구하고 자체적인 군사력 증강은 물론, 해외 군사지원마저 획득하기 어렵게 된다. 이러한 상황에서 군사대행기업은 마치 군사적인 기적을 연출하듯이 극적으로 전장상황을 반전시키게 되는데, 이들 국가는 내전에 필요한 모든 병참, 지휘 및 전투 자체까지도 군사대행기업에게 의뢰하는 패키지 활용Package Deal의 형태를 보여주었으며, 군사대행기업과의 계약 체결에 필요한 자금을 자국의 천연자원에 대한 매각을 통해 동원했다.

앙골라의 경우, 1975년 독립 직후부터 내전에 시달렸다. 냉전 당시 앙골라 내전은 정권을 잡은 MPLAMovimento Popular para a Liberacao de Angola와 UNITAUniao Nacional para a Independencia Total de Angola의 대결로 압축되었다.[38] 하지만 앙골라 내전은 냉전 종식 이후 다른 국면으로 전개되었다. 가장 중요한 냉전 종식의 영향은 바로 외부 군사지원의 단절이었다. 냉전 당시 MPLA에게 무장력을 제공했던 소련은 더 이상 MPLA 정권을 지원하지 않게 되었다. 특히 가장 큰 타격을 준 것은 5만 명에 달하는 쿠바군의 철수였다. 여기에 더해 MPLA보다 많은 병력을 보유한 UNITA는 급속하게 세력을 확장하여 전 국토의 80%를 장악했다(Shearer, 1998: 46). 같은 해 3월, MPLA의 경제 기반인 소요Soyo 지방의 석유

38 이들의 경쟁은 냉전의 대결구도 속에서 서방과 공산진영의 대리전 양상을 띠었다. 소련과 쿠바가 MPLA 정권을 위해 자금과 군대를 지원했고 남아공은 1970년대 중반 이후, 미국은 1980년대부터 UNITA를 지원했다. 이 외에도 MPLA와 군사적으로 밀접한 관련을 맺은 국가로는 북한이 있다. 북한은 1970년대 초부터 MPLA의 게릴라 병력을 북한 내에서 훈련시켜 왔으며, 이들에게 군사고문단을 파견했다. 1984년 9월에는 1500~3000명에 달하는 군사고문단을 보낸 적도 있었는데 당시 북한이 보낸 군사고문단은 UNITA를 지원하는 남아공 특수부대를 상대하기 위한 것이었다(베르무데스, 1991: 225~227).

시설이 UNITA의 수중에 넘어가게 되면서 앙골라 내전은 UNITA의 승리가 거의 확실시되었다. 소요 지방의 석유시설 탈환을 위해 MPLA 정권이 동원할 수 있는 국가 차원의 노력은 크게 세 가지였다. 첫째, 자체 군사력을 증강시키기 위해 추가적인 병력 동원을 하는 것이었고, 둘째, 기존의 소련 및 쿠바 이외의 대외군사지원국을 획득하는 것이었다. 마지막으로 UN 평화유지군에게 이 문제의 해결을 맡기는 것이었다. 하지만 이 세 가지 방법은 모두 현실화되지 못했다. 결국 앙골라는 최후수단으로 군사대행기업에 문제해결을 의뢰하게 되었다. 1993년 5월, MPLA 정권은 남아공 군사대행기업인 EOExecutive Outcomes와 계약을 체결하게 된다(Pelton, 2006: 256). 이 계약이 특이한 것은 내전 해결을 위한 전투대행을 의뢰한 것이다. 또한 EO를 고용할 자금은 캐나다의 레인저Ranger를 비롯한 광산회사들이 제공했는데 이들 광산회사들은 대가로 앙골라의 석유 및 천연자원에 대한 채굴권을 확보하게 되었다(싱어, 2005: 197). 첫 번째 계약 종료 후 MPLA 정권은 앙골라군 재건을 명목으로 사실상 모든 군사영역의 업무를 EO에 의뢰했다.[39] 두 번째 계약은 3년간 지속되었으며, MPLA 정권은 EO에 총 3억 달러를 지불했다(Pelton, 2006: 258).[40] EO를 활용한 군사작전은 성공했고 결국 1994년 11월, 루사카Lusaka에서 MPLA 정권과 UNITA는 평화협정을 체결했다. UNITA는 협정 체결의 조건으로 EO의 철수를 요구했는데, 평화협정이 체결된 이후에도 MPLA 정권은 1년이 넘는 기간 동안 EO와의 계약을 유지했다.[41]

39 당시 EO는 항공기뿐만 아니라 조종사까지 공급했다(Venter, 2005: 415).

40 흥미로운 사실은 앙골라와의 두 번째 계약 당시 사이먼 만(Simon Mann)이 영국군 장교로 군 복무 중이던 옛 친구 팀 스파이서(Tim Spicer)에 연락하여 EO의 중역을 맡아달라고 요청한 것이다. 이후 샌드라인 인터내셔널을 창설한 스파이서는 그 당시 사령관(장군) 진급을 앞두고 있어 이 요청을 거절했다.

41 EO와 MPLA 정권의 계약이 끝나게 되는 것은 클린턴 행정부의 개입에 의해서였다. 클린턴 행정부는 앙골라 내전에 개입한 EO를 조속한 시일 내에 철수시키도록 국제적인 압력을 행사했다. 1995년 12월, 미국의 압력에 의해 EO는 앙골라에서 철수했다(싱어, 2005: 198).

두 번째 사례인 시에라리온 내전은 영화 〈블러드 다이아몬드Blood Diamond〉에서 묘사될 만큼 극적인 상황을 연출했다.[42] 1991년 3월, 라이베리아 대통령 찰스 테일러Charles Taylor의 지원[43]을 받은 산코Fodey Sankho의 RUFRevolutionary United Front의 공세에 의해 시에라리온은 내전 상태에 돌입하게 되었다.[44] 내전이 진행되던 1992년에는 발렌타인 스트라서Valentine Strasser(당시 27세)가 군사 쿠데타를 통해 집권하고 이후 시에라리온 정국은 극도의 혼란이 발생했다(Spicer, 1999: 190).[45] 이러한 가운데 과거 식민지배국으로서 시에라리온 문제에 개입하던 영국은 모든 형태의 지원을 중단하는 결정을 내렸다(Spicer, 1999). 당시 스트라서 정권이 내전 해결을 위해 할 수 있는 일은 사실상 부재했다. 자체 군사력은 RUF를 상대하기에는 역부족이었고 군대라고 해봤자 형식적인 집단에 지나지 않았다.[46] 이러한 상황에서 외부 군사지원의 차단은 스트라서 정권의 위기를 가속화시켰다. 과거 식민지배국이었던 영국의 지원 중단을 대체하기 위해 미국을 위시한 강대국과 UN을 비롯한 국제사회에의 지원을 호소했지만 국제사회의 지원은 모두 거절당했다(싱어, 2005: 205). 1995년 4월이 되자 RUF는 수도까지 진격했고(Pelton, 2006: 262), RUF의 잔인성을 익히 알고 있는 각국 대

42 2006년 시에라리온 내전을 다룬 영화 〈블러드 다이아몬드(Blood Diamond)〉에서 EO를 모티브로 한 군사대행기업이 등장했다.

43 찰스 테일러는 RUF의 쿠데타 지원의 대가로 시에라리온의 다이아몬드 채굴권을 따내려 했다(Venter, 2005: 26).

44 산코와 찰스 테일러의 관계 및 산코의 내전 발발과 관련한 상세한 내용은 시에라리온 특별재판소 검사 크레인(David M. Crane)의 산코에 대한 기소장에 상세히 나와 있다. The Special Court for Sierra Leone, Indictment(Case No. SCSL-03-), http://www.sc-sl.org/LinkClick.aspx?fileticket=Aehotqx6lAA%3d&tabid=187(검색일: 2010. 5. 15).

45 스트라서가 집권한 1992년이 끝나기도 전에 또 다른 쿠데타 음모가 발각되었다. 스트라서는 쿠데타의 진압 이후 25명의 군 장교를 처형했다.

46 당시 시에라리온 정규군의 총병력은 약 6000여 명이었는데 RUF의 병력은 최소 1만 5000명에 달하는 것으로 나타났으며 점령 이후 강제 동원한 소년병들을 합치면 4만 명 정도가 되는 것으로 추산되었다.

사관은 서둘러 피신하는 등 스트라서 정권은 붕괴의 위기를 맞이했다. 앙골라와 마찬가지로 스트라서 정권의 최후의 선택도 바로 군사대행기업의 활용이었다. 수도 프리타운Free Town이 RUF에 의해 포위된 상태에서 스트라서 정부는 EO와 계약을 체결했다. 계약액은 착수금으로 1500만 달러를 지급하도록 되어 있으나 21개월간의 추가 병력 투입으로 3500만 달러가 추가로 지급되었다(Pelton, 2006; Davis, 2002: 14; Reno, 2000).[47] 하지만 당시 스트라서에게는 1500만 달러의 착수금을 지불할 여력이 없었다. 앙골라와 유사하게 스트라서 정권은 다이아몬드 채굴권을 대가로 EO와의 계약을 체결했다.[48] 앙골라 사례와 유사하게 EO에게는 가능한 모든 수단의 동원이 허락되었고 작전을 위해 필요한 모든 조치도 EO가 자체적으로 해결하도록 했다. 사실상 EO에게 내전 자체의 해결을 의뢰한 것이다. 계약이 체결된 이후의 과정은 신속하게 전개되었고 성공적으로 마무리되었다. 1995년 5월, 4일간의 전투 끝에 EO는 반군을 수도 외곽으로 물러나게 했다(Pelton, 2006: 262~263). 이후 시에라리온은 정권이 교체되고 새로운 정치지도자인 카바Amed Tejan Kabbah는 EO에 대한 부정적 시각과 RUF의 평화협정체결조건에 EO의 철수가 있다는 것을 고려하여 EO와의 계약을 취

47 스트라서와 EO 접촉 배경에는 두 가지 설이 있다. 하나는 스트라서가 ≪뉴스위크(Newsweek)≫와 ≪용병(Soldier of Fortune)≫의 EO 관련 기사 등을 통해 EO의 활약상을 이미 알고 있었다는 설이다. 다른 하나는 광산업자 앤서니 버킹엄(Anthony L. R. Buckingham)의 추천설이다. 피터 싱어(Peter W. Singer)는 시에라리온 1년 예산의 1/3에 해당하는 3500만 달러짜리 계약은 시에라리온 정부에게 아주 유리한 것이었다고 주장했다(싱어, 2005: 203~204).

48 이에 대해 당시 시에라리온의 부통령이었던 줄리어스 비오(Julius Bio)는 다음과 같이 당시 스트라서 정권의 계약 이유를 설명하고 있다. "당시 우리는 군사정권이었기 때문에 국제사회의 지원을 얻을 수 없었다. 미국, 영국, UN 모두 우리의 지원 요청을 거부했다. 우리는 우리 국민들이 죽어가는 것을 수수방관할 수밖에 없었다. (중략) 일각에서는 아주 비싸다고 할 수 있겠지만 우리가 구한 국민들의 숫자에 비교해 보면 그렇지도 않다. 우리가 그렇게 한 근본적인 이유는 생명을 구하기 위한 것이었다. (중략) 나는 그들(EO)이 훌륭히 임무를 수행했고 그러한 대가를 지불할 만했다고 생각한다." 〈KBS스페셜〉, "전쟁을 생산한다: 민간군사기업," 줄리어스 비오와 한국방송 〈KBS스페셜〉 제작진 간 인터뷰(한국방송, 2006년 3월 4일 오후 8시 방영).

소했다(Pelton, 2006: 263). EO와의 계약 취소의 이면에는 합법적인 민선정부라는 카바 정권의 위상도 작용했다. 쿠데타가 아닌 선거에 의해 선출된 민간 정치지도자라는 자부심과 함께 이러한 합법성을 내세워 국제사회의 지지를 이끌어내고자 했기 때문이다. 이러한 카바 정권의 열망에도 불구하고 EO의 철수 후 100일이 채 안 되는 시점인 1997년 5월, RUF와 밀접한 관련을 맺고 있는 자니 코로마Johnny Koromah 대령 주도의 쿠데타가 발생하여 카바는 기니의 수도 코나크리Conakry에 은거하게 된다. 카바는 국제사회의 지원에 의한 해결을 원했지만 축출된 지 2개월이 지난 시점에서도 국제사회는 구체적인 지원을 내놓지 않았다. 카바는 끝내 군사대행기업에 문제해결을 의뢰했다. 방식은 이전 스트라서 정권과 동일했다. 다이아몬드 탄광을 제공하고 샌드라인 인터내셔널Sandline International과 계약을 체결한 것이다.

파푸아뉴기니의 사례는 군사대행기업이 내부의 저항에 의해 좌절되는 상황을 보여준다. 1988년, 자국의 내전이 발발하자 파푸아뉴기니 정부는 부건빌 분리독립세력의 진압을 위해 오스트레일리아에 군사지원을 요청했지만 오스트레일리아는 파푸아뉴기니 군대의 인권문제를 제기하면서 지원 요청을 거부했다(Pelton, 2006).[49] 골치 아픈 파푸아뉴기니 문제를 두고 오스트레일리아 정부는 파푸아뉴기니를 고립시키는 방법을 통해 문제를 해결하려 했다. 파푸아뉴기니의 지원이 있을 때마다 이를 거절하는 한편, 오스트레일리아 이외의 외부세력이 파푸아뉴기니의 문제에 개입하는 것도 거부했다.[50] 이러한 외부적인 지원 부재 상황에 더하여 열악한 파푸아뉴기니의 자체 군사력은 내전의 해결을 더욱 어렵게 만들었다. 파푸아뉴기니 정규군은 총병력 4400명에 지상군 3800명

49 이러한 전략적 고려는 이후 파푸아뉴기니의 샌드라인 인터내셔널 고용 시, 오스트레일리아 정부의 강한 반발을 불러오는 배경이 된다.

50 당시 오스트레일리아 정부는 다른 서구 국가의 군사장비가 파푸아뉴기니로 유입되는 것을 막기 위해 외교적 노력을 기울였다(Zarate, 1998: 128).

으로 소총 이외에 육군이 보유한 장비라고는 3문의 박격포가 전부인 군대였다(IISS, 1996: 204~205). 외부지원 차단과 자체 군사력의 부족으로 내전이 장기화되던 1996년 말, 총선을 앞둔 파푸아뉴기니의 줄리어스 챈Julius Chan 총리는 내전 장기화로 인해 실각 위기에 처했다. 정치적 반대파의 비판을 무마시키기 위해서 "하이 스피드 투High Speed Two"라는 전례 없는 대규모의 토벌작전을 수행했지만, 토벌작전에 참가했던 많은 수의 병력이 죽거나 인질이 되어버린 채 실패로 끝났다.[51] 파푸아뉴기니군 총사령관인 제리 싱기록Jerry Singirok 역시 "하이 스피드 투" 작전이 실패하면서 해임의 위기에 직면했다. 이에 1997년 1월, 챈 정부는 샌드라인 인터내셔널과 부건빌 회복과 군 현대화에 대한 계약을 체결했다. 당시 계약금액은 3600만 달러였으며, 샌드라인 인터내셔널은 훈련 자문과 특전대 육성,[52] Mi-24 공격헬기, Mi-17 강습수송헬기, 로켓발사기를 비롯한 무기까지 제공하기로 했다. 한편, 샌드라인 인터내셔널은 특별치안담당관special constable이라는 특별한 지위를 부여받는 등,[53] 사실상 파푸아뉴기니군의 핵심전력이 되었다. 하지만 샌드라인 인터내셔널에 대한 특별대우는 기존 장교들의 위화감과 위기의식을 고조시켰다. 결국 싱기록 장군을 위시한 기존의 군 기득권 세력은 샌드라인 인터내셔널과 챈 정부를 축출할 기회를 모색했다. 싱기록은 계약 체결을 위해 샌드라인 인터내셔널이 정부 주요 인사들에게 뇌물을 준 정황을 이유로 챈 총리의 사임을 권고했다. 챈 정부는 싱기록 장군의 해임으로 대응했지만 싱기록의 폭로전은 사태를 일파만파로 확대시켰다. 싱기록의 폭로전은 시민의 폭동을 유발했고 군부가 폭동을 지원하면서 사태를 더욱 악화시

51 챈 총리는 이 작전을 위해 1000만 달러를 사용했다(Shearer, 1998: 12).

52 파푸아뉴기니 정규군은 전체 2개 대대(battalion)의 규모로, 중대 규모는 파푸아뉴기니에서는 큰 규모의 군사조직이다.

53 피터 싱어는 동 조치가 당시 샌드라인 인터내셔널의 활동이 용병활동으로 고발되는 것을 막기 위한 것이었다고 주장했다(싱어, 2005: 341).

켰다. 싱기록과 챈, 각각을 지지하는 군대 간 충돌과 항명사건으로까지 발생했다. 두 세력의 대결이 전면전으로 확대될 조짐이 보이자 결국 챈 총리는 사퇴를 표명하고 그의 내각은 해산했다. 챈 총리의 사임과 동시에 샌드라인 인터내셔널은 파푸아뉴기니에서 철수했다. 그리고 샌드라인 인터내셔널이 진행해 오던 반군 소탕작전과 군 현대화도 허공에 떠버린 격이 되어버렸다. 샌드라인 인터내셔널이 철수한 이후, 샌드라인 인터내셔널이 들여온 헬기를 비롯한 현대화 장비는 파푸아뉴기니군의 골칫덩어리가 되었다. 장비를 운용할 능력이 없었기 때문이다. 이에 대해 파푸아뉴기니군은 더 이상의 현대화를 진행하지 않는 퇴보의 길을 선택했다. 파푸아뉴기니군은 결국 샌드라인 인터내셔널이 들여온 장비를 모두 바다 속에 수장시키는 것으로 골치 아픈 군 현대화의 문제를 해결했다.

앙골라, 시에라리온 및 파푸아뉴기니 사례에서 특이한 것은 극도의 위기상황하에서 자국의 무력 분쟁을 해결하기 위한 최후수단으로 군사대행기업을 활용하는 모습을 보여준다는 것이다. 이들 국가 사례에서 흥미로운 것은 군사대행기업을 활용하는 정부의 입장이다. 앙골라의 경우 극도의 위기상황하에서 내부적 갈등 없이 군사대행기업을 무난하게 활용하는 모습을 보여주는 반면, 시에라리온의 경우 군사대행기업에 대한 시각차로 인해 각기 다른 군사대행기업 활용을 보여주게 된다. 스트라서의 경우 군사대행기업에 대해 적극적이었으나, 카바의 경우 군사대행기업에 대한 부정적 입장으로 인해 군사대행기업의 뛰어난 임무수행에도 불구하고 계약을 파기하는 모습을 보이게 된다. 특히 흥미로운 것은 바로 파푸아뉴기니의 상황이다. 이 사례에서는 군 내부의 엘리트 세력에 의해 군사대행기업 활용이 좌절되는 모습을 보여준다. 특히 이들 약소국에서 군사대행기업은 전투부대로 활약하는 등 정규군의 주력의 위치를 대체하는데, 이렇게 주력부대를 대체할 경우 기존의 정규군 내 엘리트 세력의 저항을 야기하고 결국에는 엘리트 세력의 저항에 의해 군사대행기업 활용이 좌절될 수도 있음을 보여준다. 이렇듯 약소국이 처한 극도의 위기상황하에서도 군사대행기업의 활용에 있어 국가 혹은 정부의 선택은 중요한 위치를 차지한다고 할 수 있다.

### 2) 전장무인화와 국가의 변화: 군 내 엘리트의 이익과 상이한 반응

#### (1) 미국의 전장무인화: 넘쳐나는 원천기술, 험난한 추진과정

현재 전장무인화에 가장 적극적인 국가는 미국이다. 미국은 냉전 말기부터 각종 무인병기들을 개발하기 시작했으며,[54] 2000년대에 들어서면서 무인병기를 실전에 적극 투입하기 시작했다. 특히 오바마 행정부가 전장무인화를 미 군사력의 미래 비전으로 채택하면서 미 육·해·공군은 전장무인화를 실현하기 위한 다양한 프로그램을 추진하고 있다.[55]

**표 7-1**은 미국이 개발하고 있는 무인병기들을 정리한 것이다. 미국은 지·해·공의 모든 영역에서 활동할 수 있는 다양한 무인병기를 개발하고 있으며, 수행임무에 있어서도 지뢰 제거와 같은 지원임무에서부터 전투임무까지 가능한 형태로 개발하고 있다. **표 7-1**에 소개된 무인병기 중에는 이미 개발이 거의 완료되어 실전배치된 것도 있는데, 대표적으로 아프가니스탄에서 탈레반Taliban 지도부 제거 작전에 투입된 리퍼Reaper를 들 수 있다. 또한 **표 7-1**에 소개된 무인병기는 과도기적인 형태로 조작요원의 원격조종을 필요로 한다. 반면, 벌떼 전술에 활용될 무인병기들 중 일부는 완전자율화를 전제로 하여 개발 중인데, 이

54 미 회계감사국의 보고서 중 1988년 미 국방부의 무인항공기 개발계획에 대한 평가 보고서에 따르면 당시 미 국방부의 무인항공기 개발계획은 (1) 실행연도별로 구체화되어 있지 않으며, (2) 개별 실행 계획의 전체 계획과의 관련성이 결여되어 있고, (3) 필요하다고 인정되는 전투형 무인기 및 타깃용 무인기 개발이 누락되어 있는 한편, (4) 유인병기와의 임무 중복성이 잠재되어 있다고 지적했다(General Account Office, 1988).

55 미 국방부는 매년 무인병기 획득 계획을 공개하고 있다(Office of the Secretary of Defense, 2013). 한편, 2012년 미 랜드연구소는 무인병기 운용과 관련한 흥미로운 연구를 진행했는데, 바로 무인병기 조작요원에 대한 인센티브 지급의 문제이다(Hardison, Mattock and Lytell, 2010).

**표 7-1** 미국이 개발 중인 무인병기

| 구분 | 지상 | 해상 | 항공 |
|---|---|---|---|
| 지원 | PackBot(지뢰제거),<br>MULE(수송),<br>REV(로봇 앰뷸런스),<br>Medbot(의무병 로봇) | REMUS(기뢰 제거)<br>MQ8 Fire Scout(정찰) | Predator<br>Global Hawk |
| 전투 | MAARS, Gladiator | Comorant<br>(잠수함 탑재 항공기) | Reaper, UCAV,<br>Avenger, Polecat, X-45 |

자료: Singer(2009: 109~122).

는 국제법적인 논란을 발생시키고 있기도 하다.

미국은 세계에서 무인병기의 원천기술을 가장 많이 보유하고 있는 국가임은 분명하다. 하지만 원천기술의 보유와 혁신의 성공은 별개의 문제이다. 20세기의 군사혁신 사례에서 보듯이, 원천기술을 가지고 있으면서도 혁신을 못하거나 상당히 어려움을 겪으면서 혁신을 한 사례를 보게 된다. 대표적인 사례로 전차와 관련한 원천기술을 가지고 있으면서도 혁신을 추진하지 못한 프랑스를 들 수 있다.[56] 미국의 전장무인화 추진과정을 보면 지난 세기 영국의 사례와 유사한 2000년대 초 미국의 무인병기 획득과정을 들 수 있는데, 미군 전체가 보유한 프레데터의 약 50%는 미 육군이 보유했다. 일각에서는 분권화된 의사결정구조가 이러한 차이의 원인이라는 주장도 있다. 대부분의 국가에서 그렇듯 미국도 주요 무기의 개발 및 획득 추진을 각 군에 위임하여 구체적인 추진프로그램과 추진 여부 자체도 각 군이 결정하게 되어 있었다. 이러한 분산적 의사결정구조는 각 군 고유의 환경과 상황을 반영하기에는 좋으나 통합된 수준의 전장무인화 추진에는 상당한 어려움을 줄 수 있다.[57] 하지만 이러한 분권화된

56 프랑스는 지금의 전차와 가장 유사한 회전포탑 기술을 최초로 채용한 국가이다. 하지만 이러한 원천기술에도 불구하고 프랑스는 기동전 혁신을 이루지 못했다.

57 영국의 전차개발 당시 혁신을 지연시킨 주요한 요인 중의 하나도 바로 탈중앙집권적 의사결정구조였다(로젠, 2003: 153, 178). 미 회계감사국(GAO) 역시 무인전장 추진에 있어 미국의 문제점으로 중

의사결정구조보다 결정적인 요인으로 지적할 수 있는 것은 추진과정에서 나타난 특정 군의 부정적인 인식과 저항이다. 해군과 공군은 전장무인화에 미온적인 태도를 보였다. 해·공군은 신기술의 등장으로 인해 군 조직 내 엘리트 요건(조종 특기자의 프리미엄 상실)이 바뀌게 되는 것을 우려했고, 이러한 우려는 영역 다툼과 관료주의적 갈등으로 나타났다(Singer, 2009: 252~253).[58] "전투기 조종(탑승)"과 달리 무인기의 조작은 지상근무이며, 위관급의 계급을 요하지도 않게 되었기 때문이다. 하지만 미 공군은 전장무인화 추진에 대한 정부의 압력과 엘리트들의 이해관계 사이에서 고민에 빠질 수밖에 없었다. 결국, 미 공군은 무인항공기에 대한 소극적 태도로 대응했다. 무인항공기 개발에 대해 타 기관(미 국방고등연구기획청DARPA과 정보기관)이 주도하도록 방치하거나 개발비용을 조달하지 않았으며, 심지어는 유인전투기 개발을 온전하게 보존하기 위해 무인전투기 개발을 취소하기도 했다.[59] 이로 인해 이라크전 초기, 미군 내 무인병기 활용도는 매우 낮았다. 2002년 3월 이라크 남부 상공에 대한 항공작전에서도 프레데터와 같은 무인기에 대한 활용도는 낮았으며 심지어는 무인기에 대한 항공통제 문제조차 거론되지 않았다.[60] 이러한 상황이 부시 행정부 임기 말까지 계속되자 미 국방장관 게이츠Robert M. Gates는 미군, 특히 무인항공기의 도입

앙의 통합된 교리, 조정의 부재 및 분산된 의사결정구조를 들고 있다(Bruno, 2013).

58 미 합동군사령부의 무인시스템 연구 담당자인 루스 리처즈(Russ Richards) 박사는 무인기 도입의 가장 큰 관건으로 군문화의 극복을 들고 있다. Ron Schafer, "Robotics to Play Major Role in Future War Fighting," Triad Online, http://www.mccoy.army.mil/vtriad_online/08082003/joint%20Forces%20Command.htm(검색일: 2012. 6. 8).

59 "Gates Criticizes Air Force for Insufficient Intel in Iraq," *The Washington Post*, 2008. 4. 22. 이 외에 보다 노골적인 미 공군의 무인기 개발 방해는 X-45 전투기 개발에서도 드러난다. 미 공군은 보잉사의 X-45 무인전투기 개발을 돌연 취소했는데 이는 차세대 유인전투기인 JSF(Joint Strike Fighter)와의 경쟁을 피하기 위해서라는 주장이 있다(Singer, 2009: 253).

60 이라크전 초기 무인기 활용에 대한 인식 부족은 육군도 예외는 아니었다. 당시 미 육군 5군단을 통틀어서 무인항공기는 하나밖에 없었다는 미 교육사령관 윌리엄 윌리스(William Wallace)의 언급은 이라크전 초기 미군 내 무인병기에 대한 인식을 대변한다고 할 수 있다(Singer, 2009: 216).

**표 7-2** 미국 내 전장무인화에 대한 시각차

| 구분 | 연구개발자 | 군 당국 | 의회 |
|---|---|---|---|
| 무인병기에 대한 인식 | 새로운 군사수단 (1회용 소모재) | 유인병기의 보조 및 지원(내구재) | 유인병기의 대체 (내구재) |
| 요구성능 | 목적 달성에 부합하는 수준의 제한적 성능 | 유인병기를 지원할 수 있는 중/고성능 | 유인병기를 대체할 수준의 고성능 |
| 생존성 | 거의 무시 (사용 후 폐기 가능) | 지속 사용가능한 수준의 적정 생존성 | 유인병기에 상응하는 생존성 |
| 전략 및 전술 | 파상 혹은 벌떼 공격 (새로운 전술 및 전략의 창출) | 보조 및 지원전력으로 독자적 전술 불필요 | 기존 전술의 대행 (독자적 무인병기 전술 불필요) |
| 무인전력의 핵심 사안 | 동원 가능한 무인기의 "수" | 개별 무인병기의 "성능 (High-Low Mix 개념)" | 개별 무인병기의 "성능" (유인병기 수준의 고성능) |

자료: 싱어(2011); Wasserbly(2014); Freilinger, Kvitky and Stanley(1998).

과 활용에 대해 안이한 태도를 보이는 공군을 비난했다. 게이츠 장관은 앨라배마 주 맥스웰-건터Maxwell-Gunter 공군기지에서 있은 연설에서 미 공군이 유인기보다 더 효율적인 무인기 활용에 기민하게 대응하지 못하고 있다고 질타했다.[61]

아울러 무인병기에 대한 개발자-군 당국-의회의 인식 격차로 인해 무인병기를 활용한 통합된 전략 및 전술의 마련이나 조직화가 이루어지지 못한 점도 미국의 전장무인화를 추진하는 데 어려움을 더하고 있다(Bassford, 2011: 71~73).[62] 미국의 전장무인화 추진과정에서 나타난 무인병기 및 관련 기술에 대한 인식의 차이는 **표 7-2**와 같다.

**표 7-2**는 미국 내 무인병기에 대한 인식차를 정리한 것이다. 연구개발담당기관은 무인병기를 1회성 소모품으로 간주하고 1회용에 부합하는 수준의 요구성

61 "Gates Criticizes Air Force for Insufficient Intel in Iraq," *The Washington Post*, 2008. 4. 22.

62 전장무인화에 대한 미 장교단의 설문조사 결과, 미 장교단의 상당수가 "전략과 교리의 개발"을 전장무인화와 관련한 시급한 보완사항으로 지적했다(Singer, 2009: 210~212). 이 외에도 미 회계감사국(General Accounting Office)은 중앙의 통합된 교리 및 조정된 추진방향의 부재는 각 군의 무분별한 무인병기 개발 프로그램의 남발로 이어졌다고 지적한 바 있다(Bruno, 2013).

능Requirement of Capability: ROC을 전제로 개발을 추진하고 있다. 이는 벌떼 전술에 부합하는 요구성능으로 무인병기의 개발자들은 무인병기가 지원 및 대체를 넘어 새로운 주력전투수단이 될 수 있다는 생각을 하고 있다. 하지만 프로그램을 발주하는 미군 및 미 국방부는 무인병기를 기존의 유인병기를 지원하는 보조전력side arms의 개념으로 바라보고 있으며, 미 의회는 무인병기를 유인병기를 완전히 대체할 병기replacement로 인식하고 있다.[63] 이러한 무인병기 기술에 대한 연구개발자, 군 당국 및 의회의 시각차도 전장무인화 추진에 영향을 준다. 이를 그대로 보여준 사례가 바로 무인전투기 X-47B 개발사례이다. 최초 개발 당시 X-47B의 운용개념은 1회용의 소형 무인전투기였다. 하지만 이를 발주하는 미군 당국은 X-47B에 유인전투기의 보조 및 지원을 위한 높은 생존성과 범용성(다목적성)을 요구했다. 이로 인해 X-47B는 기존의 설계보다 30%가 커지게 되었고 가격도 3배가 상승했다. 흥미로운 것은 미 의회의 비판이다. 한편, 미 의회는 현재 진행 중인 X-47B의 추진방향의 문제점을 지적하면서, 현재 추진되고 있는 X-47B에 보다 높은 생존성과 범용성 그리고 유인병기에 상응하는 다목적성을 요구했다(Wasserbly, 2014). 결국 의회와 군 당국의 요구는 X-47B의 획득단가 상승으로 이어졌고 획득 계획은 사실상 무산되어 버렸다.

한편, 미 육군이 무인병기 획득에 적극적인 모습을 보이고 일정 수준 이상의 성과를 보이자 해군과 공군도 이에 자극을 받아 전장무인화를 가속화하기 시작했다. 미 공군의 의뢰를 받은 록히드마틴 사는 그레이 울프Graywolf라는 순항미사일을 개발 중이다. 그레이울프 순항미사일의 탄두 부분에는 작고 많은 단위의 무인전투병기가 장착된다. 이 작은 무인병기는 마치 집속탄(클러스터탄)의 탄자처럼 장착되어, 투발 시 센서에 감지된 다중 지상목표물을 향해 공격하도록 되어 있다.[64] 또한 미 공군은 특히 사실상 중단되어 버린 X-47B 획득과는

63 일례로 미국의 사제폭발물 제거용 무인병기 개발의 비화를 보면, 길이 40cm의 무선조종 무인병기에 고장 난 차량을 끌 수 있도록 와이어 장착 고리를 달 것을 주문한 사례도 있다.

별도로 XQ-58A 발키리Valkyrie의 개발을 추진 중에 있다. 발키리 개발계획에서 주목할 것은 앞서 X-47 계획에서 나타난 무인병기에 요구되는 성능 및 용도에 대한 이견을 최소화하기 위해 개발 당시부터 용도를 특정하여 개발되고 있다는 점이다. 발키리는 저가 소모성 항공 기술Low Cost Attritable Aircraft Technology: LCAAT을 적용한 기체로 앞서 언급한 벌떼 전술을 적용하기 위한 무인항공기이다. 저가의 1회용 용도로 개발되고 있으며, 가격은 대당 200만 달러를 넘지 않을 것을 요구하고 있다.[65] 하지만 공군은 발키리 기종을 이용한 독립전투부대를 구성하지는 않고 있다. 이 발키리는 유인 주력 전투기를 지원하는 개념으로 유인 주력 전투기의 윙맨wingman으로 활용되도록 고안되었다. 여전히 미 공군에서 주력의 자리는 유인전투기이며, 무인전투기는 보조적 개념이라는 것이 드러나는 부분이다. 하지만 글로벌호크Global Hawk나 프레데터Predator 개발 당시 전장무인화 관련 기술에 소극적이었던 공군의 변화가 나타난 것을 보여주는 최근의 사례로 주목할 만하다.

하지만 이러한 각 군의 전장무인화에 대한 관심 증대는 긍정적인 것만은 아니다. 전장무인화에 대한 관심 증대는 경쟁적인 모습으로 나타날 수 있으며, 때에 따라서는 갈등을 빚기도 한다. 대표적인 사례로는 미 공군의 미 육군에 대한 이의제기를 들 수 있다. 미군 전체 내에서 미 육군이 보유한 무인항공기의 숫자가 많게 되자 미 육군은 그 어느 때보다도 많이 하늘을 자신의 작전 공간으로 활용하게 되었다. 미 육군의 전장 내 공역활동이 증가하자 이에 대해 미 공군은 이의를 제기하면서 고도별로 작전 가능 영역을 제한할 것을 제안했

64 "Lockheed Martin to build Gray Wolf cruise missile for USAF," *Air Force Technology*, 2018. 1. 2, https://www.airforce-technology.com/news/lockheed-martin-build-gray-wolf-cruise-missile-usaf (검색일: 2019. 4. 11).

65 David Axe, "Meet the XQ-58A Valkyrie: The Air Force's New Stealth Wonder Weapon?" *The National Interest*, 2019. 3. 7, https://nationalinterest.org/blog/buzz/meet-xq-58a-valkyrie-air-forces-new-stealth-wonder-weapon-46407(검색일: 2019. 4. 11).

다. 예를 들어, 일정 고도 이상은 공군만의 작전 공간으로 활용하자는 주장이다. 이는 아군기 간 충돌, 특히 공군 소속 유인항공기와 육군 소속 무인항공기 간 공중 충돌을 방지하고 특정 공역 내에서의 공중 통제를 보다 용이하게 하기 위한 목적으로 보이나 일부 전문가(예컨대 싱어P. W. Singer)는 공군의 이러한 제안은 자신들의 독자적 전투공간이었던 공중에 타군이 들어오는 것에 대한 경계심을 나타낸 것이라고 주장한다. 일정 고도 이상은 공군이 독점적으로 활용하도록 하여 타군이 공군의 역할을 침범하는 것을 차단하려는 관료주의적 행태의 일환이라는 것이다. 이뿐만이 아니다. 군 통신과 관련된 현직 장교 중 일부는 무인병기가 대규모로 활용될 경우, 주파수 사용에 대한 군 간의 갈등이 발생할 수 있다고 주장한다. 실제 이라크전(2003년) 당시 미군 내에서 주파수 충돌 문제가 대두되었는데 이라크전에서 그리 많은 무인병기가 사용되지 않았음에도 주파수 충돌 문제가 발생한 것을 고려하면, 향후 보다 많은 무인병기가 활용될 미래 전장에는 주파수 충돌과 관련하여 군 간 혹은 무인병기와 유인병기 조작요원 간 갈등이 발생할 가능성을 배제할 수 없다는 것이다.[66] 이렇듯 미국의 전장무인화 사례는 군사혁신에 있어 국가의 중요성을 보여준다. 군사기술은 싸움방식의 발전을 가져다주나 이것의 추진 여부 및 수준의 결정에 있어 정부와 군의 인식 및 태도가 중요한 요소임을 보여주고 있는 것이다.

#### (2) 한국의 전장무인화: 기술획득 방법의 차이 그리고 의사결정의 유사성

피터 싱어를 비롯하여 전장무인화에 관심을 둔 학자들은 미국의 전장무인화 기술의 우위가 장기적으로 유지되기 어렵다고 강조한다. 전장무인화 관련 기술이 전 세계적으로 급속히 확산되고 있으며, 미국의 기술을 모방한 중국이나 이란이 제조능력을 앞세워 미국의 전장무인화를 바짝 뒤쫓고 있다고 한다. 그

66 이라크전 당시 미 육군이 보유한 헌터 무인 정찰기는 작전 주파수 배정이 지연되어 30일간 작전에 투입되지 못하는 상황이 발생하기도 했다(이상현 외, 2015: 193).

리고 일본, 이스라엘, 한국은 무인화와 관련하여 미국에 견줄 만한 원천기술 개발 능력을 보유하고 있어 무인병기 시장에서 미국을 위협할 수 있는 국가들로 간주되기도 한다. 무인화 관련 원천기술을 보유하고는 있지만 이를 군사기술에 접목시키는 전장무인화 기술과 관련하여 한국은 후발주자이다. 후발주자의 경우, 군사기술의 도입 및 획득시기가 늦다는 단점이 있지만 선두주자가 겪게 되는 시행착오를 피할 수 있는 장점도 있다. 미국이 추진하고 있는 전장무인화 과정에서 겪게 될 기술적 시행착오를 목격하면서 자국에서 개발되는 기술에 대해 상대적으로 적은 비용을 들이면서 수정할 수 있는 것이다. 또한 유용한 전장무인화 기술의 경우, 선두주자의 기술개발 추이를 주목하면서 보다 빠른 시기에 획득하는 것도 가능하며, 선두주자가 미처 발견하지 못한 결함이나 장점을 보완하여 개선된 기술로 재탄생시키는 것도 가능하다. 이러한 후발주자의 이점을 갖고 있는 한국도 전장무인화를 통한 군사혁신에 관심을 보이고 있다. 하지만 전장무인화의 도입과 관련한 의사결정 과정은 미국과 유사한 측면을 보이고 있다.

무인병기 및 이를 통한 새로운 싸움방식의 획득과 관련하여 한국군 내에서 가장 적극적인 모습을 보여주고 있는 것은 바로 육군이다. 육군은 미래 지상전의 양상에 대비하기 위해 5가지 핵심 군사기술을 획득하려 하고 있다. 이른바 '5대 게임체인저'는 21세기를 대비하는 대한민국 육군의 혁신안이라 할 수 있다. 5대 게임체인저는 전술적·작전적·전략적 수준의 임무를 수행하기 위해 다각적인 기술을 사용하고 있다. 보다 구체적으로 언급하면 전술적 수준에서는 보병 개인 역량을 혁신적으로 증대시키기 위한 워리어 플랫폼이 있으며, 작전적 수준에서는 무인병기를 활용한 드론봇 전투단이 있다. 전략적 수준의 임무에서는 특수임무여단, 전략기동군단 및 전천후 초정밀 고위력 미사일을 획득하고 있는데, 이 중 가장 야심찬 계획이 바로 무인병기를 활용한 드론봇 전투단이다. 야심찬 계획이니만큼 해결해야 할 기술적 과제도 산적해 있다. 하지만 한국의 민간 무인화 기술은 빠른 속도로 미국 등 선진 무인화기술 보유국을 따

**표 7-3** 대한민국 육군 드론봇 전투단 편성

| 예하 부대 | 운용 개념 | 기대 효과 |
|---|---|---|
| 정찰드론 중대 | - 무인정찰기를 활용한 정찰, 감시 및 표적 획득 | - 적지도부 및 WMD 시설 감시 및 정보수집<br>- 대화력전 표적 획득 및 전투피해 평가 지원 |
| 공격드론 중대 | - 군집기동 및 군집전투를 활용한 타격 | - 원거리 타격으로 적 핵심표적 무력화<br>- 대규모 인원 및 차량 무력화 |
| 로봇중대 | - 로봇병기 등 무인화 장비를 활용한 정찰, 타격 및 위험임무 대체 | - 위험임무 대체를 통한 병사 희생 최소화<br>- 보다 적극적인 작전지역 내 적대세력 무력화, 정찰임무의 효율화 |

자료: 이장욱(2019: 175).

라잡고 있다. 안보경영연구원의 분석에 의하면, 2020년까지 한국의 무인화 기술은 최상위 선진국인 미국의 55~85% 수준까지 따라잡을 것으로 전망하고 있으며, 2030년까지는 독자 기술로 완전자율형 전투로봇을 개발할 수 있을 것으로 보인다(이상헌 외, 2015: 14~15). 흥미로운 것은 민간영역에서의 기술발전이다. 2018년 있었던 평창동계올림픽 개막식에서 한국과 미국 기술진은 1000대 이상의 드론을 활용한 군집기동을 선보인 바 있다. 군집기동기술의 발전이 예상 외로 빠르게 진전되고 있음을 시사하는 내용이라 할 수 있으며, 군집기동을 활용한 드론 전투가 가까운 시일 내에 현실화될 수 있음을 시사한다고 할 수 있다(이장욱, 2019: 173~174).

**표 7-3**은 대한민국 육군이 추진하고 있는 드론봇 전투단의 주요 편성내용이다. 주목할 것은 드론 및 무인화 병기를 독립적인 부대로 편성했다는 점이다. 전장무인화를 어떤 방식으로 혁신할 것인가는 혁신의 방향과 관련하여 중요한 문제이다. 여기에는 크게 두 가지 아이디어를 생각할 수 있다. 기존의 부대에 드론병기를 보편적으로 활용하는 방안이다. 예를 들어, 기존의 보병중대 및 전차대대 등에 드론병기를 추가하는 방식이다. 이러한 방식은 무인화 장비의 보편화를 추진하는 데에는 용이하나 드론 및 무인병기가 가지고 있는 전투방식의 변화를 실현하는 데는 다소간 한계가 있다. 반면, 드론을 활용한 독립부대를 편성할 경우, 드론을 활용한 새로운 싸움방식을 구현함에 있어 보다 효과적

이다. 하지만 이 경우 독자적 부대편성으로 인한 비용 및 조직의 변화를 고려해야 한다. 대한민국 육군은 이 두 가지를 병행하고 있는 것으로 보인다. 기존 부대에 무인화 장비를 보급하는 한편, 독자적인 드론봇 전투단을 편성하여 새로운 싸움방식을 전장에 적용하려 하고 있다(이장욱, 2019: 174~176).

공군 역시 무인항공기의 도입을 추진했다. 공군이 무인항공기에 관심을 가진 것은 대략 2010년도부터이다. 2010년 천안함 침몰 및 연평포격 도발 이후, 한국의 독자적인 대북 감시전력의 확보가 요구되었고 이에 공군은 중고도 무인기로 당시 미국에서 개발 중인 MQ-4 글로벌호크 도입을 추진하게 되었다. 글로벌호크 도입사업은 공군뿐만 아니라 한국군 전체에 있어 중요한 부분으로 간주되었다. 기존에 주한 미 공군의 U-2에 의존하던 대북 감시능력을 독자적으로 확보하고 이를 기반으로 전작권 전환에 필요한 능력을 확보한다는 것이다. 공군은 2019년 5월에 글로벌호크를 도입하여 공군 항공 정보단이 이를 운용하기로 계획했다. 하지만 한국에 인도하기로 했던 글로벌호크의 센서에 이상이 생겨 2020년 8월로 도입이 연기된 상황이다.[67] 이 외에도 공군은 MUAV로 불리는 중고도 무인기를 자체 개발하여 2020년 9월까지 도입할 계획을 보유하고 있다. 하지만 전투임무와 관계된 무인전투기 혹은 이를 통한 새로운 싸움방식의 도입에 관해 공군이 명백히 밝힌 청사진이 있는지는 확실치 않다. 현재 공군의 주요 사업에는 여전히 유인병기를 통한 전력증강사업이 핵심을 이루고 있다. 특히 F-35 스텔스 전투기 도입과 공군의 차세대 전투기 개발사업은 공군의 최우선 사업인데, 이 모두 유인병기 획득사업이다. 해군도 무인병기 개발에 대해서는 관심을 보이고 있지만 여전히 개발 및 획득에 있어 유인병기를 최우선시하는 모습을 보여주고 있다. 최근 해군이 관심을 갖고 있는 것은 바로 해군항공단 강화이다. 해군은 대형 수송함-II 사업과 연계해 F-35B(수직이착륙

67 이근평, "또다시 늦춰진 글로벌호크 도입 … 초조해진 軍," ≪중앙일보≫, 2019. 3. 31, https://news.joins.com/article/23427237(검색일: 2019. 4. 20).

기) 도입을 주장하고 있다.[68] 이전부터 해군과 해병대는 독도급 상륙지원함에 탑재할 항공기에 관심을 갖고 있었다. 현재 수리온 헬기의 독도급 배치를 통해 상륙지원에 필요한 항공기를 보유하는 노력을 기울이고 있다. 문제는 차기 대형수송함 계획에 여전히 유인병기를 위주로 한 전력획득 구상을 하고 있다는 점이다.

한국 육군의 경우 3군 중 가장 적극적으로 전장무인화를 추진하고 있다. 육군이 전장무인화를 적극적으로 추진하게 된 배경에는 북한의 핵능력 고도화로 인한 남북한 간 군사적 불안정에 대비하려는 동기도 있지만 타군에 비해 전장무인화를 추진함에 있어 상대적으로 개방적인 태도를 취할 수 있게 된 군 조직의 특성도 무시할 수 없는 요인이다. 앞서 언급한 공군이 전장무인화에 소극적이 되는 이유에는 군 엘리트의 이해관계가 주요하게 작용했다. 이는 미 공군에서도 나타난 사항이다. 특히 공군의 경우, 조종 특기로 대표되는 군 엘리트가 공군 전반의 의사결정을 좌우하며, 승진 및 핵심 보직 배정에 있어 동 특기가 차지하는 비중은 절대적이다. 미 공군에서 나타난 것과 같은 현상이 발생할 가능성이 잠재되어 있다고 할 수 있다. 무인화 기술에 대한 공군의 이러한 미온적 태도는 공군의 차기 주력 전투기 사업을 통해서도 나타났다. 공군은 아직까지는 주력 전투 수단에 있어 무인병기를 염두에 두고 있지 않으며, 유인병기 중심의 전력획득을 추진하고 있다.

## 4. 결론을 대신하여: 기술인가 정치인가?

안보사영화와 전장무인화는 어떠한 형태의 국가의 변화를 초래했는가? 안

68 송홍근, "육군 작성 '공군 주도 전력증강' 비판 문건 'F-35 추가도입, 공군 이기주의 해군(害軍) 행위'", ≪신동아≫, 2019. 4. 19, http://shindonga.donga.com/3/all/13/1702134/1(검색일: 2019. 4. 20).

**표 7-4** 군사력 운용의 주체

| 구분 | | 의사결정 | |
|---|---|---|---|
| | | 국가 | 국가 이외의 주체 |
| 집행 | 국가 | A | B |
| | 국가 이외의 주체 | C | D |

보사영화의 경우, 막스 베버Max Weber의 전제인 국가에 의한 폭력의 독점은 일정 부분 무너진 것은 사실이다. 하지만 이러한 독점의 붕괴가 국가의 핵심역량 마저도 제거한 것은 아니다.

**표 7-4**는 군사력의 운용과 관련하여 의사결정과 집행의 주체를 중심으로 유형을 분류해 본 것이다. **표 7-4**에서 A는 막스 베버가 언급한 폭력의 공공화 혹은 국가에 의한 폭력의 독점에 해당한다. 반면, D는 완전한 사적 폭력의 경우에 해당한다. 안보사영화는 바로 C에 해당한다. 안보사영화는 달리 말해 군사력의 운용과 관련하여 국가의 의사결정하에 집행만을 군사대행기업에 의뢰하는 형태이다. 안보사영화는 군사력 운용에서 국가를 완전히 배제하거나 국가의 중요성을 무시하는 것은 아니다. 무엇보다 의사결정을 국가가 여전히 독점하고 있다는 것은 중요하다. 의사결정을 독점하고 있는 국가는 필요에 따라 안보사영화를 취할 수도 있으며, 다시 독점적으로 폭력의 공공화로 이동하는 것이 가능하다. 따라서 군사대행기업의 활용 여부, 그리고 활용 수준은 국가의 결정에 따라 달라진다. 국가는 비록 근대국가 시기 폭력을 독점하던 때와는 다른 모습이나 이 모습이 국가의 위상에 현저한 저하를 야기하는 것은 아니다. 국가는 군사력 운용과 관련한 의사결정을 독점한 상황에서 실행주체를 선택할 수 있는 위치에 있다고 볼 수 있다. 이와 관련하여 이 장에서 조사한 사례에서는 다음과 같은 것이 관찰되었다.

안보사영화에서 국가의 결정은 이의 실행 여부와 수준을 결정하는 중요한 주체로 등장했다. 미국의 경우, 냉전 종식 이후 겪게 되는 군사임무의 증가와 병력감축에 대응하기 위해 국가는 다양한 방안을 마련하게 되는데 그중 군사대행기업 활용은 유력한 대안이 된다. 하지만 미국은 전투분야 이외의 영역에서 다양하게 활용하는 방안을 모색하고 이를 시행에 옮긴다. 이라크전과 아프간전을 통해 미국의 군사대행기업 활용은 전례 없는 수준으로 확대되고 이로 인한 전쟁비용의 증가와 같은 부작용도 겪게 된다. 이에 미국 정부는 전략목표의 수정을 통해 미군에 부여된 군사임무의 양을 줄이는 방안을 모색한다. 이와 더불어 군사대행기업에 대한 의존도를 줄이는 방향으로 정책을 조정하는 모습을 보였다. 한편, 시에라리온의 사례에서는 국가의 판단에 의해 군사대행기업의 활용 수준이 극단적으로 확대되는 모습도 보인다. 절체절명의 위기에서 국가는 자신이 갖고 있는 모든 군사임무를 군사대행기업에 위임하는 모습을 보여주기도 했다. 하지만 시에라리온의 사례에서 국가의 결정에 의해 군사대행기업의 활용이 중단되는 모습이 관찰되었으며, 심지어 파푸아뉴기니에서는 군사대행기업이 국가의 주력부대 자리를 대체할 움직임을 보이자 군 엘리트의 반발로 군사대행기업 활용이 무산되기도 했다.

전장무인화의 경우에도 국가는 예상 외로 보수적인 모습을 보이고 있다는 것이 관찰되었다. 의사결정은 중요한 요인으로 등장했다. 일각에서는 전장무인화 기술의 확대의 위험성을 지적하면서 전쟁에 인간의 의지가 배제될 위험성을 우려한다. 하지만 사례에서 관찰되는 것처럼, 전장무인화 추진과 수준은 단순히 진보된 기술의 등장만으로 이루어지지 않는다는 것이 관찰되었다. 미국과 한국의 사례에서 군 엘리트가 해당 군사기술을 바라보는 관점은 전장무인화 추진에 중요한 부분을 차지한다. 전장무인화 기술이 상대적으로 군 엘리트의 이해관계를 침해하지 않는 육군과 이해관계를 위협하게 되는 공군은 전장무인화 도입에 상이한 반응을 보였다. 이렇듯 전장무인화의 사례는 군사혁신에 있어 고려해야 할 국가 요인의 중요성을 강조한다.

프랑스의 수상이었던 조르주 클레망소Georges Clemenceau는 "전쟁은 너무나 중요하기에 국가에게만 맡길 수는 없다"고 언급한 바 있다. 이는 전쟁에 관한 국가의 독점에 대한 위험성을 지적한 말이다. 제4차 산업혁명의 기술은 전쟁에 관한 국가의 독점적 지위에 변화를 가져다주었다. 앞서 언급한 바와 같이 국가는 더 이상 전쟁과 관련한 모든 것을 독점하지는 않는다. 하지만 국가는 전쟁 및 군사혁신과 관련하여 여전히 중요한 위치를 차지하고 있다. 바로 전쟁에 관한 의사결정을 독점하고 있는 것이다. 국가는 자신에게 독점적으로 부여된 전쟁 및 전쟁준비에 관한 의사결정을 통해, 필요에 따라 안보사영화를 취할 수도 있고, 다시 독점적으로 폭력의 공공화로 이동하는 것이 가능하며, 전장무인화 기술을 어느 정도까지 수용할지에 대한 것도 결정할 수 있다. 국가는 비록 근대국가 시기처럼 폭력을 독점하는 수준은 아니지만 이 모습이 국가의 위상에 현저한 저하를 야기하는 것은 아니다. 오히려 제4차 산업혁명 기술의 군사적 활용과 관련하여 여전히 중요한 기능을 수행하고 있다고 할 수 있겠다.

군사기술은 변하지만 이러한 군사기술의 획득에 있어 국가의 결정이 차지하는 중요성은 변하지 않는 것으로 보인다. 스티븐 피터 로젠Stephen Peter Rosen이 간파한 바와 같이 혁신에 있어 군 내부의 엘리트의 저항 여부는 중요하다(Rosen, 1994). 그리고 이러한 군 혹은 정부 내에서 특정 군사기술을 바라보는 인식 및 저항 여부는 군사기술을 활용한 군사혁신의 발생 유무 및 혁신의 수준을 결정한다. 앞서 사례에서 살펴본 바와 같이 안보사영화 및 전장무인화 추진 사례에서 군 엘리트의 저항은 혁신 및 변화의 추진에 중대한 영향을 미치는 요소임을 확인했다. 파푸아뉴기니의 군사대행기업 활용 취소, 미 공군의 전장무인화 추진 기피는 모두 로젠이 설명한 혁신에 있어 군 엘리트의 특정 군사기술에 대한 인식이 중요하다는 것을 보여주는 사례이다.

그렇다면 여기서 추가적인 질문이 던져진다. 과연 어떻게 제4차 산업혁명 기술의 군사적 활용을 촉진할 수 있는가의 문제이다. 이 글은 제4차 산업혁명과 관련하여 군사혁신을 위한 기술의 탐색과 더불어 조직의 혁신 추진 노력이 중요함을 시사하고 있다. 이와 관련하여 로젠의 주장은 주목할 만하다. 로젠은 군의 혁신은 외부가 아닌 내부의 움직임을 통해 이루어진다는 것을 강조한다. 군 내부의 혁신적 사고방식을 가진 인사가 자신의 혁신적 사고를 실현할 수 있도록 조직을 개선하여 이러한 혁신적 인사가 이단아maverick로 배격되지 않도록 해야 한다는 것이다. 혁신은 항상 조직의 변화를 수반하고 이러한 조직의 변화는 승진 경로를 포함한 인사정책을 바꾼다. 군 내에서 기득권을 가지고 있는 엘리트들은 자신의 승진 경로가 위협받는 것을 원치 않으며, 이러한 변화 움직임에 저항을 하게 된다. 변화를 거부하기 위해 혁신을 주장하는 자는 이단아로 취급받으며 조직에서 배격되게 된다. 이러한 관점에서 군사혁신을 바라보면 군사혁신에서 중요한 것은 장차전에서 승리하기 위한 기술과 더불어 이러한 기술이 적극 활용될 수 있도록 조직의 제도 및 문화를 개선하는 것이다.

혁신에 대한 로젠의 조언을 고려할 때 대한민국 육군의 움직임은 주목할 만하다. 육군은 지난 2018년 미래혁신연구센터를 발족했다. 미래혁신연구센터는 미 육군 내 혁신 주도 조직 ARCICArmy Capability Integration Center를 참고로 하여 조직한 것으로 육군의 미래비전과 혁신구상을 전담하는 조직으로 창설되었다. 이러한 미래혁신연구센터의 발족은 혁신적 아이디어를 가지고 있는 군 내부 인사가 조직에서 배제되는 것이 아니라 군의 미래 혁신에 적극 동참할 수 있도록 하는 제도적 기반이 될 수 있다. 단, 로젠의 조언대로 혁신이 이루어지기 위해서는 이러한 노력 이외에도 조직문화 및 인사정책과 관련한 노력이 필요하다. 즉, 혁신을 주도하는 인사가 승진에서 배제되지 않고 그들의 뜻을 펼 수 있도록 기회를 부여하는 일이다. 이는 단기적인 노력에 의해 이루어질 수 있는 것은 아니다. 관건은 사례의 축적이다. 군도 관료조직의 하나이며 관료조직은 전례 및 사례를 중시한다. 혁신적 인사가 주요 의사결정권자로 승진하는 사례는 군 내부의 성공의 경로를 만들게 된다. 마치 군 내 엘리트가 되기 위해 특정 승진 경로를 거치는 전례가 생기는 것과 마찬가지이다. 혁신 주도를 통한 군 엘리트 진입이라는 성공 경로의 사례가 나오면 초급 장교들은 새로운 아이디어를 발굴하기 위해 더욱 노력하게 될 것이다. 이는 군 내부의 혁신적 인사들의 증가와 함께 혁신을 위한 아이디어가 더욱 풍부하게 되는 긍정적 결과를 기대하게 할 것이다. 창조적 아이디어가 그 어느 때보다 중요한 제4차 산업혁명

기술의 군사적 활용에서 군이 참고해야 할 사항으로 판단된다.

이상 살펴본 바와 같이 군사혁신의 추진에 있어 정치라는 변수는 향후 한국의 주요 군사혁신에 있어서도 고려해야 할 부분이다. 하지만 제4차 산업시대와 그 이후의 미래전장에 대한 대비를 하기 위해서는 추가적으로 고려해야 할 사항이 있다. 이와 관련하여 지난 2017년 미 육군 미래 연구 그룹U.S. Army Future Studies Group이 발간한 「전쟁의 성격 변화 2030-2050The Character of Warfare 2030 to 2050」의 내용을 주목할 필요가 있다. 동 보고서는 2030년에서 2050년 사이의 미래 전장환경에 대한 전망을 한 것이다. 전망을 위해 보고서는 3개의 변수를 선정했다. 그 변수는 부제에 나타난 기술변화 속도, 국제체제의 변화, 그리고 국가(거버넌스)이다. 각 변수의 영향에 따른 미래 전장환경에 대해 보고서는 다음과 같이 전망하고 있다.

첫째, 기술발전 속도는 둔화될 가능성이 있다. 첨단 군사력을 창출할 돌파기술breakthrough technology의 획득이 어려워지는 가운데, 기술 확산의 속도는 증대한다. 결과적으로 미국과 같은 군사선진국과 이에 도전하는 국가들의 군사력 격차가 좁혀질 가능성을 배제하지 못한다.

둘째, 국제체제는 불안정한 다극체제로 변화할 것이다. 미중 외에도 러시아, 인도, EU 등이 극성을 이루는 국제질서가 형성된다. 중국이 미국을 압도하기는 어려우나 미중 간의 경쟁은 미국의 대외정책 및 국제질서에 중요한 이슈가 될 것이다. 한편, 다극체제는 심지어 어느 강대국도 국제질서의 주요 이슈를 주도하지 못하는 G0적 세계질서의 가능성도 내포하게 될 것이다.

셋째, 국가의 거버넌스는 이전 시대에 비해 상당한 도전을 받을 것이다. 소셜미디어의 발달로 기존 대비 현격히 적은 비용으로 사회 동요를 일으키는 것이 가능해졌고 이를 활용할 능력을 보유한 다양한 주체(심지어는 개인)들이 정부의 권위에 도전하게 될 것이다. 한편, 인구 고령화, 불평등 해소 및 환경문제 등에 대한 대비로 인해, 기존 대비 국방예산 확보가 어려워지며, 국가의 권위에 도전하는 행위자들로 인해 국가는 군사력 건설 및 사용에 제한을 받게 될

것이다.[69]

이상의 내용에서 주목해야 할 것은 미 육군이 미래의 작전환경에서 거버넌스(정치)를 주요한 변수로 인식하기 시작했다는 것이다. 특히 전장무인화 기술과 관련한 거버넌스의 도전은 이를 통해 경쟁국과의 군사력 균형을 유지하려는 미국에게 중대한 도전으로 인식되고 있다. 대표적인 예로 무인병기의 자율성 문제를 들 수 있다. 미국과 같은 민주주의 국가에서는 무인병기의 자율성 수준을 두고 논란이 발생하고 있으며, 완전 자율 무기에 대한 강력한 반대로 인해 원천기술을 보유하고 있음에도 불구하고 실제 배치가 요원하게 되는 경우가 발생할 수 있다. 반면 미국에 도전하는 권위주의 국가들의 경우, 이러한 제약에 구애받지 않고 미국보다 먼저 실전배치할 가능성도 배제하지 못한다. 원천기술이 있음에도 거버넌스 문제로 인해 자국에 유리한 군사력 균형을 유지하지 못하는 경우가 발생할 수 있다는 이야기이다.

여기에 더하여 최근 거론되고 있는 하이브리드전hybrid warfare은 일국의 정치적 결정과정에 타국의 의도적 개입이 발생할 수 있다는 것을 시사한다. 소셜미디어 및 가짜뉴스를 통한 심리전 전개를 통해 일국의 군사력 강화 및 군사혁신을 방해하는 움직임이 있을 수도 있다. 결국 이상과 같은 미래 작전환경은 4차 산업혁명을 통해 차기 국방개혁을 추진하는 우리 군에게 과제를 안기고 있다. 만약 상기에서 언급한 미래 작전환경이 현실화된다면 우리 군은 군사혁신을 추진하면서 어떠한 준비를 해야 하는가? 우리 군에 대한 몇 가지 정책적 제언을 제시하면서 이 글을 마무리하고자 한다.

첫째, 군 당국은 국방혁신을 위한 기술 탐색에 주력하는 동시에 우리의 첨단 군사기술이 경쟁국에 유입되는 것을 막기 위한 노력을 병행해야 한다. 확산 방지 및 전략물자의 통제를 비롯한 군비통제가 단순히 전쟁과 금지 무기의 확산

69 상세한 내용은 미 육군 미래연구 그룹, 『2030~2050년의 전쟁 양상: 기술변화, 국제체제, 그리고 국가』, 이명철 외 옮김(서울: 한국국방연구원, 2019) 참조.

을 방지하는 데 그치는 것이 아니라 우리에게 유리한 군사력 균형을 유지 또는 강화하는 데 주요한 도구가 됨을 인식하고 군비통제 및 확산방지의 전략적 활용방안을 모색해야 한다.

둘째, 군사혁신에 있어 국가의 결정이 중요한바, 국가의 결정에 영향을 미치는 요소를 식별하고 이러한 요소가 우리 군의 군사혁신 추진에 걸림돌이 되지 않도록 세심한 관리가 필요하다. 특히 개혁에 대한 군 내부의 저항을 막고 군 스스로 군사혁신을 주도할 수 있도록 군에 혁신문화를 주입하고 혁신적 아이디어를 가진 군인들이 이단아가 되는 것이 아니라 핵심 의사결정에 도움이 될 수 있도록 제도를 마련할 필요가 있다.

셋째, 거버넌스 도전으로 인해 우리 군의 혁신노력이 좌절되지 않도록 국방개혁 추진의 관리가 필요하다. 국방예산 획득이 점점 더 어려워지는 환경을 고려하여, 추진하고자 하는 혁신 분야에 대한 대국민 공감대 형성을 위해 노력할 필요가 있다. 지금의 노력에 더해 보다 세련된 방법으로 군의 혁신에 대한 지지를 확대하는 방안을 마련할 필요가 있다. 특히 인구고령화에 대비하여 납세에 대한 보다 많은 부담을 지게 될 젊은 세대가 국방개혁에 부정적 인식을 갖지 않도록 장기적 측면에서 관리가 필요하다.

넷째, 국방개혁에 대한 우리 내부의 건전한 논의를 방해하는 외부의 심리전 전개 및 조작에 대한 대비도 강구해야 한다. 가짜뉴스와 여론 조작을 통해 국방개혁의 취지를 왜곡하고 내부적 동요를 야기하기 위한 외부의 선동에 대한 대비가 필요하다. 전 세계적으로 가짜뉴스 규제에 대한 논의가 이루어지고 있다. 가짜뉴스에 대한 규제는 자칫 민주주의의 핵심인 표현의 자유와 언론의 자유를 침해할 위험성도 수반하는바, 신중한 검토와 국민의 공감대 형성을 통해 추진을 결정할 필요가 있다. 아울러 군은 가짜뉴스와 여론조작에 대비하여 공보에 더욱 노력을 해야 하며, 국민에게 진실을 설명할 수 있는 보다 세련된 방안을 모색할 필요가 있다.

이렇듯 향후에는 국방개혁의 추진은 보다 많은 제약에 직면하게 되고, 시간이 걸리며, 기술 이외의 변수에 대해 고려해야 할 많은 것이 요구될 것이다. 현재까지의 국방개혁 및 군사혁신에 대한 노력이 기술을 중심으로 이루어져 왔다면, 이제는 혁신과정에 영향을 주는 정치적 요소에 대한 연구와 대응방안의 모색을 보다 강화할 필요가 있다고 본다. 이를 위해 육군은 학계와의 협업을 보다 강화할 필요가 있다. 특히 거버넌스에 대한 도전은 군사력 건설 및 사용에 주요한 변수로 등장할 것인바, 학계와의 적극적인 협업을 통해 차기 육군 개혁의 성공적 추진을 보장하기 위한 방안 도출에 힘을 기울여야 할 것이다.


로젠, 스티븐 피터(Stephan Peter Rosen). 2003. 『장차전의 승리: 혁신과 현대군대』. 권재상 옮김. 서울: 간디서원.

베르데무스, 조세프(Joseph S. Bermudez Jr.). 1991. 『북한과 테러리즘』, 조용관·유지웅 옮김(서울: 고려원, 1991), 225~227쪽.

싱어, 피터(Peter W. Singer). 2005. 『전쟁 대행 주식회사』. 유강은 옮김. 지식의풍경.

_____. 2011. 『하이테크 전쟁』. 권영근 옮김. 서울: 지안.

이상헌 외. 2015. 『무인로봇의 군사적 활용방안과 운용개념 정립』. 서울: 안보경영연구원.

이장욱. 2019. "육군의 첨단전력과 21세기 육군의 역할: 5대 게임체인저를 중심으로." 이근욱 편. 『전략환경 변화에 따른 한국국방과 밀래 육군의 역할』. 파주: 한울아카데미.

Abatti, James. 2005. *Small Power: The Role of Micro and Small UAVs in the Future*. Maxwell: Air War College.

Albright, Madeleine K. 2003. "Think Again: United Nations." *Foreign Policy* (September-October).

Alkire, Brien, James G. Kallimani, Peter A. Wilson and Louis R. Moore. 2010. *Applications for Navy Unmanned Aircraft Systems*. Santa Monica CA: RAND.

Aquilla, John and David Ronfeldt. 2000. *Swarming and the Future Conflict*. Santa Monica CA: RAND.

Arreguín-Toft, Ivan. 2001. "How the Weak Win Wars: A Theory of Asymmetric Conflict." *International Security*, 26(1).

Aspin, Les. 1993. *The Report on Bottom-Up Review*. Washington D.C.: Department of Defense.

Avant, Deborah. 2005. *The Market for Force: The Consequences of Privatizing Security*. New York:

Cambridge University Press.

Bassford, Matt. 2011. "Searching for the Strategy", *Defence Management Journal*, No.55, pp.71~73.

Bennett, Bruce W., Chrostopher P. Twomey and Gregory F. Treverton. 1998. *What Are Asymmetric Strategies?* Santa Monica CA: RAND.

Bermudez, Joseph Jr. 2011. "MiG-29 in KPAF Service." *The KPA Journal*, 2(4).

Brasher, Bart. 2000. *Implosion: Downsizing the U.S. Military, 1987~2015*. Westport: Greenwood Press.

Bruno, Michael. 2013. "GAO: U.S. Military UAVs Still Too Proprietary in Nature." *Aviation Week*, 2013. 8. 13. http://aviationweek.com/defense/gao-us-military-uavs-still-too-proprietary-nature.

Charles J. Habley, 1997. "Saudi Arabia: Royal Family Gets Quiet Help From U.S. Firm With Connections." *Associated Press*, 1997. 3. 22.

Congressional Budget Office. "Structuring the Active and Reserve Army for the 21st Century." http://www.fas.org/man/congress/1997/cbo_army/chap_04.htm.

Davis, James R. 2002. *Fortune's Warriors: Private Armies and the New World Order*. Toronto: D&M Publishes.

Department of Defense. 2006. *The Report of the Quadrennial Defense Review*. Washington D.C.: Department of Defense.

Easton, Ian M. and L. C. Russell Hsiao. 2013. *The Chinese People's Liberation Army's Unmanned Aerial Vehicle Project: Organizational Capacities and Operational Capabilities* (March). Arlington, VA: Project 2049 Institute.

Edwards, Sean J. A. 2000. *Swarming on the Battlefield: Past, Present, and Future*. Santa Monica CA: RAND.

Fever, Peter and Christopher Gelphi. 2004. *Choosing Your Battles: American Civil Military Relations and the Use of Force*. Princeton NJ: Princeton University Press.

Freilinger, David, Joel Kvitky and William Stanley. 1998. *Proliferated Autonomous Weapons*. Santa Monica CA: RAND.

General Accounting Office. 1988. *Assessment of DOD's Unmanned Aerial Vehicle Master Plan*. Washington D.C.: General Accounting Office.

_____. 1988. *Continued Coordination, Operational Data, and Performance Standards Needed to Guide Research and Development*. Washington D.C.: General Accounting Office.

Hardison, Chaitra M., Michael G. Mattock and Maria C. Lytell. 2010. *Incentive Pay for Remotely Piloted Aircraft Career Fields*. Santa Monica CA: RAND.

House of Armed Service Committee. 1999. "Military Readiness: The Strain is Showing." *Defense Quotables*, 1(1)(May, 1999).

IISS. 1996. *The Military Balance 1996/1997*. London: Oxford University Press.

Isenberg, David. 2004. *A Fistful of Contractors: The Case for a Pragmatic Assessment of Private Military Companies in Iraq*. BASIC Research Report 2004. London: BASIC.

Jaffe, Lorna S. 2000. "The Base Force." *Air Force Magazine* (December, 2000).

Joint Chief of Staff. *Joint Vision 2020.* http://www.dtic.mil/jointvision/jv2020a.pdf.

Kinsey, Christopher. 2006. *Corporate Soldiers and International Security: The Rise of Private Military Companies.* London: Routledge.

Larson, Eric V., David T. Orletsky and Kristin J. Leuschner. 2001. *Defense Planning in a Decade of Change: Lessons from the Base Force, Bottom-Up Review and Quadrennial Defense Review.* Santa Monica CA:, RAND.

Liang, Qiao and Xiangsui Wang. 2002. *Unrestricted Warfare: China's Master Plan to Destroy America.* New York: Pan American Publishing Co.

Lingel, Sherrill, Lance Menthe, Brien Alkire, John Gibson, Scott A. Grossman, Robert A. Guffey, Keith Henry, Lindsay D. Millard, Christopher A. Mouton, George Nacouzi and Edward Wu. 2014. *Methodologies for Analyzing Remotely Piloted Aircraft in Future Roles and Missions.* Santa Monica CA: RAND.

Lowe, Christian. 2000. "Services Look to Contractors to Fly 'Adversary Aircraft'," *Defense Week*, 2000. 9. 25.

Martin C. Libicki. 1997. "The Small and The Many." John Arquilla and David Ronfeldt(eds.). *Athena's Camp: Preparing for Conflict in the Information Age*, Santa Monica CA: RAND.

Maze, Rick. 1994. "Service Members to Get Pay Hike for Back-to-back Trips." *Air Force Times* , 1994. 9. 5.

Menthe, Lance, Myron Hura and Carl Rhodes. 2014. *The Effectiveness of Remotely Piloted Aircraft in a Permissive Hunter-Killer Scenario.* Santa Monica CA: RAND.

Metz, Steven and Douglas V. Johnson, Jr. 2001. *Asymmetry and U.S. Military Strategy: Definition, Background, and Strategic Concepts.* Carlisle: Strategic Studies Institute of the Army War College.

Murtha, John and David Obey. 2006. "United States Army Military Readiness"(2006. 9. 13). http://www.globalsecurity.org/military/library/congress/2006_rpt/060913-murtha-obey_army-readiness.htm.

Nagl, John A. 2002. *Learning to Eat Soup with a Knife: Counter Insurgency Lessons from Malaya and Vietnam.* Chicago: The University of Chicago Press.

O'Hanlon, Michael. 2003. "Clinton's Strong Defense Legacy." *Foreign Affairs*, 82(6).

Office of the Secretary of Defense. 2013. *Unmanned Systems Integrated Roadmap 2013~2038.* Washington D.C.: Department of Defense.

Orvis, Bruce R., Narayan Sastry and Laurie L. Mcdonald. 1996. *Military Recruiting Outlook: Recent Trends in Enlistment Propensity and Conversion of Potential Enlisted Supply.* Santa Monica, CA: RAND.

Pelton, Robert Young. 2006. *Licensed to Kill: Hired Guns in War on Terror.* New York: Crown Publishers.

Pollak, Josh. 2003. "Saudi Arabia and United States." *Middle East Review of International Affairs*, 6(3).

Prados, Alfred. 2001. "Saudi Arabia: Post War Issues and U.S. Relations." *CRS Issue Brief for Congress(IB93113)*, 2001. 12. 14.

Priest, Dana. 2004. "Private Guards Repel Attack on U.S. Headquarters." *Washington Post*, 2004. 4. 6.

Reno, William. 2000. "Foreign Firms, Natural Resources, and Violent Political Economies." Social Science Forum(2000. 3. 21).

Roberts, Brad. 2000. *Asymmetric Conflicts 2010*. Alexandria: Institute for Defense Analysis.

Robin Hughes. 2003. "Modernisation Drive for Saudi National Guard," *Jane's Defense Weekly*, 2003. 12. 3.

Rosen, Stephen Peter. 1994. *Winning the Next War: Innovation and the Modern Military*. New York: Cornell University Press.

Saint, Steven. 2000. "NORAD Outsources." *Colorado Springs Gazette*, 2000. 9. 1.

Shanley, Michael G., Henry A. Leonard and John D. Winkler. 2001. *Army Distance Learning: Potential for Reducing Shortages in Army Enlisted Occupations*. Santa Monica, CA: RAND.

Sharre, Paul. 2014. *Robotics on the Battlefield Part II: The Coming Swarm*. Washington D.C.: Center for New American Security.

_____. 2015. "Unleash the Swarm: The Future of Warfare"(2015. 3. 4). http://warontherocks.com/2015/03/unleash-the-swarm-the-future-of-warfare/3/(검색일: 2019. 3. 10).

Shearer, David. 1998. "Private Armies and Military Intervention." *Adelphi Paper*, No.316.

Shwartz, Moshe. 2009. "Department Defense Contractors in Iraq and Afghanistan", *CRS Report for Congress*, 2009. 12. 14.

Singer, Peter. 2003. *Corporate Warriors: The Rise of the Privatized Military Industry*. Ithaca: Connell University Press.

_____. 2009. *Wired for War: Robotics Revolution and Conflict in the 21st Century*. London: Penguin Press.

Spencer, Jack. 2000. "The Facts About Military Readiness." *The Heritage Foundation Backgrounder*, No.1394.

Spicer, Tim. 1999. *An Unorthodox Solder: Peace and War and the Sandline Affair*. Edinbourgh: Mainstream Publishing.

The General Accounting Office. 1997. *Contingency Operations: Opportunities to Improve Civil Logistics Augmentation Program*. Washington D.C.: Government Accounting Office.

Thirtle, Michael R., Robert Johnson and John Birkler. 1997. *The Predator ACTD: A Case Study for Transition Planning to the Formal Acquisition Process*. Santa Monica CA: RAND.

Tillson, John C. F. et al. 1996. *Review of the Army Process for Determining Structure Requirements*. Alexandria: Institute for Defense Analyses.

Venter, Al J. 2005. *War Dog: Fighting Other People's Wars*. Havertown, PA: Casemate Publishers.

Wasserbly, Daniel. 2014. "AUVSI 2014: US Navy to Issue UCLASS RfP amid Congressional Pushback." *IHS Jane's Defence Weekly*, 2014. 5. 13. http://www.janes.com/article/37843/auvsi-2014-us-navy-to-issue-uclass-rfp-amid-congressional-pushback(검색일: 2014. 7. 24).

Wood, David. "The National Security Beat: Military Faces Complex Personnel Issues." *New House News*. http://www.newhousenews.com/archive/story1a042700.html.

Zarate, Juan Carlos. 1998. "The Emergence of a New Dogs of War: Private International Security Companies, International Law, and the New World Order." *Stanford Journal of International Law*, 34.

# 8 신흥 군사안보와 비국가행위자의 부상

## 테러집단, 해커, 국제범죄 네트워크 등

윤민우 | 가천대학교

## 1. 머리말

통상적으로 군사안보는 국가행위자의 배타적인 영역으로 이해되어 왔다. 국가는 개인들 사이에 맺어진 폭력사용권의 포기라는 사회계약에 따라 결성된 것으로 가정되었다. 개인들로부터 양도된 폭력사용권의 총합은 국가를 구성하고 그 국가로 하여금 폭력사용의 독점권을 행사할 수 있도록 허락한다. 국가는 이 독점적 권리에 따라 대내적으로 법집행 권한을 행사하며 대외적으로 군사안보활동을 수행한다. 이런 맥락에서 군사안보가 국가행위자의 배타적인 영역이라는 사실은 근대국가의 근본 가정 또는 구성 원리에 의해 지지된다(홉스, 2011: 173~189).

군사안보가 근대사회에서 국가행위자의 배타적인 영역이라는 사실은 국가 부분이 전통적으로 비국가 부분에 비해 압도적인 폭력적 능력에서의 우위를 점해왔으며, 동시에 국가 부문이 군사안보에서 일부 예외를 제외하면 거의 독점인 행위자의 지위를 누려왔다는 것을 의미한다. 이러한 점은 근대사회에서 국가행위자가 비국가행위자에 비해 군사안보에서 배타적인 중요성을 갖게 해 주었던 객관적, 물리적, 그리고 상황적 조건을 제공했다. 대체로 이러한 조건은 국민국가의 건설이라는 정치적 발전과 산업혁명이라는 경제적 발전에 영향을 받았다. 민족주의를 바탕으로 한 국민국가의 건설은 국민개병제와 연결되었다. 국민개병제를 통한 국민군대의 출현은 병력 수와 질 면에서 국가행위자가 비국가행위자에 비해 압도적인 물리력의 우위를 유지하도록 기여했다. 또한 산업화·기계화를 통한 무기의 발전은 폭력적 능력의 기계화를 가능하게 했다. 이와 같은 변화는 전근대사회와 달리 무장력과 병력 규모의 측면에서 국가행위자가 비국가행위자에 비해 압도적인 우위를 점유하도록 만들었으며, 군사안보는 국가행위자만의 게임의 장이 되는 데 기여했다(맥닐, 2011: 250~408).

하지만 최근 들어 이러한 국가행위자와 비국가행위자 간의 전통적 폭력의 우열 구도와 기회조건에 변화의 조짐이 감지되고 있다. 이는 달리 말하면 미래사회로 갈수록 군사안보 부문에서 비국가행위자의 중요성이 국가행위자의 그것과 독립적으로 증대하고 있음을 의미한다. 이는 폭력의 민주화democratization of violence 현상으로 정의된다. 폭력적 능력이 국가행위자들에게 집중되었던 상태에서 점차 개인과 사적 집단, 사적 네트워크 등으로 이전·확산되는 현상을 의미한다. 따라서 각 폭력주체들의 폭력적 능력이 상대적으로 이전보다 평등한 방향으로 움직이게 된다(Schwarzmantel, 2010). 이와 함께 미래 사회로 갈수록 폭력사용과 관련된 규모의 폭력violence of size의 중요성이 사라지고 있다. 이는 보다 최소 규모의 정밀폭력nano-size pin-point violence의 중요성이 증대되고 있는 경향과 오버랩된다(Toffler and Toffler, 1993: 73~93). 이런 기회조건의 변화는 비국가행위자들의 군사안보 게임의 영역에 참여할 우호적인 환경을 조성한다.

이러한 폭력의 민주화 현상은 글로벌라이제이션globalization과 정보화의 확산, 그리고 과학기술 발전의 의도치 않은 결과물이다. 최근 들어 빈번히 언급되는 4차 산업혁명이 경제 또는 부의 창출 부문에서 글로벌라이제이션과 정보화, 과학기술 발전의 의도한 결과물이라면 폭력의 민주화 현상은 폭력과 전쟁, 폭력을 통한 권력 다툼의 영역에서의 동일한 추인의 의도치 않은 결과물이다. 정보통신, 드론과 인공지능, 전투로봇, 머신러닝과 빅데이터 기반 전투지휘체계 등은 그러한 사례를 단적으로 보여준다. 앨빈 토플러Alvin Toffler가 지적한 바와 같이 생산의 양식과 파괴의 양식은 서로 긴밀히 연관되어 있다(Toffler and Toffler, 1993). 이러한 맥락에서 경제부문에서의 4차 산업혁명은 군사안보 부문의 폭력의 민주화 경향과 매우 긴밀히 연관되어 있다.

특히 최근 들어 두드러지게 나타나는 테러집단과 해커, 그리고 국제범죄 네트워크 등 비국가행위자의 폭력적 능력 사례들은 이들 비국가행위자의 폭력적 능력의 증대가 국가행위자에게 얼마만큼의 군사안보의 위협으로 나타날 수 있는지를 단적으로 보여준다. 알카에다al-Qaeda와 ISISIslamic State in Iraq and Syria의 글로벌 테러 위협은 국가행위자들의 배타적 영역이었던 국제안보질서의 현상과 진로에 상당한 영향을 미쳐왔다. 해커들이나 어나니머스Anonymous와 같은 해커집단은 국가행위자들의 온·오프라인 안보에 상당한 위협으로 인식된다. 국제적 마약 거래나 돈세탁, 무기 밀거래 등에 개입된 마피아, 마약 카르텔 등의 국제범죄 네트워크는 국가행위자들의 국제안보질서에 상당한 혼란과 위협 요인이 되고 있다. 이들 비국가행위자들은 물론 다양하며 각기 다른 목표를 추구한다. 종교적·정치적 권력을 추구하거나 사적인 신념이나 가치 또는 물질적 이익을 추구하기도 하며, 서로 이해관계의 충돌이 일어나기도 한다. 하지만 그러한 다양한 비국가행위자들이 제기하는 위협들의 총합은 근대사회의 가장 핵심적인 구성 원리인 국가행위자의 폭력 독점 또는 압도적 폭력적 능력의 우월성과 그러한 원칙에 기반을 둔 국내·국제 정치질서를 심각하게 위협하는 방향으로 작용한다.

이러한 현상은 전통적인 근대적 구성 원리인 국가행위자에 의한 배타적 안보제공의 틀을 약화 또는 붕괴시키고 있다. 이는 다시 말하면 평범한 개인을 대내적(법집행) 그리고 대외적(군사안보)으로 보호해 왔던 전통적인 메커니즘인 폭력을 독점한 국가행위자에 의한 보호 시스템 자체가 이완하거나 붕괴될 수도 있다는 사실을 의미한다. 이는 개인들에게는 보다 더 자유로울 수 있지만 스스로에 대한 보호가 보다 더 불확실해지는 안보 상태를 받아들여야 함을 의미한다.

위티스B. Wittes와 블럼G. Blum은 이러한 폭력의 민주화 현상이 근대사회의 기초인 국가와 개인들 간에 맺은 사회계약을 다시 재구성reformulation하도록 만든다고 주장한다(Wittes and Blum, 2015). 국가의 폭력 독점은 기본적으로 개인들이 양도한 개인의 폭력사용권의 총합이다. 따라서 국가는 계약에 따라 개인들을 보호해야 할 책무를 진다. 하지만 그 국가가 실효적으로 개인들을 보호하는 것이 어려워진다면 개인들과 국가 간에 맺은 그 계약 자체에 문제가 발생할 수 있다. 따라서 이와 관련하여 다음과 같은 몇 가지 의문들이 제기될 수 있다. 계약 이행이 불완전한 국가를 상대로 개인의 프라이버시와 폭력사용의 자유권, 자기방어권 등과 같은 본연적 권리는 어떻게 규정해야 할 것인가? 보호에 대한 계약 이행이 불완전한 국가가 그러한 계약 이행을 보완할 목적으로 다시 2차 계약에 따라 민간 회사들과 같은, 예를 들면 보안회사, 민간군사기업, 민간정보회사 등의 사적 집단에 양도 또는 위임하는 행위들은 기존의 사회계약에서 어떻게 다룰 수 있을 것인가? 그리고 이는 개인들과 국가 간에 맺은 1차적 사회계약과 어떤 관계를 가지는가?

한편, 폭력의 민주화와 비국가행위자의 부상은 폭력을 범죄와 테러, 그리고 전쟁으로 층위별 수준에 따라(마이크로-매크로Micro-Macro로) 개념적으로 구분하던 기존의 접근을 무력화시키고 이러한 여러 다른 수준의 폭력들이 전일적holistic으로 통합되는 방향으로 이행하도록 만든다. 비국가행위자의 폭력적 능력의 증대와 관련하여 국가행위자의 법집행적·군사안보적 폭력 독점은 이완 현상을 보인다. 이와 같은 변화는 국가행위자로 하여금 기존의 전통적 대응방식으로부터 어떤 전략적 변환을 모색하도록 촉구한다. 국가 폭력의 대내적 수단인 법집행과 대외적 수단인 군사안보 양 부문 모두에서의 어떤 근본적 전략 변환이 요구된다. 러시아에서 비교적 최근에 제기된 정보충돌information confrontation 또는 정보전쟁information warfare의 개념과 전략, 게라시모프Gerasimov 독트린의 채택 등은 이러한 국가행위자의 실질적 필요를 반영한다고 볼 수 있다(Medvedev, 2015: 61~64; Кучерявый, 2014). 이러한 근본전략의 변화가 요구되는 이유는 더 이상 전통적인 법집행과 군사안보라는 이분법적인 국가의 합법적 폭력사용 프레임으로는 여러 비국가행위자들이 제기하는 군사안보적 위협과 폭력의 민주화 경향이 초래하는 항상적 안보위협상태에 대응할 수 없기 때문이다.

폭력의 민주화와 비국가행위자의 부상과 관련하여 제기되는 한 가지 흥미로운 쟁점은 국제정치질서에서 비국가행위자가 국가행위자의 폭력적 능력을 압도하여 새로운 미래 국제질서의 주체로 자리매김할 것인가의 여부이다. 이는 바꾸어 말하면, 근대 국제질서의 가장 주요한 주체인 국가행위자가 새롭게 부상하는 비국가행위자에게 자리를 내어주고 국제정치질서의 주요 행위자가 비국가행위자로 대체되거나 아니면 적어도 비국가행위자가 국가행위자와 동등한 정도의 국제정치질서 폭력사용 관련 행위자로 공존할 것인가 하는 것이다. 이러한 주장에 대한 지지자들은 오늘날 중앙아시아와 중동, 아프리카 등지의 여러 빈곤하고 허약한 국가들이 밀집된 지역을 사례로 들며 비국가행위자들이 국가행위자들을 대체하거나 적어도 동등한 정도의 주요한 국제정치질서 행위자가 될 것이라고 주장한다. 이들 지역의 실패한 국가나 약한 국가들은 사실상 지역의 테러단체나 범죄조직들의 영향에 매우 취약하여 이러한 주장들을 지지하는 경험적 증거들로 제시된다. 하지만 다른 한편에서는 비국가행위자의 폭력적 능력이 증대하더라도 결국 국가행위자들의 폭력적 능력을 넘어서거나 적어도 동등한 수준에 도달하지는 않을 것이라고 주장한다. 이들은 단지 비국가행위자들이 이전보다 상대적으로 더 국제정치질서에서 중요한 폭력적 행위자들이 되었지만 국가행위자들의 수준에는 도달하지 못할 것이며 결국 국가행위자들의 이해를 위해 작동하는 국가행위자의 프락시proxy로 작동할 것이라고 주장한다. 러시아와 중국이 최근 국가의 국제정치적 목적을 위해 범죄자들과 해커들을 은밀히 활용하는 사례들은 이러한 주장들에 대한 경험적 뒷받침이 된다.

비국가행위자와 국가행위자의 관계가 어떤 방식으로 정립되든지 최근의 유의미한 폭력행위자로서의 비국가행위자들의 부상은 군사전략적으로 주요한 함의를 제공한다. 이는 전통적인 군사안보의 문제가 국가행위자, 그중에서도 고도로 전문화되고 단일화된 국가의 군사부문에서 전담하던 것에서 보다 다원화되고 분산된 방식으로 이동할 개연성이 크다. 위티스와 블럼(Wittes and Blum, 2015: 17~90)은 이러한 미래전쟁 또는 미래 폭력사용의 특성을 공격 능력의 분산the distribution of offensive capability, 취약성의 분산the distribution of vulnerability, 그리고 방어의 분산the distribution of defense으로 지적했다. 이는 군사안보의 공격과 취약성, 방어가 기존의 국방부와 군과 같은 한 국가의 단일화되고 전문화된 기관에서 보다 다양한 행위자들이 다양한 방식으로 참여하는 확장·분산 공격과 취약성, 방어로 변화할 것임을 의미한다. 이런 맥락에서 비국가행위자들의 미래전쟁의 공격, 취약성, 방어에 대한 참여는 중요해질 수 있다. 이러한 참여자들과 공격, 취약성, 그리고 방어의 분산·확장은 기존의 전통적 전쟁과는 다른 미래전쟁의 새로운 전쟁전략을 요구할지 모른다.

이 글은 신흥 군사안보와 관련하여 비국가행위자의 부상과 폭력의 민주화 현상 등과 관련된 여러 제기되는 의문과 쟁점들에 대한 대답을 제안하려고 시도한다. 이를 위해 이 글은 새로운 미래전쟁의 양상과 주요 전쟁주체로서의 비국가행위자들의 특성과 의미를 살펴보고 보다 더 불확실해지는 시대에 평범한 개인들 또는 국가의 구성원들의 안보를 증진시키기 위한 새로운 안보의 프레임과 전쟁전략의 필요성을 제안하고 그와 관련된 몇 가지 사항들을 지적한다. 이러한 목적을 위해 이 글은 다음과 같은 순서로 구성된다. 먼저, 비국가 폭력행위자들의 정체identity와 특성에 대해 서술한다. 다음으로, 그와 같은 폭력사용자들의 역사적 배경과 의미, 그리고 최근 역사 발전에서의 맥락에 대해 살펴본다. 또한 이러한 비국가 폭력사용자들이 오늘날 실제로 폭력을 사용하는 사례들을 살펴봄으로써 이러한 사례들이 갖는 군사전략적 의미에 대해 논의할 것이다. 마지막으로, 이러한 비국가 폭력사용자들의 부상과 기존 국가행위자들의 전략 변화를 함께 살펴봄으로써 미래전쟁의 전략 방향에 대해 제안할 것이다. 그리고 마지막 맺음말에서 이러한 여러 제안과 논의들을 요약하고 정책적 함의를 제안할 것이다.

## 2. 행위자들: The Leisure Class

최근 들어 전개되는 폭력 또는 전쟁의 특성은 폭력사용을 전문으로 하는 폭력전문가들이 다시 전쟁의 주역으로 등장하는 경향이 나타난다는 점이다. 테러집단에서 전투원으로 활약하는 전사들과 마약 카르텔이나 마피아 등과 같은 범죄집단에서 고용되는 집행자들enforcers 또는 용병들mercenaries, 그리고 해커들hackers은 공통적으로 폭력사용에 특화되고 그러한 집단으로서 하위문화subculture를 공유하는 전문가 집단들이다(해리스, 2015; Schultz Jr. and Dew, 2004). 이들과 맞선 국가행위자를 위해 활약하는 정보요원들, 수사관들, 그리고 특수부대원들 역시 폭력사용을 전문으로 하고 자신이 속한 집단의 하위문화를 공유하는 폭력사용의 전문가들이다. 흥미롭게도 이들 국가행위자와 비국가행위자를 위해 일하는 폭력전문가들은 서로에 대해 더 가까이 느끼며 같은 하위문화를 공유하고 또 잦은 크로스오버cross-over를 경험한다. 예를 들면, 이라크 사담 후세인Saddam Hussein 정권의 정보요원들과 특수부대원들은 ISIS의 용병과 정보요원으로 전향했다. 체첸 반군과 IMUIslamic Movement of Uzbekistan의 리더와 전투지휘관들은 전직 소련군 특수부대원이었다. 미군과 CIA가 교육한 아프간 정부군의 특수부대원들은 보다 더 연봉을 많이 받을 수 있는 탈레반Taliban의 전투원으로 재취업한다. 러시아 마피아의 조직원들은 전직 러시아 정보요원이거나 경찰이거나 군인들이었다. 멕시코 마약 카르텔의 용병이나 소말리아 해적의 구성원들 가운데서도 역시 전직 군인이거나 유사한 경력을 가진 자들을 쉽게 찾을 수 있다.

근대 전쟁의 주요한 특성 가운데 하나는 전투원들이 폭력전문가가 아닌 아마추어들이었다는 점이다. 이들은 다른 직업이 있는 자원자들이거나 징집된 자들이었다. 전쟁은 물론 직업적인 장교 집단과 하사관 집단이 존재했지만 대체로 이들 징집되거나 자원한 아마추어 전투원들의 열망과 수, 그리고 자질 등에 의존했다. 하지만 미래 사회로 갈수록 폭력의 행사는 이들 아마추어들이 아니라 폭력사용을 전문으로 하는 폭력전문가들이 점점 더 주역이 되는 방향으로 이동할 것이다. 이는 미래전쟁에서 사용될 폭력수단과 관련된 전략전술이 이전과는 비교할 수 없을 정도로 복잡하고 정밀하여 이를 사용하는 전투원들이 상당히 숙련되고 경험이 축적될 것을 요구하기 때문이다.

흥미로운 점은 이러한 폭력전문가에 의존하는 탈근대 전쟁의 양상이 역시 마찬가지로 폭력전문가에 의존했던 전근대 전쟁의 양상과 점차 닮아간다는 사실이다. 전근대 전쟁은 기사나 사무라이 또는 유목 부족의 전문 전사들과 같이 평생을 전투능력의 향상과 전장에서의 경험을 축적해 온 폭력전문가 계급에 의존했다. 이러한 폭력전문가 집단은 아마추어리즘이 대세였던 근대 전쟁에서 그 중요성이 사라졌다. 하지만 최근 들어 탈근대의 진행과 함께 다시 이들 폭력전문가들이 전쟁무대의 주역으로 등장하고 있는 것처럼 보인다.

폭력전문가 집단에 대한 직접적인 지적은 베블런T. Veblen의 "레저계급The Leisure Class"에서 나타난다(Veblen, 1994). 미국의 사회학자 베블런은 20세기 초반 "레저계급" 가설을 제시하며 폭력적 능력을 가진 지배계급에 대해 주장했다. 그에 따르면 이 레저계급은 농업·상업·제조업 등과 같은 직접적인 노동과 생산에 전혀 관여하지 않는다. 그들은 대부분의 시간을 전투 또는 그와 관련된 활동에 쏟는다. 그들은 평생을 폭력적 능력을 수련·증진하는 데 집중한다. 그들에게 전투를 포함한 폭력의 사용은 가장 본질적인 활동이며 나머지 시간은 수련이나 훈련, 사냥이나 유흥 등과 같은 폭력적 능력을 증진하는 활동이나 그렇지 않으면 레저활동에 소모한다. 폭력전문가 계급으로서 그들은 동질적인 하위문화를 공유하며 폭력의 사용과 폭력적 능력을 가치 있는 행위로 인식한다. 따라서 자신들의 명예나 자존감은 전사로서의 자부심과 신화에 근거한다. 반대로 경제활동과 관련된 활동은 천시 또는 경멸하며 따라서 이와 관련된 활동을 하는 자들을 경멸하고 자신들을 위해 서비스하는 대상으로 인식한다. 이들과 대비되는 계급은 경제계급The Economic Class으로 정의된다(Veblen, 1994). 대표적으로 유목 전사들은 정착사회의 농민들을 자신들이 착취하는 소나 양 등의 목축동물들과 유사한 대상으로 바라보았다. 중세 유럽의 기사계급은 이 레저계급의 대표적인 사례에 해당한다. 이들은 폭력적 능력을 통해 농민과 기타 상공업자들을 지배하고 삶을 영위한다. 경제활동은 명예롭지 못한 것으로 인식되고 직접적인 경제활동으로부터 분리되어 있는 특성을 가진다. 그들의 경제적 부는 단지 경제활동을 직접적으로 수행하는 자들을 보호하는 보호의 대가로 받는 공물에 기반을 둔다(Veblen, 1994).

레저계급은 근대사회로 이행하는 과정에서 권력의 중심에서 밀려난다. 전근대사회에서 근대사회로의 이행은 경제활동을 직접적으로 수행하는 자본계급이 폭력전문가인 레저계급을 몰아내고 주변화하는 권력 이동의 과정으로 이해할 수도 있다. 이 과정에서 레저계급의 일부는 근대 징집군대나 직업경찰의 일부로 흡수되고 여기에 흡수되지 못한 다수의 레저계급은 불법화되어 근대사회의 주변부로 밀려나게 된다. 톰 크루즈Tom Cruise가 주연했던 영화 〈라스트 사무라이The Last Samurai〉는 일본 근대화 과정에서 전문 폭력계급인 사무라이가 어떻게 도태되고 주변화되었는지를 잘 묘사한다. 일본 야쿠자의 초창기 주요 구성원들이 이 과정에서 도태된 사무라이 낭인들이었다는 사실 역시 이러한 이행과정과 관련이 있다(Abadinsky, 2007).

1990년대 소련 붕괴 이후의 러시아 마피아 현상을 설명하기 위해 러시아 사회학자 볼코프V. Volkov는 베블런의 개념을 빌려 "약탈인간the predatory men"의 개념을 제시했다. 그에 따르면 약탈인간은 범죄조직원 등과 같이 통상적인 경제활동을 거부하며 자신이 가진 폭력적 능력을 통해 자신들의 부와 권력을 추구하는 사람들을 의미한다. 이들은 경제활동을 하는 이른바 경제인간들을 경멸하며 열등한(폭력적 능력이 없기 때문에) 약탈과 착취의 대상으로 인식한다. 이들의 태도는 유목 전사들이 정주문명의 농민들을 바라보던 인식과 놀랍도록 닮아 있다(Volkov, 2002).

러시아 마피아의 역사적 기원이 되는 도둑들의 세계Vory v Zakone, Thieves in Law의 규율은 그러한 약탈인간의 하위문화를 잘 보여준다. 그들의 규율 가운데 몇 가지를 소개하면 다음과 같다. 도둑thief, vor은 "국가가 소유한 산업체에서 일을 해서는 안 된다", "도둑은 훔치거나, 빼앗거나, 속여서 획득하거나 함으로써 생활해야 한다. 단지 그러한 도둑만이 정직하고 독립적인 진정한 도둑으로 인정된다", "소련의 법률은 도둑에게는 존재하지 않는다, 도둑은 이러한 법에 종속되지 않는다", "도둑은 군대에 복무하지 않는다", "도둑은 노동자들로부터 돈이나 물품들을 공물로 받아야 한다" 등이 그러한 규율의 일부이다(Varese, 2001: 151). 도둑들의 세계는 러시아 제국과 소비에트 연방의 초창기 시절부터 러시아 내에서 존재했다. 이들의 규율이 보여주는 하위문화와 사고방식 등은 폭력적 능력에 기반을 둔 레저계급 또는 약탈적 인간의 전형적인 특성들을 보여준다. 시실리아 마피아와 같은 다른 지역의 전근대 시절부터 이어져온 범죄 집단의 문화나 사고방식 역시 이러한 약탈인간의 전형적인 특성들을 보여준다(Abadinsky, 2007).

레저계급 또는 약탈인간은 근본적으로 근대국가에 도전한다는 정치적 의미를 가진다. 이는 국가권력에 대한 직접적인 폭력적 도전을 목표로 하는 이슬람 극단주의 테러집단과 같은 테러세력뿐만 아니라 표면적으로는 국가권력에 도전하는 정치적 속성을 갖고 있지 않은 것 같은 경제적 이익을 추구하는 마약 카르텔이나 마피아 범죄집단 또는 해커들 역시 궁극적으로 정치적 속성을 가진다는 것이다. 이는 이들이 모두 홉스가 제시하는 사회계약론의 핵심인 사적 폭력사용권의 영구 포기에 의한 계약국가에 참여하지 않고 사적인 폭력능력을 여전히 소지하고 사용하고 있다는 사실에서 기인한다. 즉, 국가의 폭력 독점에 대한 중대한 도전이 되며 국가권력과 개인들 간의 계약 자체에 대한 중대한 도전이 된다. 개인들에 대한 사적 폭력의 위협은 국가의 보호 책무에 대한 중대한 도전과 위협이 되며 이는 다시 그 국가의 정통성과 권위, 그리고 존재 기반 자체에 대한 중대한 위협이 된다.

흥미로운 사실은 정치적 권력의 획득을 목표로 하는 테러집단과 경제적 이익의 획득을 목표로 하는 범죄집단 또는 해커들의 이해관계의 본질적 성격이 수렴하는 현상이 나타난다는 점이다. 테러집단은 테러 또는 군사적 충돌의 계속을 위해 테러자금의 충당을 필요로 한다. 이 때문에 최근 들어 테러집단이 점점 더 마약 거래나 몸값을 목적으로 한 인질 납치 또는 석유나 가스 자원의 불법적 밀거래 등과 같은 경제적 이윤 추구에 개입한다. 다른 한편에서는 경제적 이윤을 지속적으로 추구하고 획득한 부의 공고화와 유지를 위해 범죄집단이나 해커들이 점점 더 정치적 권력을 추구하는 경향을 보인다. 이들 모두에게 국가권력의 약화는 공통의 이익이 된다. 이 때문에 한 집단 또는 조직의 성격이 수렴하거나 아니면 테러집단과 범죄집단 또는 해커들 간의 전략적 연대strategic alliance가 형성된다(Makarenko, 2004: 129~145).

## 3. 역사적 의미

정보화의 촉진과 4차 산업혁명 등으로 대표되는 오늘날 비국가행위자인 약탈인간이 국가권력에 대한 보다 주요한 위협으로 변모한 이유는 행위자의 속성이 변했다기보다는 이들 행위자들을 보다 위협적으로 변모시킨 조건과 환경의 변화 때문이다. 이와 같은 조건과 환경은 4차 산업혁명의 핵심을 이루는 기술의 발전과 정보의 확산, 이동성의 증가 등을 포함한다. 이러한 조건과 환경은 힘의 증강효과force multiplier로 작동하여 비국가행위자의 위협의 상대적 크기를 증대시켰다.

먼저, 기술의 발전과 정보의 확산은 직접적인 무력행사에 요구되는 부문과 그러한 폭력행사를 간접적으로 지원할 수 있는 부문 모두를 포함한다. 핵무기 제조기술과 정보가 흑백 텔레비전이 개발된 시기에 나온 매우 낡은 것이라는 사실은 이러한 무기의 제조에 필요한 기술과 정보가 사실상 다수의 불특정 민간으로 확산될 수 있는 가능성을 보여준다. 생물학이나 화학무기를 만들 수 있는 기술과 정보의 확산, 사제폭탄 제조와 관련된 기술이나 정보 등은 인터넷 등에서 쉽게 획득할 수 있다. 더욱이 앞으로 드론이나 로봇, 무인자동차 등의 상용화는 이러한 도구들이 사람을 살상할 수 있는 무기로 쉽게 사용될 가능성을 높인다. 더불어, 공격을 간접적으로 지원할 공격전술의 개발, 공격목표에 대한 사전정찰이나 첩보획득 등이 스마트폰이나 인터넷, 사물인터넷, SNS 등에서 다양한 경로로 쉽게 이루어질 수 있다. 이러한 폭력사용과 관련된 기술과 정보의 획득은 비국가행위자들의 폭력적 능력 자체를 강화시켰다.

다음으로 이동성의 증가는 공격자와 공격대상을 값싸고 빠르게 연결시킨다. 대체로 물리적 거리와 이동수단의 제약으로 인해 전통적으로 거리는 폭력적 공격을 멈추게 하는 "스토핑파워stopping power"로 작동했다. 바다나 험준한 산, 그리고 멀리 떨어진 거리 등은 폭력적 공격으로부터 공격대상을 방어하는 주요한 방어기제로 여겨졌다. 하지만 이동수단의 가격의 저렴화와 속도의 증대, 그리고 이용가능성의 확산 등으로 인한 물리적 거리의 감소와 인터넷상 가상세계에서의 물리적 거리의 소멸은 공격자에게 사실상 거리의 제약을 극복하고 자유롭게 공격대상을 선택하고 타격할 수 있는 능력을 부여했다. 이 때문에 공격대상의 전반적인 취약성을 증대시켰다.

기술의 발전과 정보의 확산, 이동성의 증가 등과 같은 조건들의 변화는 다음과 같은 세 가지 부문에서 주요한 변화를 야기했다. 먼저 공격능력이 분산되는 현상이다(Wittes and Blum, 2015: 17~43). 이는 폭력의 민주화 경향을 달리 표현한 것이다. 과거 근대사회에서 국가부문이 독점하거나 압도적 우위에 있던 공격능력이 점차 개인과 비국가행위자들로 확산 또는 분산되고 있다. 이러한 폭력적 능력의 확산은 위장군복, 야간투시경, 저격용 라이플, RPG, 공격용 헬기,

사제폭탄 등과 군사공격 또는 테러공격에 직접적으로 관련된 무기나 장비뿐만 아니라 "hands-on-hands combat" 기술, 특수전 전술, 보병, 포병, 그리고 항공 합동운용을 포함한 복합전술, 도심전투전술 등의 군사지식과 노하우 등을 함께 포함한다. 최근 관찰되는 테러집단과 국제조직 범죄, 그리고 해커 등의 무기와 장비, 또한 기술과 경험 노하우 등에서의 공격능력의 놀라운 증가는 이러한 국가로부터 비국가행위자로의 공격능력의 분산 경향을 보여준다. 미래 사회로 갈수록 네트워크 컴퓨터와 생명과학기술, 로보틱스, 나노테크놀로지, 드론 등과 관련된 핵심적인 그리고 치명적인 공격능력이 보다 더 빠르게 비국가 부문들로 분산 또는 이전될 것이라고 전망된다. 이러한 공격능력의 분산은 비국가행위자들에 대해 전통적으로 국가행위자가 가졌던 물리력 또는 폭력적 능력의 우위를 심각하게 훼손시킬 위험이 존재한다.

다음으로, 4차 산업혁명을 추동하는 조건의 변화들은 잠재적 공격대상의 취약성을 확산시킨다(Wittes and Blum, 2015: 44~67). 공격자와 공격대상 사이의 접촉성이 증가할수록 공격대상이 공격받을 취약성이 증가하게 된다. 접촉성이 증가한다는 의미는 공격자와 공격대상이 시간적·공간적으로 만나거나 접촉하게 되는 가능성이 증가한다는 것이다. 특히 이 접촉성이 증가할 때 공격대상을 공격자로부터 보호해 줄 보호자가 부재하거나 그 보호능력이 현저히 미미할 경우 공격대상의 취약성은 더욱 증가한다. 보호자는 가장 중요하게는 폭력독점권을 가진 국가공권력을 의미한다. 구체적으로는 경찰이나 정보기관, 또는 군의 형태로 구현된다. 인터넷의 확산과 네트워크 기반 연결성의 강화, 자동화된 무인시스템의 확산, 거리 이동성의 증가, 글로벌 차원의 문화적 연결성의 증대와 같은 조건들은 테러집단이나 해커, 그리고 국제조직 범죄들과 같은 다양한 공격자들이 이전보다 더 다양하고 광범위한 공격대상을 선정하고 이에 대해 더 쉽고, 안전하게, 효과적으로 공격을 수행할 수 있는 가능성을 증가시켰다. 동시에 이러한 조건들의 변화는 공격대상을 효과적으로 보호하는 보호자로서의 국가권력의 능력을 제한하거나 무력화시킨다. 이러한 취약성의 확산은 미래로 갈수록 더 증대될 것으로 예견된다. 벌레 크기의 드론이나 로봇병기, 무인차량이나 생명공학을 활용한 공격과 직접적으로 관련된 기술과 이의 수행을 뒷받침할 수 있는 사물인터넷 혹은 네트워크 컴퓨터를 활용한 빅데이터 분석이나 데이터마이닝 등의 기술은 공격대상의 취약성을 더욱 증가시키는 방향으로 작용할 것이다.

마지막으로, 이러한 조건들의 변화는 전통적으로 근대사회에서 비국가 폭력행위자들인 약탈인간들을 견제하고 통제하던 국민국가의 능력을 약화시켰다 (Schultz Jr. and Dew, 2004). 이미 약한 국가 또는 실패한 국가로 간주되는 세계 도처의 지역에서 여러 국제 범죄집단들과 테러세력 등이 번성하고 있는 것을 쉽게 관찰할 수 있다. 이들 비국가 폭력집단은 사실상 폭력적 능력 면에서 해당 지역의 중앙정부를 압도한다. 이들 비국가 폭력집단들은 자신들의 점령지역에서 사실상의 무장 지배계급으로 작동한다. 우려할 만한 점은 이른바 약한 국가 또는 실패한 국가라고 부르는 상대적으로 취약한 국가들만이 이러한 국가능력 약화를 보여주는 것은 아니라는 사실이다. 상대적으로 강한 국가라고 간주될 수 있는 미국이나 독일, 한국 등의 자유민주주의, 개인주의 국가들에서 이른바 비국가 폭력행위자들에 대한 상대적 견제 또는 통제능력의 약화가 나타나고 있다. 이러한 경향은 미래 사회로 갈수록 더욱 두드러지게 나타날 것으로 전망된다. 이는 4차 산업혁명과 관련된 여러 조건들의 변화가 만들어내는 복합적 결과물이다. 국가행위자에 대한 비국가 폭력행위자의 상대적인 폭력능력은 보다 대등한 방향으로 증가하고 있으며, 취약성에 노출된 공격대상은 더욱 다양하고 광범위해졌다. 동시에 비국가 폭력행위자들의 은밀성과 원격성은 더욱 증가했는데, 이는 국가행위자들로 하여금 이들 비국가 공격자들을 탐지하고 공격 또는 보복하는 것을 더욱 어렵게 만든다. 국가행위자는 이전보다 더 다양하고 광범위한 공격대상을 보호해야 하며 보다 찾아내기 어렵고 멀리 떨어져 보복 공격하기가 까다로워진, 보다 증강된 공격력을 가진 비국가행위자들을 상대로 싸워야 한다.

미래 사회로 갈수록 4차 산업혁명 등이 진전되는 현상과 관련하여 주목할 만한 역사적 사실은 아마도 다시 폭력전문가들에 의한 전쟁의 시대가 오고 있는 듯이 보인다는 것이다. 9·11 테러 이후 이러한 경향은 점점 더 두드러지고 있으나 사실상 1990년대 미국에서 벌어졌던 마약 카르텔과의 전쟁에서부터 이러한 폭력전문가들에 의한 소규모 전쟁은 시작되었다. 미국과 러시아 등 국가 행위자를 위해 테러조직과 범죄조직들, 그리고 해커들과 싸우는 국가의 에이전트들은 모두 폭력전문가들이다. 이들은 고도로 훈련받고 풍부한 전투경험을 축적한 전문 전사들이다. 이들 전문 전사들은 미국의 델타포스Delta Force나 네이비실Navy SEALs, 또는 SWAT 팀이거나 대테러특수팀, 영국의 SAS나 러시아의 스페츠나즈Spetsnaz나 OMON 등과 같은 특수부대원과 CIA, DIA, NSA, CVR, GRU, FSB 등의 일급 정보요원들이거나 FBI나 DEA, ATF 등의 현장 언더커버undercover 경찰요원들을 포함한다. 여기에는 사이버범죄나 사이버안보 전문요원들도 역시 포함된다. 테러조직이나 국제 범죄조직의 전투원이나 정보원 그리고 해커들 역시 국가의 전사들에 못지않은 고도로 훈련받고 풍부한 전투경험을 갖춘 폭력전문가들이다. 많은 경우에 이들은 전직 특수부대 요원이거나 정보요원, 또는 수사관들이다. 그렇지 않더라도 알카에다나 ISIS, 탈레반, IMU 등의 캠프에서의 테러훈련은 국가의 엘리트 부대의 훈련에 버금가는 전문성과 강도를 갖고 있다. 이러한 미래 사회의 폭력전문가들에 의한 전쟁 양상에 대한 예견은 이미 1990년대 초에 앨빈 토플러에 의해 지적된 바 있다. 그는 미래전쟁의 주역은 박사학위를 가진 전선의 보병이 될 것이라고 주장했다(Toffler and Toffler, 1993: 110).

미래 사회의 폭력전문가들에 의한 소규모의 비밀스러운 정밀타격pin-point strike 형태의 전쟁은 전근대사회의 유목 전사들과 기사들, 용병들, 노예병사들과 같은 전문 전사들이 주도했던 전쟁과 닮아 있다. 이들의 전쟁은 폭력전문가들 사이의 전쟁이며 일상의 경제인간들과는 다소 동떨어진 채로 작동한다. 일상의 농민들과 정주민들, 도시의 상공업자들은 엘리트들이 수행하는 전쟁의 피해를 입을 수는 있지만 그 전쟁의 적극적인 주체는 아니었다. 과거 폭력전사들은 평생을 거쳐 자신들의 폭력적 능력을 수련했으며 그 폭력적 능력을 통해 자신들의 계급적 지위와 경제생활을 영위했다. 그들에게 있어 전쟁 또는 폭력행위는 전문 직업이자 윤리적·이념적 지향성의 중심이었다. 그들은 전문 전사로서의 명예와 용맹함, 자부심 등을 소중히 여겼으며 전투의식은 그들에게 삶의 의미이자 중요한 의식이었다. 최근 들어 유사한 문화적 지향성과 태도, 그리고 전쟁 양상이 테러전쟁과 조직범죄와의 전쟁, 해커전쟁에서 관찰된다. 최근의 전쟁은 사실상 일반인들의 일상과는 동떨어져 있다. 전쟁에 참여하는 엘리트 부대원과 엘리트 경찰들, 정보요원들, 전문 분석가들, 해커들, 그리고 반대편에서 테러리스트들, 범죄조직원들, 해커들은 자신들의 폭력전문가로서의 이념적·문화적 특성을 가진다. 이들은 자신들의 폭력행위에 대해 특별한 자부심을 느끼며 평생에 걸쳐 자신들의 능력을 배양하고 그러한 일에 종사한다. 경우에 따라서 테러조직이나 범죄조직에서 국가의 군이나 경찰, 정보기관으로 또는 반대로 국가의 군이나 경찰, 정보기관에서 테러조직이나 범죄조직, 또는 해커집단으로 경력을 옮겨가는 경우는 있으나 이들이 자신들의 폭력 경력을 완전히 다른 일상적 경제활동으로 옮겨가는 경우는 드물다. 이들은 자신들의 폭력적 능력에 특별한 자부심을 느낀다. 전쟁은 점점 일상과는 동떨어지며 일반인들이 인지하지 못하는 곳에서 인지하지 못하는 방식으로 수행될 것이다. 인공지능과 드론, 로봇병기와 생명공학, 나노테크놀로지 등이 중요해지는 미래사회에는 이러한 경향이 더욱 두드러지게 될지 모른다.

## 4. 군사전략적 의미: 사례분석

신흥 군사안보에서 비국가행위자들의 부상은 주요한 몇 가지 전통적인 군사안보의 전략 독트린의 수정을 필요로 한다. 이러한 진술은 지난 20~30년간 맥시코, 콜롬비아, 러시아, 소말리아 등 세계 도처에서 나타났던 조직범죄와 해적, 마약 카르텔들의 폭력과 범죄활동의 사례들과 9·11 테러 이후 이라크, 아프가니스탄, 중앙아시아, 체첸 등에서 있었던 대테러 전쟁, 그리고 이후 시리아-이라크, 아프리카, 중동 등지에서의 ISIS와 다른 이슬람 극단주의 무장 세력들의 내전과 폭력행위들, 또한 에스토니아와 조지아, 우크라이나와 미국과 서유럽 등지에서 나타났던 사이버공격과 심리전 등의 사례들을 종합적으로 관찰한 결과를 근거로 한다. 전통적인 의미에서 전쟁으로 정의되기 어려운 이러한 새로운 유형의 전쟁 또는 충돌의 사례들은 근대 전쟁에서 주요한 특성들과는 다른 어떤 특성들을 가진다. 여기에서는 그러한 몇 가지 사례들을 제시하고 그러한 사례들이 전통적 전쟁의 군사전략적 독트린과는 다른 어떤 특성들을 가지는지 살펴본다.

여기서 유의할 점은 기존의 전쟁과 군사전략과 같은 개념의 정의가 갖는 교조적dogmatic 접근을 극복할 필요가 있다는 것이다. 최근의 테러와 해킹, 조직범죄와 관련된 다양한 유형의 폭력적 충돌의 사례들에서, 그것들을 전쟁이라 부르건 아니면 범죄나 충돌, 또는 테러리즘이라고 부르건 관계없이, 한쪽과 다른 한쪽의 의지will와 이해관계interests가 부딪히고 있다는 사실 자체를 부정하기가 어렵다. 따라서 이러한 새로운 형태의 의지와 이해관계들의 충돌 현상을 보다 실존적인 시각으로 접근할 필요가 있다. 여기에서는 기존의 전쟁과 군사전략에 대한 전통적 정의를 넘어서 이러한 개념을 의지와 이해관계의 충돌이라는 보다 실존적인 의미로 다룬다. 최근 20~30년간의 테러전쟁, 마약전쟁, 조직범죄집단들의 전쟁, 해적행위, 그리고 사이버공격들의 사례는 어떤 측면에서는 앞으로 다가오는 시대의 미래전쟁의 모습들과 특성들을 반영하는 경향이 있다고 이해된다. 이 때문에 이러한 사례들이 가지는 특성들을 군사전략적인 측면에서 살펴보고 미래전쟁의 특성과 모습들을 그려보는 것은 다가올 폭력의 민주화 시대에 국가와 그 국가에 속한 평범한 개인들(경제인간들)의 안보를 보장하는 데 주요한 의미가 있을 수 있다. 조직범죄집단과 해커, 테러집단들과 같은 비국가 폭력행위자가 국가행위자를 상대로 주요한 전쟁의 상대방이 되는 마약전쟁, 조직범죄전쟁, 해적행위, 테러전쟁, 그리고 사이버전쟁 등이 함의하는 주요한 몇 가지 군사전략적 사항들은 다음과 같다.

먼저, 전쟁의 승패는 군사적kinetic 결전과 비군사적non-kinetic 활동의 통합적 결과로 결정된다는 사실이다. 즉, 이는 전장에서 직접적인 폭력이 동원되는 군사적 결전의 승리의 결과가 전체 전쟁의 승리로 반드시 이어지지는 않으며, 따라서 군사적 결전의 열세를 심리공작, 정보 조작, 경제 침해, 사회적 영향력의 행사, 정치적 개입, 여론 선동 등의 여러 비군사적 활동의 우세에 의해 상쇄하고 전체 전쟁의 승리를 쟁취할 수도 있게 된다는 것을 의미한다. 따라서 미래 전쟁에서는 군사적 결전과 여러 비군사적 충돌을 동시에 고려해야 할 필요가 있다. 흥미로운 점은 이러한 전략적 인식이 군사안보전략부문에서 가장 혁신적이고 선도적인 국가들인 미국과 러시아 모두에서 거의 비슷한 시기에 제기되고 발전되었다는 것이다.

미국의 경우는 9·11 테러 이후 아프가니스탄과 이라크의 대테러 전쟁의 경험을 통한 학습의 결과로 이러한 전략인식이 제기되었다. 가장 대표적인 사례는 이라크에서의 대테러 전쟁을 관찰한 결과를 토대로 제시된 리드D. J. Reed의 5세대 전쟁이론이다(Reed, 2008). 그에 따르면, 전쟁은 선과 열Line and Column의 키네틱 힘Kinetic Force(군사결전)이 중심이었던 1세대 전쟁(나폴레옹 전쟁)과 참호Trench전의 키네틱 힘이 중심이었던 2세대 전쟁(1차 대전), 기동Maneuver전의 키네틱 힘이 중심이었던 3세대 전쟁(2차 대전), 무장세력Insurgent 전쟁의 정치적 힘Political Force이 중심이었던 4세대 전쟁(베트남 전쟁)을 거쳐 무제한unrestricted 전쟁의 키네틱과 비키네틱Non-kinetic 힘이 결합된 5세대 전쟁(대테러 전쟁)으로 발전해 왔다(Reed, 2008: 691). 이전 세대의 전쟁과 차별되는 5세대 전쟁의 두드러진 특성은 현대 군대의 역할이 제한적이라는 사실이다. 현대 군대의 복합 무장과 기계화된 군사력의 필요성이 사라지지는 않았지만 그 역할은 보다 제한적이 되었다(Reed, 2008: 701). 이는 5세대 전쟁의 승패가 현대 군대에 의한 폭력적 결전kinetic battle의 결과뿐만 아니라 커뮤니케이션, 프로파간다, 경제나 복지 부문 등과 같은 전쟁을 둘러싼 여타 비폭력적 비키네틱 부문non-kinetic battle에서의 결과와 더해진 전체적인 결과의 총합에 의해 결정되기 때문이다. 리드는 키네틱 부문을 물리적 영역Physical Domain으로, 비키네틱 부문을 정보 영역Information Domain, 인지 영역Cognitive Domain, 그리고 사회 영역Social Domain으로 정의했다. 그에 따르면, 우월한 진영Superior Opponent(국가행위자)이 물리적 영역에서 우세한 승리를 거두더라도 그 성과가 다른 비키네틱 영역들에서 열등한 진영Inferior Opponent(비국가행위자)이 거둔 승리들에 의해 상쇄될 수 있고 결국은 열등한 진영이 전체적인 상대적 승리를 획득할 수 있다(Reed, 2008: 703). 이를 보다 이해하기 쉽게 예를 들면, 미군과 다국적군이 폭력적 결전에서는 알카에다와 이슬람 테러조직들에게 심각한 타격을 주었다고 할지라도 이러한 키네틱 부문에서의 승리는 비키네틱 부문에서 거둔 이들 테러세력들의 성과로 그 결과가 상쇄된다. 결론적으로 리드는 미국이 아프가니스탄과 이라크에서의 대테러 전쟁에서 그다지 성공적인 결과를 내지 못한 이유를 이 5세대 전쟁의 특성을 간과했기 때문이라고 주장했다(Reed, 2008).

러시아 역시 게라시모프 독트린에서 거의 유사한 전략적 인식을 보여주었다. 2013년 2월에 발표된 게라시모프 독트린은 러시아의 군사 전략가이자 현 러시아 연방군 참모총장인 발레리 바실리예비치 게라시모프Valery Vasilyevich Gerasimov의 이름을 딴 것이다. 게라시모프 독트린에 따르면, 전쟁의 규칙들이 바뀌었다. 따라서 해킹과 언론 조작, 사이버공격, 프로파간다, 선전 여론전, 경제 봉쇄, 외교정책 등의 비군사적 수단들이 전통적인 물리적·군사적 수단들보다 더 중요할 수 있다. 오늘날의 안보 갈등의 각 단계에는 일정 시기가 있으며 각 단계별 시기에는 군사적이고 비군사적인 힘이 함께 포함된다. 게라시모프 독트린은 오늘날 다음과 같은 전쟁의 핵심적 사안들을 지적한다. 첫째, 갈등은 점점 더 정보와 다른 비군사적 수단들로 이루어지고 있다. 둘째, 비밀 작전과 비정규 병력은 점점 더 정보충돌 또는 정보전쟁에서 중요해지고 있다. 셋째, 전략적strategic, 작전적operational, 그리고 전술적tactical 수준들과 공격과 방어 활동 사이의 구분이 사라지고 있다. 넷째, 정보 무기들은 적의 이점들을 상쇄시키고 적 영토의 전반에 걸쳐 저항 전선의 형성을 허락한다는 점에서 비대칭 작전들을 가능하게 한다. 다섯째, 정보충돌 또는 정보전쟁은 적의 전투능력을 떨어뜨리는 기회를 만들어낸다. 게라시모프 독트린은 러시아가 21세기 전쟁에서 새로운 군사전략적 접근을 시도하고 있는 정황을 보여준다. 러시아는 공세적이고 공격적인 태세인 공격적 방어전략Offensive-Defense으로 전환했다. 분명한 정치적·군사적 위기가 나타나기 전에 상대국에 대한 선제적인 정보활동과 경제봉쇄 등을 포함한 비군사적 또는 비전쟁적 수단을 이용한 선제공격을 시작하며 러시아군이나 러시아 연방정부의 책임 여부를 묻기 어렵도록 다양한 민간행위자들을 프락시 병력으로 활용한다. 특히 자발적 애국심으로 동기화된 해커들이나 금전적 동기를 가진 사이버 범죄자들과 같은 전통적인 의미에서 군이나 국가의 에이전트로 볼 수 없는 다양한 프락시 행위자들을 적극적으로 주요한 공격의 첨병으로 활용한다. 이런 점에서 전통적인 군과 민간의 경계가 점점 더 사라지고 있다. 게라시모프 독트린은 비전쟁적 수단과 전쟁 수단의 적정 비율을 4:1 정도로 제시한다(Medvedev, 2015: 61~64).

다음으로, 전쟁(폭력적 충돌)과 비즈니스(부의 창출)는 점점 더 긴밀히 연계되며 서로 긍정적으로 영향을 미친다. 근대 전쟁은 기본적으로 부를 창출하기보다는 부를 소모한다. 따라서 전쟁의 규모와 기간이 증가할수록 전쟁에 참여한 국가의 부는 역으로 감소된다. 대테러 전쟁과 마약전쟁에서도 국가행위자의 전쟁은 여전히 이러한 폭력행사와 부의 창출 간의 역의 관계 법칙의 적용을 받았다. 하지만 테러세력이나 조직범죄집단, 그리고 해커들은 폭력행사 자체가 부의 축적의 수단이 된다. 이는 그들이 기본적으로 약탈무장집단이기 때문이다. 전쟁이나 테러공격, 그리고 범죄행위는 그 자체로 더 많은 지지자로부터 자금 지원을 받거나, 마약 거래나 불법이민 등과 같은 범죄사업을 창출할 수 있는 더 유리한 조건을 만들어내거나 또는 절도나 강탈 등과 같은 보다 직접적인 범죄수익을 창출할 수 있다. 이러한 특성은 오늘날의 테러, 범죄, 해커집단들이 과거 전근대 시기의 유목 전사들이나 해적들과 같은 약탈무장집단과 본질적으로 유사하다는 것을 보여준다. 유목 전사들은 정주문명의 군대와는 달리 전쟁 비용으로부터 자유로웠다. 오히려 이들은 전쟁을 수행하는 것 자체가 약탈을 통해 부를 축적하는 주요한 수단이 되었다. 17~18세기 카리브해를 누볐던 해적들 역시 폭력행위를 통한 약탈은 부의 창출을 위한 비즈니스 수단이었다. 흥미롭게도 이러한 특성이 최근 테러집단과 조직범죄집단, 그리고 해커들에게서 관찰된다.

예를 들어 RAND의 분석에 따르면, 2005년에서 2010년까지 ISIS의 총 재정의 단지 5%만이 개인과 단체의 기부금으로부터 조달되었다. 반면 재정의 20% 정도는 납치와 강탈, 강도행위 등의 범죄행위를 통해 조달되었다(Jones, 2014). 2014년 6월 모술지역 점령 당시 모술중앙은행에서 약 4억 2900만 달러를 약탈한 것으로 추정되며, 이 외에도 모술지역 다른 은행들에서 현금과 금 등을 강탈하여 수백만 달러를 더 비축한 것으로 추정된다(Lister, 2014). 시리아 원유지역에서 원유를 빼내 밀거래하고, 해당 지역의 고고학적 가치가 있는 물건들을 밀거래하여 얻어낸 수익금 역시 또 다른 재정 충당의 자원인 것으로 알려져 있다(Fisher, 2014). 오늘날의 해적행위 역시 매우 조직적이며 기업적인 형태로 운영된다. 예를 들면, 소말리아 해적은 여러 범죄세력과 소말리아의 부족단위 세력들과 이슬람 극단주의 테러세력들이 서로 컨소시엄 형태로 연계된 사업이다(Gilpin, 2009; The Economics of Piracy, 2011). 보고에 따르면, 두바이에 있는 부유한 비즈니스맨들이나 부호들이 소말리아 해적산업에 자금을 투자하고 해적활동을 통해 번 수익에서 이윤을 획득한다(The Economics of Piracy, 2011). 해적활동과 연계된 막대한 액수의 이익은 부족세력들과 범죄세력들, 그리고 테러세력들과 같은 이질적인 무장세력들을 하나로 묶는다(Hunter, 2008). 아프가니스탄에서도 탈레반과 지역 마약거래조직 간의 연대가 나타난다. 탈레반 세력의 상당 정도의 테러자금은 마약 거래로부터 충당되고 있는 것으로 알려져 있다(Sarwari and Crews, 2008).

하지만 최근의 시리아 난민과 관련된 테러조직과 조직범죄집단 사이의 폭력을 통한 부의 창출의 연계 사례는 그러한 연계가 보다 복잡하고 다차원적이라는 사실을 보여준다. ISIS는 시리아 지역의 시민들 특히 그들이 불신자라고 부르는 비무슬림들에 대한 계산된 공격deliberate attacks을 시도하여 이들을 강요된 이주forced migration로 내몬다. 동시에 ISIS는 세계 도처의 다른 지역에 있는 무슬림들을 ISIS 점령하의 칼리프 국가the Caliphate로 이주해 오도록 선전한다. 이로 인해 불신자들이 시리아로부터 나가는out-bound 불법이민과 무슬림들이 시리아로 들어오는in-bound 불법이민에 대한 수요가 동시에 발생하게 된다. 여기에 불법이민 사업을 주도하는 조직범죄집단이 이 불법이민 사업을 운용하며 이들은 ISIS와 협력관계를 구축한다. ISIS는 이들 불법이민 범죄조직들의 사업 수익에 세금tax을 매겨 자신들의 재정수입을 확보한다. 경우에 따라서 ISIS는 이 범죄조직이 운용하는 불법이민 네트워크를 통해 자신들의 전투원을 유럽 등지로 보내 그곳에서 테러 거점을 확보하거나 테러공격을 실행하는 병력 이동의 통로로 활용하기도 한다(Schmid, 2016).

마카렌코T. Makarenko는 이러한 현상을 범죄-테러의 결합Crime-Terror Nexus 현상이라고 정의한다(Makarenko, 2004). 그녀에 따르면, 테러집단은 정치 또는 사회 권력을 추구하기 위한 수단으로 경제적 자원이나 자금의 확보를 필요로 한다. 이 때문에 냉전 시기와 같이 국가행위자로부터 자금이나 물자 지원을 받는 경우가 아니라면 마약 거래, 인질 납치, 무기 밀매, 인신매매, 보호세의 강압적 징수, 해적활동 등과 같은 불법적 범죄행위를 통해 그러한 자금이나 물자를 확보할 필요가 있다. 다른 한편에서 범죄집단의 경우 자신들의 불법사업과 그로 인한 경제적 부의 보호를 위해 국가 공권력의 약화와 테러세력에 의한 물리적 보호를 필요로 한다. 따라서 이러한 양측의 이해관계는 서로를 필요로 하게 만들며 궁극적으로 테러와 범죄가 융합하는 수렴 현상을 만들어내게 된다. 이러한 현상은 러시아의 손체보 마피아 그룹과 알카에다가 연대하거나 헤즈볼라

Hezbollah와 남미의 마약 카르텔이 연대하는 것처럼 테러와 조직범죄의 두 당사자가 연대하는 방식으로 나타날 수도 있고(Daly, Parachini and Rosenau, 2005: 16~19; Turbiville, Jr., 2004: 3~9; Wannenburg, 2003: 4~5), 콜롬비아의 테러조직인 FACR의 경우와 같이 테러조직이 범죄조직의 성격으로 옮겨가거나 멕시코 마약 카르텔의 경우처럼 범죄조직이 테러조직화하는 경우로 나타나기도 한다(Hesterman, 2013: 133~163).

셋째, 전쟁의 주역이 다시 징집된 국민군에서 프로페셔널 직업 전사warrior로 이동하는 경향이 관찰된다. 테러전쟁과 마약전쟁, 해적행위, 그리고 사이버전쟁은 폭력사용을 전문으로 하는 폭력전문가들 간의 전쟁이다. 이들은 엘리트 군인과 정보요원들, 경찰들, 민간 보안회사 직원들, 민간 전문가들, 전문 테러 전투원들, 마약 조직의 용병들, 해커들을 포함한다. 징집되거나 자원한 아마추어 전투원들의 대규모 결전을 특성으로 하는 근대 전쟁은 다시 전사적 영웅주의 등을 하위문화로 공유하는 폭력전문가들의 배타적 비즈니스로, 보다 은밀한 소규모의 결전으로 이행하고 있다. 예를 들면, 이슬람 극단주의 테러전투원들이나 아프가니스탄의 부족 전사들은 근대적 개념의 국가의 조직화된 상비군이 아니다. 그들은 오랫동안 축적된 외부의 적과 싸우는 싸움의 방법과 방식을 체득하고 있으며, 전시에 자신들의 역할에 대해 준비되어 있고, 비정규적이고 비정통적인 싸움의 형태와 관련된 전통적 개념들을 숙지하고 있다. 그들에게 있어 전투 경험과 기술은 자기정체성을 이루는 핵심이며 동료집단 내에서의 정치적 권력과 사회적 영향력의 가장 근본적인 원천이다(Schultz Jr. and Dew, 2006: 262). 사이버 용병들이나 해커들 역시 목적에 따라 특화되어 있으며, 자신들만의 고유한 자기정체성과 하위문화를 공유한다. 이들은 고도로 전문화되어 있고 자신들만의 하위문화를 공유하며 적과 동지의 뚜렷한 경계선이 없다. 사이버공간의 회색시장에서는 사이버 용병과 해커들이 자신과 자신의 기술을 팔고 있다. 이들을 NSA의 TAOTailored Access Operations(특수목적접근작전)팀과 중국 인민해방군 소속의 유닛 61398, 그리고 러시아 GRU와 연계된 APT 28과 APT 29

의 사례 등에서 보듯 근대적인 의미의 상비군으로 보기는 어렵다(해리스, 2014: 59, 134, 179~208). 소말리아 해적의 경우도 브레인Brain, 머슬Muscle, 그리고 긱스Geeks의 세 부류로 구성되어 있다. 브레인은 바다를 잘 알고 항해술에 능한 전직 어부들이다. 이들은 해상 인질 납치와 관련된 작전 전반에 전문적 지식을 제공한다. 머슬은 전직 반군들로 구성된 용병들이다. 이들은 소말리아 내전에 무장전사로 참전한 경험이 있어 무기 사용과 전투에 숙련되어 있다. 마지막으로 긱스는 기술 전문가들이다. 이들은 컴퓨터를 다루거나 하이테크high-tech 장비인 위성전화, 지리위치정보 장비나 각종 군사장비들을 다루면서 해적행위를 지원한다(Hunter, 2008). 한편, 확보된 인질과 관련된 사후 인질협상은 전문 협상자들이 몸값과 관련된 협상을 진행하게 된다.[1] 이에 맞서는 특수작전 부대원이나 정보기관 요원들, 경찰 특수요원들, 그리고 민간 보안전문가들이나 인질협상전문가들 역시 고도로 훈련되고 숙련된 경험을 갖추고, 독특한 하위문화를 공유하는 전문 직업전사들로 이루어진다.[2]

넷째, 전투원의 충원은 반드시 국적 또는 국민을 기반으로 하지 않는다. 이러한 성격은 특히 테러집단이나 범죄조직들, 그리고 해커들에게서 두드러진다. 이슬람 극단주의 테러리즘의 전투원들은 다양한 국적의 시민들을 포함한다. 그들은 이슬람 살라피 극단주의에 대한 열망 또는 금전적 수입, 모험, 매력적인 이성과의 로맨틱한 결혼, 직업과 주거의 보장 등과 같은 다양한 동기로 자신들의 국적과 관련 없이 전장에 참여한다. 예를 들면, ISIS와 알누스라al-Nusra 등 다양한 시리아 지역 이슬람 무장집단에 참여하는 해외 전투원들foreign fighters은 다양한 인종과 민족, 그리고 국적의 배경을 가진다. 2015년 평가에 따르면,

1 필자는 2018년 4~5월 미국 콜로라도 스프링스에서 있었던 CCI(Crisis Consulting International) 인질 사건 위기관리 세미나에 참석했다. 이 내용은 그 세미나에서 다루어졌던 내용 중 일부이다.

2 필자는 미국, 독일, 이스라엘 등의 다수의 여러 정보기관 요원들과 경찰들, 그리고 특수작전 부대원과 참전 군인들을 만나 인터뷰한 경험이 있다.

중동과 북아프리카의 요르단(인구 5300명당 1명), 레바논(인구 6500명당 1명), 튀니지(인구 7300명당 1명), 사우디아라비아(인구 1만 8200명당 1명), 모로코(인구 2만 2000명당 1명) 등지에서 ISIS에 참여했다. 중앙아시아 국가들은 카자흐스탄(인구 7만 2000명당 1명), 키르기스스탄(인구 5만 6000명당 1명), 타지키스탄(인구 4만 명당 1명), 우즈베키스탄(인구 5만 8000명당 1명), 그리고 투르크메니스탄(인구 1만 4000명당 1명) 등지에서 ISIS에 해외 전투원으로 가담했다(Lynch III, Bouffard, King and Vickowski, 2016). 2018년 기준으로 지난 5년간 4만 명 이상의 해외 전투원들이 시리아-이라크 지역의 각종 무장단체에 가담했다. 이들의 출신은 중동 & 북아프리카, 러시아 & 유라시아, 유럽, 아시아-태평양, 남아시아, 북아메리카, 사하라이남 아프리카, 중미와 카리브해 지역, 남미 등 광범위하고 다양한 지역의 국가들을 포함한다(Institute for Economics & Peace, 2018). 한국에서도 몇 년 전 김 군의 ISIS 가담 사례에서 나타나듯이, 이 지역 무장단체들에 대한 가담 사례가 있다. 범죄조직들과 해커들은 대체로 금전적인 동기로 범죄단체를 위해 또는 스스로를 위해 공격 또는 범죄행위에 기꺼이 참여한다. 이들 역시 다양한 국적의 출신들을 포함한다. 이들은 돈money이라는 이념적 가치ideology와 잔인한 폭력brutal violence이라는 전술tactic, 그리고 돈money과 힘power과, 통제control라는 목표goals와 같은 공통 키워드를 제외하고는 이질적이다. 이러한 공통의 키워드는 이들 다양한 출신과 국적과 배경의 범죄조직과 해커들을 네트워크로 연계하여 하나의 조율된 행위자로 국가행위자에 대항하게 만든다(Hesterman, 2013: 134~138). 대체로 이러한 특성들은 민족주의와 애국심을 기초로 국민들이 자신의 국가의 군대를 위해 동원되며 국가별 구분에 의해 폭력적 충돌이 벌어지는 근대 전쟁의 양상과는 다르다.

전투원의 충원과정에서 나타나는 차이점 역시 국가의 상비군과 테러조직, 범죄조직, 해커집단의 조직원들 사이에서 두드러진다. 전자는 국가의 상층 지도부에서 자국의 국민들을 동원하는 톱다운top-down의 방식을 취한다. 이때 해당 국가의 지도부는 병력 동원과 관련된 동원계획이 있으며 이에 따라 자국 내의 인구를 대상으로 전투원을 충원하게 된다. 하지만 후자의 경우는 대체로 개인의 자발적인 동기에 의해 테러집단이나 범죄조직에 가담하거나 해커가 되는 보텀업bottom-up 방식의 인력충원 과정이 나타난다. 따라서 상대적으로 개인의 자기-동기화self-motivation와 자발성이 더 두드러진다. 예를 들면, ISIS 해외전투원들의 경우 개인들이 자발적으로 인터넷이나 SNS 등을 통해 이슬람 근본주의로 급진화·극단화되는 과정을 거친다. 이들은 자기 주도적으로 이슬람 근본주의 영상과 출판물 등을 찾아 읽거나 시청하고 또 자발적으로 근본주의 커뮤니티에 가담하여 스스로를 극단화시킨다. 이후 ISIS 가담을 위해 자발적으로 여행 조력자를 접촉하여 도움을 받거나 웹사이트나 블로그 등을 통해 여행 루트와 방법, 국경을 넘는 방법, 여행 관련 준비물들, 감시를 피하는 방법 등을 찾아 ISIS에 가담한다(윤민우, 2016a: 176). 자생테러리스트home-grown terrorists의 경우에도 이와 다르지 않다. 이들은 미국이나 유럽 등 자신이 속한 사회에서 스스로 극단화되고 온라인을 통해 스스로 극단주의에 대한 이념적 지향성을 획득하고, 또한 테러공격방법을 온라인 자기주도학습을 통해 습득하고 테러공격에 참여한다. 이때 테러공격을 위한 무기와 도구 역시 온라인을 통해 관련 지식을 습득하고 스스로 준비하여 공격에 이용한다. 이와 같은 개인의 자발적 참여에 기초한 전투원의 충원은 범죄조직원과 해커들에서도 그다지 다르지 않다. 따라서 충원방식에 있어 국가행위자의 전통적 전투원과 비국가행위자의 전투원들 간에는 뚜렷한 차이가 발견된다.

다섯째, 전투원의 충성loyalty의 대상이 반드시 국가, 애국심, 민족주의 등을 향하지 않는다. 근대 전쟁은 민족주의와 애국심을 토대로 전투원의 충성심이 자신이 속한 국가를 향해 있다. 상상의 공동체로서의 국가에 대한 강렬한 귀속감과 사랑, 민족주의를 통한 다른 국민 구성원들과의 일체감과 연대의식 등이 국가의 전투원들에게 폭력사용의 이유와 정당성을 제공한다. 하지만 이러한 전투심리와 관련된 동원 메커니즘은 전투원이 폭력을 사용하도록 하는 여러 심리적 동기화 경로 가운데 하나이다. 전투원들은 국가, 애국심, 민족주의 등

이외에 다른 동기와 정당성에 의해 동기화되어 폭력을 사용할 수 있다. 경우에 따라서는 폭력 그 자체가 가지는 매력과 즐거움, 중독성 등이 폭력사용의 동기가 될 수도 있다. 최근 들어 테러전쟁과 마약전쟁, 범죄전쟁, 해적행위, 사이버 공격 등에서 나타나는 특성들은 여기에 참여하는 테러리스트와 범죄자들, 해커들과 같은 전투원의 충성의 대상 또는 이념적 기반이 국가, 애국심, 민족주의 등과 관련이 없는 종교적 열정, 폭력사용에 대한 매력과 중독성, 금전적 이득, 범죄단체나 테러조직과 같은 비국가 집단이나 조직, 네트워크 자체에 대한 충성과 연대감 등의 동기로도 얼마든지 폭력수행자들의 결속과 집단정신espirit de corps이 작동할 수 있다는 사실을 보여준다.

예를 들면, 멕시코와 콜롬비아의 마약 카르텔들의 이념적 가치와 충성의 대상은 돈money이다. 마약 거래가 창출하는 막대한 이윤은 이들 이질적인 범죄조직들과 조직의 가담자들을 하나로 결속시키는 끈끈한 접착제의 역할을 한다(Hesterman, 2013: 134~135). 하지만 모든 조직범죄의 구성원들이 돈으로만 결속되는 것은 아니다. 여러 전통적 조직범죄 그룹의 구성원들은 국가가 아니라 자신들이 속한 범죄자들의 세계나 가족, 범죄단체, 전통에 대한 충성과 소속감을 가장 최우선하는 이념적·윤리적 가치로 받아들인다. 러시아 마피아의 역사적 기원이 되는 도둑들의 세계Vory v Zakone, Thieves in Law의 일부는 자신들만의 도둑들의 규율에 따라 제2차 세계대전 중 소련 군대에 참여하기를 거부하고 교도소에 남아 있기를 선택했다. 이들에게 소련이라는 국가는 자신들과 관련이 없는 대상이며 자신들의 소속과 충성의 대상은 도둑들의 세계와 규율 그 자체라는 믿음 때문이었다(Varese, 2001: 151). 이탈리아의 전통적 조직범죄인 마피아와 드랑게타'Ndrangheta, 그리고 카모라Camora 등도 역시 자신들이 속한 가족famiglia과 조직에 대한 전통과 규율, 그리고 가족 구성원에 대한 소속감과 충성이 가장 최우선한다. 이는 중국의 삼합회의 경우에도 마찬가지이다(Abadinsky, 2007).

알카에다와 ISIS 등과 같은 이슬람 극단주의 테러리스트 조직과 구성원들의 이념적 지향성과 충성의 대상은 이슬람 살라피 극단주의와 그것이 현실로 구현된 샤리아 신정 국가이다. 이들은 범죄조직들보다 한발 더 나아가 근대 국민국가 그 자체를 신의 뜻에 반하는 이교적 행위와 그 결과물이라고 받아들인다. 그들의 믿음에 따르면, 신이 인간에게 준 인간의 땅에 인위적으로 경계를 긋고 국민국가로 구분하는 것 자체가 이교적 행위이며 이슬람 율법에 따른 샤리아 신정체제는 땅끝까지 확장되어야 한다. 따라서 하나의 샤리아 신정국가에 의해 땅 위의 모든 인류가 다스려져야 한다. 이들의 시각에서는 근대 민족주의와 애국심, 국민국가 등은 신성모독이며 부정되고 제거되어야 할 대상이다. 따라서 이슬람 극단주의 글로벌 지하디즘은 여러 국가를 초월하는 글로벌 차원에서 샤리아 신정국가를 건설하고자 한다. 알카에다와 ISIS는 이러한 흐름을 대변한다. 알카에다는 전 지구적 범위에서 샤리아 신정국가를 건설하려고 열망하며 그러한 궁극적 종착점에 도달하는 과정을 세 단계로 구분한다. 1단계는 현재 무슬림 국가들에서 세속정부를 몰아내고 신정국가를 건설하는 과정이다. 2단계는 역사상 이슬람 제국의 영토에 속했던 지역을 다시 수복하고 그러한 지정학적 범위에서 유일한 샤리아 신정국가를 건설하는 것이다. 이러한 권역에는 현재의 이베리아 반도와 발칸반도, 필리핀 등이 포함된다. 마지막으로 3단계에서는 나머지 권역, 즉 땅끝까지 이슬람을 확장하는 것이다. 이들에게 이교도와의 지하드(성전)는 지상에서 유일한 이슬람 샤리아 정체가 성립될 때 종결된다(The Third Jihad, 2008). ISIS 역시 알카에다와 유사하게 글로벌 샤리아 신정국가를 목표로 한다. 이는 ISIS가 애초의 명칭이었던 ISISIslamic State in Iraq and Syria, 즉 이라크와 시리아 지역에서의 이슬람 국가라는 의미에서 이라크와 시리아를 생략하고 ISIslamic State라는 명칭으로 바꾼 것에서도 그러한 의도를 엿볼 수 있다. 이들은 이러한 사고체계에 따라 파키스탄과 아프가니스탄에 침투한 ISIS 지부를 ISIS 호라산Khorasan(파키스탄과 아프가니스탄 지역을 합쳐서 지칭하는 지리적 명칭) 지방정부라고 명명한다(Jones et al., 2017: 27~31). 이와 같은 글로벌 이슬람 지하디즘에 참여하는 전투원들은 자신이 속한 국가나 민족 등에 대한 충성이 아니라 종교적 근본주의, 글로벌 신정국가 수립에 대한 열망, 그리고 자신이 속한 테러집단 그 자체에 대한 충성과 소속감이 가장 최우선되는 이념적 가치이다.

핵티비즘과 관련된 다수의 해커들 역시 매우 이념적이다. 그들은 해킹을 하는 것이 근본적으로 옳은 일right thing to do이라는 믿음을 공유한다. 이들은 언론의 자유와 가난의 제거, 종교, 그리고 공정무역 등과 같은 가치를 믿으며 이러한 이념적 동기에 의해 핵티비즘 행위에 가담한다. 잘 알려진 핵티비스트 그룹인 어나니머스의 행동강령은 플레이스테이션Playstation 3 해커인 조지 호츠George Hotz에 대한 소송에 관해 다음과 같이 진술했다. "이 소송들은 언론의 자유와 인터넷 자유에 반하는 용서할 수 없는 범죄이다. …… 너희의 부패한 비즈니스 행위는 소비자들이 선택의 방식으로 지불하고 정당하게 소유하는 생산물을 사용할 권리를 부정하는 기업 철학corporate philosophy의 지표이다." 이러한 이념적 가치는 핵티비즘에 참여하는 해커들 커뮤니티에서 공유된다(Brown, 2013). 하지만 모든 해커들이 그와 같은 이념적 믿음에 의해 동기화되는 것은 아니다. 또 다른 다수의 많은 해커들은 범죄자들과 마찬가지로 금전적 동기에 의해 동기화되기도 하고 종교적 극단주의나 자발적 애국심이나 민족주의, 인종주의에 의해 동기화되기도 한다.

여섯째, 전쟁의 개념 변화가 나타나고 있으며, 이와 관련하여 범죄-테러-전쟁의 통합 또는 융합 현상이 진행되고 있다. 근대 전쟁은 전쟁과 테러, 그리고 범죄 사이의 어떤 분명한 개념conception과 영역domain의 구분을 전제로 한다. 하지만 최근 들어 이러한 정통적인conventional 구분은 상당히 애매모호해지고 불명확해지고 통합되어 가는 경향이 나타난다. 이와 함께 이와 같은 전쟁 또는 전투에 참여하는 폭력수행자들 역시 점점 더 그 구분이 모호해지고 참여자가 다양해지고 있다. 전통적인 전쟁이 제네바 협정 3조에 의해 인정되는 합법적 전투원에 의해 주로 수행되었다면 오늘날의 전쟁은 이보다 훨씬 다양하고 이질적인 참여자들에 의해 수행된다. 참고로 제네바 협정 3조에 의해 인정되는 합법 전투원은 무장 충돌의 주체인 정규군의 구성원, 정규군에 통합된 밀리셔militia, 자원참전부대, 그리고 무장저항세력 등이다. 이들은 ① 부하들에 대해 책임을 지는 자에 의해 명령되고 통솔되어야 하며, ② 멀리에서 인식할 만한 고정되고 두드러지는 표식을 가져야 하며, ③ 공개적으로 무기를 휴대해야 하며, 그리고 ④ 전쟁법과 관습법과 합치하는 활동을 수행해야 한다(윤민우, 2016b: 190~191). 하지만 최근 나타나는 테러공격과 범죄조직의 폭력행위, 그리고 해커들에 의한 사이버공격 또는 사이버전쟁 등은 이러한 전통적 개념으로 설명할 수 없다.

이슬람 극단주의 테러리스트들이 인식하는 전쟁에 해당하는 지하드jihad는 이슬람을 위한 모든 물리적·정신적 투쟁을 포함하는 개념이다. 이 개념은 탈근대적 또는 반근대적이며 근대적 개념의 전쟁을 포함하는 보다 융합적이고 초월적인 개념이다. 이는 오히려 모든 형태의 투쟁struggle의 개념에 좀 더 부합된다. 정규군이나 무장 게릴라를 통한 무력충돌뿐만 아니라 자살폭탄테러, 차량돌진테러, 무차별 살인random killing, 인질 납치, 암살, 사이버공격 등 모든 형태의 폭력행위가 다 지하드에 포함된다(윤민우, 2017: 59~60). 인신매매, 마약 밀거래, 무장강도, 산업과 금융의 이슬람화Islamization를 통한 경제침투 등의 범죄행위 역시 이교도를 공격하거나 대이교도 투쟁에 도움이 된다면 지하드로 해석된다. 이들은 이를 경제적 지하드economic jihad라고 부른다(Gaubatz and Sperry, 2009: 292~298). 결혼을 통한 배우자의 개종, 미디어 선전전, 문화적 활동, 논쟁 등 모든 형태의 전통적 의미에서의 평화적·합법적 활동 역시 지하드 범위에 포함된다. 한 인터뷰에 따르면 이슬람 극단주의자들은 이교도들에 대한 이슬람 정복전쟁을 세 가지 방식으로 수행한다. 그것들은 총과 혀와 성기이다. 총은 여기서 정규전이나 무장봉기insurgency, 그리고 테러리즘 등의 폭력적 방식에 의한 성전의 수행을 의미한다. 혀는 이슬람 교리에 대한 가르침이나 전파, 확산, 그리고 프로파간다 등을 모두 포함하는 개념이다. 이들은 사상적·이념적 침투와 확산을 통해서도 성전을 수행한다고 본다. 마지막으로 성기는 결혼과 출산,

이주 등을 통한 인구 증가를 통해 이교도들을 수에서 압도함으로써 궁극적으로 이슬람 확산과 정복을 달성할 수 있다는 의미이다. 이 때문에 이들에게는 결혼과 출산, 이민과 이주 등도 전쟁수행의 한 수단이 된다. 이런 의미에서 이들의 전쟁은 근대 전쟁의 개념과는 다르며 폭력적·비폭력적 수단을 모두 포함한다(윤민우, 2017: 59~60).

조직범죄 역시 국가 간 적대행위 또는 관점에 따라서는 전쟁행위의 한 수단으로 이용된다. 중국의 국가전략과 대외정책 수행에 있어 조직범죄집단은 공격적 정책수행의 첨병으로 이용된다. 대만의 범죄조직 가운데 하나인 죽련방Bamboo Union gang이 친중국적 이념 지향성을 가지며 중국의 정보기관인 국가안전부Ministry of State Security: MSS에 의해 관리되고 있다는 것은 잘 알려진 사실이다. MSS는 중국 푸젠Fujian 지방 샤먼Xiamen에 '정지 전쟁과 비밀 에스피오나지 활동을 위한 정보작전센터an intelligence center for political warfare and covert espionage activities'를 설치하고 대만에 있는 죽련방과 사해방Four Seas을 포함한 조직범죄 그룹들을 지원한다. 이와 같은 조직범죄 그룹들은 마약 밀거래와 인신매매, 불법 이민, 도박 등과 같은 불법 사업뿐만 아니라 해운 사업, IT 사업 등과 같은 합법 사업 등에서도 자본을 투자하고 사업을 운영한다. 이들의 활동범위는 카리브해의 벨리즈와 파나마를 포함하여 대만과 홍콩, 싱가포르와 한국, 미국, 일본, 오스트레일리아 등 광범위한 지정학적 권역에 걸쳐 있다. 이러한 조직범죄 활동은 중국이 홍콩, 대만 등에 대해 프락시 전쟁을 수행하는 주요한 수단이다. 중국은 현재 비치명적 수단들non-lethal means인 심리적·외교적 프로파간다와 정보전쟁을 수행하고 있으며, 적절한 때가 되면 대규모 군사적 상륙공격을 수행할 계획을 갖고 있다. 중국은 미래전쟁에서 범죄조직들과 중국이 통제하는 기업들, 중국 유학생들과 중국 관광객들을 활용하여 미래의 군사침공을 지원하는 많은 가능한 전복subversive 그룹들을 이용할 가능성이 크다(Kastner, 2017). 이러한 위험성에 대해 한국이 경계해야 할 필요가 있다. 한국의 공공 와이파이 사업이나 해운업, 부동산과 금융부문 등에 침투하는 중국계 자본과 기술들이 이 범죄조직과 그 뒤에 있는 중국의 MSS 비밀공작과 관련이 있는지 주의할 필요가 있다.

해커들 역시 국가 간 적대행위 또는 전쟁행위의 한 수단으로 이용된다. 하지만 이러한 전쟁은 전통적인 의미의 군사결전과는 다른 방식의 전쟁이다. 2016년 미국 대선과정에서 러시아는 해킹툴과 봇넷 그리고 트롤들을 사용한 사이버공격을 통해 미국 민주주의 과정에 대한 공공의 믿음을 훼손하고 힐러리 클린턴Hillary Clinton 민주당 후보의 이미지를 공격하고 잘못된 정보를 확산시켜 미국 유권자들에게 영향을 미침으로써 미국의 대선 결과에 영향을 주었다. 러시아 정부의 명령을 받은 것으로 추정되는 코지베어CozyBear(APT 29)와 팬시베어FancyBear(APT 28)는 각각 DNCDomocratic National Committee 네트워크와 힐러리의 이메일을 해킹하여 디시리크스DC Leaks와 위키리스크WikiLeaks 등의 폭로전문 웹사이트와 ≪월스트리트 저널The Wall Street Journal≫, ≪뉴욕타임스The New York Times≫, 그리고 ≪워싱턴포스트The Washington Post≫ 등의 저명한 미디어 등을 통해 민주당 지도부가 버니 샌더스Bernie Sanders보다 힐러리 클린턴을 대통령 후보로 더 선호한다는 사실을 민주당 전당대회 직전에 폭로함으로써 후보 선출의 정당성을 훼손시켰고 힐러리가 국무장관 재임 시 개인 이메일을 사용하여 정부문서를 처리했다는 사실 역시 폭로하여 힐러리의 대통령직 수행에 대한 자질 논란을 불러일으켰다. APT 28과 APT 29는 러시아 군정보기관인 GRUGlavnoje Razvedyvatelnoje Upravlenije의 통제를 받는 프락시로 이용되었다고 믿어진다(윤민우, 2018: 97~98). 러시아 FSBFederalinaya Sluzhba Bezopasnosti(연방보안국) 역시 산하 부서로 정보안보센터Center for Information Security를 두고 이 조직이 범죄자들과 해커들을 이용한 작전을 수행한다.

러시아의 사례에서 관찰되는 사이버상에서의 이와 같은 다양한 심리적 침해행위는 사이버심리전으로 이해될 수 있다. 사이버공간에서의 심리 침해행위는 범죄로 비쳐질 수도 있으며 동시에 테러 또는 전쟁으로 비쳐질 수도 있다. 따라서 사이버범죄와 사이버테러, 그리고 사이버전쟁을 구분하는 경계는 모호하다. 예를 들면, 2014~2015년 러시아 해커들의 우크라이나 공격은 이러한 구분의 모호성을 보여준다. 2014~2015년 러시아의 우크라이나 공격은 대표적인 사이버전쟁의 한 사례로 간주된다. 하지만 실제 사이버심리전을 수행한 주체인 민간인 해커들은 애국적인 핵티비스트들이었다. 이들은 러시아에 대한 애국심을 바탕으로 자발적으로 공격에 참여한 것으로 파악된다. 하지만 다른 주장에 따르면 러시아 정부에서 이들 민간인 해커들을 전략적으로 동원하여 러시아군의 본격적인 우크라이나 침공과 전략적으로 결합시켰다고 한다(Connell and Vogler, 2017: 19~22). 이러한 사례는 사이버전쟁이 갖는 모호성과 복잡성을 보여준다. 따라서 비록 전통적인 전쟁개념과는 다르지만 사이버상에서의 심리공격이 특정 국가나 해당 국가의 다수의 사람들을 대상으로 이루어질 경우에는 사이버심리전으로 이해할 수 있다. 이처럼 사이버심리 공격은 범죄-테러-전쟁의 성격을 동시에 가질 수 있는 복잡성을 띤다.

러시아는 따라서 최근 들어 전쟁의 개념을 기존의 전쟁 개념과는 달리 보다 다른 융합된 방식으로 이해하는 경향이 있다. 러시아는 미국-서방과 달리 독자적으로 사이버cyber와 사이버안보cyber security를 인식하고 접근한다. 러시아는 사이버 또는 인터넷 공간과 기반시설과 소프트웨어와 하드웨어 등과 관련된 안보 또는 보안 문제에 대해 보편적으로 사이버안보cyber security라 지칭하는 미국-서방과 달리 '정보안보information security, информационной безопасности'라는 용어를 주로 사용한다. 정보안보는 '정보공간에서 의도된 또는 의도되지 않은 위협에 대응하거나 이를 완전한 상태로 복구하는 것'으로 정의된다. 미국과 서방이 사이버 위협을 소프트웨어와 하드웨어, 그리고 물리적 기반시설에 대한 악성코드나 기술적 침해를 통한 위협(러시아의 개념정의로는 정보-기술위협)으로 한정해서 이해하는 데 반해 러시아는 정보-기술 위협에 더불어 인터넷 공간에서 유통되는 정보 자체를 위협content as threat으로 인식하여 정보 내용 자체와 관련된 위협 역시 정보전쟁으로 정의한다(양정윤·박상돈·김소정, 2018: 134). 러시아 역시 서방과 마찬가지로 사이버cyber, кибер라는 용어를 사용하지만 주로 사이버공격cyber attack, кибератак이나 사이버범죄cyber crime, киберпреступности 등과 같이 구체적인 행위를 지칭하는 경우에 사용한다(Кучерявый, 2014). 반면, 러시아는 사이버안보cyber security라는 용어보다 정보안보information security라는 용어를 더욱 일반적으로 사용한다. 바꾸어 말하면, 러시아는 전략이나 정책, 시스템, 법률 등과 같은 일반적인 사이버안보나 보안 관련 내용들을 다룰 때에는 정보안보information security, информационной безопасност나 정보전쟁information war, Информационная война, 정보공간information sphere, информационной сфере이라는 개념을 보다 일반적으로 사용하며 미국-서방의 사이버안보cyber security나 사이버전쟁cyber warfare, 사이버공간cyber space 개념과 거의 유사하게 사용한다(Кучерявый, 2014; Черных, 2017: 191~199). 통상적으로 러시아의 정보전쟁information war은 미국-서방의 사이버전쟁cyber war에 해당하는 것으로 받아들여진다. 하지만 러시아의 정보전쟁이 개념적으로 보다 포괄적이고 융합적이다. 러시아는 정보전쟁과 관련된 용어로 Информационная война(information war)와 информационное противоборство (information confrontation 또는 information counter struggle)를 함께 사용하는데 러시아 사이버전략에 대한 다수의 서방 연구에서 이 두 개념 모두를 정보전쟁information war으로 번역해서 이해한다. 이 과정에서 러시아의 정보전쟁 개념을 군사적인 공격과 방어의 성격으로 이해하는 왜곡이 발생한다. 러시아는 정보전쟁Информационная война과 정보충돌информационное противоборство을 개념적으로 구분해서 사용한다. 러시아의 이론적 사고는 정보충돌을 4개의 하위유형으로 단계별로 분류한다. 이는 ① 평화적 공존peaceful coexistence, мирное сосуществование, ② 이해관계들의 갈등conflict of interests, столкновение интересов 또는 계속되는 자연적 경쟁관계continuous natural rivalry, непрерывное естественное соперничество, ③ 무장 충돌armed confrontation, вооруженное противостояние, ④ 전쟁war, война이다. 러시아의 정보충돌информационное противоборство은 전쟁война 또는 전쟁 시기wartime에 국한되지 않으며 단계적으로 이해 갈등과 충돌이 격화되어 가는 과정으로 이해해야 한다(Kukkola, Ristolainen and Nikkarila, 2017: 55; Черных, 2017: 194). 따라서 러시아적 의미의 정보전쟁에는 범죄-테러-심리공작-전쟁이 보다 융합적으로 녹아들어 가 있다.

마지막으로 최근 들어 전쟁은 반드시 두 적대세력 간의 충돌만을 의미하지는 않으며 "다수의 다수에 대한many-against-many" 전쟁 양상으로 진화하고 있다. 전근대시대의 유목 전사들은 두 적대세력 간의 전쟁이 아니라 다수의 서로 다른 부족 전사나 정주문명의 적대세력들을 상대로 다자간 전쟁을 수행했다. 여기서 그들은 끊임없이 변동하는 동맹과 적대관계와 폭력결전과 휴전을 계속했다. 군사적 결전과 폭력사용에 대한 심리적 위협, 공포의 조장, 그리고 경제적 약탈 등의 다양한 폭력수단들이 적절하게 함께 사용되었다. 오늘날의 테러전쟁과 마약전쟁, 조직범죄와 사이버전쟁은 이러한 전근대 전쟁과 유사한 모습을 하고 있다. 이라크 전쟁에 참전했던 한 미군 해병대령은 이라크에 도착하자마자 자신들의 전통적인 전쟁에 대한 개념이 잘못되었음을 깨달았다고 말했다. 이라크에 도착하기 전에 자신들은 자신들과 이슬람 극단주의 무장반군들 사이의 양자 간의 전쟁이라고 생각했으나 이라크에 도착한 뒤 얼마 지나지 않아 미군은 그들이 이라크 내의 여러 다른 무장 부족들 가운데 하나일 뿐이며 다수의 전선에서 다수의 적대세력들과 다수의 서로 다른 전투를 수행하고 있음을 깨달았다고 말했다.[3] ISIS를 둘러싼 시리아 내전에서도 미국과 러시아, ISIS와 알카에다 계열의 알누스라, 시리아 정부군과 쿠르드 민병대, 그리고 터키까지 매우 다양한 이해관계를 가진 여러 다양한 참여자들이 다양한 전선을 형성하며 서로 뒤엉켜 싸우고 있다. 이러한 현상이 아프가니스탄-파키스탄 북부에서도 관찰된다. 미국과 러시아, 중국과 파키스탄, 탈레반과 ISIS 아프간 지부, 하카니 네트워크와 위구르 계열의 ETIMEastern Turkestan Islamic Movement, 우즈벡 계열의 IMUIslamic Movement of Uzbekistan와 IJUIslamic Jihad Union, 그리고 여러 아

3 필자는 2009년 5월 30일~6월 10일 사이에 존 윌리엄스(John P. Williams)와 인터뷰를 수행했다. 그는 미 해병대 보병 대령으로 이라크전에 참전했다.

프간 부족과 마약거래 조직들, 아프간 정부군 등이 서로 뒤엉켜 복잡한 이해관계와 다면적 전선을 형성하고 있다.

## 5. 미래전쟁과 전쟁전략

테러집단과 해커, 그리고 국제범죄 네트워크가 참여하는 미래전쟁과 전쟁전략을 이해하기 위해서는 먼저 클라우제비츠의 전쟁 개념을 되돌아볼 필요가 있다. 클라우제비츠에 따르면, 전쟁은 다른 수단의 정치이고 정치는 결국 다른 수단에 의한 전쟁이다. 양자는 공통적으로 권력행위, 즉 나의 의지를 다른 상대방에게 그 상대방의 의지와 관련 없이 강요하기 위한 궁극적 목표를 가진다. 전쟁이 폭력수단kinetic을 이용한 군사결전이라면, 정치는 비폭력적 수단non-kinetic을 이용한 심리적 강요와 설득이다. 흥미로운 점은 전통적으로 엄격히 구분되어 있었던 이 서로 다른 두 수단이 최근 들어 미래 사회로 갈수록 점점 더 융합되고 개념적 구분이 사라지는 추이를 보인다는 점이다. 전통적으로 전쟁과 정치는 국내적·국외적 구분에 따라 다음과 같이 구분되었다. 하지만 최근 들어 나타나는 현상은 이러한 구분이 점차 사라지고 있다는 점이다. 전쟁과 정치의 구분도 상대적으로 더 모호해지고 국내와 국외의 구분도 모호해지며, 동시에 공격offense과 방어defense의 구분도 모호해지고 있다. 최근 들어 제기되는 정보전쟁, 정보충돌, 지하드(성전) 등의 개념은 전쟁의 이러한 근본적 정의에 대한 담론적 도전과 클라우제비츠적인 의미에서의 전쟁과 정치의 융합과 관련이 있는 것처럼 보인다. 폭력적 수단kinetic measure을 통하건 비폭력적 수단non-kinetic measure을 통하건 나의 의지를 상대방에게 강요하는 본질에서의 차이는 없다(클라우제비츠, 2010: 46). 기존의 군사적 결전에 의한 의지의 강요는 매우 큰 물질적·윤리적·정치적·사회적 비용을 치러야 하는 경향이 있다. 이 때문에 비용-효과 면에서 보다 적은 비용이 소요되는 테러와 조직범죄, 사이버공

표 8-1 전쟁과 정치의 국내/국외에 따른 구분

| 구분 | 전쟁 | 정치 |
|---|---|---|
| 국내 | 내전, 게릴라전 | 국내정치 |
| 국외 | 정규전 | 외교 |

격 등을 활용한 정밀타격pin-point strike이 선호된다. 이런 측면에서 테러리스트와 조직범죄자들과 해커들의 유용성과 영향력이 증대된다. 또한 국가행위자들이 이러한 폭력 전문가들을 프락시로 활용할 개연성이 높아진다.

오늘날 테러전쟁과 마약전쟁, 사이버전쟁이 보여주는 흥미로운 관전 포인트는 미래전쟁이 네트워크 전쟁의 형태로 진화할 개연성과 관련이 있다. 전통적 전쟁에서 지리적 또는 공간적 거점 확보나 점령은 전쟁에서의 승리와 직결되는 주요한 전략적 목표가 되어왔다. 하지만 미래전쟁에서는 그 중요성이 상대적으로 약화될 수 있다. 최근 나타나는 테러전쟁과 마약 또는 조직범죄 전쟁, 사이버전쟁 또는 정보전쟁 등에서는 이러한 지리적·공간적 거점의 장악이 그다지 중요하지 않다. 이와 같은 전쟁에서 보다 전략적으로 중요한 목표는 사람들과 사람들의 의식과 선호도, 매력, 거래망, 또는 정보통신망과 기반 설비, 컴퓨터 하드웨어와 소프트웨어 등의 다양한 인적·물적 네트워크상에서의 네트워크의 거점hud 확보이다. 예를 들면 네트워크상에서의 노드에 해당하는 개인들의 마음과 정신hearts and minds을 점령해 나가는 것이 지리적 거점을 점령해 나가는 것보다 더 중요할 수 있다. 같은 맥락에서 네트워크상의 컴퓨터나 IoTInternet of Things, 모바일 단말기나 SNS 계정 또는 웹사이트들을 점령해 나가거나 자금 흐름의 주요 지점들chocking points을 장악하거나 정보 흐름들을 봉쇄information blockade하는 것 등이 전쟁의 승리를 가져올 수 있는 보다 중요한 전략적 목표가 될 수 있다.

전쟁은 섬멸과 심리적 강압으로 구성된다. 여기서도 변화의 조짐이 나타난다. 기존의 전쟁은 주로 지상군의 군사결전과 거점 점령, 해군의 경제 봉쇄, 그리고 공군의 전략폭력으로 이루어진다. 지상군의 군사결전은 적의 직접 섬멸을 통한 전쟁의 승리라는 전략적 목표를 가진다. 반면, 해·공군은 해상봉쇄와 전략폭력을 통해 적의 전쟁 의지를 심리적으로 압박함으로써 전쟁의 승리라는 전략적 목표를 지향한다. 최근 나타나는 테러와 조직범죄, 그리고 사이버공격은 이러한 전통적 섬멸과 심리적 강압이 보다 다원화될 수 있는 가능성을 보여준다. 소형 드론을 이용하거나 IoT나 무인자동차 등의 사이버 해킹을 통한 선택적 공격, 범죄적 암살, 테러공격을 통한 적의 주요 인물이나 대중들, 시설들에 대한 선택적 살인과 파괴를 통해 섬멸전을 수행할 수 있으며, 로보어드바이저Robo-Adviser 또는 Automated Adviser를 통한 자본시장의 테러나 혼란, 가상화폐 절취 등을 통한 경제적 침해, 가짜뉴스와 정보 왜곡, 심리 공작, 여론 조작, 선거개입 등을 통한 사회 혼란의 야기 등을 통해 적의 의지를 해체하거나 심리적 강압을 시도할 수 있다. 이러한 다양한 가능성들이 테러와 조직범죄, 사이버 침해행위를 통해 가능해진다. 이 때문에 전쟁은 보다 다면화되고 개념적 구분은 모호해진다. 따라서 전쟁의 전선은 지상과 바다, 하늘 이외에 사이버와 우주공간, 정치, 경제, 사회, 문화 등 다양한 측면에서 전개되며 전쟁의 승리는 이 다양한 전쟁 국면에서의 입체적 결과로 결정될 개연성이 있다.

전쟁을 구성하는 두 요소인 물리적kinetic 결전과 비물리적non-kinetic 활동 사이의 관계가 역전되는 현상이 나타난다. 전통적 전쟁에서는 물리적·군사적 결전이 주가 되고 민사 심리전, 경제 봉쇄 등의 여러 비물리적 활동이 물리적 결전을 지원하는 보조적 관계가 형성되었다. 하지만 미래전쟁에서는 점차 이 비물리적 활동이 전쟁의 승패를 결정하는 데 보다 주요한 요소가 되고 군사적 결전이 보조적인 역할을 수행하는 방식으로 전환할 개연성이 있다. 적어도 최근의 테러전쟁과 마약전쟁, 해적행위, 그리고 사이버 침해행위들에서는 그러한 전조가 관찰되었다. 이러한 점을 참고한다면 미래전쟁은 물리적 결전과 비물리적 활동을 통합적으로 관리하고 활용해야 하며 비물리적 활동의 연장선상에서 주요한 변곡점이나 핵심적critical 사안에 대해 제한되고 통제된 물리적 결전이나 타격을 사용하는 매우 정제되고 계산된 방식으로 전쟁이 수행되어야 할 필요가 있다. 그리고 그러한 물리적 결전은 반드시 정규군을 활용한 군사적 결전만을 의미하지는 않으며 정보기관이나 법집행 기관에 의한 작전이나 민간 프락시를 활용한 공작, 그리고 소규모 특수작전 부대나 민간 용병들, 사이버 전사들을 이용한 다양한 형태의 폭력적 타격을 포함한다.

## 6. 맺음말

신흥 군사안보에서 테러집단, 해커, 국제조직범죄 등의 비국가행위자가 부상하는 현상은 미래전쟁 양상을 보여주는 하나의 전조로 이해할 필요가 있다. 이는 알카에다나 ISIS, 해커들, 범죄조직들과 같은 비국가행위자들이 국가행위자들을 상대로 수행하는 폭력 투쟁의 양상을 면밀히 살펴볼 때 미래전쟁의 모습을 가늠해 볼 수 있는 몇 가지 주요한 특성들이 관찰되기 때문이다. 이 글에서는 그러한 몇 가지 주요한 특성들을 제시했다. 여기서 주목해야 할 점은 이와 같은 테러집단과 해커, 그리고 국제범죄 네트워크 행위자들이 각각 서로 단절되고 이질적인 국제질서나 해당 사회의 교란행위자에 불과하지는 않는다는 것이다. 이들은 서로 다른 모습을 하고 서로 다른 행위들에 관련되어 있지만 폭력 행위자 또는 레저계급으로서의 특성을 공유한다. 이들은 전근대 사회의 기사와 사무라이, 유목 전사들, 용병들과 같은 사적 폭력행위자 또는 레저계급과 같은 특성을 공유한다. 따라서 최근 들어 나타나는 이들의 재부상을 보다 거시적인 역사 발전과 전쟁 양상의 본질적 패러다임 이동의 측면에서 들여다볼 필요가 있다.

미래전쟁에서 이들 사적 폭력행위자들과 국가행위자들의 관계가 어떤 모습으로 정립될지는 여전히 열려진 의문open-question이다. 한편에서는 실패한 국가the failed states와 약한 국가the weakening states의 사례들에서는 이러한 사적 폭력행위자들이 국가행위자들을 대체할 새로운 폭력 주체로 등장하고 있다. 이는 주로 아프가니스탄과 중동, 북아프리카, 사하라이남 아프리카, 그리고 남미와 멕시코 등지에서 관찰되는 현상이다. 하지만 다른 한편에서는 러시아와 중국의 사례처럼 강한 국가의 프락시 전사로 사적 폭력행위자들이 고용되는 것처럼 보인다. 이 경우에는 국가행위자의 보조적 수단으로 사적 폭력행위자들이 주요한 행위주체로 등장한다. 또 다른 한편에서는 북한의 사례처럼 국가행위자 자체가 테러조직이자, 범죄조직 또는 해커조직의 성격을 동시에 갖기도 한다. 여기에서 국가행위자와 비국가행위자는 하나로 수렴한다. 하지만 어떤 경우가 되건 미래전쟁에서 사적인 폭력행위자가 주요한 전쟁의 참여자로 등장할 것은 보다 분명해 보인다. 그와 함께 전쟁은 보다 복잡한 양상으로 진화할 것이다.

어떤 경우이건 미래전쟁의 성격은 전통적인 근대 전쟁의 그것에서 바뀌고 있는 것으로 보인다. 과거의 전쟁이 지리적 또는 지정학적 거점의 확보와 통제를 중심으로 이루어졌다면 미래의 전쟁은 개인들의 마음과 정신을 획득하고 통제하는 것win hearts and minds을 중심으로 전개될 것으로 보인다. 이 때문에 정보와 자금의 배포와 통제, 획득과 조작 등이 미래전쟁에서 보다 중요해질 것이다. 이런 맥락에서 전쟁은 전통적인 군사결전의 전장theater과 함께 사이버전쟁 또는 사이버충돌, 경제, 사회, 문화, 정치 부문 등 여러 전장들theaters로 이루어질 것이다. 클라우제비츠의 원칙들로 돌아가면 결국 전쟁은 나의 의지를 상대방에게 강요하는 것이다. 물리적 또는 키네틱 폭력을 사용함으로써 나의 의지를 강요할 수도 있지만 그러한 폭력사용의 과정을 거치지 않고 보다 직접적으로 온·오프라인을 통해 상대방의 의지를 조작함으로써 나의 의지를 강요할 수도 있다. 사이버공간과 기술, 보다 글로벌 차원에서 강화된 정치·경제·사회·문화의 연결성은 과거와는 달리 이러한 직접적인 방식의 의지 강요를 가능하게 만들고 있는 것처럼 보인다. 이 때문에 각 개인들과 컴퓨터 단말기 또는 웹사이트나 SNS 등을 네트워크의 노드로 본다면 전체 네트워크에서 이 거점 노드들의 마음과 정신, 의식을 얼마만큼 장악해 나가는가가 미래전쟁에 중요한 결전 방식이 될 개연성이 있다.

미래 폭력은 분산 공격 능력the distribution of offensive capability, 취약성의 분산the distribution of vulnerability, 그리고 분산된 방어the distribution of defense를 특징으로 한다(Wittes and Blum, 2015). 이는 기존의 전쟁이 국가의 국방이나 군, 또는 안보 전담 기관에서 전담하고 주도하던 방식이 더 이상 유용하지 않을 것이라는 점을 시사한다. 이 때문에 기존의 국방·안보 전문기관을 포함하는 다수의 여러 국가기관과 공공기관, 그리고 민간 사업자들과 민간 개인들과 조직들이 모두 참여하여 분산 공격 능력을 강화하고 분산된 취약성을 줄여나가며 분산·확장 방어 능력을 강화해 나가야 한다. 이와 같은 분산·확장 공격과 방어the distributed and extended offense and defense에는 여러 참여자들과 이해관계자들을 통합하고 조율하는 컨트롤타워의 존재가 필요하다. 흥미로운 점은 미국과 러시아의 경우 그러한 목표는 동일하나 접근방법에서 차이가 나타난다는 것이다. 미국은 이러한 분산·확장 공격과 방어를 "다중이해당사자multi-stakeholders"주의로 표현한다. 이는 민간 주도로 국가·공공기관이 지원하고 조율하는 보텀업bottom-up 방식으로 추진되는 특성이 있다. 반면, 러시아의 경우는 국가·공공기관 주도로 민간을 동원하는 톱다운top-down 방식으로 추진된다. 이는 두 나라의 가치와 정체성, 그리고 정치적·경제적·사회문화적 성격의 차이에서 비롯된 것처럼 보인다. 이와 관련해서 또 하나 주목해야 할 점은 공격-방어의 구분이 사라지고 있다는 점이다. 이러한 경향은 사이버공간의 등장과 글로벌 연결성의 강화로 더욱 증대되고 있다. 따라서 최근 들어서는 선제적이고 공세적인 키네틱, 비키네틱 활동을 통해 방어를 강화하는 공세적 방어offensive-defense 개념이 등장하고 있다. 이와 같은 분산·확장 공격과 방어에서 사적 폭력행위자들은 주요한 위협이 되거나 주요한 역할을 수행하고 있다.

미래에는 더 이상 국가행위자만이 보호자guardian의 역할을 감당하는 유일한 주체가 아닐지도 모른다. 우리가 아는 군사안보와 국가행위자의 역할과 전쟁의 모습은 인류사를 고찰할 때 일반적이라기보다는 예외적이다. 이는 근대라는 제한된 시간과 유럽과 북미, 유라시아, 그리고 동아시아 등과 같은 비교적 지리적으로 국가행위자가 잘 정착된 제한된 공간에서 나타났던 현상이다. 미래사회에 예견되는 신흥 군사안보와 비국가행위자의 부상은 우리가 익숙한 전쟁과 군사안보에 대한 상식과 고정관념을 넘어 미래전쟁에 대한 준비를 필요로 한다. 이 글은 그와 관련된 몇 가지 관찰점들을 제시하며 이를 바탕으로 미래전쟁의 특징들을 제안했다. 여기서 제시되는 내용이 미래전쟁을 이해하고 준비하는 디딤돌이 되기를 기대한다.

---


맥닐, 윌리엄(William H. McNeill). 2011.『전쟁의 세계사』. 신미원 옮김. 서울: 이산.

양정윤·박상돈·김소정. 2018.「정보공간을 통한 러시아의 국가 영향력 확대 가능성 연구: 국가 사이버안보 역량 평가의 주요 지표를 중심으로」. ≪세계지역연구논총≫, 36(2), 133~162쪽.

윤민우. 2016a.「폭력적 극단주의 급진화에 대응한 프로파일링의 필요성과 데이터베이스 구축, 그리고 행동과학적 접근에 대한 논의: 정보활동의 패러다임의 변화의 필요성에 대한 제언」. ≪국가정보연구≫, 9(2), 161~186쪽.

_____. 2016b.「관타나모 테러용의자 수용소의 현황과 폐지에 따른 법적, 교정 정책적 함의」. ≪교정포럼≫, 10(3), 177~205쪽.

_____. 2017.『폭력의 시대 국가안보의 실존적 변화와 테러리즘』. 서울: 박영사.

_____. 2018.「사이버 공간에서의 심리적 침해행위와 러시아 사이버 전략의 동향」. ≪한국범죄심리연구≫, 14(2), 91~106쪽.

_____. 2019.「러시아 국내 사이버 안보 전략 설립 주체 및 제도적 기반」. 신범식·서동주·윤민우. 러시아 국가·공공기관 보안관리 세부정책 연구. 국가보안기술연구소 위탁연구과제, 출판되지 않은 보고서.

클라우제비츠, 칼 폰(Carl von Clausewitz). 2010.『전쟁론 제1권』. 김만수 옮김. 서울: 갈무리.

해리스, 셰인(Shane Harris). 2015.『보이지 않는 전쟁 @ War』. 진선미 옮김. 서울: 양문.

홉스, 토머스(Thomas Hobbs). 2011.『리바이어던』. 최공웅·최진원 옮김. 서울: 동서문화사.

Abadinsky, H. 2007. *Organized Crime*, 8th ed. Belmont, CA: Thomson Wadsworth.

Brown, M. 2013. "The Ideology of Hacking." ComputerWeekly.com(2013. 7. 30).

Connell, M. and S. Vogler. 2017. "Russia's Approach to Cyber Warfare." CNA Analysis & Solutions

(March, 2017).

Daly, S., J. Parachini and W. Rosenau. 2005. *Al Qaeda, and the Kinshasa Reactor: Implications of Three Case Studies for Combating Nuclear Terrorism*. Washington, DC: RAND Project Air Force.

Fisher, M. 2014. "How ISIS Is Exploiting the Economics of Syria'S Civil War." *Fox*, 2014. 6. 12.

Gaubatz, P. D. and P. Sperry. 2009. *Muslim Mafia: Inside the Secrete Underworld That's Conspiring to Islamize America*. Los Angeles, WND Books.

Gilpin, R. 2009. "Counting the Costs of Somali Piracy." Center for Sustainable Economies. *United States Institute of Peace Working Paper*. Washington D.C.: United States Institute of Peace.

Hesterman, J. L. 2013. *The Terrorist-Criminal Nexus*. Boca Raton, FL: CRC Press.

Hunter, R. 2008. "Somali Pirates Living the High Life." *BBC News*, http://news.bbc.co.uk/2/hi/7650415.stm.

Institute for Economics & Peace. 2018. *Global Terrorism Index 2018: Measuring the Impact of Terrorism*. http://visionofhumanity.org/reports.

Jones, S, G., J. Dobbins, D. Byman, C. S. Chivvis, B. Connable, J. Martini, E. Robinson and N. Chandler. 2017. *Rolling back the Islamic State*. RAND Corporation, Santa Monica, California.

Jones, S. G. 2014. "A Persistent Threat: The Evaluation of Al Qaida and Other Salafi Jihadists." RAND National Defense Research Institute. RAND Corporation.

Kastner, J. 2017. "The Bamboo Union Gang: China's Latest Weapon against Taiwan." *Asia Sentinel*, 2017. 10. 5.

Kukkola, J., M. Ristolainen and J-P. Nikkarila. 2017. "Confrontation with a Closed Network Nation: Open Network Society's Choices and Consequences." in J. Kukkola, M. Ristolainen, and J-P. Nikkarila(eds). Game Changer Structural transformation of cyberspace. Puolustusvoimien tutkimuslaitoksen julkaisuja 10(Finnish Defence Research Agency Publications 10), Finnish Defence Research Agency.

Lister, T. 2014. "ISIS: The First Terror Group to Build an Islamic State?" *CNN*, 2014. 6. 13.

Lynch III, T. F., M. Bouffard, K. King and G. Vickowski. 2016. "The Return of Foreign Fighters to Central Asia: Implications for U.S. counterterrorism policy." INSS(Institute for National Strategic Studies) Strategic Perspectives 21, Center for Strategic Research, INSS, National Defense University.

Makarenko, T. 2004. "The Crime-Terror Continuum: Tracing the Interplay between Transnational Organised Crime and Terrorism." *Global Crime*, 6(1), pp.129~145.

Medvedev, S. A. 2015. "Offense-Defense Theory Analysis of Russian Cyber Capability." Thesis 2015-03, Naval Postgraduate School, Monterey, California.

Poggi, G. 1990. *The State: Its Nature, Development, and Prospects*. Stanford, CA: Stanford University Press.

Reed, D. J. 2008. "Beyond the War on Terror: Into the Fifth Generational of War and Conflict."

*Studies in Conflict & Terrorism*, 31(8), pp.686~690.

Sarwari, A. and R. D. Crews. 2008. "Epilogue: Afghanistan and Pax Americana." in R. D. Crews and A. Tarzi(eds.). *The Taliban and the Crisis of Afghanistan*, pp.311~355. Cambridge, MA: Harvard University Press.

Schmid, A. P. 2016. "Links between Terrorism and Migration: An Exploration." ICCT(International Centre for Counter-Terrorism-The Hague) Research Paper May 2016. DOI: 10.19165/2016.1.04.

Schultz Jr., R. H. and A. J. Dew. 2004. *Insurgents, Terrorists, and Militants*. New York: Columbia University Press.

Schwarzmantel, J. 2010. "Democracy and Violence: A Theoretical Overview." *Democratization*, 17(2), pp.217~234.

The Economics of Piracy. 2011. Pirate Ransom & Livelihoods off the Coast of Somali, Geopolicity.

〈The Third Jihad〉. 2008. Documentary Film 72minutes. Gallagher Entertainment.

Toffler, A. and H. Toffler. 1993. *War and Anti War*. New York: Warner Books, Inc.

Turbiville, Jr., G. H. 2004. "ETA Terrorism, the Americas, and International Linkages." *Crime and Justice International*, 20(81), pp.4~10.

Varese, F. 2001. *The Russian Mafia: Private Protection in a New Market Economy*. New York: Oxford University Press.

Veblen, T. 1994. *The Theory of the Leisure Class*. New York: Dover Publications, Inc.

Volkov, V. 2002. *Violent Entrepreneurs: The Use of Force in The Making of Russian Capitalism*. Ithaca, NY: Cornell University Press.

Wannenburg, G. 2003. "Links between Organized Crime and al-Qaeda". *South African Journal of International Affairs*, 10(2), pp.1~14.

Wittes, B. and Blum, G. 2015. *The Future of Violence: Robots and Germs, Hackers and Drones*. New York: Basic Books.

Кучерявый М. М. 2014. "Роль информационной составляющей в системе политики обеспечения национальной безопасности Российской Федерации." Известия Российского государственног о педагогического университета им. А. И. Герцена. 2014. No.164, pp.157.

Черных С. Н. 2017. "Информационная война: традиционные методы, новые тенденции." *Context and Reflection: Philosophy of the World and Human Being*, 6(6A), pp.191~199.

제3부

# 미래전 국제규범과 세계질서의 변환

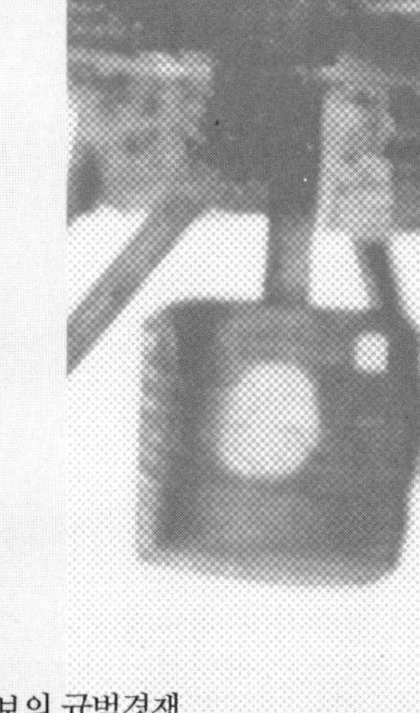

# 9 유엔 정부전문가그룹(GGE)과 신흥 군사안보의 규범경쟁

우주군비통제, 사이버안보, 자율무기체계 유엔 GGE와 중견국 규범외교의 가능성

최정훈 | 서울대학교

## 1. 서론

냉전 이후 국제사회는 나날이 새롭게 등장하는 '안보'로 골머리를 앓고 있다. 급격한 기술발전과 지구화로 이전의 전통적 안보 이슈와는 궤를 달리하는 신흥 안보 이슈들이 속속 등장하고 있으며, 그 등장의 속도는 기존 규범의 발전을 추월한 지 오래이다. 그리고 그렇게 벌어진 틈새의 규칙을 만들기 위한 경쟁은 지금도 그칠 줄 모르고 있다.

그러한 경쟁 중에서도 특히 복잡성을 띠고 있는 것은 군사 분야에서의 규범경쟁이다. 군사력을 보유하고 사용하는 방법이 새로운 기술의 등장으로 인해 끊임없이 변화하고, 이에 따라 장래의 변화를 예측하는 것이 한없이 어려워지면서, 상대의 군사력을 견제하고 자신의 군사력을 정당화하려는 전통적인 세력경쟁의 모습과 동시에 자신의 관점을 널리 공유시켜 기술의 발전에 따른 불확실성이 자신에게 유리한 구도 내에서 관리되도록 하려는 면모가 동시에 나타나고 있기 때문이다. 그리고 이처럼 전통적인 안보규범의 경쟁과 함께 자신의

편을 최대한 확보하려는 이중 게임dual game의 양상으로 나타나고 있는 신흥 군사안보 규범경쟁은, 유엔 정부전문가그룹UN Group of Governmental Experts, 이하 GGE으로 대표되는 전통적인 국제기구의 무대에서도 활발하게 이루어지고 있다.

유엔 정부전문가그룹은 유엔 산하기구의 회의가 다루는 의제에 관한 전문적인 정책 조언을 위해 회원국의 제안에 따라 구성되는 임시 기구로, 해당 이슈를 담당하는 의결기구[1]의 동의를 받아 조직된다. 참여국으로 지정된 국가는 원칙적으로는 별도의 정치적 입장을 견지하지 않으나 실질적으로는 해당국의 입장을 대변하는 전문가를 위촉하며, 이들은 결의에 의해 사전에 지정된 기간 동안 회합을 거쳐 의견을 수렴하고 보고서를 작성해 제출한다. 국제기구에 참여하는 정책결정자들의 결정을 돕기 위한 자문기구에 불과하기에 그 어떤 법적 구속력도 가질 수 없는 GGE는, 그럼에도 불구하고 단순한 자문기구 이상의 의미를 지닌다. 이는 크게 두 가지 이유, 즉 참여국의 대표성과 보고서 채택 과정의 특성 때문이라 할 수 있다.

GGE의 구성국은 안보리 상임이사국을 포함하며, 지역별 균형을 고려하여 선정된다. 이는 다른 정부간기구에 의한 참여 권유라면 거절할 수 있었을 강대국들 — 예컨대, 미국과 중국·러시아 — 을 논의의 테이블로 끌어오고, 지리적 이유로 한데 묶이기 어려웠던 중견국과 약소국까지 동참시킴으로써 이들이 부족한 자원에도 불구하고 정책 기획자norm entrepreneur로 참여할 수 있는 기회를 제공한다. 그뿐 아니라 GGE 활동의 최종 결과물인 보고서는 참여국의 합의, 그것도 만장일치를 통해서만 채택될 수 있다. 다시 말해 GGE 내에서 의견차를 좁히지 못할 경우 자신의 주장을 규범에 반영할 기회를 상실하게 되며, 반대로 이전에 채택된 보고서의 모든 내용은 최소한 표면적으로는 참여국 전체의 의사로 볼 수 있는 것이다.

1 후술할 세 분야의 GGE 중 우주군비통제와 사이버안보는 군축을 담당하는 UN 총회 산하 제1위원회, 자율무기체계는 특정 재래식무기금지조약 당사국회의의 결의를 통해 그 산하에 조직된다.

따라서 유엔 GGE에서는 통상 독자적인 규범의 표준을 내세우며 경쟁하기 마련인 강대국들이 자신에게 보다 유리한 합의를 이끌어내기 위해 경쟁하고, 평소라면 큰 비중을 차지하지 못할 비강대국들, 심지어 – '정부'전문가그룹이라는 이름이 무색하게도 – 비정부기구까지도 목소리를 낼 수 있는 독특한 모습이 나타나고 있다. 이런 특징으로 인해 유엔 GGE는 협력과 견제의 이중적 면모가 드러나는 군사안보의 규범 형성 과정을 잘 보여준다 할 수 있다.

이처럼 신흥 군사안보의 규범경쟁의 한 단면을 보여주는 유엔 GGE는 필요에 따라 언제든, 어떤 이슈에 대해서든 구성될 수 있고 실제로도 그렇게 구성되고 있지만, 기존의 연구 대부분은 그러한 GGE 중에서도 가장 주목을 끌었던 사이버안보에 관한 GGE[2]에 치중되어 있었다. 이러한 연구들은 GGE에서 나타나고 있는 규범의 갈등 양상과 합의의 내용에 대한 분석에 집중하거나,[3] 사이버영역에서 다양한 행위자에 의해 형성되고 있는 복합적인 안보규범의 틀 내에서 GGE 논의가 가지는 의미를 조망하고 있다.[4]

그러나 사이버안보 GGE는 UN 회원국의 요구에 따라 수시로 열리고 있는 GGE들 중 하나에 불과하며, 자율무기체계, 우주공간에서의 군비통제와 같이 기술의 발전으로 새롭게 변화하고 있는 군사적 이슈에 대해서도 GGE의 무대를 빌린 논쟁이 벌어지고 있다. 이러한 영역에서의 규범경쟁에 대한 기존 연구들은 해당 영역에서의 규범 형성 과정에 분석의 초점을 맞추고 있다.[5, 6] 이처

2 정확한 명칭은 '국제안보적 맥락에서의 정보통신기술 분야 발전에 관한 유엔 정부전문가그룹(UN Group of Governmental Experts on Developments in the Field of Information and Telecommunications in the Context of International Security)'이다.

3 이처럼 GGE를 통한 규범 논의 자체에 주목하는 최근의 대표적인 국내 연구로는 박노형·정명현(2018), 김소정·김규동(2017) 등이 있다.

4 그러한 국내 연구 중 최근의 대표적인 것으로는 김상배(2018), 배영자(2017), 장노순(2016) 등이 돋보인다.

5 자율무기체계는 최근 수년 사이 논의되기 시작한 신생 이슈 영역으로, 이에 대한 국내 연구들은 대부분 논의의 쟁점에 대한 기초적 분석과 안보에 대한 함의의 분석에 주력하고 있다. 국내에서의 연구 몇

럼 대다수의 선행연구들은 사이버안보와 자율무기체계, 우주군비통제 등 개별적 군사안보 이슈의 흐름에 주목하고 있으며, 이에 반해 GGE의 무대에서 나타나고 있는 신흥 군사안보 규범 논의 전반의 특성, 갈등과 합의의 경향성 자체에 대한 주목은 상대적으로 부족한 현실이다.

이에 이 장은 사이버안보 GGE를 비롯해 신흥 군사안보를 다루는 3종의 GGE를 종합적으로 분석함으로써, 기성 국제기구의 무대 위에서 벌어지고 있는 신흥 군사안보 규범경쟁의 구도와 특징을 살피고자 한다. 보다 구체적으로는, 세 영역 모두에서 주도권을 잡고 있는 미국의 실무적*de facto* 프레임과 국가주권의 법적*de jure* 정당성을 근거로 이에 대항하는 중국·러시아 사이의 갈등이 GGE에서 드러나고 있으며, 그럼에도 불구하고 나름대로의 합의가 이루어지고 있음을 보이고자 한다. 그리고 이렇게 이루어지는 합의가, 강대국들을 만족시킬 수 있는 공통분모를 노출시킴으로써 강대국 간 대립으로 인해 발생하는 규범의 공백을 메우고자 하는 중견국들에게 새로운 규범을 내세울 수 있는 기반으로 작용하고 있음을 주장한다.

이 글은 다음과 같이 구성되어 있다. 이어지는 제2절에서는 규범에 관한 기존의 관점을 간략히 요약하고, 새롭게 등장하고 있는 군사안보의 영역에서 나타나고 있는 규범경쟁을 바라보는 이론적 틀에 대해 다루고자 한다. 이어서 제3절에서는 그런 경쟁이 어떻게 우주군비통제, 사이버안보, 자율무기체계라는 신흥 군사안보의 영역에서 GGE의 틀을 빌려 이루어져 왔는지를 시간에 따른 논의의 흐름을 중심으로 각각 살펴본다. 제4절에서는 GGE, 나아가서는 신흥 군사안보 전 영역에서 나타나는 이중 경쟁의 구도를 미국 대 중국·러시아의 틀에서 살펴본다. 그리고 제5절에서는 이와 같은 경쟁 속에서 어떻게 중간지대

건을 들자면 천현득(2019), 한희원(2018) 등이 있다.

6 우주군비통제의 경우, 김한택(2015), 정영진(2015) 등이 20세기 중후반을 거치며 형성된 우주 관련 규범의 국제법적 측면에 주목하는 연구를 진행한 바 있다.

가 출현하고 있으며, 전통안보의 세력경쟁 논리에 따른 균열 가운데서 그런 중간지대의 존재가 어떻게, 그리고 어디까지 합의의 가능성을 열어줄 수 있는지를 전망한다. 마지막으로 결론에서는 상기의 논의를 정리하며 이와 같은 신흥 군사안보 규범의 논의 양상이 한국에 주는 함의가 무엇인지를 살펴보고자 한다.

## 2. 신흥 군사안보의 규범경쟁과 UN GGE

### 1) 규범경쟁과 신흥 군사안보의 대두

규범Norm, 規範이란, "같은 정체성을 가진 행위자 사이에 존재하는 적절한 행동에 관한 표준"이라고 정의할 수 있다(Finnemore and Sikkink, 1998: 891). 즉, 규범은 도덕적·당위적으로 '적절한' 행동이 무엇인지에 대한 합의로, 그 자체로 국가의 행동에 직접적인 제약을 가하지는 않는다. 그럼에도 불구하고 규범은 실제로는 국가들이 정책을 결정하고 집행함에 있어서 실질적인 고려요소로 작용하며, '적절한' 행동의 표준으로서 국제사회를 움직이기도 한다. 따라서 강대국과 약소국, 정부와 비정부를 막론하고 모든 국제정치의 행위자들은 자신에게 유리한 규범을 전파하고 그 '적절함'을 널리 인정받아 이를 제도화된 표준으로 삼으려는 유인을 가지게 된다.

그러나 규범의 경쟁은 물질적 권력의 경쟁과 동일한 구도로 진행되지는 않는다. 규범의 적절성은 물질적 권력과는 달리, 기본적으로 다른 행위자들로부터의 인정이라는 간주관적intersubjective 과정을 통해 성립하기 때문이다(Wunderlich, 2013: 22). 다른 행위자들이 자신의 규범을 인정하도록 강요할 수 있는 물질적 권력의 층위도 무시할 수는 없지만, 그럼에도 불구하고 자국의 이익에 부합하는 규범이 적절하다는 논리를 정당화하기 위해서는 필연적으로 이익 외의 요인,

즉 도덕과 당위의 요인이 개입될 수밖에 없다(Müller and Wunderlich, 2018: 357).

따라서 규범의 경쟁은 자신의 이익과 정체성에 부합하는 관념을 보편화시키기 위해 타자를 배제하는 힘의 경쟁인 동시에, 경쟁하는 다른 규범안보다 자신이 주장하는 규범이 더 적절함을 널리 인정받기 위한 설득의 경쟁이라 할 수 있다. 설령 강대국이라 할지라도, 자신이 내세우는 관념을 규범의 지위로 끌어올리기 위해서는 설득에 호응해 줄 지지자 집단, 즉 동지 국가들이 있어야 하기 때문이다. 그 결과 규범경쟁은 전통적인 세력경쟁보다 더욱 복잡한 양상을 띠게 된다. 규범경쟁의 중심에는 물질적 권력과 영향력을 십분 발휘해, 다른 행위자들이 자신의 규범을 인정할 수밖에 없도록 강요하고 또 설득시키려는 강대국이 있지만, 다른 한편에는 당위적·도덕적 차원의 논의를 통해 강대국의 주장을 지지하거나 일부 수정함으로써 규범에 대한 자신의 영향력을 극대화하려는 중견국, 그리고 자신이 구상하는 미래를 최대한 반영시키기 위해 전문성과 지식을 활용하는 비국가행위자들까지 다양한 행위자가 존재할 수 있는 것이다.

기술과 안보가 만나는 최첨단에서 부상하고 있는 신흥 군사안보의 영역에서는 이러한 이중적 게임의 양태가 강하게 드러난다. 기술이 국가의 군사력에 결정적 요인으로 작용하고 나아가 전쟁의 양상까지 변화시켜 온 것은 결코 새로운 일이 아니다. 하지만 이전의 군사기술, 예컨대 화약이나 철도 같은 전근대 및 근대의 기술과는 달리, '4차 산업혁명'의 기술은 가늠하기 어려울 만큼 빠르게 발전하고 있을 뿐 아니라, 자체적으로 새로운 영역을 개척할 수도, 기존 기술과 결합해 그 효율을 획기적으로 증폭시킬 수도, 기존 기술의 영역을 와해disrupt시킬 수도 있다.

기술의 발전에 따른 불확실성의 증대는, 다른 국가로부터 오는 위협Threat만큼이나 그 주체와 파급효과의 범위를 알 수 없는 부정형의 위험Risk도 안보를 저해하는 주요인으로 작용하게 만든다(Wallander and Keohane, 2002: 91). 위협·위험으로부터 방어해야 하는 대상과 방어의 주체 역시 불확실해지면서, 민民과 군軍의 구분, 심지어 군사력의 의미조차 모호해지게 된다.

그러나 이러한 '새로움'에도 불구하고, 기존의 세력구도와 전통적 안보의 맥락이 이들 영역에 미묘하게 반영된다는 점은 기술과 안보의 관계를 더욱 복잡하게 만든다. 우주와 사이버, 인공지능 등 첨단기술은 미래의 전쟁에서 승패를 결정짓는 핵심적 요인으로 작용하리라고 전망할 수 있다. 따라서 국가들은 이러한 영역에 자원을 투자하여 자체적인 기술역량을 제고하고 국제적 주도권을 얻고자 하는 합리적 유인을 가진다. 그리고 그러한 이익 추구의 과정에서, 다양한 비국가행위자, 심지어 기술과 자연 같은 '비인간' 행위자까지 연계되어 안보정책의 추진과 이를 둘러싼 정책환경은 이전과 비교할 수 없을 만큼 다면적·다층적으로 변화하고 있다.

이러한 규범경쟁의 복잡성, 즉 전통적인 세력구도의 영향을 받으면서도 규범경쟁 자체의 논리가 병존하는 특성은, 이 글에서 다루는 우주군비통제, 사이버안보, 자율무기체계 등의 영역에서 특히 강하게 나타난다. 이들 영역에서는 공통적으로 재래식 군사력과 새로운 기술이 결합하면서, 군사안보라는 전통적인 이슈가 다양한 기술적·사회적 이슈들과 복잡하게 연계되어 이전에는 상상할 수 없던 갈등과 불확실성이 출현하고 있다. 김상배(2016)는 전통적 이슈와 발전하는 기술이 복잡하게 얽혀 새로운 안보 이슈로 창발創發하는 현상에 주목해 이들을 '신흥新興, emerging'안보라 개념화한 바 있다. 동일한 관점에서 군사안보와 기술의 접면에서 새롭게 출현하고 있는 군사안보의 영역을 '신흥 군사안보'로 통칭할 수 있을 것이다.

신흥 군사안보 이슈에 있어 국가들은, 자신의 군사력을 극대화할 수 있는 환경을 조성하고 상대의 군사력은 제약하려는 전통적인 영합Zero-sum, 零合적 이익 외에도 협력과 타협을 통해 이슈에 대한 영향력을 확대하고 이슈의 불확실성을 통제하려는 비영합적Non-zero-sum 이익을 가진다. 다시 말해 상대의 규범이 가진 매력과 영향력을 배제하는 것보다 일정 부분 이를 수용하고 이해의 균형점에서 공통분모를 찾아 합의에 이르는 것이 어느 정도 선까지는 합리적인 전략이 될 수 있는 셈이다. 이러한 신흥 군사안보 규범경쟁의 특성은, 새로운 규범의 형성을 둘러싼 갈등의 구도에서도 확인할 수 있다.

### 2) 신흥 군사안보 규범경쟁의 구도

현실주의적 시각에 따르면 규범은 자신의 군사력을 정당화하고 상대의 군사력 행사를 제약함으로써 직접적인 군사적 이익을 창출할 수 있다. 병력의 수, 핵탄두 보유 개수 등 단순한 기준으로 그 강약을 판가름할 수 있는 전통적인 군사안보의 군사력과는 달리, 신흥 군사안보의 군사력은 어떤 기술을 어떤 분야에 접목하느냐에 따라 다르게 축적되고 또 운용될 수 있다. 따라서 자신이 효과적으로 사용할 수 있는 군사력의 사용을 정당화하고 반대로 자신에게 취약한 분야에서는 제약한다면, 이는 상대적인 군사력의 강화로 이어진다. 그뿐 아니라 군사안보규범은 특정한 군사력의 활용을 제약함으로써, 상대의 군사력에 대한 실질적인 억지deterrence 효과를 창출할 수 있다(Price and Tannenwald, 1996: 115~116). 따라서 강대국 간의 전통적인 세력경쟁 구도는 규범경쟁에 있어서도 일정 부분 필연적으로 반영된다.

다른 한편으로 국제규범의 수립은 모든 국가 및 비국가행위자에게 위험으로 작용하는 신흥 이슈의 불확실성을 통제함으로써 명망과 위신을 확보하는 수단이 된다. 상기한 것처럼 신흥 군사안보의 이슈에 있어서는 국가 외 다른 행위자로부터 발생하는 위험 역시 안보를 저해하는 중대한 요인으로 작용한다. 예컨대, 초국적 테러단체에 의한 대규모 사이버공격이나, 지구저궤도Low Earth Orbit: LEO에서의 무기 사용으로 인한 우주파편물Space Debris의 대량 발생 등, 규범과 거버넌스의 부재로 인해 발생할 수 있는 위험이 대표적이다. 모두에게 닥칠 수 있는 위험의 존재는 역으로 이 위험을 통제함으로써 매력을 획득할 수 있는 유인을 형성한다(Nye, 2018: 13).

그러나 신흥 이슈에서의 규범경쟁의 이면에는 패권국과 도전국, 선진국과 개발도상국의 현실적인 이해관계 충돌보다 더 깊숙한 층위에 존재하는, 국제 질서 자체에 대한 상이한 관념에서 기인하는 갈등이 존재한다. 빠르게 진전되는 정보화와 지구화로 근대국가의 존립 자체가 도전받는 상황에서, 각 행위자들은 서로 다른 거버넌스 모델을 추구하고 있다(김상배, 2018: 298~300).

정보화와 지구화라는 두 흐름 모두를 주도하며 지구적 차원의 기술적·경제적 패권을 누려왔던 미국은 주권국가의 틀을 넘어, 다양한 이해당사자를 모아 실무적 협력을 진행하는 다중이해당사자주의Multistakeholder-ism, 多衆利害當事者主義적 모델을 선호한다. 그 기반에는 실질적인 이해관계를 가진 행위자, 즉 이미 신흥 군사의 영역에서 주도권을 쥐고 질서를 형성·유지하고 있는 패권국과 그 질서의 주요 수혜자들이 규범을 만들고 유지해야 한다는 인식이 존재한다. 이러한 실무적*de facto* 관점에서 규범을 만들고 유지하는 것은 구속력 있는 합의가 아니라, 관련 정부기관들의 자발적이고 '책임감 있는' 협력이다. 따라서 새로운 제도적 틀을 만들고 그에 대한 지지를 이끌어내는 것보다는 당사국, 또는 당사국 내 관련 기관들 간의 대화를 통한 임시적ad hoc, 臨時的 규범의 형성과 적용이 중시된다.

그런 협력의 체제 내에서 '책임감 있는' 행위자들은 현상을 유지하고 해당 영역 내에서 '글로벌 공공재global commons'를 지속적으로 공급하기 위해 상당한 주의due diligence를 기울일 것으로 기대된다. 국가의 주권보다는 실제로 국가가 특정한 원칙이나 관념에 상응하는 행위를 할 수 있는지가 더 중시되는 것이다. 이런 관점에서 근대적인 국가주권에 의거한 거버넌스는 정부 간 협력에 의한 지구적 문제해결 규범 자체를 부정할 수 있는, 지구화에 역행하는 것으로 인식될 수밖에 없다.

반면, 미국이 주도하는 기술패권에 대항하는 입장인 중국·러시아 등은 근대적 국가주권이 모든 국제적 합의의 기초가 되어야 한다는 입장을 견지한다. 요컨대 법적*de jure* 프레임을 통한 신흥 군사안보 논의를 선호하는 것이다. 이들의 관점에서 군사안보는 오롯이 국가의 영역이며, 국가들 사이에서 명시적으로 합의되지 않은 다른 규범의 정당성은 인정할 수 없다. 이는 신흥 군사안보에 대해서도 마찬가지로 적용된다. 즉, 새롭게 부상하는 영역에서의 군사역량 보유 및 행사는 무력의 합법적인 독점자로서 모든 국가가 가지는 정당한 권한이며, 이 권한에 대한 제한은 특정 국가가 내세우는 원칙이나 관념이 아닌, 국가들 간의 법적 구속력이 있는 제도의 힘을 통해서만 제한될 수 있다. 주권국가 간의 구속력 있는 합의가 아닌 다른 방식의 합의, 예컨대 다른 영역(예를 들면 국제인도주의법)의 규범의 자발적 적용이나 주권이 아닌 다른 기준으로 선별된 행위자(예컨대 IT 기업)가 참여하는 규범 형성 과정 등은 주권에 대한 위협으로 작용하게 된다. 이러한 관점에서 신흥 군사안보의 위협은, 새로운 안보영역에서 주권의 행사를 — 물리력에 의해서든, 규범에 의해서든 — 일방적으로 제약하려는 다른 국가의 시도로 인식된다.

이처럼 원칙에 있어서든, 실질적인 이해관계에 있어서든 법적 프레임과 실무적 프레임은 호환되기 어렵다. 기술과 안보가 만나는 지점에서 근대적 국가주권의 위치를 어떻게 두어야 하는지의 문제는 뒤이은 제3절에서 살펴보겠지만 강대국 갈등 속에서 쉽게 해결점을 찾지 못하고 있다. 기술적·군사적 우위를 지닌 국가(예컨대 미국)의 입장에서는 자신의 주도권을 효과적으로 행사, 유지하는 데 도움이 되는 규범을 형성할 수 있는 실무적 프레임이 유리하며, 강대국 간의 신흥 군사경쟁에서 비교적 열세에 있는 국가(이를테면 중국·러시아)에게는 주권의 논리를 통해 선도국이 주도하는 질서를 거부하고 선도국과 자신이 동등한 입장에서 참여할 수 있는 법적 프레임을 통한 규범 형성이 유리하다.

그러나 선도국 주도의 질서에 편승해 이익을 얻지만, 선도국과 후발국 사이의 갈등과 불안정에 대해 자체적으로 대응할 수 있는 역량이 부족한 국가들의 입장에서는, 경쟁자에 의한 규범 형성 시도를 차단하는 것보다 규범의 공백 그 자체에 대응하는 것이 더 중요하게 다가올 수 있다. 상술한 것처럼 신흥 안보 이슈에 있어 규범의 부재는 그 자체로 위험이 될 수 있기 때문이다. 따라서 이들 국가들은 법적 또는 실무적 원칙에 따른 규범 형성을 넘어 선도국과 후발국 간의 갈등 요소를 선제적·적극적으로 해결할 수 있는 지구적 거버넌스의 프레임을 통한 규범 형성을 선호할 가능성이 있다. 규범의 공백 그 자체를 위험 내지는 해결되어야 할 문제로 인식하고 다양한 방식으로 새로운 규범을 만들어내려는 움직임은 사안에 따라 중견국과 초국적 비정부단체, 국제기구 등으로 이루어진 수평적·분산적 네트워크를 통해 나타나고 있으며, 필요에 따라 두 진영 사이에서 중재 역할을 하기도, 논의를 이끄는 선도자 역할을 하기도 하면서 규범의 공백을 메워나가는 역할을 수행하고 있다.

모두를 만족시켜야 한다는 특성으로 인해, 그 자체로 의미를 가질 만큼 구체적이거나 특정 국가의 입맛에 맞는 규범을 도출할 수 없는 유엔 GGE에서의 규범 논의는 프레임들 사이에서 나타나는 갈등의 단층을 드러내는 한편, 합의의 가능성을 내포하고 있다. 충돌과 갈등 속에서 나타나는 최소한의 공통분모를 바탕으로 그 이후의 규범 논의에 적지 않은 정당성을 부여하는 핵심 관념에 대해 합의가 이루어질 수 있는 것이다. 사이버안보를 비롯해 GGE에서의 규범 논의가 의견차로 인해 여러 차례 진통을 겪고, 종종 GGE를 비롯한 UN의 틀 내에서 유의미한 규범이 합의될 수 있을 가능성 자체가 회의의 대상이 됨에도 불구하고[7] 국가들이 지속적으로 다양한 분야에서의 GGE에 참여하는 것은 이 때문이라 할 수 있다. 다음 절에서 살펴볼 세 영역에서의 안보규범 논의 과정은 이러한 GGE의 특징을 잘 보여주고 있다.

7 특히 후술할 사이버안보 분야에서 이러한 회의론이 두드러지게 나타난다. 이에 대해서는 이어지는 제3절의 2) 참고.

## 3. 유엔 GGE에서의 신흥 군사안보규범 논의

### 1) 우주군비통제 GGE

1957년 소련이 미국에 앞서 완성한 ICBM 기술을 바탕으로 최초의 인공위성 스푸트니크 1호Sputnik 1를 지구 저궤도에 돌입시키고 미국이 1958년 익스플로러 1호Explorer 1를 발사하면서 우주공간은 본격적으로 군사안보의 영역으로 편입되었다. 우주에서의 안보경쟁은 곧 국제기구에서도 논의의 대상으로 등장했고, 1967년 1월에는 우주에 관한 최초의 포괄적 조약인 「우주조약Outer space treaty」[8, 9]이 총회를 통해 결의되었다. 우주조약은 유엔헌장과 국제법에 따른 우주의 평화적 이용 및 대량살상무기의 우주 배치 금지를 명시했지만, 우주의 군사적 이용(우주의 군사화)과 무기 자체의 우주공간 배치(우주의 무기화)는 금지하지 않았다.

우주 이용 기술의 발전으로 점차 우주공간의 군사적 사용이 현실화되자, 소련의 주도로 재래식 무기의 우주 배치를 규제하기 위해 1982년부터 유엔 군축회의Conference on Disarmaments: CD를 통해 "우주에서의 군비경쟁 방지Prevention of an Arms Race in Space: PAROS"가 의제로 다루어지기 시작했다. 비록 냉전이 종결될 때까지 의미 있는 합의를 도출하지는 못했지만 PAROS는 오늘날까지 유엔 총회의 주요 이슈로 남아 있으며, 지금까지 매년 동일한 제목의 결의안이 채택되

8 공식 명칭은 「달과 다른 천체를 포함하는 우주의 탐사와 이용에 있어 국가의 활동을 규제하는 법적 원칙에 관한 조약(Treaty on Principles Governing the Activities of States in the Exploration and Use of Outer Space, including the Moon and Other Celestial Bodies)」.

9 국제기구, 특히 UN에서 우주에 대해 사용하는 명칭인 'Outer Space'는 외우주(外宇宙)·외기권(外氣圈) 등으로도 번역될 수 있다. 그러나 이 글에서는 '외우주'는 '심우주(深宇宙, Deep space)'와, '외기권'은 지구 대기권의 층서구조에서 열권(熱圈, thermosphere) 외곽 구간을 지칭하는 'exosphere'와 각각 혼동될 수 있다는 점, 그리고 'Outer Space'가 실질적으로 우주공간 전체를 포괄하는 개념에 가깝다는 점에 입각해 '우주'로 번역을 통일한다.

고 있다.

특히 1990년의 PAROS 결의안은 실질적인 협력을 진전시키기 위해 "정부 전문가들의 협조"하에 "우주에서의 신뢰구축 방안"에 관한 실무적 검토를 진행할 것을 촉구했으며[UN General Assembly(이하 UN GA), 1990], 이 결의안에 근거해 결성된 「우주에서의 신뢰구축조치 적용방안 연구를 위한 유엔 정부전문가그룹UN Group of Governmental Experts to Undertake a Study on the Application of Confidence-Building Measures in Outer Space(이하 CBMs GGE)」은 1991년부터 1993년까지 진행된 논의를 바탕으로 보고서를 제출했으나(UN GA, 1993), 냉전 종식에 따라 큰 관심을 받지는 못했다.[10]

하지만 2007년 1월과 2008년 2월 중국과 미국이 미사일을 통한 위성요격실험에 성공한 사건은 다시금 우주에서의 군사활동에 대한 규범의 필요성을 환기시켰다. 러시아의 제안으로 2010년 유엔 총회는 「우주 활동에서의 투명성 및 신뢰구축조치에 관한 유엔 정부전문가그룹UN Group of Governmental Experts on Transparency and Confidence-Building Measures in Outer Space Activities(이하 TCBMs GGE)」을 수립하여 1993년의 보고서를 발전시킬 것을 압도적 찬성 속에서 결의했다.[11] 이에 따라 안보리 상임이사국과 한국을 포함하는 15개국으로 구성된 전문가그룹이 발족했고, 2012년부터 1년에 걸친 연구기간을 통해 합의된 보고서는 2013년 7월 UN 총회를 통해 공인되었다(UN GA, 1993).

한편, 2008년 2월 중·러 양국은 공동으로 유엔 군축회의를 통해 「우주에서의 무기 배치와 우주 물체에 대한 위협과 무력사용 금지에 관한 조약안Draft Treaty on the Prevention of the Placement of Weapons in Outer Space and of the Threat or Use of Force

10 CBMs GGE의 참여국은 러시아, 미국, 불가리아, 브라질, 이집트, 인도, 짐바브웨, 캐나다, 파키스탄, 프랑스 등 10개국이었으며, 총 4차에 걸친 모임 중 1993년 3월과 7월에 각각 개최된 3차·4차 모임에는 중국도 참여했다.

11 기권 1(미국)을 제외한 전 표결국 찬성.

against Outer Space Objects: PPWT」을 제출했다. 비록 당시에는 미국의 반대로 좌초되었지만, TCBMs GGE의 합의는 PPWT 논의에도 다시금 활력을 불어넣었고, 이에 중·러 양국은 개정된 PPWT 조약안을 2014년 군축회의에 제출했다. 이런 노력 역시 미국의 저항에 직면해 표류하게 되자, 두 국가는 2016년「우주에서의 군비경쟁 방지를 위한 추가적 조치에 관한 정부전문가그룹Group of Governmental Experts on further practical measures for prevention of an arms race in outer space(이하 PAROS GGE)」의 구성을 건의했고, 이에 따라 구성된 PAROS GGE는 현재까지 진행 중이다.

그러나 2019년 4월 기준, PAROS GGE에서는 참가국 사이에서 상당한 의견차가 나타나고 있는 것으로 보인다. 이전 TCBMs GGE에서 마련된 투명성 및 신뢰구축조치에 대해서는 전반적인 지지와 합의가 형성되어 있으나, 이를 법적 구속력을 갖춘 제도적 틀 내에서 추진하는 데 대해서는 의견이 갈리고 있다[UN Office for Disarmament Affairs(UNODA), 2019].

### 2) 사이버안보 GGE

사이버안보 GGE, 공식 명칭으로는「국제안보적 맥락에서 본 정보통신 분야 발전에 관한 유엔 정부전문가그룹UN Group of Governmental Experts on Developments in the Field of Information and Telecommunications in the Context of International Security」은 앞에서 다룬 우주군비통제 관련 GGE들에 비해 역사는 비교적 짧지만 그에 비해 압도적으로 많은 관심을 받고 있다. 2004년 15개국[12]의 참여로 구성된 1차 GGE를 시작으로, 2009년 2차 GGE, 2012년 3차 GGE, 2014년 4차 GGE, 2016년 5차 GGE가 연속적으로 구성되었다. 또한 2019년부터 2020년까지를 활동 기간으

12 안보리 상임이사국 5개국(미국, 중국, 러시아, 영국, 프랑스)과 한국, 남아프리카공화국, 독일, 벨라루스, 브라질, 말레이시아, 말리, 멕시코, 인도, 요르단.

로 잡고 있는 6차 GGE도 진행 중이다.

유엔을 통한 사이버안보 논의는 1998년 러시아가 유엔총회 제1위원회를 통해 제출한 결의안을 통해 막을 올렸다(UN GA, 1999). 비록 초기에는 개발도상국의 관심과 서방 국가들의 공감을 얻지 못해 그리 많은 호응을 얻지 못했지만, 그 후로도 매년 러시아의 주도로 '정보안보'에 대한 국제적 논의와 규범 마련의 필요성은 지속적으로 환기되었고, 마침내 2003년 사이버안보의 위협요인과 협력방안에 대한 전문적 의견을 수렴하기 위한 목적으로 GGE를 구성하는 결의가 채택되기에 이르렀다(김소정·김규동, 2017: 95).

야심차게 발족한 1차 사이버안보 GGE는 촉박한 합의 일정과 사이버안보에 관한 참여국의 입장 차로 인해 보고서를 제출하지 못했지만, 그 뒤 5년의 시간을 가지고 준비된 2차 GGE는 비록 5쪽 정도의 기초적인 내용이기는 하지만 합의된 보고서를 제출하는 데 성공했다.[13]

2차 GGE의 결과를 바탕으로 이전과 동일하게 15개국[14]으로 구성된 3차 GGE는 2013년 6월 합의된 보고서를 제출했다. 그 핵심에는 국제법을 포함한 현실공간에서의 국가활동에 대한 규범과 국가주권의 원칙이 사이버공간에도 적용될 수 있다는 참여국의 합의가 있었다. 글의 뒷부분에서 보다 자세히 다루겠지만, GGE 안팎에서 사이버안보의 규범을 놓고 대립하던 미국과 중국·러시아가 합의에 성공한 것은 고무적인 성취라 할 수 있었다.

국가에 의한 사이버공간에서의 군사활동과 이에 대한 국제법의 구체적 적용 방안을 더욱 발전시키기 위한 4차 GGE는, 1년 반가량의 활동을 거쳐 2015년 7월 보고서를 제출했다. 보고서는 3차 GGE의 논의를 발전시켜, 국가 간 분쟁

13 1차 GGE의 보고서 채택 실패 후 불과 4개월 만에 유엔 총회는 2차 GGE의 구성을 결의했다. 촉박한 준비기간에 대한 지적을 감안하여 통상 결의안 채택 후 1~2년 내로 활동기간을 설정하는 관례와는 달리 2차 GGE는 4년의 준비기간을 가진 뒤 진행하도록 계획되었다.

14 상임이사국 5개국, 아르헨티나, 호주, 벨라루스, 캐나다, 이집트, 에스토니아, 독일, 인도, 인도네시아, 일본.

에 있어서 국제법의 적용에 대해 보다 심도 있는 논의를 진행했다.

3차 GGE에 이어 4차 GGE까지 합의에 성공하면서 사이버안보 GGE에 대한 기대와 호응도 고조되었다. 이전과 동일하게 유엔 총회는 4차 GGE의 종결과 더불어 5차 GGE의 구성을 결의했다(UN GA, 2015). 그러나 높은 기대와는 달리 5차 GGE는 곧 난관에 봉착했다. 가장 큰 문제는 4차 GGE의 내용을 이어받아 군사활동에 대한 국제법의 적용 — 특히 자위권의 적용 — 을 명시하고자 했던 미국 및 서방국가들과 이를 사이버공간의 '군사화'로 지칭하며 반대했던 중국과 러시아 등 비서방국가들 사이의 입장 차가 쉽게 좁혀지지 않았다는 데 있었다. 그뿐 아니라 참여국의 증가로 인한 전반적인 논의 진행의 비효율성, 쿠바와 같이 미국에 대한 '반대를 위한 반대'에 집중한 비서방국가의 존재 등은 논의의 발전을 가로막는 장애물로 작용했다.[15]

결국 5차 GGE는 참석 국가와 공식 모임의 진행에 관한 짤막한 형식적 보고서만을 남기고 종료되었다. 그러나 이러한 실패에도 불구하고 사이버 분야에서의 국제규범 형성 시도는 지속되고 있다. 2018년 12월 유엔 총회는 2019년부터 2020년까지 활동할 새로운 GGE의 구성을 결의했으며, 이에 따라 앞으로 GGE의 향방에 대한 관심도 높아지고 있다. 「사이버공간에서의 책임 있는 국가 행동의 확산을 위한 정부전문가그룹Group of Governmental Experts on Advancing responsible State behaviour in cyberspace」이라는 새로운 명칭으로 구성된 6차 GGE는 2019년 12월 공식 일정을 개시했다.

### 3) 자율무기체계 GGE

자율무기체계Autonomous Weapon Systems: AWS[16]는 인간의 개입 없이 작동하는

15 5차 GGE가 난항을 겪은 과정과 이를 통해 드러난 국가 간 입장의 차이에 대해서는 박노형·정명현(2018: 54~56) 참고.

무기체계의 총칭이다. 흔히 4차 산업혁명으로 통칭되는 최근의 기술발전, 그중에서도 스스로 사고하고 학습할 수 있는 인공지능의 등장은 전쟁의 역사 속에서 유지되어 왔던 인간과 기계의 관계를 재정립하고 나아가 무력의 사용 양상 자체를 바꾸어놓을 가능성도 내포하고 있다. 「자율살상무기체계 분야에서의 신흥기술에 대한 정부전문가그룹Group of Governmental Experts on emerging technologies in the area of lethal autonomous weapons systems(이하 LAWS GGE)」은 그런 문제를 다룰 수 있는 규범을 논의하기 위해 결성되었다.

LAWS GGE는 앞서 다룬 두 분야의 GGE와는 조금 다른 성격을 띠고 있다. 먼저 유엔 총회 제1위원회의 결의를 바탕으로 유엔 사무총장이 구성하는 사이버안보 GGE와 우주군비통제 GGE와는 달리, LAWS GGE는 1980년 체결된 「특정재래식무기금지협정Convention on Certain Conventional Weapons: CCW」[17]의 틀 안에서 진행된다. 따라서 같은 유엔의 틀 내에서도 총회의 결의가 아닌, 매년 열리는 당사국회의Meeting of the High Contracting Parties와 5년 주기로 열리는 검토회의Review Conference를 통해 구성된다. 또한 LAWS GGE는 원칙적으로 만장일치제를 택하고 있음에도 불구하고, 기본적으로 모두에게 개방된open-ended 형태를 취하고 있다. 120여 개국에 달하는 조약 참여국을 둔 CCW의 특성상, GGE의

16 특히 자율무기체계 중에서도 무기를 탑재하거나 사용할 수 있는 무기체계는 자율살상무기체계(Lethal Autonomous Weapon System: LAWS)라는 별도의 범주에 포함시키기도 한다. 그러나 아직까지 자율무기체계와 자율살상무기체계 사이에 별도의 유의미한 구분을 두는 규범은 존재하지 않는바, 이 글에서는 두 용어를 혼용하기로 한다.

17 공식명칭은 「지나친 상해를 입힐 위험 또는 무차별적 효과를 가질 수 있다고 판단되는 특정 재래식 무기에 대한 금지 또는 제한 협정(Convention on Prohibitions or Restrictions on the Use of Certain Conventional Weapons Which May Be Deemed to Be Excessively Injurious or to Have Indiscriminate Effects)」이다. 본래의 취지는 지나치게 무작위적이거나 잔혹한 효과로 인해 전투원에게 필요 이상의 피해를 주거나 비전투원에게 우연한 피해를 줄 수 있는 무기체계를 제약하는 데 있다. 조약은 탐지 불가능한 파편을 사용하는 무기, 지뢰와 부비트랩, 소이무기, 실명을 목적으로 하는 지향성에너지무기(1995년 추가)를 금지하고 있으며, 그와 별도로 2003년의 개정을 통해 전후 잔여폭발물 처리에 대한 규범이 추가되었다.

참여국도 많게는 70여 개국에 달하고 있다. 그뿐 아니라 조약 비조인 서명국과 비서명국(옵서버 자격 참여만 가능)도 참석할 수 있으며, 의견 제출을 희망하는 비정부단체 역시 의견서를 제출하고 직접 회의에 참석할 수도 있다.

LAWS GGE의 시작은 2014년 출범한 「LAWS 전문가회의CCW Meeting of Experts on Lethal Autonomous Weapons Systems」였다. 2013년에 발족한 "킬러로봇금지운동Campaign to Stop Killer Robots"[18]을 비롯한 비정부단체의 활동으로 LAWS 문제에 대한 인식이 제고되고, 이어서 유엔 인권이사회에서 인도주의적 관점에서 LAWS의 발전을 통제할 필요성을 주장하는 보고서를 발표함에 따라, 2013년 12월에 열린 당사국회의는 "협정의 목표와 목적의 맥락에서" LAWS의 출현이 가지는 함의를 논의할 비공식적 전문가그룹의 모임을 개최하기로 결의했다(CCW/MSP,[19] 2013). 이에 따라 2014년 5월 13일부터 16일까지 나흘에 걸쳐 진행된 첫 전문가회의는 협정 당사국 중 한국을 포함한 27개국[20] 및 킬러로봇금지운동, 앰내스티인터내셔널, 국제적십자사 등 비정부단체의 참석하에 이루어졌다.

2014년의 1차 전문가회의는 보고서에서도 언급하고 있듯이 LAWS에 대한 첫 모임임을 감안해 용어의 정의와 정보의 공유, 상호 입장의 확인에 주력했다(CCW/MSP, 2014). 비공식적 모임이었기 때문에 합의에 의한 보고서의 채택은 이루어지지 않았지만, 그럼에도 불구하고 '유의미한 인간 통제meaningful human control' 등 LAWS 통제의 기준을 제시할 수 있는 핵심 개념에 대한 정보 공유가 이루어졌음은 눈여겨볼 필요가 있다. 이러한 성과에 힘입어 2015년 2차 전문

18 정확히는 하나의 비정부단체가 아니라, 인도주의적 규범에 의한 AWS 규제의 필요성을 주장하는 다양한 시민단체의 네트워크이다. 테슬라 사의 일론 머스크(Elon Musk), 딥마인드의 무스타파 술레이먼(Mustapa Suleymen) 등 과학기술 및 첨단산업계 주요 인사의 참여로 인해 시민사회 및 전문가 집단에 대해 상당한 영향력을 가지고 있다고 평가된다.

19 공식 명칭은 "Meeting of the High Contracting Parties to the Convention on Prohibitions or Restrictions on the Use of Certain Conventional Weapons Which May Be Deemed to Be Excessively Injurious or to Have Indiscriminate Effects"이나 간결성을 위해 CCW/MSP로 축약한다.

20 불참한 국가 중에는 중국과 러시아가 포함된다.

**표 9-1** 신흥 군사안보 GGE의 현황과 주요 성과

| 우주군비통제 | | 사이버안보[21] | | 자율무기체계 | |
|---|---|---|---|---|---|
| GGE | 주요 성과 | GGE | 주요 성과 | GGE | 주요 성과 |
| 신뢰구축방안 GGE (1993) | · 신뢰구축조치의 우주에 대한 적용 가능성 합의<br>· 우주의 군사화·무기화 암묵적 동의 | 1차 GGE (2005) | · 입장차 식별(합의 실패) | 1차 GGE (2017) | · 국제인도법의 원칙적 적용<br>· '유의미한 인간 통제'의 필요성 합의<br>· 상기 내용에 대한 국가의 책임 확인 |
| | | 2차 GGE (2010) | · 향후 의제 확정 | | |
| 투명성 및 신뢰구축방안 GGE (2013) | · 투명성·신뢰구축조치의 절차에 관한 구체적 합의<br>· 국가의 국제법 준수 의무 강조<br>· 국가의 자발적·다자적 참여 권장<br>· 구속력 있는 규범으로의 발전 노력에 합의 | 3차 GGE (2013) | · 사이버공간에서의 국제법 적용 합의 | 2차 GGE (2018) | · 국제법과 인간책임 유지 원칙에 입각한 행동규범안 제시<br>· 구속력 있는 규범으로의 발전방안 제시 |
| | | 4차 GGE (2015) | · 자발적 규범 제시<br>· 국제위법행위 단속 및 국제인도법 적용에 대한 국가책임 명시<br>· 투명성 및 신뢰구축조치 적용 권고 | | |
| 군비경쟁방지 GGE (진행) | 주요 안건:<br>· 우주공간에서의 군비통제<br>· 우주공간에서의 정당한 무력사용에 관한 규범 | 5차 GGE (2017) | · 국제법의 구체적 적용방식, 신뢰구축조치의 내용 등에 대한 갈등으로 합의 실패 | 3차 GGE (2019) | · 국제인도법과 '유의미한 인간 통제'를 중심으로 하는 '행동원칙' 합의<br>· 2021년 정례 검토회의의 의결을 목표로 규범적·실천적 행동규범안 논의 진행 계획을 명시 |

※ GGE 명칭에 병기된 연도는 보고서 제출 기준.
※ 짙은 회색: 한국 불참 / 연한 회색: 한국 참여.

가회의와 2016년의 3차 전문가회의도 성공적으로 개최되었다. 그리고 이는 다시 2016년 열린 5차 검토회의를 통해 GGE가 공식적으로 발족하는 계기가 되었다.

그 이후 LAWS GGE는 매년 열리고 있다. 2017년 1차 LAWS GGE를 시작으로 2019년 3차 LAWS GGE가 진행되었으며, 자율살상무기체계에 대한 국가 및 국제사회의 관심이 높아지면서 이에 대해 제시되는 견해와 규범안도 늘어나고 있다. 특히 3차 GGE의 보고서는 2차 보고서가 제시한 행동규범안을 발전시켜

11개조의 '행동원칙Guiding principle'을 제시하면서 2021년 검토회의를 목표로 지속적인 규범 구체화를 추진할 것을 천명했다. 이와 같은 추세는 2019년 보고서도 언급하듯이 갈등과 합의의 가능성을 동시에 높이고 있다.

지금까지 살펴본 세 영역에서의 GGE 활동을 분야별로 정리하면 **표 9-1**과 같다. 이러한 일련의 과정을 보면, GGE의 규범 논의에 참여하는 국가들, 특히 미국과 중·러 사이에는 상당한 의견 차이가 나타나고 있으며, 그러한 규범경쟁은 현실주의적 세력경쟁보다 깊은 층위에 존재하는 관념과 인식의 차이를 내포하고 있음을 볼 수 있다. 그렇다면 이와 같은 대립되는 프레임은 안보규범경쟁에 어떻게 반영되고 있으며, 자신의 규범을 퍼뜨리기 위해 두 진영은 어떤 시도를 하고 있는가? 그리고 그런 차이가 존재함에도 불구하고 GGE에서 제한적이나마 합의가 이루어질 수 있는 이유는 무엇이며, 이러한 합의는 어떠한 한계를 품고 있는가? 이어지는 절에서 살피도록 하겠다.

## 4. 대립하는 관점, 대두되는 갈등

### 1) 중국과 러시아: 법적 프레임의 적용 시도

대부분의 신흥 군사안보영역에서 미국이 아직 현실적으로 주도권을 장악하고 있는 현실에서, 이러한 상황을 변경하기 위해 가장 많은 노력을 기울이고 있는 것은 단연 중국과 러시아라 할 수 있다. 미국 주도의 국제질서에 대항해, 미국이 국내에 미칠 수 있는 영향력을 차단할 수 있는 규범적 근거를 만들고자 이들 국가들은 국가주권의 논리를 내세우고 있다. 러시아가 우주군비통제와

21 4차 GGE까지 사이버안보 GGE의 주요 진행사항과 성과에 대한 정리는 김소정·김규동(2017: 96)의 표를 참고했다.

사이버안보 두 영역에서 GGE 구성을 처음 발의하고 지금까지 계속 유엔을 통한 규범 형성을 지지해 온 것도 이런 맥락에서 볼 수 있다.

두 국가가 내세우는 신흥 군사안보 규범의 원리, 즉 초국가적 법제를 통한 국가권력의 제한은, 현실의 세력분배와 별도로, 원칙적으로 동등한 근대국가 사이의 관계를 통해 규범을 만들어나감으로써 미국과 서방국가들이 지구화의 맥락 속에서 확보한 권력에 대한 균형을 추구하려는 현실주의적 동기의 산물로 해석할 수 있다. 보다 심층적으로는, 앞서 다룬 바와 같이 이러한 노력은 20세기 후반을 거치며 미국 주도로 이루어진 개방적 글로벌화가 국가주권의 전반적 쇠퇴를 낳고 있는 현상 자체에 대한 저항이라고도 볼 수 있다.

먼저 우주군비통제의 경우, 일찍이 소련 시절부터 미국과의 우주군사력 격차가 벌어지자 유엔을 통한 PAROS 논의를 주도하는 등 국제기구를 통한 미국 군사력의 견제에 힘을 쏟기 시작했던 러시아는 2000년대 이후 중국과 협력해 법적 구속력이 있는 규범을 통한 우주의 군사화 제한을 시도하고 있다.

중국의 위성 요격시험 성공으로 우주에서의 군비통제 문제가 다시금 국제무대에서 논의되기 전인 2002년부터 이미 양국은 우주의 무기화에 대항하기 위해 새로운 조약을 체결하는 방안을 검토하기 시작했으며, 그러한 작업의 결과가 바로 2008년의 PPWT 조약안이었다. "우주에 어떠한 무기도 배치하지 말 것"을 골자로 하는 PPWT 조약안은 곧 미국의 반대에 부딪혀 좌절되었지만(UN Conference on Disarmament, 2008b), 그럼에도 불구하고 두 국가와 유사한 위치에 있던 개발도상국들의 관심과 호응을 받았다. 이에 2014년 양국은 수정된 PPWT 조약안을 군축회의에 제출했으며, 비록 이번에도 미국의 반대를 겪기는 했지만 개도국의 지지를 받아 "우주에 대한 선제적 무기 배치 금지No first placement of weapons in outer space"가 우주에서의 군비경쟁 방지(PAROS)와 함께 총회 결의에서 논제로 언급되는 결과로 이어졌다(UN GA, 2016).

이러한 국가 중심의 접근은 사이버안보에서도 두드러지고 있다. 사이버공간의 주도권이 미국에게 있는 상태에서 경제성장을 위해 불가피하게 이에 의존할 수밖에 없는 중국은, 국가적으로 사이버전력을 육성하는 한편 자국에 대한 개입을 차단하기 위한 수단으로 주권의 논리를 동원하고 있다. 즉, 사이버공간에 대해서도 근대국가의 주권이 적용될 수 있으며, 사이버범죄나 사이버 기반 시설에 대한 공격 외에 주권국가의 통제를 벗어난 정보의 유통도 국제안보규범에 의해 규제되어야 한다는 것이다(조윤영·정종필, 2016: 152). 그리고 이를 위해 별도의 법적 장치를 마련하여 구속력을 갖추어야 한다고 주장한다. 중국이 사이버안보를 '정보안보Information security, 信息安全'로 명명하고 초국경 사이버행위뿐 아니라 데이터 유통에 대한 주권의 적용까지 주장하는 것은 그 연장선상에 있다.

미국 주도의 '자유롭고 개방된' 사이버공간에 대항하기 위해 중국은 국가적 접근의 틀에서 자신의 동지국가를 모으려 시도하고 있다. 중국보다 먼저 '정보안보'의 문제를 제기했으며 미국 주도의 정보질서에 대해 유사한 위협인식을 지닌 러시아는 그런 협력의 가장 중요한 대상으로, 두 국가는 상하이협력기구SCO를 기반으로 정보안보의 규범을 제시하는 한편, 이러한 규범을 UN GGE를 비롯한 경로를 통해 전파하고 다른 국가들을 설득하려 움직이고 있다. 대표적인 예가 2011년 SCO 국가의 공동 발의 형식으로 유엔 총회에 회람되고 이후 2015년 개정되어 제출된 「국제정보안보행동규범안International Code of Conduct for Information Security」이다. 이를 통해 중국과 러시아는 법적 구속력을 가진 협약convention의 제정을 주장하고 국가 간 다자주의적 인터넷 거버넌스와 국가의 주권 적용 보장 등을 주장하고 있다(배영자, 2017: 121).

자율살상무기 분야에 있어서도 중국과 러시아는 국가주권을 핵심원리로 하는 규범을 주장하려는 움직임을 점차 보이고 있다. LAWS GGE에서 중국과 러시아는 원칙적 수준에서 국제인도주의 규범에 의한 LAWS의 규제를 찬성하면서도, 그러한 원칙에 입각한 구체적인 금지조약의 체결 또는 정의 수립의 노력에는 분명한 반대를 표하고 있다. 2018년 GGE에 중국이 제출한 의견서는 그런 관점을 잘 보여준다. 자율무기체계와 인공지능의 개발 및 적용방식은 국가별로 다양할 수 있으며, 이와 같이 불확실한 현실에 기존의 인도주의적 원칙이나 "개별 국가의 관점"을 적용하려는 시도는 오히려 LAWS로 인한 위협을 가중시킨다는 것이다(CCW GGE,[22] 2018b).

또한 같은 GGE에서 러시아는 자율무기체계는 오직 국가들 간의 합의를 통해서만 정의될 수 있으며, 그 외의 기준으로 윤리적 판단을 내릴 수 없음을 강조했다. 즉, (국가 간 합의가 이루어지기 전까지는) "오직 자국의 기준에 의거해서만" 자율무기체계 개발·운용의 통제가 이루어져야 한다는 것이다(CCW GGE, 2019: 4).

### 2) 미국: 실무적 프레임의 유지 시도

앞 절에서 살펴본 것과 같은 중국과 러시아의 움직임에 대응해 미국은 법적 구속력을 가진 규범의 형성을 막는 한편, 이해당사자의 자발적 참여와 합의라는 실무적 프레임의 틀을 유지하기 위해 노력하고 있다.

대표적인 예로 2000년대 중후반까지 미국은 우주공간에 대한 규범 논의 자체에 반대하는 입장을 취했다. 1967년의 우주조약으로 무기통제체제의 구축은 완료되었으며, 그 이후로 우주에서의 무기 경쟁은 일어난 적이 없고, 따라서 PAROS 논의는 미국의 우주 기반 군사력 운용을 견제하려는 목적이 짙다는 것이다(나영주, 2007: 149).

그러나 오바마 행정부는 우주군사안보에 대한 국제규범 논의에 보다 긍정적인 면모를 보이는 한편, 논의의 폭을 좁히기 위한 적극적인 개입정책으로 선회했다. 이는 중국의 우주 대상 및 우주 기반 군사역량 강화로 우주환경의 위험

22 공식 명칭은 "Group of Governmental Experts of the High Contracting Parties to the Convention on Prohibitions or Restrictions on the Use of Certain Conventional Weapons Which May Be Deemed to Be Excessively Injurious or to Have Indiscriminate Effects"이며, 본문 및 이하 본문주에서는 CCW GGE로 통일하여 축약하도록 하겠다.

이 전반적으로 증가한 상황과 중국과 러시아가 우주공간 규범 논의를 주도함으로써 발생한 리더십의 위기에 동시에 대응하려는 양면적 목적을 띠고 있다고 평가된다(유준구, 2016: 9).

이후 미국은 중·러 양국이 군축회의Conference on Disarmament와 PAROSPrevention of an Arms Race in Outer Space GGE를 통해 주도하고 있는 새로운 국제법의 도입을 통한 우주군비통제에 대항해 자발적 TCBMs의 논리를 내세워 적극적인 견제를 가하고 있다. 2015년 미국은 유엔 총회에서 "실무적·단기적"이며 "구속력 없는" TCBMs가 우주의 군사화에 있어 핵심 규범이 되어야 함을 강조하면서 중국과 러시아가 추진하는, 법적 구속력을 갖춘 조약이 현실적인 대안이 될 수 없다고 주장했다(Meyer, 2016: 497). 2018년 군축이사회에서도 미국은 TCBMs에 입각한 국제규범을 강조하면서, 법적 구속력이 있는 규범을 위한 노력이 "무의미하며 질질 끌기만 한다pointless and protracted"고 비판하는 등 입장을 재강조한 바 있다(Bravaco, 2018). 보고서 채택에 실패한 2019년 PAROS GGE에서도 미국은 구속력 있는 규범을 추가적으로 수립하고자 다른 국가의 여론을 결집시키려는 중국과 러시아의 시도에 강한 불만을 표출했다(UN Disarmament Commission, 2019).

사이버공간에서도 이러한 미국의 방어적 움직임이 드러나고 있다. 미국은 사이버공간을 설계하고 아직까지 상당 부분 이끌고 있는 국가로서, '자유롭고 개방된' 사이버공간이라는 목표를 내걸고 이해당사자의 협력을 통해 이에 대한 지지를 얻어내려는 움직임을 보인다. 또한 사이버공간에 대한 국제법 – 특히 자위권 – 의 적용을 주장함으로써 잠재적 적국인 중국과 러시아발 사이버안보 위협의 '정당한' 경로를 제한하는 한편 (비록 실제 논의에서는 중국의 반대에 직면해 큰 진전을 이루지 못했지만) 국제인도주의법을 통해 중국에 대한 견제와 압박의 수단으로 사이버규범을 활용하려는 시도도 벌이고 있다(Henriksen, 2019: 3).

먼저 적극적으로 지지자를 확보하기 위해 미국 주도의 플랫폼인 사이버공간 총회Conference on Cyberspace 또는 OECD 등 선진국 정부대표들을 중심으로 한 규범 논의를 이용하고 있다(김상배, 2018: 308~311). 이와 같은 움직임은 기성 질서를 통한 사이버공간의 거버넌스 담론, 이른바 '개방되고 자유로운open and free' 사이버공간론을 축으로 삼고 있다. 특히 사이버스페이스총회는 구속력이 있는 규범보다는 국가·비국가 이해당사자들 사이의 정치적 합의를, 새로운 제도보다는 기존 국제규범의 적용을 강조한다는 점(배영자, 2017: 118~119)에서 실무적 접근의 좋은 예로 볼 수 있다.

한편, 인공지능과 무기체계의 결합을 통한 국방력의 강화, 특히 '3차 상쇄전략Third offset strategy'을 추진하고 있는 미국의 입장에서 LAWS 규범의 요구는 도전인 동시에 기회로 작용한다. 즉, 한편으로는 자신의 LAWS 개발을 변호해야 하지만, 논의의 주도권을 확보함으로써 경쟁자들의 비대칭적 무기 개발을 제약할 수 있는 것이다.

이를 위해 미국은 GGE를 통해 국제인도주의법의 LAWS에 대한 적용방안을 적극적으로 개진하고 또 주도하려 노력하고 있다. 2018년 LAWS GGE에 미국이 제출한 의견서는, 기존 전쟁법의 적용과 정부 간 의견 교환 및 기술적 검토review 등 다른 분야에서의 실무적 접근과 유사한 방법론에 의거해 LAWS 기술의 관리 등을 제안하고 있다(CCW GGE, 2018d).

또 다른 한편으로 미국은 주권 외의 다른 원칙을 바탕으로 한 규범의 수립을 시도하고 있다. 일례로 미국은 LAWS의 정밀성과 자동화라는 특성이 무력분쟁에서의 인명피해를 줄임으로써 인도주의적 목표를 달성할 수 있음을 주장하고 있는데(CCW GGE, 2018a), 이러한 논리는, 앞서 인용한 러시아 측의 대응 논리에서도 볼 수 있듯이 미군만큼 정밀한 화력을 운용하지 못하는 국가가 LAWS를 개발·운용하는 것을 '반인도주의적'이라고 해석할 여지를 남긴다.

지금까지 살펴본 미국 대 중국과 러시아의 신흥 군사안보 규범경쟁은, 패권국과 도전국이 각자 서로를 견제하면서, 자신의 관점에 어울리는 규범을 제시하고 세력을 모으려 시도하는 면모를 보여주고 있다. 하지만 이러한 두 진영의 경쟁 사이에서 합의의 가능성이 등장하고 있으며, GGE는 그런 가능성이 발현

표 9-2 신흥 군사안보 규범에 대한 미국과 중국·러시아의 대립 구도

| 구분 | 미국 | 중국·러시아 |
| --- | --- | --- |
| | 실무적 프레임 | 법적 프레임 |
| 우주군비통제 | · 각국 우주기관 간 실무적·단기적·자발적 협력 강조<br>· 우주 군사화 관련 국제법 논의 반대 | · 우주의 군사화에 반대<br>· PPWT 등 국제법을 통한 군비통제 시도 |
| 사이버안보 | · 이해당사자의 결집을 통한 사이버공간에서의 주도권 유지<br>· 자유주의적 국제규범의 확대적용 시도 | · 사이버공간 전반에 대한 국가주권의 적용<br>· 다자적 협력과 국제법의 제도화 선호 |
| 자율무기체계 | · 기술적 검토 등, 정부 간 실무적 협력방안 제시<br>· 기존 전쟁법·인도주의법의 적용 시도 | · 국제인도주의 원칙을 통한 명시적 규범 수립에 반대<br>· 국가주권에 의한 자율무기체계의 자체 규제 강조 |

되고 이용되는 무대로 작동하고 있다. 아래에서 살펴볼 수 있는 것처럼, 강대국 경쟁에서 목소리를 내기 어려운 중견국과 비국가행위자에게 그런 기회의 존재는 글로벌 거버넌스의 관점에서 바라본 안보규범을 제안하고 전파할 수 있는 계기로 작동한다.

### 3) 공백의 출현: GGE의 한계와 가능성

GGE 활동의 최종결과물인 보고서는 참여국의 합의, 그것도 만장일치를 통해서만 채택될 수 있다. 다시 말해 GGE 내에서 의견차를 좁히지 못할 경우 자신의 주장을 규범에 반영할 기회를 상실하게 되며, 반대로 이전에 채택된 보고서의 모든 내용은 최소한 표면적으로는 참여국 전체의 의사로 볼 수 있는 것이다. 다시 말해 GGE 보고서는 규범의 기초가 되는 '적절성의 논리logic of appropriateness'를 구성하는 요소로서 작용할 수 있다.

그러나 현실적으로는 **표 9-2**에서 요약하고 있는 것처럼 신흥 군사안보 규범에 있어 진영 간의 시각차가 드러나고 있음을 확인할 수 있다. 이러한 시각차 속에서도 앞서 **표 9-1**을 통해 살펴본 것처럼 합의가 꾸준히 이루어지고 있다는

사실은, 신흥 안보영역에서의 규범을 설정하는 데 있어 어느 정도 갈등이 좁혀지고 있음을 방증할 수도 있지만, 역으로 의미 있는 규범을 형성하기에는 너무나 부족한, 말 그대로 최소한의 공통분모에 대해서만 합의가 이루어지고 있다는 근거로 해석될 수도 있다.

규범 논의의 장으로서 GGE 자체가 가진 한계 또한 무시할 수 없다. 국가들 간의 합의라는 특성상, 결코 그 자체로 기능하는 규범이 될 만큼 충분한 포괄성을 갖출 수 없는 GGE의 논의는, 경쟁구도 속에서 최소의 합의점을 도출해 낼 수는 있지만 그 이상의 규범은 산출해 내기 어렵다. 각자 국가중심적 다자주의와 정부 간 다중이해당사자주의에 입각해 지지하는 별도의 규범과 이를 위한 플랫폼을 제시하고 있는 상황에서, GGE를 통한 논의는 '동의하지 않기로 동의agreeing to disagree'하는, 즉 서로의 입장 차를 확인하고 맛보기 수준의 합의를 시도하는 데서 그치는 정도로 끝날 위험이 있다.

하지만 이러한 갈등 속에서도 GGE에서 합의가 이루어지고 있다는 사실은 새로운 규범이 탄생할 수 있는 공간적·개념적 단초를 제공하기도 한다. 즉, 비록 그 자체로는 유의미한 규범으로 작용할 수 없더라도, GGE에서의 규범 논의와 합의의 과정은 때로는 새로운 규범을 제시할 수 있는 활동의 무대가 되기도 하고, 다른 한편으로는 실무적 프레임과 법적 프레임 양쪽에 모두 호환될 수 있는 규범안의 이론적 근거를 마련해 주기도 하는 것이다. 다시 말해, GGE는 강대국 규범경쟁에서 발생하는 균열의 지점을 노출시키는 한편, 경쟁하는 두 진영 간의 공통분모가 무엇인지를 함께 드러냄으로써 두 진영 간에 존재하는 공백을 메울 수 있는 기회를 제공한다.

그리고 이 공백은 군사력과 첨단기술에 있어 강대국과 직접 경쟁할 수는 없는 행위자들에게 목소리를 낼 수 있는 공간이 될 수 있다. 물론 첨단군사기술을 놓고 벌어지는 강대국 간 경쟁의 구체적 양상, 그리고 해당 분야의 기술적 특성에 의해 일정 부분 좌우되기에 잠재적인 규범 기획자들에게 주어지는 행동의 여유에도 한계는 있지만, 분명 전통적인 안보경쟁에서는 주어지지 않는 기회가 신흥 군사안보에 있어서는 존재하는 것이다.

다음 절에서 다루는 것처럼, 전통적 세력경쟁과 신흥 군사안보에 대한 관점의 차이로 인해 한데 뭉칠 수 없는 강대국 간의 대립 속에서 둘 사이를 엮을 수 있는 규범을 형성하려 하는 움직임이 실제로 신흥 군사안보의 세 영역에서 공통적으로 나타나고 있다. GGE를 무대로, 또 GGE의 기존 논의를 기반으로 국가주권 위주의 법적 프레임과 다중이해당사자주의의 실무적 프레임 사이에서, 글로벌 거버넌스를 이룰 수 있는 균형점의 모색이 이루어지고 있는 것이다. 그리고 GGE를 통한 최소한의 합의 도출은 때로는 그 결과를 통해, 또 때로는 과정 그 자체로 그러한 시도에 힘을 북돋아주고 있다.

## 5. GGE를 넘어서: 구조적 공백의 공략을 위한 노력들

### 1) 우주군비통제: 글로벌 거버넌스를 위한 행동규범의 모색

새롭게 부상하는 군사안보의 영역 중 우주는 단연 가장 전통적인 국제정치의 논리가 강하게 작용하는 분야라고 할 수 있다. 그 특성상 참여할 수 있는 주체가 국가, 그중에서도 우주 발사체를 개발·운용할 수 있거나 그에 준하는 국력을 가진 몇몇 국가로 국한되기 때문이다.

그럼에도 불구하고 이러한 국가들 사이에서도 중간지대의 모색은 이루어지고 있다. 상대의 위협보다는 규범의 부재로 인한 위협을 더 크게 느끼는 유럽 국가들의 주도로 진행되고 있는 규범의 형성 시도가 그것이다. 미국과 중국, 러시아의 우주 경쟁에 다시 불이 붙는 동안, 유럽 국가들은 유럽연합의 공동안보방위정책에 의거하여 독자적인 우주안보역량을 갖추려 노력하고 있다. 미국의 GPS 체계와 독립적으로 운용되는 갈릴레오Galileo 위성항법시스템이나 기존에 회원국들이 개별적으로 운용하던 군사위성의 데이터를 공유하기 위한 MUSIS

프로젝트Multinational Space-Based Imaging System for Surveillance, Reconnaissance and Observation 등이 그 좋은 예이다. 하지만 유럽의 우주안보 역량은 미국과 중·러 사이 갈등 가능성에 의해 위협받고 있다. 우주공간에서의 위험, 특히 우주 군사활동의 예기치 못한 결과로 나타날 수 있는 궤도상 물체의 충돌이나 파편의 발생 등은 군사적 비중에 비해 우주자산의 보호역량이 부족한 유럽연합에게는 중대한 도전으로 다가오고 있다.

이런 상황에서 영국, 프랑스, 독일 등 유럽 국가들은 법적 구속력은 없지만 국가의 행동을 어느 정도 규제할 수 있는 일종의 연성규범soft norm으로서 '행동규범Code of conduct'에 주목한다. 이들 국가의 주도하에 유럽연합이 제시하고 있는 「우주활동에 관한 국제행동규범안Darft Interntional Code of Conduct for Outer Space Activities: ICoC」은 미국과 중국·러시아 사이의 갈등을 중재함으로써 그러한 위험을 제어하려는 목적을 띠고 있다.

특히 법적 구속력이 없지만 서명국의 명시적인 참여를 통해 자발적인 준수를 유도한다는 점에서 행동규범이라는 수단 자체가 가지는 중간적 위치를 볼 수 있다. 그 내용에 있어서도 한편으로는 국가의 자위권을 인정하고 우주의 평화적이고 지속가능한 이용에 관한 국가의 책임을 명시하는 등 국가주권을 통한 법적 접근에 가까우면서도 미국의 입장을 일부 반영하는 등, 여러모로 미국과 중국·러시아 양측의 입장을 절충하려는 시도가 나타나고 있다(정영진, 2015: 230).

미국과 중국의 위성요격시험 성공으로 우주공간의 군사화가 다시금 이슈화된 2008년 처음으로 제시된 ICoC는, 유럽 내에서도 큰 호응을 얻지 못했다. 관심의 뒤편으로 밀려났던 ICoC에 다시금 활력을 부여한 것은 다름 아닌 TCBMs GGE 합의였다(Meyer, 2016: 449). 비록 미국과 중국·러시아 간의 의견 충돌에서 자유롭지는 못했지만, TCBMs GGE는 상당히 두텁게 축적된 합의 위에서 진행되었다. 1993년 CBMs GGE 보고서를 비롯해 참고할 수 있는 기존 논의가 적지 않게 있었을 뿐 아니라, 유엔 군축회의에서의 PPWT 논의를 통해 발생한 관성이 존재했기 때문이다.[23] 앞서 제3절에서 서술한 것과 같이 미국과 중국·러시아 간 의견 대립이 나타나고 있는 PAROS GGE에서조차 이전 TCBMs GGE에서 마련된 투명성 및 신뢰구축조치에 대한 전반적인 지지와 합의는 지속적으로 확인되고 있다(UNODA, 2019: 2~3).

이러한 의견의 충돌 속에서 드러나는 GGE 논의의 연속성은 분명 주목할 만하다. 미국이 PPWT에 대한 대안으로 2013년 TCBMs GGE의 논의를 인용하고 있는 점, 러시아 역시 TCBMs의 유용성과 가치에 주목하고 있다는 점(유준구, 2016: 9) 등은, 1993년 제시된 CBMs와 그 연속선상에 있는 TCBMs가 가진 설득력을 잘 보여준다. 특히 1967년 우주조약 이후 계속 이어지던 우주의 군사적 이용에 대한 의견차가 TCBMs GGE에서 합의를 통해 좁혀졌다는 사실은 그만큼 TCBMs GGE의 논의가 그 자체로 새로운 규범이 되지는 못하더라도 그런 규범이 만들어질 수 있는 이론적·인지적 기초를 마련했음을 방증한다. 일례로 미국은 군축회의에서 PPWT에 반대하는 근거로 TCBM의 본질에 부합하지 않음을 내세우고 있으며, 반면 러시아는 2016년 유엔 군축회의에 제출한 보고서(A/CN.10/2018/WG.2/CRP.2)에서 자국이 주도하는 "선제적 무기 배치 금지"가 TCBMs의 목적에 가장 잘 부합함을 주장하고 있다.

유럽연합이 다시금 ICoC를 내세울 수 있었던 배경에도 이처럼 규범으로서 TCBMs가 가진 가치에 대해 미·중·러 간 합의가 이루어진 사실이 있었다(정영진, 2014: 224). 자체적인 권력만으로는 미국 대 중·러의 대립으로 발생하는 규범의 공백을 메울 수 없는 유럽연합에게 TCBMs 합의는 양측 모두를 만족시킬 수 있는 독자적 시도의 기반이 되고 있는 것이다.

23 실제로 TCBMs GGE의 설립을 결의한 2010년의 유엔 결의 65/68호의 결의문(UN GA, 2011)은 이러한 배경을 명시하고 있다.

### 2) 사이버안보: 기성 질서에 대한 보완의 시도

사이버공간은 다른 영역들보다도 현실 공간과 밀접한 관계를 맺고 있다. 이에 따라 참여할 수 있는 잠재적 행위자도, 이루어질 수 있는 협력의 방식도 수없이 많이 존재할 수 있다. 그 결과 사이버영역에서는 강대국 위주의 규범 형성이 놓치는 규범의 틈새를 공략하는 실무적 움직임과, 다양한 비국가행위자들이 뭉쳐 독자적인 규범을 형성하려는 움직임 등이 나타나고 있다.

크게는 유럽연합 국가들과 서방 진영에 속하는 중견국들, 작게는 서방 진영 소속의 기업과 기타 비정부단체까지 포함하는 이들 집단은, 한편으로는 미국이 주도하는 '자유롭고 개방된' 사이버공간 규범안에 찬동하면서도 보다 적극적으로 규범을 제시하고 이를 통해 규범의 부재 그 자체로부터 발생하는 불확실성과 위험을 통제하려 하고 있다. 사이버범죄라는 구체적인 이슈를 해결하기 위한 규범인 「부다페스트 사이버범죄협약Budapest Convention on Cybercrime」이나, 기존 「탈린 매뉴얼Talinn Manual」이 국가 대 국가 사이의 전면적인 사이버전만을 다루기 때문에 보다 일상적인 평시 사이버작전의 교전규칙을 제시하지 못하는 점을 극복하기 위한 「탈린 매뉴얼 2.0」이 그런 시도의 예이다. 또한 최근의 예로는 2018년 66개국과 347개 기업의 서명하에 발표된 「파리 콜Paris Call for Trust and Security in Cyberspace」이 있다. 「파리 콜」은 3차·4차 GGE의 결론을 원용해 국제인도주의법을 포함한 기성 국제법의 사이버공간에 대한 적용을 '재확인reaffirm'하면서, 유엔이 사이버공간의 거버넌스에 있어 핵심 기구가 되어야 함을 역설하고 있다(France Diplomatie, 2019).

GGE에서의 규범 논의는 이처럼 미국 주도의 사이버질서에 일면 협력하면서도 필요에 따라 대안적 규범을 제시하고 역으로 미국을 끌어들이려 하는 글로벌 거버넌스의 움직임에 활동 무대를 제공하는 한편, 그런 규범이 제안되고 전파될 수 있는 무대로 작용하기도 한다.

비록 2017년 5차 GGE의 합의 실패로 일각에서 "사이버 규범의 종말"이라는 비관적 전망까지 제기되기는 했지만(Grigsby, 2017), 겉으로 보기에 극복이 어려울 정도로 벌어져 있는 미국과 중·러 양국의 입장이 3차 GGE 당시와 같이 다시 합의에 이르지 못하리라는 보장은 없다. 설령 사이버안보 GGE가 이대로 좌초된다 하더라도 이미 정초된 사이버안보의 규범은 유지될 것이며, 이를 이용해 다른 국가들을 끌어들여 새로운 규범의 틀을 짜려는 유인도 항상 존재할 것이기 때문이다. 이전에는 러시아가 주도하는 사이버안보 GGE 논의에 회의적이던 미국이, 2018년 5차 GGE가 파행을 겪은 뒤 주도적으로 6차 GGE의 진행을 발의한 사실은 그런 면에서 의미심장하다(UN GA, 2019a). 마찬가지로 러시아 역시 5차 GGE의 실패 이후에도 미국이 선점한 GGE 대신 GGE와 동일하게 유엔의 플랫폼을 통해 구성되는 OEWGOpen-Ended Working Group on Developments in the Field of ICTs in the Context of International Security를 통한 규범 형성 시도를 지속하고 있다(UN GA, 2018b).

국제기구의 틀을 통해 지지자를 모으고자 하는 강대국들의 시도는 다른 국가들도 이에 동참하여 규범 형성에 기여하거나 제안된 규범을 보완하는 계기로 작용하고 있다. 3·4차 GGE의 합의는, 자발적 합의를 통해 사이버안보 분야에서 보다 세부적인 규범이 형성될 수 있는 가능성을 제시했고, 5차 GGE에서 ─ 비록 합의의 불발로 큰 반향을 일으키지는 못했지만 ─ 한국, 네덜란드를 비롯한 여러 참여국들이 독자적인 규범을 제시하거나 기존 규범에 대한 보완책을 제시하는 등 활발하게 의견을 개진했던 것은 그런 합의가 남긴 영향을 보여준다(박노형·정명현, 2018: 55~58). 또한 6차 GGE와 러시아 주도의 OEWG에서도 GGE 참여국이 아닌 한국이 비공식 모임을 통해 디지털 사법 분야의 역량강화 국제협력을 제안하거나 호주가 GGE와 OEWG 사이에서의 중재자적 역할을 자임하는 등 규범의 공백을 메우고자 하는 노력이 나타나고 있다(Australian Mission to the UN, 2019; Kang, 2019).

### 3) 자율무기체계: 예방적 안보의 거버넌스

앞서 다룬 두 영역이 이미 안보의 현실에 깊게 관여하고 있는 것과는 달리, 자율무기체계는 아직 완전히 실현되지 않은, 그리고 어쩌면 가까운 시일 내 실현이 어려울 수도 있는 불확실한 영역에 속한다. 이러한 배경 가운데 자율무기체계 분야에서는 선제적으로 문제를 규정하고 이에 맞는 해법을 제시함으로써 국가들의 공감을 얻으려는 움직임이 눈에 띄고 있다.

LAWS가 국제정치의 화두로 등장하기 이전부터 인공지능 전문가집단 내에서는 ICRACInternational Committee for Robot Arms Control을 비롯해 인공지능과 무기체계를 결합하려는 시도를 국제법을 통해 금지해야 한다는 주장이 꾸준히 제기되어 왔다. 즉, 국제인도주의법의 적용을 통해 LAWS의 개발과 운용을 금지하고, 기존의 자동화된 무기체계가 자율무기체계로 전용轉用되지 않도록 국가의 책임을 명시해야 한다는 것이다. 다시 말해, 무기체계에 대한 기술의 적용에 있어서 유의미한 인간 통제가 이루어져야 하며, 국가는 무기의 개발과 운용에 있어 인간 통제를 유지할 책무가 있다는 주장이다. 이와 같은 전문가집단의 주장은 국제인도주의법의 관철을 통해 영향력과 정당성을 확보할 수 있는 적십자사나 국제인권감시기구Human Rights Watch 등 다른 비정부단체의 공감을 이끌어 냈으며, 이들은 다시 GGE를 비롯한 다양한 틀을 통해 사전에 안보이슈의 출현 자체를 차단하기 위한 '예방적 안보' 거버넌스의 논의를 전개하고 있다(Garcia, 2016: 95).

LAWS 규범 논의에서 전문가집단이 문제를 제기하고 기본적인 원칙을 제안하는 동안, 국가들은 이 원칙을 구체적인 규범으로 형성하기 위한 노력을 기울이고 있다. 특히 두드러지는 것은 실제로 무인무기체계를 대규모로 개발하거나 운용하는 강대국보다 그렇지 않은 국가들이 활발히 참여하고 있으며 LAWS의 정의와 '유의미한 인간 통제'의 구체적 적용방식 등 규범 전 영역에 걸쳐 자기 나름의 관념을 반영시키기 위해 다양한 의견을 제시하고 있다는 점이다. LAWS

의 구체적 정의와 분류법 도입을 제안하는 에스토니아와 핀란드의 공동 의견서나, 자국의 무인무기체계 통제 체제를 국제인도주의와 인간통제 원칙에 입각한 국제규범으로 제안하고 있는 호주의 의견서 등이 대표적인 사례이다(CCW GGE, 2018c, 2019b).

이처럼 적극적인 비강대국 정부의 참여를 바탕으로 LAWS GGE는 점차 전문가집단의 광범위한 원칙에서 구체적인 규범으로 합의를 발전시켜 나가고 있다. 2017년의 1차 GGE 보고서는 이전 전문가회의의 논의의 연속선상에서 국제인도주의법을 LAWS 규범의 잠재적 원칙으로 제시하는 한편, 무력사용의 결정권이 인간의 책임하에 남아 있어야 함을 강조하고 있다(CCW GGE, 2017). 또한 이 두 가지를 준수할 책임이 국가에 있음을 환기시키고 있으며, 이러한 문제의식은 2018년의 2차 보고서와 2019년의 3차 보고서를 거치며 행동규범안 및 행동원칙으로 구체화되고 있다.

이처럼 소수의 전문가 집단과 중견국들이 규범의 대강을 제시하고 나아가 구체적인 행동방안을 마련할 수 있었던 것은, 이미 LAWS를 비롯한 무인무기체계를 전장에 배치하고 있거나 충분히 단기간 내에 전력화할 수 있는 강대국들이 보편적 규범의 형성보다는 기술의 개발과 군사력 강화에 주력하는 동안 발생한 공백을 선제적으로 공략한 결과로 해석할 수 있다. 물론 아직까지 정확한 대립의 구도가 나타나고 있지 않은 자율무기체계의 영역에서 GGE의 안보규범 논의가 어떤 결실을 맺을지 언급하는 것은 시기상조의 느낌이 없지 않지만, 이와 같은 글로벌 거버넌스의 노력이 미국과 중국·러시아의 대립되는 관점 사이에서 합의점을 형성할 수 있을 가능성은 결코 적지 않다.

대표적으로 전문가집단과 시민단체들이 처음으로 의제화한 자율무기체계 영역에서의 국제인도주의법 적용과 인간 통제의 확립이라는 두 원칙을 예로 들 수 있다. 미국과 중국·러시아가 각각 이에 대해 최대한 자신에게 유리한 방향으로 원칙의 해석을 이끌어내려 노력하면서도 처음 제시된 원칙 그 자체의 필요성과 적절성에 대해서는 이견을 보이지 않고 있는 것은 주목할 필요가 있

**표 9-3** GGE를 통해 도출된 주요 합의점

| 우주군비통제 | 사이버안보 | 자율무기체계 |
| --- | --- | --- |
| · 군비통제 및 긴장 완화의 수단으로서의 TCBMs<br>· TCBMs를 바탕으로 하는 행동 규범안 제시(EU ICoC) | · 무력사용과 인도주의에 관한 국제법 적용<br>· 위 원칙에 입각한 대안적·보완적 규범 제시 | · 국제인도주의법의 적용, 인간 통제 확립 등 핵심 원칙 합의<br>· 원칙의 구체화를 통한 실질적 규범으로의 확장 |

는 사실이다(CCW GGE, 2018a, 2018b, 2019a). 예컨대 2019년 GGE에 러시아와 미국이 각각 제출한 의견서는, 제네바 협약과 같은 구속력 있는 규범의 수립이나 자발적 법적검토 등 자국의 선호하는 거버넌스 모델에 따른 자율무기체계의 규제를 제안하면서, 국제인도주의법 적용과 인간 통제의 확립이라는 목표에 가장 부합하는 현실적 조치가 자국의 제안임을 주장하고 있다(GGW GGE, 2019b, 2019c).

**표 9-3**에 정리되어 있는 것처럼, GGE에서 합의된 원칙들은 미국과 중·러의 상이한 접근법으로 인한 갈등 가운데서 구체적인 거버넌스 방식을 마련하기 위한 발판으로 작용하고 있다. 물론 이런 시도가 항상 성공적인 것은 아니며, 대립하는 강대국 사이의 입장 차를 좁히는 데 실패하는 경우도 많은 것이 사실이지만, 그럼에도 불구하고 GGE 없이 독자적인 규범외교를 추진하는 것에 비하면 훨씬 유의미한 결과를 낳고 있다.

## 6. 결론: 중견국 규범외교의 가능성

지금까지의 논의는 신흥 군사영역에서 치열한 안보경쟁이 벌어지는 상황에서도 안보규범의 형성을 위한 노력이 지속될 수 있으며 그 역도 성립함을 시사한다. 안보규범의 맏이 격인 전쟁법부터가 끊임없는 전쟁을 통해 국제규범으로 자리를 잡았음을 감안한다면, 언뜻 통념과는 상반되어 보이는 이런 주장이 오히려 현실적으로 타당한 면이 있음을 알 수 있다.

특히 우주군비통제, 사이버안보, 그리고 자율살상무기체계라는 신흥 군사안보의 무대에서 GGE는 첨예한 대립과 함께 서로의 필요에 따른 합의가 일어나는 '이중 게임'의 무대가 되고 있다. 전략적 이익관계에 따라 상이한 규범에 대한 접근은 갈등 유발의 원인이 되지만, 그만큼 규범의 기획자들, 특히 전통적인 세력경쟁에서는 발언권을 가지기 어려운 중견국들에게 많은 기회를 제공한다.

이 세 가지 영역에서는 공통적으로 주도권을 선점하고 있는 미국에 맞서 국가주권의 논리를 내세우고 있는 중국과 러시아, 그리고 그런 국가주권의 논리에 맞서 지지자를 결집해 자신이 세운 규칙을 지켜내려는 미국의 갈등이 벌어지고 있다. 유엔 GGE에서의 논의 역시 예외는 아니다. 하지만 GGE는 그렇게 갈등하는 두 진영이 한데 모여서 관점을 공유한다는 그 특성으로 인해 양쪽 모두에게 수용될 수 있는 규범이 만들어질 수 있는 가능성을 열어주고 있다.

PPWT 등 구속력을 가진 국제조약으로 우주의 군사화를 규제하려는 중국·러시아와 이에 대항해 우주 관련 정부기관 간의 초국적·자발적 협력을 주장하는 미국의 갈등은 군축이사회 같은 전통적인 규범 논의의 장에서 실질적인 진전이 이루어지는 것을 막고 있다. 이러한 상황에서 두 진영이 합의한 TCBMs는 유럽연합의 ICoC를 비롯한 독자적 규범 논의에 힘을 실어주고 있다.

사이버안보의 경우에도 마찬가지로, 중국·러시아 주도의 국가주권 중심 규범과 미국 주도의 다중이해당사자주의 규범의 대립이 일어나고 있다. 서로 평행선을 그릴 것 같은 두 노선은 그럼에도 불구하고 3차·4차 GGE의 사례에서 볼 수 있듯이 일정 부분 합의를 도출하는 데 성공하고 있다. 그리고 이는 이후 5차 GGE가 겪은 파행, GGE와 OEWG의 분열 속에서도 여러 중견국들이 나름대로의 규범안을 제시하거나 강대국 규범이 다루지 않는 부분을 다루는 보완적 규범을 제안할 수 있는 근거로 작용하고 있다.

신흥 군사안보규범 논의의 최전선에 있다고 할 수 있는 자율무기체계에 있어서도 이러한 구도가 점차 드러나고 있다. 실제로 자율무기체계를 개발하고 전력화함으로써 군사력을 제고하는 강대국에 비해 상대적으로 중견국과 비정부기구들이 목소리를 높이고 있으며, 이들의 논의가 오히려 강대국들을 이끄는 듯한 모습이 부분적으로나마 나타나고 있는 것이다. 전문가집단과 시민단체가 내세운 원칙이 현실에 적용 가능한 규범안과 행동수칙으로 발전하는 데는 중견국들의 참여가 주요한 요인으로 작용하고 있다.

이처럼 신흥 군사안보 규범경쟁에서 유엔 GGE에서의 논의는 경쟁과 협력이 동시에 일어나는 국제규범 논의의 복잡성을 단적으로 보여주는 한편, 전통안보의 논리하에서는 불리한 입장에 처할 수밖에 없는 중견국들에게는 활동의 무대인 동시에 도약을 위한 발판이 될 수 있다. 한편으로는 GGE에서 이루어지는 강대국 간의 합의 과정에서 중재자의 역할을 함으로써 이후의 규범 논의에 영향력을 행사할 수도 있으며, 다른 한편으로는 합의된 내용을 바탕으로 보다 매력 있는 새로운 규범을 제시할 수도 있는 것이다.

물론 GGE에서의 규범 논의를 원용한 중견국 규범외교는 명확한 한계 역시 가지고 있다. GGE에서 합의된 관념은 어디까지나 최소한의 공통분모에 불과하며, 그 자체로 어떠한 구속력도 지니지 않기 때문이다. 하지만 이런 '체험판 규범'이 나날이 대두되는 신흥 군사안보의 도전 속에서 등장하는 불확실한 위협들, 즉 새로운 군사기술의 무분별한 확산이나 비국가행위자로부터 발생하는 비대칭적 안보위협 등에 대해 규칙이 마련되는 단초가 될 수 있다는 점에서 GGE의 의의를 과소평가할 수는 없을 것이다. GGE는 그 자체적으로 새로운 규범을 낳지는 못하더라도, 최소한 앞으로의 규범경쟁에서 모든 진영이 근거로 인용하는 기초적 합의로 작용할 수 있으며, 이를 통해 중견국은 신흥 군사안보 규범경쟁의 지형을 변화시키는 데 일말의 영향력을 행사할 수 있는 것이다.

신흥 군사안보의 규범은 국가들 간의 군사행동을 제약하는 일반적인 규범으로서의 특성과 동시에 새롭게 나타나는 신흥 이슈의 성격 자체를 변화시킬 수 있는 구성적 요소로서의 특징을 함께 지닌다. 물질적 권력만으로는 신흥 군사안보의 도전에 쉽게 대응할 수 없는 중견국에게 신흥 군사안보규범에서 벌어지고 있는 갈등과 협력의 경쟁구도는 자신의 체급 이상의 영향력을 발휘할 수 있는 계기가 될 수 있다.

이런 신흥 군사안보가 언제든 실질적인 안보위협으로 돌아올 수 있는 한반도와 동아시아의 현실을 고려한다면, 안보규범의 형성 과정에 영향력을 발휘하는 것은 장차 안보환경에 미칠 파급효과를 감안했을 때 필수적이라고 할 수 있다. 어떤 환경이 조성되었을 때 한국의 국방전략은 최대의 전투력을 창출할 수 있으며, 반대로 한국에 미치는 위협을 어떤 규범으로 제약함으로써 최대의 안전을 보장할 수 있는지, 그리고 궁극적으로는 규범 논의의 장에서 발언권을 확대함으로써 어떻게 국익을 추구할 수 있는지 고민할 필요가 있다. 자체적으로 보유한 물질적 권력만으로는 나날이 새로운 국면으로 요동치며 발전하는 신흥안보의 도전에 대응할 수 없는 중견국에게 규범경쟁의 전략은 사치품이 아닌 생필품인 셈이다.

또한 북한이라는, 신흥 군사안보영역에서의 변수를 항시 염두에 두어야 하는 입장에서 안보규범경쟁에서의 중견국 외교는 더욱 중요성을 띤다고 할 수 있다. 북한의 대륙간탄도미사일 개발, 사이버 공격전력 육성, 무인기 전력 강화 등은 모두 지금까지 다룬 신흥 군사안보영역에서 실제로 추진되고 있는 정책이다. 이에 대응한 규범적 대응의 논의는 국방 현장에서의 물질적 대응방안의 모색만큼이나 중요하다고 할 수 있다. 이 글이 엿보고 있는 가능성을 현실로 옮기기 위한 성찰과 고민이 요구된다고 할 수 있겠다.

김상배. 2016. “신흥안보와 미래전략: 개념적·이론적 이해.” 김상배 편. 『신흥안보의 미래전략: 비전통 안보론을 넘어서』. 서울: 사회평론.

_____. 2018.『버추얼 창과 그물망 방패: 사이버 안보의 세계정치와 한국』. 파주: 한울.
김소정·김규동. 2017.「UN 사이버안보 정부전문가그룹 논의의 국가안보 정책상 함의」. ≪정치정보연구≫, 20(2), 87~122쪽.
김한택. 2015.「우주의 평화적 이용에 관한 국제법 연구」. ≪항공우주정책·법학회지≫, 30(1), 273~302쪽.
김형국. 2010.「우주경쟁: 제도화와 과제」. ≪한국동북아논총≫, 55, 295~328쪽.
나영주. 2007.「미국과 중국의 군사우주 전략과 우주 공간의 군비경쟁 방지(PAROS)」. ≪국제정치논총≫, 47(3), 143~164쪽.
박노형·정명현. 2018.「국제사이버법의 발전: 제5차 UNGGE 활동을 중심으로」. ≪국제법학회논총≫, 63(1), 43~68쪽.
배영자. 2017.「사이버안보 국제규범에 관한 연구」. ≪21세기정치학회보≫, 27(1), 105~128쪽.
유준구. 2016.「최근 우주안보 국제규범 형성 논의의 현안과 시사점」. ≪주요국제문제분석≫(2016. 1. 20).
임채홍. 2011.「'우주안보'의 국제조약에 대한 역사적 고찰」. ≪군사≫, 80, 259~294쪽.
장노순. 2016.「사이버안보와 국제규범의 발전: 정부전문가그룹(GGE)의 활동을 중심으로」≪정치정보연구≫, 19(1), 1~28쪽.
정영진. 2015.「우주의 군사적 이용에 관한 국제법적 검토: 우주법의 점진적인 발전을 중심으로」. ≪항공우주정책·법학회지≫, 30(1), 303~325쪽.
조윤영·정종필. 2016.「사이버안보(cybersecurity)를 위한 중국의 전략: 국내 정책 변화와 국제사회에서의 경쟁과 협력을 중심으로」. ≪21세기 정치학회보≫, 26(4), 151~178쪽.
천현득. 2019.「'킬러 로봇'을 넘어: 자율적 군사로봇의 윤리적 문제들」. ≪Trans-Humanities≫, 제12(1), 5~31쪽.
한희원. 2018.「인공지능(AI) 치명적자율무기(LAWs)의 법적·윤리적 쟁점에 대한 기초 연구」. ≪중앙법학≫, 20(1), 325~365쪽.

Altmann, Jürgen and Frank Sauer. 2017. "Autonomous Weapon Systems and Strategic Stability." *Survival*, 59(5), pp.117~142.
Australian Mission to the United Nations. 2019. "Australitan Paper: Open-Ended Working Group on Developments in the Field of Information and Telecommunications in the Context of International Security, September 2019." www.un.org/disarmament/wp-content/uploads/2019/09/fin-australian-oewg-national-paper-Sept-2019.pdf(검색일: 2019. 12. 29).
Bode, Ingvild and Hendrik Huelss. 2018. "Autonomous Weapons Systems and Changing Norms in International Relations." *Review of International Studies*, 44(3), pp.393~413.
Bravaco, John A. 2018. "Remarks at the Opening of the 2018 Session of the United Nations Disarmament Commission." United States Mission to the United Nations(2018. 4. 2). https://usun.usmission.gov/remarks-at-the-opening-of-the-2018-session-of-the-united-nations-disarmament-commission/(검색일: 2019. 12. 27).

Campaign to Stop Killer Robots. 2018. "Convergence on Retaining Human Control of Weapons Systems." www.stopkillerrobots.org/2018/04/convergence(2018. 4. 13)(검색일: 2019. 5. 19).
Finnemore, Martha and Kathryn Sikkink. 1998. "International Norm Dynamics and Political Change." *International Organization*, 52(4), pp.887~917.
France Diplomatie. 2018. "Paris Call for Trust and Security in Cyberspace." www.diplomatie.gouv.fr/en/french-foreign-policy/digital-diplomacy/france-and-cyber-security/article/cybersecurity-paris-call-of-12-november-2018-for-trust-and-security-in(검색일: 2019. 5. 4).
Garcia, Denise. 2016. "Future Arms, Technologies, and International Law: Preventive Security Governance." *European Journal of International Security*, 1(1), pp.94~111.
Grigsby, Alex. 2017. "The End of Cyber Norms." *Survival*, 59(6), pp.109~122.
Group of Governmental Experts of the High Contracting Parties to the Convention on Prohibitions or Restrictions on the Use of Certain Conventional Weapons Which May Be Deemed to Be Excessively Injurious or to Have Indiscriminate Effects. 2017. "Report of the 2017 Group of Governmental Experts on Lethal Autonomous Weapons Systems(LAWS)." CCW/GGE.1/2017/3(2017. 12. 22).
______. 2018a. "Humanitarian Benefits of Emerging Techonologies in the Area of Lethal Autonomous Weapons Systems, Submitted by the United States of America." CCW/GGE.1/2018/WP.4(2018. 3. 28).
______. 2018b. "Position Paper, Submitted by China." CCW/GGE.1/2018/WP.7(2018. 4. 11).
______. 2018c. "Categorizing Lethal Autonomous Weapons Systems: A Technical and Legal Perspective to Understanding LAWS." CCW/GGE.2/2018/WP.2(2018. 8. 24).
______. 2018d. "Human-Machine Interaction in the Development, Deployment and Use of Emerging Technologies in the Area of Lethal Autonomous Weapons Systems." CCW/GGE.2/2018/WP.4(2018. 8. 28).
______. 2018e. "Report of the 2018 Session of the Group of Governmental Experts on Emerging Technologies in the Area of Lethal Autonomous Weapons Systems." CCW/GGE.1/2018/3(2018. 10. 23).
______. 2019a. "Potential Opportunities and Limitations of Military Uses of Lethal Autonomous Weapons Systems, Submitted by the Russian Federation." CCW/GGE.1/2019/WP.1(2019. 3. 15).
______. 2019b. "Australia's System of Control and Applications for Autonomous Weapon Systems." CCW/GGE.1/2019/WP.2 /Rev.1(2019. 3. 26).
Henriksen, Anders. 2019. "The End of the Road for the UN GGE Process: The Future Regulation of Cyberspace." *Journal of Cybersecurity*, 5(1), pp.1~9.
International Committee of the Red Cross. 2018. "Statement of the International Committee of the Red Cross(ICRC) under Agenda Item 6(d)." Statements from the Second Meeting of the GGE on LAWS(2018. 8. 27~31). www.unog.ch/80256EDD006B8954/(httpAssets)/8DE22A7B38754BDBC12582FD0036B85A/$file/2018_GGE+LAWS+2_=policyoptions=_ICRC.pdf(검색일: 2019.

5. 9).

Kang, Yoosik. 2019. "Intervention by Mr. Kang Yoosik, Director of Int'l Security Division, Ministry of Foreign Affairs of the Republic of Korea on 6 December 2019." https://www.un.org/disarmament/wp-content/uploads/2019/12/gge-intervention-on-capacity-building-rok-201912061.pdf(검색일: 2019. 12. 30).

Keohane, Robert O. 2002. *Power and Governance in a Partially Globalized World*. New York: Routledge.

Lantis, Jeffrey S. and Daniel J. Bloomberg. 2018. "Changing the Code? Norm Contestation and US Antipreneurism in Cyberspace." *International Relations*, 32(2), pp.149~172.

Meeting of the High Contracting Parties to the Convention on Prohibitions or Restrictions on the Use of Certain Conventional Weapons Which May Be Deemed to Be Excessively Injurious or to Have Indiscriminate Effects. "Final Report." CCW/MSP/2013/10(2013. 4. 16).

_____. 2014. "Report of the 2014 informal Meeting of Experts on Lethal Autonomous Weapons Systems(LAWS)." CCW/MSP/2014/3(2014. 6. 11).

Meyer, Paul. 2016. "Dark Forces Awaken: the Prospects for Cooperative Space Security." *Non-Proliferation Review*, 23(3-4), pp.495~503.

Müller, Harald and Carmen Wunderlich. 2018. "Not Lost in Contestation: How Norm Entrepreneurs Frame Norm Development in the Nuclear Nonproliferation Regime." *Contemporary Security Policy*, 39(3), pp.341~366.

Nye, Joseph. 2018. "Normative Restraints of Cyber Conflict." *Cyber Security Project Paper*(August 2018).

Peoples, Columba. 2011. "The Securitization of Outer Space: Challenges for Arms Control." *Contemporary Security Policy*, 32(1), pp.76~98.

Robinson, Jana. 2011. "Transparency and Confidence-building Measures for Space Security." *Space Policy*, 27(1), pp.27~37.

Tikk, Enenken and Mika Kerttunen. 2017. *The Alleged Demise of the UN GGE: An Autopsy and Eulogy*. Talinn: Cyber Policy Institute.

UN Conference on Disarmament. 2008a. "Letter Dated 12 February 2008 from the Permanent Representative of the Russian Federation and the Permanent Representative of China to the Conference on Disarmament Addressed to the Secretary-General of the Conference Transmitting the Russian and Chinese Texts of the Draft 'Treaty on Prevention of the Placement of Weapons in Outer Space and of the threat or Use of Force against Outer Space Objects(PPWT)' Introduced by The Russian Federation and China." CD/1839(2008. 2. 29).

_____. 2008b. "Letter Dated 19 August 2008 from the Permanent Representative of the United States of America Addressed to the Secretary-General of the Conference Transmitting Comments on the Draft Treaty on Prevention of the Placement of Weapons in Outer Space and of the Threat or Use of Force against Outer Space Objects(PPWT) As Contained in Document CD/1839 of 29

February 2008." CD/1847(2008. 8. 26).
UN General Assembly. 1990. "Resolutions Adopted on the Reports of the First Committee." A/RES/45/55(1990. 12. 4).
_____. 1993. "Prevention of an Arms Race in Outer Space: Study on the Application of Confidence-building Measures in Outer Space, Report by the Secretary-General." A/48/305(1993. 10. 15).
_____. 1999. "Developments in the Field of Information and Telecommunications in the Context of International Security." A/RES/53/70(1999. 1. 4).
_____. 2003. "Developments in the Field of Information and Telecommunications in the Context of International Security." A/RES/58/32(2003. 12. 18).
_____. 2011. "Resolution Adopted by the General Assembly on 8 December 2010." A/RES/65/68(2011. 1. 13).
_____. 2013. "Report of the Group of Governmental Experts on Transparency and Confidence-Building Measures in Outer Space Activities." A/68/189(2013. 7. 29).
_____. 2015. "Developments in the Field of Information and Telecommunications in the Context of International Security." A/RES/70/237(2015. 12. 30).
_____. 2016. "Prevention of an Arms Race in Outer Space: Report of the First Committee." A/71/448(2016. 11. 8).
_____. 2018a. "Resolution Adopted by the General Assembly on 24 December 2017." A/RES/72/250(2018. 1. 12).
_____. 2018b. "Resolution Adopted by the General Assembly on 5 December 2018." A/RES/73/27(2018. 12. 11).
_____. 2019. "Resolution Adopted by the General Assembly on 22 December 2018." A/RES/73/266(2019. 1. 2).
UN Office for Disarmament Affairs. 2019. "Open-Ended Intersessional Informal Consultative Meeting on the Work of the Group of Governmental Experts on Further Practical Measures for the Prevention of an Arms Race in Outer Space: Chair's Summary." s3.amazonaws.com/unoda-web/wp-content/uploads/2019/03/paros-gge-open-ended-informal-consultative-meeting-chair-summary-final.pdf(검색일: 2019. 5. 9).
Wunderlich, Carmen. 2013. "Theoretical Approaches in Norm Dynamics." in Harald Müller and Carmen Wunderlich(eds.). *Norm Dynamics in Multilateral Arms Control: Interests, Conflicts, and Justice*. London: The University of Georgia Press.

# 10 '킬러로봇' 규범을 둘러싼 국제적 갈등*

## 국제규범 창설자 vs. 국제규범 반대자

장기영 | 경기대학교

## 1. 서론

2018년 4월 해외의 저명한 로봇학자 50여 명은 한국 카이스트KAIST가 민간 군수업체인 한화시스템과 협력하여 국방인공지능 융합연구센터를 만들어 인공지능 무기연구를 하고 있다는 사실을 문제 삼아 카이스트와의 연구협력을 전면적으로 거부했다. 이에 대해 카이스트 측은 "'(인간의) 통제력이 결여된 자율무기 등 인간 존엄성에 어긋나는 연구'는 하지 않을 것"이라고 진화에 나섰으며, 한화시스템 역시 카이스트와의 공동연구는 살상로봇을 개발하려는 것이 아니라고 해명한 바 있다. 적게는 수년, 많게는 20~30년 이내에 완전자율무기가 등장할 것으로 예측되는 현 상황에서 국제사회 일각에서는 완전자율무기Fully Autonomous Weapon의 윤리 또는 법적 문제를 제기하면서 이를 규제하는 움

* 이 글은 ≪국제지역연구≫, 제29권 제1호(2020)에 게재된 논문을 수정·보완한 것이다.

직임을 보이고 있다.[1] 특히 UN에서는 킬러로봇 방지대책위원회가 매년 열리고 있으며, EU에서는 로봇법 프로젝트가 운영되면서 로봇에 관한 법이나 규범을 창출하려는 시도들이 계속 이루어지고 있다.

흔히 킬러로봇Killer Robot이라고 불리는 완전자율무기는 인공지능을 살상용 무기에 적용한다는 특징을 갖고 있다. 아직 자율무기를 금지하는 명확한 국제규범이 존재하지 않은 현 상황에서 규제를 찬성하는 사람들은 자율무기가 지휘관의 가치판단을 대체하는 것은 거의 불가능하기 때문에 적극적으로 규제되어야 한다고 주장한다. 그렇다면 킬러로봇에 대한 규범을 적극적으로 생산하려는 규범의 창설자는 누구이며, 이들은 왜 킬러로봇을 규제하려고 하는가? 반대로 UN과 EU와 같이 힘이 있는 국제기구에서 킬러로봇을 규제하는 방안을 모색하고 있고, 세계 각국의 많은 시민들 역시 킬러로봇을 반대하는 상황에서 킬러로봇에 대한 규범은 왜 아직 확립되지 못하고 있는가?

이 장은 킬러로봇과 같은 완전자율무기의 금지를 촉구하는 국가들과 킬러로봇 규제에 명시적 동의 의사를 밝히지 않고 있는 국가들 사이의 상충되는 이해관계를 조명하면서 향후 킬러로봇 국제규범의 전개 방향에 대해 알아본다. 이를 위하여 완전자율무기를 규제하는 규범을 정착시키려는 킬러로봇 '규범창설자norm entrepreneurs'와 반대로 로봇기술의 발전을 도모하고자 하는 '규범반대자norm antipreneurs' 사이의 상충되는 담론 및 이익에 대해 분석한다. 이 장은 핀네모어Martha Finnemore와 시킹크Kathryn Sikkink의 '국제규범 생애주기Norm Life Cycle 이론'에 근거하여 킬러로봇에 관한 국제규범의 발전을 '규범출현-규범폭포-규범내재화'의 세 단계로 구분하고 킬러로봇 규제에 관한 현 상황은 규범창출자들이

1 로봇무기는 흔히 3단계로 구분된다. 첫째, '인 더 루프(In-the-Roof)'는 인간이 원격조종하는 무인탱크나 함정 등을 말하며, 둘째, '온 더 루프(On-the-Roof)'는 미사일 방어망과 같이 자동화 시스템을 갖추었지만 최종적으로 인간의 관리 및 감독 하에 있는 단계이며, 마지막으로 '아웃 오프 더 루프(Out-of-the-Roof)'는 프로그래밍되면 인간의 개입이 전혀 없는 상태에서 자동으로 임무를 수행하는 것으로 완전자율무기가 여기에 해당된다.

일정 수의 국가들을 설득하여 규범지도국이 되며 새로운 규범을 채택하도록 만들려고 하는 규범생애주기의 첫 번째 단계로 가정한다(Finnemore and Sikkink, 1998). 이 글은 지능정보사회 도래에 따라 국제정치 및 사회문화 영역에서 완전자율무기의 파급효과에 대비한 규범체계 정립 요구가 증대되는 '규범출현' 단계에서 완전자율무기를 둘러싼 규범창설자들과 규범반대자들 사이의 갈등 및 대립을 통해 킬러로봇 국제규범이 왜 여전히 확립되지 않고 있는지 알아보고, 향후 킬러로봇 규범의 전개방향에 대해 전망한다.

이 장은 다음과 같은 구성으로 이루어졌다. 먼저 제2절에서는 킬러로봇을 둘러싼 정치적 및 법적 쟁점들과 현재 킬러로봇의 발전 현황에 대해 알아본다. 다음 제3절에서는 킬러로봇을 규제하려는 국제규범의 현 단계를 조명해 보고, 킬러로봇 국제규범이 현재까지 규범화를 위한 임계점tipping point에 도달하지 못하는 이유를 규범창설자와 규범반대자 사이의 정치적 대립을 통해 알아본다. 제4절에서는 킬러로봇과 관련한 국제규범이 향후 전 지구적 규범으로 발전될 수 있을지 아니면 더 이상 전 세계 국가지도자들의 관심을 잡지 못한 채 "잃어버린 대의lost cause"로 전락할 것인지에 대해 간략하게 전망하며, 마지막으로 결론에서는 이 글을 요약한다.

## 2. 자율무기체제의 쟁점과 발전 현황

### 1) 킬러로봇을 둘러싼 쟁점

일반적으로 공장이나 실험실 같은 제한된 환경에서 사전에 입력된 프로그램에 따라 작동되는 자동화automation와는 달리 자율화autonomy는 자율주행차량의 경우에서와 같이 개방적이고 비구조화된 실제 환경에서 인공지능 알고리즘에 의해 수준 높은 의사결정을 하는 것을 말한다. 2012년 인권에 관한 비정부 국제기구인 인권감시기구Human Rights Watch에 따르면 무기자율화는 자율화의 정도에 따라 인간의 개입이 전혀 없는 킬러로봇과는 달리 이스라엘의 아이언돔Iron Dome처럼 로봇이 표적을 선정하고 정보를 전달받은 인간이 최종적으로 결정하는 무기 체제가 있고, 한국 비무장지대에 설치된 무인경계시스템 SGR-A1처럼 인간이 로봇의 결정을 번복할 수 있는 통제권한을 갖는 경우도 있다.[2] 반면에 킬러로봇은 인간의 개입이 전무하고 로봇이 표적을 임의로 선정하고 스스로 타격하는 무기이다. 예를 들어 '영국의 타라니스 드론Taranis drone', 미국 해군의 자율운항 무인함정 '시헌터Sea Hunter', 보잉의 무인잠수정 '에코 보이저Echo Voyager', 러시아의 무인 탱크 'MK-25' 등이 이러한 킬러로봇의 대표적인 사례라고 할 수 있다.[3] 이처럼 킬러로봇이라고 불리는 완전자율무기는 인공지능을 살상용 무기에 적용한다는 특징을 갖고 있다.

킬러로봇의 가장 큰 장점은 킬러로봇의 군사적 효율성, 경제성과 역설적이게도 윤리성이라고 할 수 있다. 첫째, 군사적 효율성 측면에서 자율무기체계는 우수하다고 여겨진다. 최근 언론보도에 의하면 미국의 사이버네틱스가 개발한 인공지능 '알파ALPHA'가 미 공군 탑건과의 시뮬레이션에서 완승을 거두었다고 한다. 알파는 눈을 깜박이는 것보다 250배 이상 빠른 속도로 상대 의도와 행동을 분석하여 모의 공중전에서 인간을 꺾고 승리한 것이다.[4] 이처럼 자율무기는 인간보다 넓은 지역을 정밀하고 효율적으로 감시하고 정보를 신속하게 처리할

2 인간의 통제가 형식적으로 가능하다고 하더라도 반자율무기체계 운영에 대해 인간의 개입이 사실상 어려운 경우가 많다면 이 역시 원칙적으로 완전자율무기의 경우와 같다고 할 수 있다. 예를 들어 인간은 수초 안에 판단을 내리기가 어려운 반면에 반자율무기체계 작동은 나노초 단위로 이루어질 수 있다. 이 경우 인간의 통제는 사실상 큰 의미를 지니기가 어려울 수 있다(Crootof, 2015: 1859~1860).

3 https://www.sciencetimes.co.kr/?news=ai%EC%A0%84%EB%AC%B8%EA%B0%80%EB%93%A4-%ED%82%AC%EB%9F%AC%EB%A1%9C%EB%B4%87-%EA%B8%88%EC%A7%80-%EC%B4%89%EA%B5%AC(검색일: 2019. 6. 1).

4 ≪문화일보≫, 2016. 12. 5, "AI 전투기, 드론 해병대 … 미래전쟁 승패 로봇기술이 좌우한다," http://www.munhwa.com/news/view.html?no=2016120501032130114001(검색일: 2016. 6. 16).

수 있다. 둘째, 킬러로봇은 경제적인 측면에서도 효율적이라고 여겨진다. 에치오니 등(Etzioni and Etzioni, 2017)의 분석에 따르면, 미국의 아프가니스탄 개입의 경우 미군 병사 1인당 연간 약 85만 달러의 비용이 들었던 반면에 소형 전투로봇 한 대는 약 23만 달러 비용으로 운용이 가능하다고 한다. 군사작전을 수행하기 위해서 인간병사에 비해 상대적으로 많은 수의 로봇이 필요하지 않을 수 있으며, 킬러로봇을 사용하면 적에게 보다 치명적인 손상을 입히고 아군의 사상자는 최소화할 수 있어 작전효율성도 높다고 할 수 있다. 또한 킬러로봇을 사용하면 이전에는 접근이 가능하지 않았던 지역까지 전투를 확대할 수 있을 것이다. 셋째, 킬러로봇은 오로지 전투임무에만 전념하기 때문에 무차별공격이나 강간이나 약탈 등의 전쟁범죄도 감소할 것이며(김광우, 2018), 또한 군인들을 적의 직접적인 공격에 노출되는 상황에서 벗어나게 할 수 있기에 킬러로봇이 윤리적인 측면에서도 기여할 수 있을 것이라는 견해도 있다(박문언, 2016: 57).

이처럼 킬러로봇 찬성론자들은 군사적 효율성, 경제성, 윤리성 등을 이유로 들며 자율무기의 도입을 반대해서는 안 된다고 주장한다. 예를 들어 미국 조지타운대 법학교수인 로자 브룩스Rosa Brooks는 "인간은 전장의 포연 속에 쉽게 무너지는 허약한 존재이며, 눈은 앞만 볼 수 있고 귀는 특정 주파수대만 들을 수 있고, 뇌의 특정시점 정보처리량에 한계가 있으며 굉음에 화들짝 놀라기도 하고 두려움에 질리면 인식과 판단이 일시적으로 마비되거나 왜곡"되기도 하는 점을 지적하며 그 결과 인간은 늘 "전장에서 거리를 잘못 판단하거나 명령을 잊어먹고 상대방 몸짓을 잘못 이해해 카메라를 무기로, 양떼를 군인들로, 아군을 적군으로, 학교 건물을 병영 막사로, 결혼식 행렬을 테러리스트 행렬로 오인하는 등 늘 어리석은 실수를 저지르지 않느냐"(Brooks, 2015)라고 말한다. 이러한 관점에 따르면 비록 완전자율무기가 완벽할 수는 없겠지만 군사적 위기와 전투상황에서 인간보다 킬러로봇의 결함이 훨씬 적다고 말할 수 있다.

반면에 최근 스티븐 호킹Stephen Hawking이나 일론 머스크Elon Musk를 필두로 많은 과학자, 재계 지도자, 정치 지도자들은 국제사회에 자율무기의 규제를 촉구하는 목소리를 내고 있다(Horowitz, 2016). 이들의 주장에 따르면 킬러로봇은 전투원과 민간인을 구분해야 하는 법적인 의무를 수행할 능력이 결여될 가능성이 있으며, 인간의 생사 여부를 킬러로봇이 결정하는 것은 근본적인 윤리에 위배될 뿐만 아니라, 이는 인간 존엄성의 원칙을 위태롭게 만들 수 있다고 한다. 킬러로봇이 아무리 민간인과 전투원을 구분하도록 프로그래밍 되었다고 해도 게릴라 전쟁의 경우에서와 같은 상황이 전개되면 민간인과 전투원을 구분하기 어려운 경우가 생길 수 있다는 점에서 킬러로봇 승인은 심각한 문제를 양산할 수 있다는 것이다.

이처럼 킬러로봇 규제론자들은 킬러로봇이 원래의 의도와는 다르게 사용될 경우 많은 전투나 사상자를 양산할 가능성이 크다고 지적한다. 예를 들어 킬러로봇이 국가의 통제를 벗어나 테러조직이나 무장단체에 의해 운용될 여지가 있으며, 킬러로봇 운용체계가 해킹이 되었을 경우 원래의 용도가 아닌 대량살상무기로 전용될 위험 역시 존재한다. 또한 킬러로봇이 적절한 규제와 통제 없이 국내 치안 목적으로 배치되는 경우 특정 정권의 지속을 위한 잔인한 시위 진압 도구로 사용될 여지가 많다고 할 수 있다(국제앰네스티, 2015; 김자회 외, 2017). 마지막으로 킬러로봇의 자율성이 오작동과 결합될 경우 예측하지 못하는 상황이 전개될 가능성이 있다. 유엔 군축연구소[United Nations Institute for Disarmament Research(UNIDIR), 2015: 9~10; 김자회 외, 2017에서 재인용]에 의하면 특히 평시나 군사적 위기가 고조되는 상황에서 일방의 의도하지 않은 공격이 분쟁을 확대시킬 수 있기 때문에 킬러로봇의 오작동으로 인해 국가들은 이전보다 더욱 쉽게 전쟁에 개입되고 더 많은 인명살상이 초래될 수 있다고 우려한다.

킬러로봇을 둘러싼 국제법적인 쟁점으로는 우선 전투원과 민간인을 구별할 의무가 있는 '구별성의 원칙'을 생각해 볼 수 있다. 앞에서 언급했듯이 킬러로봇이 전투원과 민간인을 구분해야 하는 국제법적인 의무를 수행할 능력이 결여되었다면 이는 제네바협약 부속의정서에 배치된다고 할 수 있다. 특히 정규전이 아닌 게릴라전이나 테러가 일어날 경우 킬러로봇이 이러한 국제법 원칙을 지키는 것이 어렵다는 주장들이 대두되고 있다. 둘째, 예상되는 인명이나 피해가 군사적 목적을 달성함으로써 오는 이익을 초과하지 않아야 한다는 '비례성의 원칙'이다. 비례성의 원칙은 현장 지휘관의 합리적 판단과 상식에 의존할 수밖에 없고 킬러로봇의 인공지능 알고리즘으로는 이를 지키기 어렵다는 점에서 킬러로봇을 규제해야 한다는 관점이 존재한다. 셋째, 1977년 제네바협정 부속의정서 제1조 2항의 법적 원칙인 '마르텐스 조항Martens Clause'의 적용 여부를 생각해 볼 수 있다. 마르텐스 조항은 제네바협정 부속의정서나 기타 국제협약에서 다루지 않을 경우 전투원들과 민간인들이 인도적 원칙principles of humanity과 공공의 양심public conscience에 따라야 한다는 것으로 국제관습법의 근거가 되고 있다. 킬러로봇은 대중의 양심에 반하는 무기 사용을 금지하기 어렵기 때문에 킬러로봇이 국제관습법에 위배된다고 주장하는 시각이 있다.

### 2) 킬러로봇 발전 현황

미국, 영국, 중국, 러시아, 이스라엘, 한국은 목표물을 선택하고 공격하는 과정에서 상당한 자율성이 있는 무기체계를 현재 개발하고 있는 중이다. 강인원(2015)의 『2011~2015 세계 국방지상로봇 획득 동향』에 따르면 스스로 차를 운전하고 총을 발사하는 로봇의 활용은 이미 현실이 되었으며 미국, 러시아, 중국, 일본 등 다수 국가에서는 로봇사업을 적극적으로 추진하고 있다고 한다. 킬러로봇에 관한 국제규범이 정립되지 않은 상황에서 AI를 적용한 무기체계는 이미 AI 선진국들을 중심으로 실전 배치되고 있다고 볼 수 있다.

우선 미국은 전 세계 여러 지역에서 군사작전을 수행할 수 있는 킬러로봇을 배치함으로써 군사 및 경제적 비용이 적게 드는 미래전쟁을 가장 적극적으로 준비하고 있는 국가 중 하나이다. 현재 미 육군은 인간형 로봇을 비롯하여 전 로봇 분야에서 개발을 주도하고 있으며, 로봇이 인간과 상호 협력하는 동료이자 팀의 필수 구성원으로서 자율적으로 행동하는 미래를 구상 중이다. 무인기 개발에서도 미 해군은 대표적인 군사용 드론Unmanned Aerial Vehicle: UAV인 MQ-4C 트리톤Triton뿐만 아니라 수송기로부터 자율 발진과 착륙능력과 함께 비행능력까지 갖춘 전투 드론Unmanned Combat Air System: UCAS인 X-47B를 운용하고 있다. 2016년에는 인공지능 자율함정 드론Unmanned Surface Vehicle: USV인 시헌터 등을 개발했으며, 깊지 않은 바다에서 운용 가능한 무인 잠수 드론Unmanned Undersea Vehicle: UUV인 에코 보이저 등을 개발했다.

러시아와 중국 역시 전투로봇 개발·배치와 더불어 기존 유인 장갑전투차량의 무인화에 본격적으로 나섰다. 일본은 활발한 로봇 활용으로 세계를 선도하기 위해 작성한 신로봇전략에 로봇혁명을 도모하는 실행계획을 담고 있다. 중국의 예를 들자면 최근 중국 정부는 '바다의 도마뱀海鬣蜥'이라고 이름 붙여진 수륙양용 무인 쾌속정을 공개한 적이 있다. AI 기술을 적용한 중국의 무인 쾌속정은 수중 및 수상 장애물을 스스로 피하며 전투할 수 있으며, 육지에 접근하면 이를 스스로 인식하여 상륙한다. 현재 바다의 도마뱀은 모든 주행은 자율적으로 판단하지만 기관총과 미사일 발사는 AI가 아닌 인간의 원격조종으로 가능하다고 한다. 러시아가 시가지 전투용으로 개발한 우란-9 역시 AI를 적용한 무인지상차량으로서 자율기동을 하며 자동화포와 기관총으로 보병전력을 엄호하는 임무를 띠고 있다. 2018년 시리아에 시험 배치되었지만 기관총 발사가 되지 않는 등 원거리 제어기능이 아직까지는 원활하지 않다고 한다.[5] 또한 현재 영국이 개발 중인 타라니스 드론Taranis drone은 자동으로 상황을 파악해 공격에 나설 수 있게 설계되었고 2013년 시험 비행에도 성공했다. 타라니스 드론은 2030년이면 인간이 조종하는 토네이도 GR4 전투기를 대체할 수 있을 것으로 예상된다. 마지막으로 한국 비무장지대에서 비정상적 움직임을 감지해 자동 총격을 가하는 삼성테크윈(현 한화테크윈)의 '센트리 건sentry gun' 역시 이미 현장

5 ≪한국일보≫, 2019. 5. 10, "'킬러로봇 개발 의도 없다' AI 강국 일본의 연막작전," https://www.hankookilbo.com/News/Read/201905090922786413(검색일: 2019. 6. 26).

에 투입된 킬러로봇의 사례로 자주 언급되고 있다(≪한겨레≫, 2017. 8. 21).[6]

AI 기술 전반에 관해 정보분석 서비스 기업인 클래리베이트 애널리틱스Clarivate Analytics가 최근 20년간 AI 관련 논문을 분석한 결과 중국이 13만 건으로 1위, 미국이 11만 건으로 2위, 일본이 4만 건으로 3위를 차지했다. 반면 한국은 1만 9000건으로 11위 수준에 머무르고 있다. 과학기술정보통신부의 정보통신 분야 연구개발 사업을 기획·평가·관리하는 정보통신기획평가원의 2017년의 분석에서는 미국 AI 기술력에 대비하여 한국은 1.8년 정도 뒤처지고 있는 반면 일본은 중국과 함께 1.4년 차이로 2위 수준의 기술력을 유지하고 있다(≪한국일보≫, 2019. 5. 10).[7]

## 3. 킬러로봇 규범을 둘러싼 국제적 갈등

### 1) 킬러로봇 규범출현

구성주의자인 핀네모어와 시킹크(Finnemore and Sikkink, 1998)에 따르면 규범은 단순히 분출되지 않고 정치적 과정을 통해 진화되기에 규범의 생애주기를 밝혀내는 것이 중요하다고 한다. 규범의 생애주기는 규범의 세 가지 단계를 의미하며, 첫 번째 단계는 '규범출현'으로 규범창설자norm entrepreneur는 쟁점들에 관한 주의를 환기하거나 쟁점에 관한 문제를 해석하고 극화시키는 언어를 사용함으로써 쟁점을 만들어내기도 한다. 규범출현은 임계점에 도달하여 두

6 ≪한겨레≫, 2017. 8. 21, "킬러 로봇은 판도라의 상자, 열면 닫을 수 없어," http://www.hani.co.kr/arti/international/international_general/807640.html#csidx86f46ffbaf80e118b4f609c7b6bfd8f(검색일: 2019. 6. 26).

7 ≪한국일보≫, 2019. 5. 10, "'킬러로봇 개발 의도 없다' AI 강국 일본의 연막작전," https://www.hankookilbo.com/News/Read/201905090922786413(검색일: 2019. 6. 26).

**그림 10-1** 킬러로봇 국제규범의 현 단계

번째 단계인 '규범폭포'로 이어지고 그 외 행위자들을 통해 빠르게 확산된다. 이 과정에서 순응에 대한 압력, 국제적 정당화를 강화하려는 욕망, 자존심을 강화하려는 국가 지도자들의 욕망의 결합이 규범폭포를 용이하게 만든다고 할 수 있다. 임계점tipping point에 도달하기 전까지 규범으로 인한 변화를 지지하는 중요한 국내정치적 움직임이 없으면 규범적 변화를 이루기가 어렵지만 임계점이 지난 규범폭포 단계에서는 변화에 대한 국내 압력이 없더라도 많은 국가들이 급격하게 새로운 규범을 받아들인다. 마지막으로 '규범내재화' 단계는 규범폭포의 극단적 시점에서 발생하며 이 단계에서 규범은 너무나 당연하게 여겨질 정도로 행위자들에게 내재화되어 널리 채택된다(Finnemore and Sikkink, 1998: 897~904).

**그림 10-1**은 킬러로봇을 금지하는 국제규범의 현 단계를 보여준다. 킬러로봇에 대한 규범을 핀네모어와 시킹크의 규범의 생애주기Norm life cycle 이론에 적용하면 현재 킬러로봇에 대한 규범은 아직까지 임계점이 지나지 않은 '규범출현' 단계로 여겨질 수 있다. 즉, 임계질량critical mass 이상의 국가 및 행위자들이 킬러로봇을 규제하는 신흥규범을 승인하면 관련 규범은 '규범폭포' 단계를 거쳐 '내재화' 단계에 이를 수 있다는 의미이다. 킬러로봇에 관한 규범창설자들은 '초국적 옹호 네트워크transnational advocacy network'를 형성하여 킬러로봇 금지를 위해 임계질량 이상의 국제행위자들이 관련 규범을 받아들이도록 설득하고 있다.[8] 2003년 이래로 킬러로봇에 관한 초국적 옹호 네트워크는 완전자율무기체

**표 10-1** 킬러로봇 금지를 위한 초국적 옹호 네트워크

| | |
|---|---|
| 정부 | 볼리비아, 쿠바, 에콰도르, 이집트, 가나, 바티칸, 파키스탄, 팔레스타인 자치정부, 짐바브웨, 알제리, 코스타리카, 멕시코, 칠레, 니카라과, 파나마, 페루, 아르헨티나, 베네수엘라, 과테말라, 브라질, 이라크, 우간다, 오스트리아, 중국, 지부티, 콜롬비아, 엘살바도르, 모로코 등 28개국. 특이하게도 중국은 완전자율무기 사용을 금지해야 한다고 하면서 개발이나 생산에는 반대하지 않음. |
| 유럽의회 | 534 대 49의 표결로 완전자율무기 발전, 생산, 사용을 금지하는 결의안 채택. |
| 노벨 평화상 수상자들 | 기계가 사살을 결정하는 것은 전쟁을 보다 쉽게 만들 수 있다는 우려를 표명함. |
| 120명 이상의 종교지도자들 | 완전자율무기가 인간의 존엄성과 생명의 신비에 대한 모독이라고 간주함. |
| 37개국 270명 이상의 과학자들 | 과학자들은 복잡한 알고리즘에 의해 통제된 장치들의 상호작용들이 불안정하고 예측 불가능한 행위를 야기할 수 있다고 경고함. |
| 3000명 이상의 인공지능 로봇전문가들 | 많은 인공지능 로봇전문가들은 자신들은 자율무기로봇에 관심이 없으며, 미래사회의 혜택이 될 자신들의 분야가 킬러로봇에 의하여 훼손당하기를 원치 않는다고 언급함. |
| 기술 기업 | 캐나다 기술 기업인 클리어패스 로보틱스(Clearpath Robotics)는 잠재적인 미래 수익보다 윤리에 더욱 가치를 두기로 결정했음을 표명함. 미국의 구글(Google) 역시 완전자율무기를 개발하지 않는다는 선언을 포함한 AI 윤리원칙을 발표함. |
| '특정 재래식무기 사용금지 제한조약' 관련국 | 비공식 전문가 회의에서 킬러로봇의 국제인도법 및 인권/윤리와 관련된 문제 등을 논의함. |
| 킬러로봇 반대 운동 | 국제인권단체들은 킬러로봇과 같은 자율무기를 국제적으로 금지하기 위해 '킬러로봇 반대 운동(Campaign to Stop Killer Robots)'을 발족함. |
| 국제앰네스티 | 2015년에 국제앰네스티는 '킬러로봇을 금지해야 하는 10가지 이유'를 밝힘. |
| 유엔 사무총장 | 2018년 11월 유엔 사무총장인 안토니우 구테흐스(António Manuel de Oliveira Guterres)는 킬러로봇 금지를 촉구함. |

자료: Goose and Wareham(2016)의 내용을 재구성.

제에 대한 사전적 금지를 요청해 왔으며, 초국적 옹호 네트워크의 구체적인 행위자들은 **표 10-1**에서와 같다.

킬러로봇 금지를 위한 초국적 옹호 네트워크의 행위자 중에서 주목해야 할 행

8 '초국적 옹호 네트워크'는 각국의 인권 현황에 대한 정보의 교환을 통해 공유된 가치나 신념, 담론을 매개로 하여 결속되는 집단 등을 말한다(Keck and Sikkink, 1998).

위자 중의 하나로 '특정재래식무기금지협정Convention on Certain Conventional Weapons(이하 'CCW'라고 칭함)'의 관련 국제기구와 참여자들을 생각해 볼 수 있다. 킬러로봇의 규제를 둘러싼 규범은 비인도적 결과를 초래하는 특정 재래식 무기 사용을 금지 및 제한하기 위한 '특정재래식무기사용금지제한조약'에서 논의되어 왔다. 현재 125개국이 서명한 이 조약은 레이저 무기 및 탐지 불가능한 지뢰 등을 금지하고 있으며, 1980년 조약이 체결되었고, 1983년 발효되었다. 2013년 11월 CCW 총회 결정에 의거하여 2014년 3회에 걸친 비공식 전문가 회의에서 킬러로봇의 국제인도법 및 인권/윤리와 관련된 문제 등이 논의되었다. 수차례 회의를 통해 향후 킬러로봇에 대한 논의를 더욱 발전시킬 필요가 있으며 많은 국가들이 CCW를 통해 킬러로봇의 규제를 검토하는 것이 적절하다는 데에 동의를 표명했다. CCW는 킬러로봇에 대한 논의를 가장 주도적으로 이어가고 있고 특정 국가의 의견 외에 전문가 비공식 회의를 통해 전문가의 의견도 청취하고 있어 킬러로봇에 대한 규범을 생성하는 데 있어 가장 활발한 움직임을 보이고 있는 정부 간 국제기구라고 할 수 있다. 다만 CCW는 만장일치에 의한 합의 방식을 채택하고 있어 향후 구체적인 규범을 확립하기에는 한계가 있어 보인다(김자회 외, 2017: 140~141).

현재 초국가적 옹호 네트워크 행위자에서 가장 활발한 네트워크는 '킬러로봇 반대 운동Campaign to Stop Killer Robots'이다. 전투로봇 및 킬러로봇과 같은 '치명적 자율무기시스템Lethal Autonomous Weapons Systems: LAWS'의 개발 및 통제가 어려워짐에 따라 CCW 외에 2013년 4월 23일 인권감시기구Human Rights Watch와 같은 국제인권단체들은 킬러로봇과 같은 자율무기를 선제적으로 금지하기 위해 킬러로봇 반대 운동을 발족했다. 킬러로봇 반대 운동은 국제 NGO 단체들과 연합하여 전 세계적으로 이루어지고 있고, 오늘날의 스마트 폭탄smart bombs이 아닌 미래의 자율무기에 중점을 두고 있으며, 일반적인 자율화에 반대하는 것이 아니라 사람의 승인 없이 적을 선택하고 표적화하는 자율무기에만 반대하는 것임을 분명히 하고 있다(Horowitz and Scharre, 2014). 킬러로봇 반대 운동에 따르면 킬러로봇은 인간의 판단력과 상황을 이해하는 능력이 결여될 수 있으며, 군대를 기계로 대체함으로써 전쟁이 용이해지며, 궁극적으로 킬러로봇에 의한 무장충돌의 책임이 민간인에게 전가될 것이라고 주장하고 있다(김자회 외, 2017: 142). 현재 킬러로봇 반대 운동은 각국의 정부와 유엔에 완전자율무기의 개발을 금지하는 정책을 채택하도록 촉구하고 있다.

### 2) 규범창설자 vs. 규범반대자

새로운 규범은 '규범의 진공' 상태에서 창설되는 것이 아니라 다른 규범이나 상충되는 이익들에 대한 서로 다른 인식들과 치열하게 경쟁해야 하는 규범의 영역에서 출현한다고 할 수 있다(Finnemore and Sikkink, 1998). 예를 들어 전쟁 시에 구호활동을 위한 차량이나 시설이 공격받지 않아야 한다는 국제규범 역시 국제적십자위원회를 창시한 앙리 뒤낭Jean-Henri Dunant과 그의 동료들이 군사령관들이 포획한 의료요원이나 의료자원들을 전리품으로 취급하지 않도록 설득했기 때문에 오늘날의 국제규범으로 자리 잡게 되었다고 할 수 있다. 이렇듯 하나의 국제규범이 형성되는 정치과정에는 규범창설자와 규범반대자 사이의 서로 다른 이해관계, 담론 및 전략들이 충돌하는 과정이 필연적이라고 할 수 있다.

오스트레일리아 국제정치학자인 블룸필드Alan Bloomfield에 따르면 많은 구성주의자들은 국제규범의 성공적인 사회화 과정에만 중점을 두는 경향이 있지만(Bloomfield, 2016; Bloomfield and Scott, 2017), 규범창설자들이 특정 이슈를 국제적 규범화에 도달시키는 데 실패했던 사례들에 대해서도 관심을 가져야 한다고 주장한다. 즉, 킬러로봇과 관련한 국제규범이 지구적 규범으로 발전될 수 있을지 아니면 더 이상 전 세계 국가지도자들의 관심을 받지 못한 채 "잃어버린 대의"로 전락할 것인지 전망하기 위해서는 과거 남성할례와 언어소멸과 같은 특정 이슈들이 왜 전 지구적 관심을 얻지 못했고, 반대로 소년병, 대인지뢰 등과 같은 이슈들은 어떻게 세계의 이목을 주목시켰는지 생각해 볼 필요가 있다. 블룸필드는 신흥규범들이 국제적 신뢰나 사회-제도적 지지를 충분히 받지 못할 때 규범반대자들norm antipreneurs이 규범의 변화를 성공적으로 제어할 수 있다고 주장한다. 예를 들어 규범반대자가 국가일 때 새로운 규범을 수용하는 국제기구에서 규범반대자는 공식적으로 거부권을 행사하거나 국제기구에 대한 재정원조를 철회하는 방식으로 해당 규범의 채택을 막을 수 있다. 반면에 전쟁 및 경제위기나 급격한 기술변화 시기에 규범창설자들이 규범반대자들의 저항을 극복할 수 있는 기회의 창이 열릴 수도 있다고 주장한다(Balaam and Dillman, 2019).

규범창설자와 규범반대자들의 정치적 대립을 통해 킬러로봇 금지에 관한 규범화 과정을 분석한다면 킬러로봇과 관련된 인식공동체epistemic community나 국제기구에서의 활동을 고려할 때 현재로서는 규범창설자들의 영향력이 다소 우위에 있다고 여겨진다. 우선 로봇전문가들 중에서는 노엘 샤키Noel Sharkey와 로널드 아킨Ronald Arkin이 각각 규범창설자와 규범반대자의 로봇전문가로서 킬러로봇에 대한 담론을 이끌어간다고 할 수 있다. 킬러로봇 규범창설자의 일원인 영국 셰필드 대학 로봇·인공지능학과 샤키 교수는 킬러로봇은 조만간 상용화될 수 있으며 이러한 전투로봇들은 전쟁으로 인한 희생자 보호를 위해 1949년 체결된 제네바 협약 등 국제규범을 어길 수 있다고 주장한다. 그는 킬러로봇은 "사탕을 든 아이와 총을 겨누는 군인을 식별할 수 있는 인식체계가 없다"고 지적한다.[9] 반면에 로널드 아킨은 규범반대자로서 자율무기체계가 제한된 조건하에서 인간보다 우월할 수 있다고 주장한다. 아킨에 따르면 킬러로봇을 찬성하는 자신의 생각은 2005년 국방부 워크숍에서 미국 군인들이 노상에서 민간인들을 불법으로 처형한 내용이 있는 "밤을 다스리는 아파치Apache Rules the Night"란 제목의 비디오를 보았던 경험에서 시작되었다고 한다. 나아가 그는

9 ≪로봇신문≫, 2013. 4. 26, "킬러 로봇 반대 국제 캠페인 열려," http://www.irobotnews.com/news/articleView.html?idxno=12(검색일: 2019. 6. 25).

2009년 『자율로봇의 인명살상 규제Governing Lethal Behavior in Autonomous Robots』라는 책을 통해 자율무기가 전쟁법을 지키도록 고안이 된다면 전장에서 인간의 약점에 대한 대안으로 사용될 수 있을 것이라고 주장했다. 비록 로널드 아킨이나 로자 브룩스와 같은 학자들은 킬러로봇의 순기능을 주장하지만 다수의 인공지능 및 로봇전문가들은 인공지능 무기개발에 명시적으로 반대 입장을 표명하고 있다.

또한 유엔이나 유럽연합과 같은 정부 간 국제기구와 인권감시기구와 같은 비정부 간 국제기구에서도 킬러로봇 규범창설자로서 일정 부문을 규범화하려는 움직임을 보이고 있다. 예를 들어 특정재래식무기사용금지제한조약CCW 제1회 비공식 전문가 회의에서 미하엘 뮐러Michael Müller 유엔 유럽본부UNOG 사무총장 대행은 "국제법들은 흔히 학살과 고통이 벌어진 뒤에야 이에 대응하고 나설 뿐"이라고 지적하면서 "선제 행동을 취해 생명을 빼앗는 궁극적 결정이 철저히 인간의 통제하에 남도록 보장할 기회"를 가져야 한다고 강조했다(김자회 외, 2017: 140~141). 즉, 많은 국제기구에서는 인도주의적 국제법에 입각하여 인간 통제의 원칙이 지켜져야 한다는 원칙들이 재확인되고 있으며 기존의 국제규범이 인간의 개입 없이 목표물을 결정할 수 있는 무기체계를 제재하지 못하는 것을 문제점으로 보고 있다. 다만 국제인도법을 보호할 권한을 부여받은 국제적십자위원회ICRC는 현재 킬러로봇에 대한 금지를 요구하지 않고 제한을 두자는 절충 입장을 보이고 있다.

카펜터R. Charli Carpenter는 인권감시기구Human Rights Watch와 같이 국제사회에 영향력이 있는 국제기구들이 새로운 사고를 채택해야 전 지구적 규범이 될 수 있다고 주장한다. 체계적으로 조직된 비정부 간 국제기구나 유엔기구들은 규범화를 결정하는 문지기gatekeeper로서 역할을 한다고 한다(Carpenter, 2007). 많은 국제기구들이 킬러로봇 규제화를 원하는 규범창설자로 분류될 수 있지만 카펜터의 주장과는 달리 아직까지 킬러로봇 규범은 규범폭포를 향한 임계점을 넘지 못하고 있는 실정이다. 그러한 이유는 AI 선진국인 많은 강대국들이 킬러

**표 10-2** 자율형 살상무기 규제 관련 쟁점

| 구분 | 비동맹 집단 | AI 선진국 |
|---|---|---|
| 규제대상 | 모든 자동화 무기체계를 포함해서 규제해야 한다고 주장 | AI 스스로 살상을 결정하는 무기에 국한해야 한다고 주장 |
| 규제 논의의 틀 | 유엔으로 격상 | 현재의 틀 유지: CCW 체제 아래 정부, 전문가 회의(GGE 회의) 유지 |
| 논의 결과 발표 | 정치적 선언을 내야 함 | 아직 시기상조임 |

로봇 규범화에 적극적으로 동조하지 않고 있기 때문이다.

현재 킬러로봇 개발에 대해 각국의 입장은 제각각이라고 할 수 있다. 킬러로봇 반대 운동의 조사에 따르면 2018년 12월 현재 28개국이 완전자율무기의 금지를 촉구하는 데 적극적으로 동의하고 있다. 문제는 이러한 국가들이 대부분 자율무기를 개발할 능력이 결여되어 있기 때문에 킬러로봇을 금지하자는 이들의 목소리가 국제사회에서 적극적으로 반영되기 어렵고 현실적인 힘의 한계가 존재한다는 점이다. 주로 개발도상국들로 구성된 규범창설자들은 AI 탑재무기 개발 자체를 금지하자고 주장하지만, 규범반대자인 국가들은 킬러로봇에 대한 규제가 시기상조라는 입장을 보이고 있다. 예를 들어 영국 정부는 2015년 이미 자율무기 개발에 대한 금지를 반대한다는 입장을 냈고, 미국, 이스라엘, 러시아 등은 국가 차원에서 킬러로봇의 활용을 고민하고 있다. 또한 중국은 킬러로봇에 대한 엄격한 규제에는 부정적인 입장을 보이고 있다.

심지어 현재 많은 국가들은 킬러로봇의 정의 및 범위에 대해 다르게 인식하고 있다. 대표적으로 AI 선진국들과 브라질, 아르헨티나 등 남미 국가들이 주축이 된 비동맹 국가들Non-Aligned Movement: NAM은 자율무기체계에 대한 정의가 서로 다르다. AI 선진국들은 AI가 탑재된 무기를 자율형 살상무기LAWS로 규정하는 반면 비동맹 그룹은 AI 탑재 무기는 물론 모든 자동화 무기체계를 LAWS에 포함시키려고 한다. 즉, 강대국들은 이른바 킬러로봇의 범위를 좁히려 하고 AI 개발 수준에서 뒤처진 국가들은 규제 범위를 넓히려 하는 정치적 대립 구도가 나타나고 있다. **표 10-2**는 자율형 살상무기 규제와 관련하여 두 집단 간 상이한 입장을 보여준다. **표 10-2**에서와 같이 비동맹 집단의 국가들은 규범창설자로서 규제 논의를 유엔으로 격상하여 빠른 시일 내에 정치적 선언 이상의 조치가 필요하다고 주장하는 반면에 AI 선진국들은 규범반대자로서 킬러로봇에 대한 담론을 특정재래식무기금지협약CCW 체제 아래의 정부·전문가 그룹 회의에 국한시키기를 원하고 있다.

## 4. 킬러로봇 국제규범의 미래

핀네모어와 시킹크(Finnemore and Sikkink, 1998)에 따르면 잠재적인 국제규범이 임계점에 도달하여 규범폭포 단계에 진입하기 이전에는 규범으로 인한 변화를 지지하는 중요한 국내정치적 움직임이 없으면 규범적 변화가 일어나기 어렵다고 한다. 다시 말하면 규범의 임계점에 다다르지 못하고 있는 현 단계에서 킬러로봇을 규제하는 국제규범은 향후 개별 국가들의 국내정치적 동학에 따라 내재화된 규범으로 정착되거나 그렇지 않으면 현 단계에서 더 이상 나아가지 못하고 사장될 수 있다. 킬러로봇 규범에 관해 개별 국가들의 국내정치적 동학이 중요해짐에 따라 향후 규범창설자와 규범반대자 모두 더 많은 국내 청중과 국외 청중들을 설득하기 위해 효과적인 프레이밍 전략을 추구할 수 있다. 규범생성 초기 규범창설자들이 자율무기를 국제적 안보나 개별 민간인들의 안보를 위협하는 부정적 존재로 연상하도록 '킬러로봇'으로 개념화했던 것이 그 한 예라고 할 수 있다.

반면에 정치엘리트들이 대외적 또는 대내적 위협을 강조할 때 국내정치 맥락에서 일반 국민들은 킬러로봇 도입에 대해 보다 긍정적인 태도를 보여줄 수 있다. 비슷한 맥락에서 프레스Daryl Press 등은 핵무기의 군사적 효율성이 증가되는 상황에서 '핵을 사용하면 안 된다는 대중들의 금기nuclear taboo'는 완화될 수 있다고 주장한다(Press et al., 2013). 그들의 연구에 의하면 핵무기가 핵심 목표를 파괴하는 데 있어 재래식 무기보다 훨씬 효율적일 때 대중들은 핵무기의 사용에 더욱 찬성하는 경향이 있다고 한다. 따라서 자율무기의 군사적 효용성이 증가할 것으로 기대되는 상황에서 대중들은 자율무기 도입에 상대적으로 덜 반대하거나 더욱 찬성하게 될 것이다(Horowitz, 2016). 따라서 외부의 적이나 테러 및 국내 범죄를 억제하는 데 있어 자율무기가 효율적이라고 한다면 킬러로봇 도입에 대한 대중의 지지 역시 증가될 것이다.

또한 로봇의 이미지에 대한 정치엘리트들의 긍정적 또는 부정적 조명이 완전자율무기 도입 정책에 대한 국민들의 정치적 태도에 영향을 미칠 수 있다. 킬러로봇에 대한 많은 대중들의 우려는 인간이 자율무기체계에 대한 통제권을 잃게 되면 궁극적으로 로봇이 인간을 지배하게 될 것이라는 가정된 현실에 근거를 두고 있으며, 이는 시민들이 소비하는 특정 대중문화 양상에 의존하고 있다고 할 수 있다. 최근 학자들은 대중문화가 외교정책에 대한 시민들의 정치적 담론 및 행위에 영향을 미친다는 주장을 제시하고 있다(Kiersey and Neumann, 2013; Drezner, 2014; Dyson, 2015). 영과 카펜터(Young and Carpenter, 2018)는 사이언스 픽션에 대한 소비가 완전자율무기에 대한 태도에 영향을 끼친다고 주장하며, 특히 킬러로봇 영화를 많이 보는 대중들은 완전자율무기를 우려하는 경향이 있음을 발견했다. 따라서 규범창설자들은 영화 터미네이터의 T-1000과 같은 차갑고 비정한 로봇이미지를 강조하여 대중들로 하여금 정부의 자율무기 도입에 더욱 반대하게 할 것이고, 규범반대자들은 월-E나 스타워즈의 R2-D2와 같이 따뜻한 감성의 로봇이미지를 강조함으로써 로봇이 인간을 지배할지도 모른다는 대중들의 우려를 불식시키고자 할 것이다.

CCW 참가국이나 '킬러로봇 반대 운동Campaign to Stop Killer Robots'으로 대표되는 킬러로봇 규범에 관한 초국가적 옹호 네트워크는 여전히 형성되어 가는 과정에 있다. 초국가적 옹호 네트워크를 구성하는 규범창설자들은 원래 킬러로봇은 분쟁이 발생할 경우 국제안보와 민간인들의 안전에 문제가 될 수 있다고 주장했으나, 점차 국제적 분쟁이 일어나지 않은 경우에도 시민들의 안전을 위협할 수 있다고 주장한다. 최근 규범창설자들은 킬러로봇 규제를 언급하면서 많은 소형 드론들이 많은 사람들을 고의로 죽일 수도 있다는 점을 더욱 강조하기 시작했다. 즉, 로봇은 사탕을 든 아이와 총을 겨누는 군인을 식별할 수 있는 인식체계가 없다며 로봇의 '잘못된 결정erroneous decision-making'을 강조했던 것과는 달리 규범창설자들은 최근에는 킬러로봇을 이용하여 많은 무고한 사람들을 살상할 수 있다는 '사악한 의도evil intent'에 더욱 중점을 두고 있다. 예를 들어 버클리 대학 교수인 스튜어트 러셀Stuart Russell과 생명의 미래 연구소Future of Life Institute는 영화 〈슬러터봇Slaughterbots(학살로봇)〉을 통해 소량의 폭약이 탑재된 손바닥 크기의 인공지능 드론이 얼굴인식 기술을 이용하여 대량학살을 저지르는 암울한 미래를 보여준다. 그러나 이처럼 많은 규범창설자들이 킬러로봇을 왜 규제해야 하는지에 대한 당위성을 서로 다른 이유에서 찾는다면 향후 킬러로봇을 규제하는 데 필요한 강력한 초국가적 연대를 더욱 어렵게 만들 수 있다(Bahcecik, 2019).

향후 국제정치에서는 킬러로봇 개발 경쟁이 가열되면서 규범창설자와 규범반대자의 대립이 한층 격화될 것이다. 국가행위자를 중심으로 볼 때, 표면적으로 미국과 유럽은 물론이고 한국, 중국, 일본 등 AI 선진국들과 브라질, 아르헨티나 등 남미 국가들이 주축이 된 비동맹 국가들Non-Aligned Movement: NAM이 대립하고 있다. 현재 오스트리아와 브라질을 제외한 많은 중견국들middle powers 역시 킬러로봇 금지에 명시적인 지지를 표명하지 않고 있다(Garcia, 2015; Rutherford, 2010). 과거 영국은 해상무역을 통한 국가 이익에 저해되는 해적행위를 금지하는 국제규범에 적극적으로 찬성했고(Rediker, 2004), 미국 역시 무고한 사람들에 대한 공격을 금해야 한다는 관점에서 테러리스트에 대한 국가의 원조를 금지하는 규범을 강하게 주창한 바 있다(Nevers, 2007). 따라서 킬러로봇에 관한 잠재적인 국제규범 역시 규범화를 위한 임계점에 도달하기 위해서는 미국과 같은 강대국의 이해와 리더십이 절실하다고 할 수 있다(Garcia, 2015).

흔히 현실주의자들은 많은 구성주의자들이 사고나 규범의 힘을 지나치게 강조하고 있다고 비판한다. 현실주의 관점에서 볼 때 국가들은 새로운 규범을 도덕적인 확신에서 채택하는 것이 아니라 그러한 규범이 자신의 이익을 증진할 수 있기 때문에 받아들인다고 주장한다. 이러한 비판에 구성주의자들은 새로운 규범들이 국가들의 물질적 고려나 제도적 동학과 상호작용을 하여 국가의 행위를 어떻게 바꿀 수 있는지에 대해 관심을 가져야 한다고 주장한다. AI 선진국과 비동맹 국가들의 다양한 이해관계와 힘의 격차, 킬러로봇 금지를 위한 초국적 옹호 네트워크를 고려할 때 향후 킬러로봇 규범이 정치적 선언으로 그치거나 핵무기를 강대국들이 독점하고 타국에 대해서 제재하고 있는 현실처럼 킬러로봇과 같은 자율형 살상무기에 대한 규제 역시 소수 AI 선진국의 전유물이 될 가능성도 존재한다고 전망할 수 있다.

## 5. 결론

국제규범에 대한 많은 국제정치 연구들이 특정 규범의 성공적인 사회화 과정에만 중점을 두는 것과는 다르게 실제 남성할례와 언어소멸과 같은 특정 이슈들은 전 지구적 관심을 얻지 못했다. 반면 소년병, 대인지뢰 등과 같은 이슈들은 규범화에 성공했다고 할 수 있다. 이 글은 킬러로봇과 관련한 잠재적 국제규범이 지구적 규범으로 발전될 수 있을지 아니면 더 이상 전 세계 국가지도자들의 관심을 받지 못한 채 "잃어버린 대의"로 전락할 것인지 전망하기 위해서 킬러로봇 규범을 둘러싼 국제적 갈등을 조명했으며, 구체적으로 완전자율무기를 규제하는 규범을 정착시키려는 킬러로봇 '규범창설자'와 반대로 로봇기술의 발전을 도모하고자 하는 '규범반대자' 사이의 상충되는 담론 및 이익에 대해 분석했다.

이 글은 국제규범 생애주기 이론에 근거하여 킬러로봇에 관한 국제규범의 발전을 '규범출현-규범폭포-규범내재화'의 세 단계로 구분하고 킬러로봇 규제에 관한 현 상황은 규범출현 단계라고 가정했다. 현재 킬러로봇에 관한 규범창설자들은 초국적 옹호 네트워크를 형성하여 킬러로봇 금지를 위해 임계질량 이상의 국제행위자들이 관련 규범을 받아들이도록 설득하고 있다. 저명한 종교지도자, 과학자, 기업가뿐만 아니라 유엔이나 유럽연합과 같은 정부 간 국제기구와 인권감시기구와 같은 비정부 간 국제기구에서도 킬러로봇 규범창설자로서 일정 부분 규범화하려는 움직임을 보이고 있다. 하지만 이처럼 많은 규범창설자들의 노력에도 불구하고 킬러로봇 규범이 규범폭포를 향한 임계점을 넘지 못하고 있는 이유는 AI 선진국인 많은 강대국들이 킬러로봇 규범화에 적극적으로 동조하지 않고 있기 때문이라고 할 수 있다.

규범의 임계점에 다다르지 못하고 있는 현 단계에서 킬러로봇을 규제하는 국제규범의 생명은 향후 강대국을 포함한 개별 국가의 국내정치적 동학에 따라 결정된다고 해도 과언이 아닐 것이다. 따라서 규범창설자와 규범반대자 모두 향후 더 많은 국내 청중과 국외 청중들을 설득하기 위해 대내외적 위협이나 로봇과 관련된 대중문화를 통하여 보다 효과적인 프레이밍 전략을 추구할 것이다. 인공지능 기술이 급격하게 발전해 가고 있는 현실에서 규범창설자들에게는 로봇이 저지를 수 있는 치명적인 오류의 가능성보다는 킬러로봇 운용의 '사악한 의도'를 강조하는 편이 보다 효과적이라고 할 수 있다.

강인원. 2015.『2011~2015 세계국방지상로봇 획득 동향』. 국방기술품질원.

국제앰네스티. 2015. "살인로봇을 금지해야 하는 10가지 이유." https://amnesty.or.kr/12025/(검색일: 2019. 6. 16).

김광우. 2018.「자율살상무기(일명 킬러로봇)에 대한 국제법적 문제와 우리나라에 대한 정책적 시사점」. ≪국방과 기술≫, 473, 122~129쪽.

김자회·장신·주성구. 2017.「자율 로봇의 잠재적 무기화에 대한 소고: 개념정립을 통한 규제를 중심으로」. ≪입법과 정책≫, 9(3), 135~156쪽.

박문언. 2016.「자율무기체계의 발전과 우리 군의 현실에 대한 고찰」. ≪Law and Technology≫, 12(6)(11월호), 51~67쪽.

Arkin, Ronald. 2009. *Governing Lethal Behavior in Autonomous Robots*. Chapman and Hall/CRC.

Bahcecik, Serif Onur. 2019. "Civil Society Responds to the AWS: Growing Activist Networks and Shifting Frames." *Global Policy*, 10(3), pp.365~369.

Balaam, David N. and Bradford Dillman. 2019. *Introduction to International Political Economy*, 7th Edition. Taylor and Francis.

Bloomfield, Alan. 2016. "Norm Antipreneurs and Theorising Resistance to Normative Change." *Review of International Studies*, 42(2), pp.310~333.

Bloomfield, Alan and Shirley V. Scott. 2017. "Norm Antipreneurs in World Politics." in Alan Bloomfield and Shirly V. Scott(eds.). *Norm Antipreneurs and the Politics of Resistance to Global Normative Change*, pp.1~19. London: Routledge.

Brooks, Rosa. 2015. "In Defense of Killer Robots." *Foreign Policy*(May 18), https://foreignpolicy.com/2015/05/18/in-defense-of-killer-robots/.

Carpenter, R. Charli. 2007. "Setting the Advocacy Agenda: Theorizing Issue Emergence and Non-emergence in Transnational Advocacy Networks." *International Studies Quarterly*, 51, pp.99~120.

Crootof, Rebecca. 2015. "The Killer Robots are Here: Legal and Policy Implications." *Cardozo Law Review*, 36, pp.1837~1915.

De Nevers, Renee. 2007. "Imposing International Norms: Great Powers and Norm Enforcement." *International Studies Review*, 9, pp.53~80.

Drezner, Daniel. 2014. *Theories of International Politics and Zombies*, Revised Edition. Princeton, NJ: Princeton University Press.

Dyson, Stephen Benedict. 2015. *Otherworldly Politics*. Baltimore: John Hopkins University Press.

Etzioni, Amitai and Oren Etzioni. 2017. "Pros and Cons of Autonomous Weapons Systems." *Military Review*(May-June). Army University Press.

Finnemore, Martha and Kathryn Sikkink. 1998. "International Norm Dynamics and Political Change." *International Organization*, 52(4), pp.887~917.

Garcia, Denise. 2015. "Killer Robots: Why the US Should Lead the Ban." *Global Policy*, 6(1), pp.57~63.

Goose, Stephen and Mary Wareham. 2016. "The Growing International Movement Against Killer Robots." *Harvard International Review*, 37(4), pp.28~33.

Horowitz, Michael C. 2016. "Public Opinion and the Politics of the Killer Robots Debate." *Research and Politics*(January-March), pp.1~8.

Horowitz, Michael C. and Paul Scharre. 2014. "Do Killer Robots Save Lives?" *Politico Magazine*, https://www.politico.com/magazine/story/2014/11/killer-robots-save-lives-113010#.VSyy2pNcOjY(검색일: 2019. 6. 19).

Keck, Margaret E. and Kathryn Sikkink. 1998. *Activists Beyond Borders: Advocacy Networks in International Politics*. NY: Cornell University Press.

Kiersey, Nicholas and Iver Neumann. 2013. *Battlestar Galactica and International Relations*. London: Routledge.

Press, Daryl G., Scott D. Sagan and Benjamin A. Valentino. 2013. "Atomic Aversion: Experimental Evidence on Taboos, Traditions, and the Non-Use of Nuclear Weapons." *American Political Science Review*, 107(1), pp.188~206.

Rediker, Marcus. 2004. *Villains of All Nations: Atlantic Pirates in the Golden Age*. Boston: Beacon Press.

Rutherford, Kenneth R. 2010. *Disarming States: The International Movement to Band Landmines*. Santa Barbara, CA: Praeger.

UNIDIR. 2015. *The Weaponization of Increasingly Autonomous Technologies in the Maritime Environment: Testing the Waters*. http://www.unidir.ch/files/publications/pdfs/testing-the-waters-en-634.pdf(검색일: 2019. 6. 16).

Young, Kevin L. and Charli Carpenter. 2018. "Does Science Fiction Affect Political Fact? Yes and No: A Survey Experiment on 'Killer Robots'." *International Studies Quarterly*, 62, pp.562~576.

# 11 4차 산업혁명 시대 데이터 안보와 국가주권

## 한국과 일본의 개인식별번호 체제 비교

이원경 | 일본 조치대학교(Sophia University)

## 1. 들어가며

4차 산업혁명기 기술의 비약적인 발전은 근대국가 패러다임에 따라 운영되어 왔던 정부가 제고해 보아야 할 여러 가지 새로운 과제를 제시하고 있다. 안보 분야에서는 비국가행위자의 부상 등으로 '국가에 의한 군사안보'라는 근대적 개념이 약화되어 가는 추세이지만, 인공지능AI·빅데이터·사물인터넷IoT 등의 기술 거버넌스에 있어서는 △ 국가가 새로운 역할을 담당하고 이를 통해 △ 국가와 개인의 관계가 재정립되며 나아가 △ '국민'이라는 정체성의 변화를 불러올 가능성을 내포하고 있다.

4차 산업혁명의 변화를 주도하는 핵심 기술들의 기반에는 '데이터'가 있다. 기업들뿐만 아니라 세계 각국들은 데이터를 전략적 자산으로 인식하고 대량의 데이터 확보와 관련 기술을 개발하기 위해 노력하고 있다(황선웅, 2019). 사회경제활동의 많은 부분이 디지털화 및 온라인화되었고 이 데이터의 저장 및 처리 비용이 감소한 요즘, 선진국들을 중심으로 방대한 데이터big data를 경제성장의 동력으로 활용하려 노력하고 있는 것이다. 그러나 빅데이터는 정보의 종류와 내용이 혼재된 거대한 덩어리로 그 잠재력을 발현시키기 위해서는 가공을 위한 여러 가지 노력이 필요하다. 근대국가도 국민에 대한 장시간의 시계열적이며 신뢰도가 높은 데이터를 축적해 온 바 있으나 관련 기술이 충분히 발달하기 전에는 과세와 사회복지 등을 위해 제한적으로 이용하는 데 그쳤다. 관련 기술이 발달한 요즘에서야 데이터의 활용 가능성이 사회적 화두로 대두되었고, 국가도 공공 재산으로서의 데이터를 관리하고 공익 목적을 위해 공개하는 노력을 기울이고 있다.

한편, 많은 국가들은 사이버공간에서 자국 국민을 식별하고 국민들도 본인임을 인증할 수 있는 시스템을 정부 혹은 자국 기업 주도로 운영하고 있다. 빅데이터 등 4차 산업혁명을 대표하는 기술을 본격적으로 활용하기 위해서 필수적인 요소 중 하나는, 개인과 데이터를 엮어낼 수 있는 신뢰할 수 있는 '끈'이다. 또한 사이버공간에서 이용자가 '내가 나라는 것'을 간단하면서도 안전하게 증명할 수 있다는 것은 디지털 경제로의 진입로를 넓히는 것과 같다. 국경과 언어의 벽을 넘나들며 정보 및 전자상거래를 이용하는 것이 활성화된 최근에는 각국별로 차별화된 개인 식별 및 인증방식이 충돌하거나 사이버범죄 등에 악용되는 문제도 발생하고 있다.

따라서 이 장은 국가가 자국 국민을 식별하기 위해, 특히 사이버공간에서 이용자가 본인임을 입증하기 위해 어떤 방법을 사용하고 있는지, 그리고 이와 관련한 데이터 운용에 있어서 국가정책은 어떻게 변화해 왔는지 고찰한다. 특히 한국의 주민등록번호와 일본의 마이넘버[1]라는 개인식별번호 체제에 대한 비교

1 정식 명칭은 사회보장·세번호(社会保障·税番号)이지만 주무 부서인 내각부·총무성을 비롯한 사회 전반 분야에서 마이넘버(マイナンバー)를 병용하고 있으며, 이 제도를 규정한 법률 역시 마이넘버법(정식 명칭은 "행정절차에 있어서 특정 개인을 식별하기 위한 번호 이용 등에 관한 법률", 2013년 5월 성립)으로 일컬어지고 있다.

를 중심으로 양국의 거버넌스, 나아가 국가주권 및 국민정체성의 변화를 조망해 보고자 한다.

이를 위해, 이 장은 양국 정부 문서와 언론 보도, 기존 연구 등에 대한 문헌 조사를 실시하고 1990년대 이후 현재까지의 관련 거버넌스의 변화 양상을 조망한다. 구체적으로는 개인식별번호를 누구에게 발급하는지, 사이버공간에서의 활용 방법에는 한일 간 어떤 유사성과 차이점이 있는지, 이용자들의 인식은 어떻게 변화해 왔는지 등을 살펴본다. 마지막으로, 개인식별번호 운용의 한계로 발생한 사회적 문제, 특히 정보보안과 개인정보 유출 등 신흥 군사안보에 대한 위협으로 이어질 수 있는 문제에 대해서도 언급하고자 한다.

## 2. 근대 국가주권과 개인식별번호

한국과 일본은 중국 종법으로부터 영향을 받은 호적제도가 존재했던 국가라는 공통점이 있지만, 2~3차 산업혁명기 당시 서로 다른 거버넌스를 채택한 바 있다. 한국의 경우, 1960년대 이후 강력한 국가권력을 기반으로 불변성·고유성·강제부여성이 특징(이장희, 2013)인 주민등록번호가 도입되었다. 반면, 일본은 전체주의적 사회로의 회귀를 경계하는 강한 사회적 반대에 부딪쳐 통합적인 번호 체계를 도입하는 데 성공하지 못했다.

양국이 도입하려 한, 전 국민에게 부여된 번호는 '식별Identification'과 '인증Authentication'이라는 두 가지 기능을 수행할 수 있다. 온라인 혹은 오프라인상에서 번호를 제시하면 해당 개인이 타 번호를 소유한 자와 차별되는 누구라고 '식별'될 수 있다. 나아가 개인번호가 저장된 기존 데이터베이스가 존재한다면 올바른 번호를 입력함으로써 개인이 번호에 해당하는 사람이 맞다는 것(혹은 특정 성별이거나 일정 연령 이상이라는 것 등)을 '인증'할 수 있는 것이다.

1942년 조선 총독부가 도입한 '조선기류령'은 대한민국 정부수립 이후에도 효력을 유지하다가, 1962년 기류법과 주민등록법으로 이어져 본격적인 주민등록체제가 형성되었다. 이어서 한국 정부는 1968년 1월 북한 공작원 김신조가 청와대를 습격한 것에 대한 안보 강화 대응 중 하나로 주민등록법을 개정하여, 11월 21일부터 전 국민에게 주민등록번호를 부여했다. 초기 주민등록번호는 총 12자리였으나, 1975년 3차 개정으로 생년월일이 포함된 현행 13자리 번호 체제로 바뀌어 현재까지 사용되고 있다.

주민등록번호는 주민 개인에게 부여된 고유한 등록번호이며, 번호는 13자리로 생년월일(6자리), 성별 구분(1자리), 지역번호(4자리), 등록순서(1자리), 검증번호(1자리)로 구성된다. 주민등록번호는 국민의 생활 편익과 행정사무의 효율성을 높이기 위한 목적으로 1968년에 도입된 이래 현재까지 공·사 영역 모두에서 개인 식별뿐만 아니라 신분을 인증하는 용도로 널리 활용되었다. 13자리 주민등록번호를 통해 생년월일, 성별, 본적지 등을 쉽게 알 수 있어서, 국민들을 손쉽게 감시하고 통제하기 위한 군사독재의 산물이라 비판받기도 했다. 또한 개인이 이 정보들을 공개하기 원하지 않았으나 번호가 노출되는 경우 기본권이 침해되는 것이 아니냐는 문제도 제기되었다. 그럼에도 불구하고 권위주의적 사회 분위기 속에서 반대 목소리는 쉽게 묵살되었고, 고도의 중앙집권적 관리체계하에서 개인식별번호가 관리되어 왔다.

20세기 말 한국에 초고속 인터넷이 보급되고, 주민등록번호는 사이버공간에서의 개인식별번호로도 활용되기 시작했다. 전자정부 업무를 위해 주민등록번호 입력이 요구되었고, 전자상거래 등 민간 분야에서의 인증 과정에도 사용하기 용이하다는 이유로 수집이 이루어졌다. 당시에도 정보보안에 대한 우려는 존재했으나, 1990년대 말 금융위기 이후 정보화를 반드시 성공시켜야 된다는 사회적 분위기 속에서 업무 효율성과 저비용 등이 우선시된 것이다.

실제로 2002년 이후 전자정부가 구축되어 대국민 행정이 효율화되는 데에도 주민등록번호는 중요한 역할을 했다(이장희, 2013). 또한 주민등록번호와 연동된 한국의 공인인증체계는 민관의 전자서명과 본인 인증을 아우르는 일종의 국가적 단일인증체계라 볼 수 있다. 2012년에는 국내 경제활동인구의 공인인증서 발급률이 100%에 가까울 정도로 확산될 수 있던 배경에는 1) 공인인증서 무료화, 2) 공인인증서 상호연동, 3) 이 상호연동 체계를 전자정부 업무로 확산한 것, 그리고 4) 사이버 인감이라는 메타포의 활용 등이 있다. 공인인증서는 사실상 범정부기관인 금융결제원(yessign)이 공급하고 있으며, 개인이 보유한 인증서에는 'R'값이라 불리는 개인식별번호, 즉 주민등록번호가 포함되어 있다. 공인인증서가 상호 연동될 때('타 기관 인증서 등록'), 공인인증서를 발급받은 기관과 공인인증서를 새로이 사용하려고 하는 기관의 정보를 연결시키는 핵심적인 키로서 주민등록번호가 포함되어 있어 전자정부 체계에서 필요한 '본인확인', 즉 인증 업무를 손쉽게 수행할 수 있었다.

한편, 1968년 일본 정부는 패전 이후 폐지되었던 국민 총등록번호를 재도입하려 했으나, 당시 최고조에 달했던 학생운동 관련 단체들이 전체주의 시대로 회귀하는 것은 아닌지 강한 경계감을 나타내 실패로 돌아갔다. 이후에도 개인식별번호를 도입하려는 시도는 있었지만, 개인정보 유출에 대한 경계심을 가진 시민단체들의 반대에 번번이 부딪혀 실현되지 못했다. 이에 따라 일본에서는 각 행정 기관이 개별적으로 △ 납세자 번호, △ 여권 번호, △ 운전면허 번호, △ 건강보험증 번호, △ 연금 번호, △ 고용보험 번호 등의 번호를 각각 부여하고 있으며, 이로 인해 국민에 대한 정보관리가 수직적으로 이루어지지 못하고 별도의 시스템을 운용하기 위한 중복 투자가 발생했다.

정보통신 관련 기술이 본격적으로 소개된 1990년대 후반에 이르러, 일본 정부는 통일된 개인식별번호 시스템의 도입 없이는 전자정부를 비롯한 정보화에 뒤처지게 된다는 위기감을 갖게 된다. 이에 따라 2002년 주민기본대장법을 개정하여 △ 이름, △ 생년월일, △ 성별, △ 주소 등 네 가지의 개인정보만을 전국의 지방자치체가 전용 회선으로 일원화해서 관리하는 주민기본대장 네트워크(주기넷)를 가동하기 시작했다. 또한 전 국민에게 11자리의 주민표 코드를 부여하고, 희망자에게 사진이 포함된 주기카드를 교부했지만 2016년 마이넘버 제도가 도입되기 전까지 활성화되지 못했다. 도쿄도의 구니타치시, 고쿠분지시, 스기나미구, 나카노구 등 일부 지자체는 정보 유출 등에 대한 불안감이 불식되지 않았다는 이유로 참가를 보류하는 등 사생활 침해에 대한 우려가 주기넷을 비롯한 일원화된 개인식별번호 확산의 가장 큰 장애물로 작용한 것이다.

이후 일본 정부의 노력도 계속되어, 2011년 사회보장제도와 세금제의 개혁을 위한 공통번호제도(마이넘버)를 검토하고 2016년 1월부터 전 국민 및 중장기 체류 외국인에게 마이넘버를 부여하기 시작했다. 도입에 대한 저항을 불식시키기 위해 조세뿐만 아니라 사회보장과 재해대책 분야에서 본인 인증을 위해 필수적이라는 것을 강조해 왔으며, 마이넘버의 활용 범위도 2018년부터는 금융·의료 분야, 2020년부터는 재외국민을 대상으로 한 전자투표에 활용하는 등 사이버공간에서의 개인식별번호로 활용하는 데도 박차를 가하고 있다.

한국에서는 주민등록번호 유출이 큰 사회적 문제로 떠올랐고, 폐지론까지 확산된 2010년대에 들어와서야 일본의 마이넘버 도입이 본격화된 것에 대해 관련 전문가들은 시대적 흐름에 역행하는 것은 아닌지 의문의 눈길을 보내기도 했다. 개인식별번호는 근대 국가주권의 산물이자 개인정보 유출 및 프라이버시 침해의 가능성을 내포한 구시대적 존재가 아니냐는 것이다. 실제로 한국 주민등록제도에 대한 선행 연구들을 살펴보면 역기능에 대한 문제의식을 바탕으로 법적 쟁점을 논하거나, 과거 유신체제 등을 비판적으로 바라보는 등의 역사적 제도주의를 기반으로 하거나, 보안기술을 통해 제도를 보완하려는 시도들이 두드러진다.

반면, 주민등록제도의 행정적 순기능에 초점을 맞춘 국내 연구는 상대적으로 소수로 한국의 주민등록제도는 제도적 견고성과 높은 활용도를 갖추었다는 점에 주목한다. 이러한 순기능에 대해 일본 정부 및 언론도 관심을 가졌고, 마이넘버 도입에 있어서도 순기능을 극대화하는 한편 관리 시스템의 분산 관리로 유출 등에 따른 위험성을 최소화하고자 하고 있다. 실제로 주민등록번호 유출 문제가 심각해진 것은 한국 정부기관들은 물론이고 민간 사업자들이 주민등록번호를 식별뿐만 아니라 인증 용도로 사용했고, 관련 데이터베이스를 암호화하지도 않은 경우가 많았기 때문이다. 타인의 주민등록번호를 가지고 있으면 사이버공간에서 누구든 그 사람으로 위장할 수 있고 본인 확인도 받을 수도 있었으나, 개인과 민간 사업자가 보안 지침을 따랐을 경우 예방될 수 있는 문제였다. 따라서 정부3.0 등 행정정보의 공동 활용, 민원24(2018년 정부24로 개편)로 대표되는 편리한 전산화 기반 행정서비스 시스템 구축 등은 제도의 맹점과 별개로 재평가되어야 할 필요성이 있다(김연수·강민아, 2016).

### 3. 디지털 사회의 개인식별번호 활용

이와 같이 3차 산업혁명기 한국의 주민등록번호는 사이버공간에서의 개인식별번호로 활용되어 전자정부 구축 및 행정 효율화뿐만 아니라 전자상거래의 보급에도 긍정적인 역할을 담당한 측면이 있다. 동 번호가 처음 도입될 때에는 예상되지 못했던 측면이지만, 전 국민에게 일괄적으로 발급되어 정부 및 민간의 여러 분야의 정보를 연결하면서도 효율적으로 관리된다는 점은, 온라인 환경에 적합한 행정수단이 될 수 있었기 때문이다. 그러나 개인정보에 대한 과도한 노출과 중앙집중적 시스템 등이 심각한 사회적 우려를 낳고 있는 가운데 4차 산업혁명기에도 주민등록번호와 같은 제도가 빅데이터 관리 및 활용에 가장 적합한 것인지에 대한 의문의 목소리가 존재한다.

중앙집권적 개인식별번호 및 데이터 관리체계는 기술 도입 초기의 빠른 보급과 관리에는 용이한 점이 있었지만, 고도의 관련 기술이 확산될수록 취약성이 드러나고 있는 것이다. 이런 상황 속에서 2000년대 후반부터 한국에서 해킹 사건으로 주민등록번호가 유출되는 사건이 이어졌고, 유출된 정보는 국내를 벗어나 전 세계적으로 퍼져나갔다. 한국 인터넷진흥원 보고서는 중국·브라질 등 해외 사이트에 한국인의 주민등록번호, 휴대전화 번호 등이 노출된 사례가

7800건에 달하고 있으며, 관련 기관이 유출 정보 조사 및 삭제를 진행하고 있으나 완전한 제거에는 이르지 못했다고 언급했다. 개인이 사이버범죄에 노출될 가능성이 급상승한 것은 물론이고 군사안보적 측면에서도 중대한 위협에 직면하게 된 것이다.

이미 유출된 정보의 삭제가 요원한 가운데, 앞으로 사이버공간에서의 개인 식별 및 인증을 어떤 방식으로 해야 할 것인지 성찰해 보아야 한다는 주장이 대두되어, 2010년대 한국에서는 민간 사업자의 주민등록번호 수집을 중지시키고, 정부가 수집하는 경우에도 '식별'과 '인증'을 분리하는 방향으로 변화되었다. 2013년에는 공공과 민간 전 분야에 걸쳐 주민등록번호의 처리를 제한하기 위해 「개인정보 보호법」을 개정하는 등의 법적 기반도 마련되었다. 2015년 12월에는 헌법재판소가 주민등록번호의 변경에 관한 규정을 두지 않은 현행 「주민등록법」 7조에 대해 헌법불합치 결정을 내렸다. 주민등록번호를 통한 개인에 대한 통합관리의 위험성이 높은바, 번호의 관리나 이용에 대한 제한의 필요성이 있다는 것이다(하혜영, 2014).

이에 따라 분리된 인증 기능을 수행하기 위해 아이핀 및 이동통신사들을 중심으로 본인 인증 업무가 운영되고 있는데, 사적인 이해관계를 바탕으로 활동하는 민간 사업자들에게 인증 업무를 맡기고 있다는 점에서 타국에 비해 여전히 개인정보 유출의 가능성이 높다(심우민, 2014)는 지적도 있다. 인증기관들 역시 연동 시스템 운영을 위한 주요 키값으로 주민등록번호라는 보편적 인증키값을 이용하고 있다는 점도 한계로 지적된다. 나아가 공공 분야에서는 아직 주민등록번호가 온오프라인에서 수집되고 있고, 반드시 필요한 상황인지 신중히 판단하고 있다고 보기도 어렵다. 정부 및 공공기관에서 개인정보를 관리한다고 하더라도 유출에 대한 위험성이 해소되는 것은 아니며, 데이터가 집적될수록 유출로 인한 위험성은 여전히 높다. 한국 정부가 보유하고 있는 개인정보 데이터베이스 중 약 80%가 주민등록번호를 기반으로 연동되는 등 빅데이터 시대에 접어들수록 유출에 따른 위험성은 더욱 커져가고 있는 것이다. 2018년

11월에는 북한이탈주민의 지역 적응을 지원하는 통일부 소속 경북하나센터의 PC가 해킹되어 북한이탈주민 990여 명의 개인정보가 유출되는 등 안보 위협의 문제로도 이어질 수 있는 사건도 발생한 바 있다.

한국 사회에서 근대 국가주권이 약화되고 4차 산업혁명이라는 글로벌한 변화가 발생하는 상황에서 개인식별번호 체제는 변화의 압력에 직면했다. 기존 시스템이 가진 강점들을 계승함과 동시에 일부 기능을 분산화함으로써 시대적 흐름에 적응하려는 노력은 긍정적으로 평가할 수 있다. 그러나 제도의 이면에 본인 인증이 반드시 필요한지, 주민등록번호와 같은 고유 식별정보를 반드시 활용해야 하는 것인지에 대한 진지한 고려가 없었다는 점이 문제의 핵심이라는 것을 재인식하여, 행정 및 규제적 편의를 위해 남용되어 온 관습을 성찰할 필요성이 있다.

한편, 상술한 바와 같이 제2차 세계대전 이후 일본에는 한국의 주민등록증 같은 전 국민에게 발행하는 신분증이 존재하지 않았다. 일상생활에서 신분 확인은 건강보험증, 운전면허증, 여권 등을 사용하고 있으나, 사이버공간에서의 본인 확인에는 여러 가지 한계가 있다. 현재 대부분의 일본 회원제 웹사이트는 이메일과 휴대전화번호 입력 등을 통해 이용자를 식별 및 인증하고 있으나, 정부 및 금융기관 등은 본인 확인에 한계가 있다는 이유로 한국과 비교하면 지극히 제한된 업무만을 인터넷상에서 처리할 수 있을 뿐이다.

통일된 개인식별번호 체제를 도입하지 못함에 따라 일본에서는 정보화가 지연되었고, 특히 전자정부의 효율성이 저하되었다는 문제가 지속적으로 제기되어 왔다. 일본 총무성의 보고서 등에서는 유엔의 세계전자정부 평가 순위에서 2010년 이후 현재까지 연속 1위를 차지하고 있는 한국과 비교하며, 2013년 '행정절차에 있어서 특정 개인을 식별하기 위한 번호 이용 등에 관한 법률行政手続における特定の個人を識別するための番号の利用等に関する法律이 성립되고 이를 기반으로 일본이 2016년부터 도입한 마이넘버 제도를, 세금 납부뿐만 아니라 전자정부 운용에서 한국과 유사한 수준으로 활용하는 것을 목표로 제시하고 있다. 행정기관,

지방자치체, 공공기관 등 복수기관에서의 정보 연계가 가능하고, 여러 기관 간 개인정보를 연계해 상호 활용할 수 있는 정보제공·연계 시스템을 구축한다는 것이다.

과거 주기넷 도입 시 사이토(斎藤, 2006) 등은 지방자치체 등을 상대로 주민기본대장 네트워크 금지 소송을 2002년 제기한 이유에 대해, 국민 총 등번호国民総背番号 제도를 구축하려는 전제이므로 인간의 존엄과 자유를 침해하고, 개인정보가 기업에 노출되어 감시사회가 도래할 가능성이 있으며, 정부의 제도에 반대하는 사람을 파악하기 쉽게 되어 정치적 의사의 개진이 어려워진다는 것을 들었다. 마이넘버에 대해서도 같은 문제가 존재함과 동시에 마이넘버 제도의 운용에는 행정기관, 지방자치체, 정보 연계를 실시하는 사업자 등 다양한 조직을 연계시키는 시스템과 종합적인 보안대책이 필요한바, 일본 정부가 이와 같은 조정자의 역할을 담당하며 사이버공간에서의 국가권력의 강화로 연결될 수 있는 여지를 남겨놓고 있다고 우려한다(斎藤, 2016). 일본 내각부가 마이넘버 도입 직전인 2015년 1월과 7월 두 차례에 걸쳐 실시한 대국민 설문조사[2] 결과, 일반 국민들도 개인정보 부정이용(38%), 개인정보 유출침해(34.5%) 등을 이유로 마이넘버 제도 도입에 따른 불안을 느끼고 있었다.

3차 산업혁명기까지는 이와 같은 논리의 반대파가 승리를 거두었으나, 마이넘버의 도입 시에는 일본 정부 역시 치밀하게 이에 대해 반박하는 한편, 4차 산업혁명이라는 거부할 수 없는 시대적 흐름이라는 것을 강조했다. 먼저 개인정보 유출 우려에 대해 마이넘버 자체에는 한국의 주민등록번호와 달리, 번호 자체에 생년월일이나 성별과 같은 개인정보가 포함되지 않았다고 지적했다. 마

2 마이넘버 관련 대국민 설문조사 결과, 마이넘버 및 개인정보 부정이용으로 피해가 생길 우려가 있다(2015년 1월 32.3%, 7월 38.0%), 개인정보 유출 침해가 우려된다(2015년 1월 32.6%, 7월 34.5%), 국가에 의해 개인정보가 일원화되어 관리·감시·감독될 우려가 있다(2015년 1월 18.2%, 7월 14.4%), 우려되지 않는다(2015년 1월 11.5%, 7월 9.1%)는 답변 순으로 나타났다.

이넘버는 식별자로서만 사용되고, 사이버공간에서 마이넘버를 입력할 경우에도 개인이 '식별'될 뿐, 그 개인이 본인이라는 것을 증명하기 위해서는 별개의 정보가 필요한 것이다. 개인번호를 최소한의 행정 식별번호로만 사용하면 이를 알아도 경제적인 이득이 없기 때문에 유출 위협도 감소하게 된다는 것이다. 또한 부정 이용이나 국가 감시에 대한 우려를 불식시키고자, 마이넘버가 언제, 어느 기관에서, 어떤 업무로 조회되었는지 국민 스스로 확인할 수 있는 정보제공기록 공개 시스템 '마이나 포털'[3] 서비스를 2017년 1월 개시했다.

시대적 변화 및 글로벌한 추세에 따라 마이넘버가 필요하다는 논지에 따라, 일본 정부가 제기한 것은 재해 관리와 고령화 및 인구 감소 문제이다. 재해 발생 시 마이넘버가 있으면 보다 효율적으로 피해자를 파악하고 지원할 수 있으며, 피난처의 출입 관리 등에 있어서 마이넘버카드 등을 활용할 수도 있다는 것을 에히메현 등에서 실증 실험을 실시해 입증하기도 했다. 또한 인구 감소에 직면하는 지자체가 급증하는 가운데, 마이넘버와 마이넘버카드가 보급되면 직원 수가 감소해도 주민행정서비스의 질이 저하되지 않을 수 있다는 것이다. 나아가 빅데이터 시대에 일본 중앙정부와 지방정부 등은 국민이 작성한 교육, 의료, 연금, 세금 등의 수많은 행정 관련 마이크로데이터를 보유하고 있음에도 불구하고 이를 연결할 적절한 고리가 없어 방치되어 있는바, 보물이 쌓여 잠들어 있는 데이터의 산을 마이넘버로 연결해 활용할 수 있게 해야 한다고 강조한다(日本経済新聞, 2019. 8. 30).

2016년 1월부터 희망자에게 교부되기 시작한 마이넘버카드는 IC칩이 탑재되어 있어 스마트폰을 통한 개인정보 확인이나 세금신고시스템e-tax에서 전자증명서를 이용하는 것이 가능해졌다. 2019년에는 행정 절차를 원칙적으로 전자 신청으로 실시하는 '디지털 퍼스트 법안デジタルファースト法案, 혹은 デジタル手続き法案'[4]

3 https://myna.go.jp/. 마이넘버와 연결된 개인정보를 누가, 언제, 어떤 이유로 제공했는지 스마트폰, 태블릿, PC 등을 이용해 확인 가능하다.

이 정기 국회에서 의결되어 지금까지 관공서 창구에서만 가능했던 행정 수속들이 PC와 스마트폰에서 완결될 수 있는 법적 기반을 갖추게 되었다. 주민등록 이전이나 아동수당 신청 등 약 4만 6000종의 행정절차 중 전자화되어 있는 것은 약 10% 정도에 불과하지만, IC칩이 내장된 마이넘버카드를 통해 사이버공간에서 본인 인증을 실시함으로써 행정절차 간소화를 이룰 수 있게 된 것이다(読売新聞, 2019. 8. 19). 단, 일본 정부는 2022년도까지 대부분의 주민들이 마이넘버카드를 보유하는 것을 가정하고 있지만, 2020년 1월 현재 마이넘버카드의 보급률은 15%에 불과해 의도대로 진행될 수 있는지 여부는 불투명하다.[5]

2020년부터는 재외국민을 대상으로 한 전자투표에도 마이넘버와 마이넘버카드를 활용한다는 방향으로, 2019년 8월 이바라기현 츠쿠바시 등에서 실증실험을 실시했다(朝日新聞, 2019. 8. 26). 전자투표에는 블록체인 기술 역시 접목되었는데(Blockchain-enabled E-Voting) 츠쿠바 시청과 개인 PC에서 각각 유권자의 인증정보를 블록체인에 기록해 대조하는 방식으로 이루어졌다. 일본 정부와 관련 업계[6]는 마이넘버를 기반으로 한 공공 데이터와 블록체인이 결합하여 금융거래와 의료에 이어 전자투표 등 행정 서비스에 적용될 가능성을 높게

4 정식 명칭은, "정보통신기술 활용을 통한 행정절차 등 관계자의 편의성 향상과 행정운영 간소화 및 효율화를 도모하기 위해 행정절차 등에 있어서 정보통신기술 이용에 관한 법률 등의 일부를 개정하는 법률안(情報通信技術の活用による行政手続等に係る関係者の利便性の向上並びに行政運営の簡素化及び効率化を図るための行政手続等における情報通信の技術の利用に関する法律等の一部を改正する法律案)"이며, 마이넘버법과 공적개인인증법, 주민기본대장법 등을 일괄 개정한 것이다.

5 일본 정부가 마이넘버카드 보급을 적극 홍보하고, 편의점에서의 주민표 인쇄 등 카드 보유의 장점이 증가하고 있음에도 불구하고 2019년 6월부터 12월까지 보급률은 1%밖에 증가하지 않았다. 이런 상황에서 내각부는 2019년 10~12월 국가 공무원과 그 가족들의 카드 보유 여부를 조사했는데, 질문 항목 중 카드 교부를 신청하지 않는 이유를 묻는 란까지 있어 공무원들에게 발급을 사실상 '강제'하고 있다는 비판이 잇따르고 있다(中日新聞, 2020. 2. 3).

6 일본 조사연구기관인 IDC JAPAN의 발표에 따르면 일본의 블록체인 관련 시장규모는 2017년부터 급속히 성장하여 2019년에는 약 100억 엔 이상의 규모로 성장하고, 2022년에는 현재 시장규모의 약 5배 규모인 545억 엔 규모의 시장으로 확대될 것으로 전망했다.

평가하고 있다.

마이넘버 활용에 대한 또 다른 목적에 대해, '증거에 기반한 정책 입안Evidence-Based Policy Making: EBPM' 역시 강조하고 있다. 일본 정부는 2017년 EBPM 추진위원회를 설치하고 아베 총리도 국회 답변에서 EBPM을 수차례 언급했는데, 이념 대신 증거를 기반으로 한 과학적 정책을 수립하기 위해서는 정부가 보유한 데이터를 통계적으로 엮어낼 수 있도록 마이넘버를 활용해야 한다는 것이다. 이와 같이 일본 정부는 주민기본대장 DB의 전산화, 마이넘버 도입 등으로 점진적인 변화를 추구하면서, 정부의 입법 취지에 대한 공감대를 형성하고 적절한 이미지메이킹 전략도 실시하여 제도 변화에 대한 국민의 거부감을 감소시키는 데 성공했다고 볼 수 있다(김추린, 2018).

## 4. 4차 산업혁명과 데이터 안보

주민등록번호와 마이넘버는 번호 설계와 사용방식이 상이하나, 도입 배경 및 향후 이용방식에는 유사한 측면이 있다. 또한 주민등록번호의 이용범위가 축소되고 마이넘버는 확대되는 가운데, 가까운 시일 내에 유사한 형태로 수렴할 가능성도 있다.

한국에서는 2011년 「개인정보 보호법」 제정과 2013년 개정 등을 통해 정보보안에 대한 인식이 강화되고 민간 사업자의 주민등록번호 수집은 제한된 바 있다. 그러나 데이터 관련 기술이 발달할수록 민간 기업들은 개인정보를 집적하여 이를 자의적으로 활용하고자 하는 유혹을 받을 수밖에 없으며, 국가 역시 개인정보를 불법적으로 사용하거나 국민에 대한 감시와 통제의 문제가 발생할 가능성도 있다(이장희, 2013).

그러나 정보 집약으로 인한 편의성을 맛본 국민들이 이를 포기하고 별도의 비용과 불편함을 감수하며 정보보안의 강화를 선택할 것인지에 대해서는 회의

적이다. 지역과 연령에 따라 큰 인식차가 존재하며(최성락·이혜영, 2017), 개인식별번호를 대신하여 생체인식정보 등의 활용이 논의되고 있으나, 이 역시 민간 사업자가 수집할 경우 관리와 보안 문제가 발생할 수 있다. 또한 생체인식정보와 같은 민감한 정보가 유출될 경우 정보주체에게 개인식별번호보다 더 심각한 침해가 될 수 있다는 점도 신중히 고려해야 할 것이다.

일본과 비교했을 때, 감시국가에 대한 불안감은 상대적으로 낮았던 한국 사회이지만 주민등록번호 정보가 해외에서 불법 유통되고 있다는 점, 외국 기업 및 다국적 기업의 정보 수집으로 프라이버시 침해 가능성이 커졌다는 점 등에 대한 경각심은 높아지고 있다. 주민등록번호가 사이버공간에서 사용되고, 이를 기반으로 한 개인 데이터 관리에 있어서 중국을 비롯한 해외 보안 제품을 사용할 경우 백도어backdoor를 통해 민감 정보가 유출될 가능성이 있다는 것이 드러나 데이터 안보 문제로도 논의가 확장되고 있다. 그 대안으로 데이터 기반시설은 자국 기업이 구축해야 한다는 등의 데이터 주권론도 등장하고 있다. 정보보안과 사이버안보에 대한 인식이 높아지는 것은 긍정적인 측면이 있으나, 지나치게 국수주의적인 데이터 주권론이 대두되거나, 이를 기반으로 정부가 나서 데이터의 흐름을 통제하려는 것은 시대착오이다(≪디지털타임스≫, 2019. 9. 5).

따라서, 공공 영역에서의 주민등록번호 사용은 식별 기능을 중심으로 유지되면서, 인증 기능에 있어서는 필수적인 분야에 한해서만 신중하게 사용되어야 한다는 것이 관련 전문가들의 중론이다. 또한 공공 영역에서도 주민등록번호와 연계된 데이터의 관리를 지나치게 중앙집중적으로 실시하는 것을 지양하고 개인이 공개 범위를 선택할 수 있고 보안적 측면을 고려한 분산적 관리를 도입하는 방식으로 변화해 나가고 있다.

일본에서도 과거 많은 정보유출 사고가 발생한 바 있으며, 마이넘버 역시 크고 작은 위협에 직면하고 있다. 일본 민간 부문에서 최대 규모 정보유출사건으로 알려진 것은 교육 및 출판기업인 베네세Benesse 사에 파견되어 근무했던 시스템 엔지니어가 2013~2014년에 걸쳐 총 2억 300만 건의 고객 데이터[7]를 유출

시켜 400만 엔의 부당 이익을 얻은 사건이다. 이 사건에 대한 여파로 2015년 12월에는 「개인정보 보호법」이 개정되어 개인정보 DB의 제3자 제공 등이 범죄로 엄격히 정의되고 개인정보 보호위원회가 신설되었다. 또한 일본 정부가 발표한 중앙정부 부처 대상 사이버공격 현황을 참조하면, △ 법무성 서버 및 PC에 부정 접속과 정보 유출(2014년 9월), △ 일본연금기구 직원 단말기 맬웨어 감염 및 연금가입자 정보 125만 건 유출(2015년 6월), △ 일본 올림픽조직위원회 홈페이지 사이버공격으로 열람 불능(2015년 11월) 등이 발생한 바 있다(総務省, 2017; サイバーセキュリティ戦略本部, 2017).[8]

마이넘버와 관련해서는 지방자치체가 마이넘버가 기입된 증명서나 마이넘버카드를 타인에게 잘못 교부(2019년 3월 오카야마현, 히로시마현, 5월 오사카 등)한 사례가 존재한다. 또한 민간기업들의 경우에도 직원의 인사정보, 세금납부 등을 위해 마이넘버를 수집하고 있는데 직장 네트워크의 보안 허점을 노려 상사의 마이넘버카드 이미지를 부정하게 입수해 체포된 사례(2016년 12월 도쿄)가 있다. 이와 같은 문제점을 지적하며, 2019년 요코하마 지방법원에서는 행정 주체에 의해 헌법이 보장하는 프라이버시권이 침해되었다고 이의를 제기한 민사소송이 있었으나 기각된 바 있다(朝日新聞, 2019. 9. 27).

한편, 2019년 올림픽 티켓 판매 시 인증용 휴대전화번호가 거래되고, 이를 기반으로 생성된 가계정이 수십만 장의 티켓을 불법 구매해 문제가 되면서 사이버공간에서의 개인식별번호 및 마이넘버 제도의 원활한 운용 확보에 대한 논의가 진행되기도 했다. 또한 2020년 도쿄 올림픽 개최를 앞두고 사이버공격에 적절히 대응[9]하기 위해 「사이버보안 기본법」[10] 및 '사이버보안 정책평가에

7 가입 아동의 성명, 생년월일, 보호자 성명, 주소, 전화번호 등이 영어회화 학원, 교육 소프트웨어 개발기업 등에 부정 판매되었다.

8 일본 정부기관을 대상으로 한 사이버공격은 2016년 700만 건을 초과한 바 있다(사이버시큐리티 전략본부, 2017).

관한 기본방침' 등을 일부 개정했는데, 이와 같은 움직임은 4차 산업혁명 시대에도 여전히 국가주권이 강화될 수 있는 가능성을 보여준다. 또한 일본 정부는 2012년 이전까지 외국인에게는 주민표를 교부하지 않고, 외국인등록증이라는 별도의 제도를 통해 체류자를 관리해 왔던 것과 달리, 주민표를 발급하고 2016년 마이넘버 제도 실시 후에는 중장기 체류자에게 일본인과 같은 마이넘버와 카드를 발급하고 있다. 고령화와 인구감소에 맞서 고도인재를 중심으로 이주의 문호를 넓히고 있는 일본 정부의 입장에서는, 마이넘버를 부여함으로써 체류 외국인들의 인증 등 편의성을 높이는 한편, 정보관리 대상으로서 체류 외국인에게 정체성을 부여하고 있는 측면이 있다고 볼 수 있다.

마지막으로, 일본 정부와 자민당이 국가 주도로 디지털화를 추진하는 배경에는 중국에 대한 경계심과 데이터 주권에 대한 인식 강화도 존재한다. 중국 ICT 관련 기업들이 전자결제 서비스를 확대하고 있는 상황이고, 특히 안면인식 방식을 적극 도입하고 있다. 사이버공간에서의 개인식별과 인증에 제한이 있어서 전자정부뿐만 아니라 전자결제 등의 확산도 활발하지 못했던 일본에서 중국계 서비스는 그 편리성을 기반으로 급속하게 이용자가 증가하고 있다. 그러나 생체 인증에 해당하는 안면인식서비스가 일본에 확산되면 일본인의 개인정보 및 생활 실태가 누설될 우려가 큰바, 일본 정부는 되도록 빨리 마이넘버카드를 통한 개인 인증을 전개하겠다는 것이다(日本経済新聞, 2019. 4. 11). 이와 같이 사이버공격 및 사이버전 발생 시, 혹은 전쟁 수행방식의 변화로 복합전 발생 시 데이터가 위협받을 가능성에 대해 각국 정부는 높은 위기감을 가지고 있는 것으로 보인다. 한국의 주민등록번호는 단순한 개인식별번호에서 나아가

9 일본은 2012년 런던올림픽 당시 공식사이트가 1초간 최대 1만 1000건의 디도스(DDoS) 공격을 받았으며, 개회식에 조명 관련 시스템이 공격을 받는 등 사이버공격이 빈발한 것을 언급하고 있다.

10 「사이버보안 기본법」은 2014년 11월 제정되었고 이후 IT 종합 전략본부의 기능 중 사이버보안에 관한 기능을 대부분 흡수한 사이버보안 전략본부(サイバーセキュリ戦略本部)가 설립된 바 있다.

보유하는 자가 개인정보를 통합해서 관리할 수 있는 가능성이 높으며, 그릇된 의도를 가진 자에게 유출될 경우 개인의 인간안보 위협으로 이어질 수도 있다. 한국에서는 주민등록번호의 사용이 일상화되어 "주민등록증이 없는 국가란 어떻게 유지되는 것인지" 상상하기 힘든 상황인 만큼(김영미, 2007) 데이터 안보 문제에 있어서도 더욱 철저한 대응방안을 마련해 나갈 필요성이 있다.

## 5. 나오며

'데이터'는 4차 산업혁명을 주도하는 기술들의 기반일 뿐만 아니라, 군사안보적 측면에서 전략적 자산으로 인식되고 있다. 데이터 양의 증가와 함께, 이를 적절히 분석하여 활용할 수 있는 기술의 발전은 산업 전 분야뿐만 아니라 군사안보와 무관해 보이던 정보에서 중요한 국가/군사안보를 드러낼 수 있는 가능성을 내포하고 있다.

이러한 변화 속에서 한국과 일본은 데이터 관리에 필수적인 개인식별번호 체제를 어떻게 이해했으며, 국가의 역할을 어떻게 정의했는가? 국가는 개인식별번호를 통해 다양한 정보를 집적하고 이를 활용해 다양한 정책과 제도를 효과적으로 운영할 수 있지만, 개인식별번호의 남용 혹은 무분별한 사용은 국민들의 반발을 가져올 수 있다.

한국의 경우, 주민등록번호의 활용을 통해 3차 산업혁명기, 특히 사이버공간에서의 행정 편의성을 만끽할 수 있었다. 그럼에도 불구하고 단일 개인식별번호의 정보보안 취약성 등으로, 공공영역에서의 주민등록번호 사용은 식별 기능을 중심으로 유지되면서 민간에서는 수집은 규제되고, 인증 기능에 있어서는 좀 더 분산적 관리를 추진하는 방식으로 변화해 나가고 있다. 그러나 이미 정부에 집중된 데이터의 양이 막대하고, 이를 기반으로 제공되는 행정 서비스에 익숙해진 국민들이 번거로움을 감수하려는 의사가 크지 않아 근대 국가

주권적 집중 시스템에서 크게 벗어나는 변화가 단시간 내에 나타나지는 않을 것으로 예측된다.

일본의 경우, 3차 산업혁명기까지 개인정보가 지나치게 분산된 채 관리되어, 행정편의성이 저해되고 사이버공간에서 적절한 데이터 활용이 지연된 측면이 있다. 마이넘버 도입을 통해, 공공영역에서 마이넘버를 토대로 각종 정보를 통합 및 연동하려는 추세가 강화되고 있으며, 아베 정권의 장기 집권과 2020년 도쿄올림픽 개최라는 사회적 분위기 속에서 어느 정도 집중형 시스템을 도입하는 것이 가능할 것으로 보인다. 그러나 마이넘버 자체에 담긴 정보량이 주민등록번호에 비해 훨씬 적고, 이미 한국에서 발생한 데이터 집중 관리의 역작용을 목격해 왔기 때문에 점진적인 속도로 변화해 나갈 것으로 보인다.

이와 같이 한국과 일본은 개인식별번호와 국민 데이터의 운용에 있어서 유사한 도전에 직면해 온 바 있다. 또한 군사안보적 측면에서 타 국민의 데이터를 노린 초국경적인 사이버공격에 노출되어 있다는 공통점도 있다. 미래 사회에 그 중요성이 급속히 증가될 것으로 보이는 데이터 안보를 강화하기 위해서, 양국이 개인식별번호 활용 시 보안 취약성이나 공격 패턴 등에 관련 정보를 공유하고 공동으로 대응해 나갈 경우 훨씬 효과적으로 피해를 예방할 수 있을 것으로 예상된다. 4차 산업혁명기에 들어와서도 여전히 불안전한 정보화 환경 속에서, 한국과 일본의 개인식별번호 체제가 본연의 목적으로 사용되었는지 서로 반면교사로 삼는 동시에, 이를 기반으로 국민의 정보를 보호하고 사이버정책을 수립하는 데 참고하는 것은 양국 신흥 군사안보에 있어서 중요한 자산이 될 것이다.

강선주. 2014. "빅데이터 구축 현황과 외교안보적 활용 방향." 국립외교원 외교안보연구소 주요국제

문제분석.
김경섭. 2000. "공개 키 기반(PKI)의 e-정부 구현방안." 「정보화정책」. 한국정보화진흥원.
김연수·강민아. 2016. 「정책목적과 정부자원에 따른 정책도구의 선택과 조합」. ≪한국공공관리학보≫, 30(2), 29~58쪽.
김영미. 2007. 「해방 이후 주민등록증 제도의 변천과 그 성격: 한국 주민등록증의 역사적 연원」. ≪한국사연구≫, 136.
김재광. 2010. 「주민등록번호의 수집, 이용 현황과 법적 문제점」. ≪법학논총≫, 34(2), 249~275쪽.
김추린. 2018. 「디지털화에 의한 주민등록의 제도변화 관계 연구」. 이화여자대학교 박사학위 논문.
김현진·이재근. 2014. 「일본의 개인정보 보호 법제 개편 방향과 향후 전망」. *NIA Privacy Issues*, 11. 한국정보화진흥원.
박영길·이동윤. 2018. 「국방분야 빅데이터 활용의 선결 과제와 유의점 검토」. ≪주간 국방논단≫, 1707.
손형섭. 2014. 「주민등록번호 보호와 대체식별번호에 관한 연구: 일본 마이넘버 제도를 중심으로」. ≪부경법학≫, 1, 81~105쪽.
송희준. 2007. 「주민등록제도 발전방안연구」. 행정자치부.
신영진·한상국. 2013. 「공공분야의 주민등록번호 수집 최소화방안에 관한 연구」. ≪국정관리연구≫, 8(2), 95~122쪽.
심우민. 2014. 「인터넷 본인확인의 쟁점과 대응방향: 본인확인 방식과 수단에 대한 아키텍처 규제론적 분석」. ≪법과 사회≫, 47, 209~237쪽.
이장희. 2013. 「개인식별수단의 헌법적 한계와 주민등록번호의 강제적 부여의 문제점 검토」. ≪고려법학≫, 69, 89~126쪽.
이형규. 2012. 「인터넷상 주민등록번호에 의한 본인확인의 문제점과 개선방안」. ≪한양법학≫, 37, 341~371쪽.
이화여자대학교 산학협력단·한국행정연구원. 2016. 「World Bank-KSP 사업: 2015 주민등록 및 인구동태통계의 연계 강화 공동 컨설팅 보고서」. 서울: 이화여자대학교·한국행정연구원.
이희훈. 2017. 「일본 마이넘버 제도의 개인정보 보호에 대한 시사점 연구」. ≪비교법연구≫, 17(3), 263~294쪽.
임종인·권유중·장규현·백승조. 2013. 「북한의 사이버전력 현황과 한국의 국가적 대응전략」. ≪국방정책연구≫, 29(4), 9~45쪽.
장철준·임채성. 2015. 「빅데이터·클라우드 컴퓨팅 시대의 헌법과 사이버 안보」. ≪법학논총≫, 39(1), 3~32쪽.
주문호. 2018. 「주요국 사이버보안 거버넌스 분석과 정책적 시사점」. ≪정보보호학회논문지≫, 28(5), 1259~1277쪽.
최성락·이혜영. 2017. 「주민등록번호제도 개편방안에 대한 국민들의 불편비용」. ≪한국콘텐츠학회논문지≫, 17(4), 375~383쪽.
하혜영. 2014. 「주민등록번호 개편을 둘러싼 주요 쟁점과 향후 과제」. ≪이슈와 논점≫, 811. 국회입법조사처.

황선웅. 2019. 「4차 산업혁명 시대의 국방 데이터 전략과 구현방안」. ≪국방정책연구≫, 35(2), 61~93쪽.

金﨑 健太郎. 2019. 「政府情報システム調達の事例研究：マイナンバー・情報提供ネットワークシステムの調達事例」. ≪法と政治≫, 70(2), 1-28(726).
斎藤 貴男. 2006.『住基ネットの〈真実〉を暴く: 管理・監視社会に抗して』. 東京: 岩波書店.
_____. 2016.「マイナンバー」が日本を壊す」. 集英社インターナショナル.
サイバーセキュリティ戦略本部. 2018. 重要インフラにおける情報セキュリティ確保に係る安全基準など策定指針 第5版(4月).
榎並 利博. 2013. "住基ネットから'使われる番号'としてのマイナンバーへ: 電子申請による口座の開設など金融界に新たなビジネスチャンスも" ≪金融財政事情≫, 64(33), pp.16~20.
清水 勉. 2012a. "社会保障・税に関わる番号制度をめぐる諸問題: 住基ネットのかかえる問題は解決したのか(特集 政府情報の公開と管理にかかる諸問題)." ≪自由と正義≫, 63(4), pp.8~14
_____. 2012b.『「マイナンバー法」を問う: あまりに危険な「it時代の国民総背番号制」』. 東京: 岩波書店.
高木 浩光·山口利恵·渡辺創. 2013. "国家による個人識別番号とその利用システムのあり方:プライバシーの観点から." 情報処理学会研究報告.
田島 泰彦·斎藤貴男·山本博 編著. 2003.『住基ネットと監視社会』. 東京:日本評論社.
田島 泰彦·石村 耕治·白石 孝. 2012.『共通番号制度のカラクリ: マイナンバーで公平・公正な社会になるのか?』. 東京: 現代人文社.
水永 誠二. 2012. "表現の自由・プライバシー 住基ネットと「共通番号制」." ≪部落解放≫, 662, pp.138~141.
水町 雅子. 2017.『著逐条解説マイナンバー法』. 商事法務.

公的個人認証サービス共通基盤事業運用会議, http://www.jpki.go.jp/.
サイバーセキュリティ戦略本部(사이버시큐리티전략본부). サイバーセキュリティ政策に係わる年次報告(2016年度), https://www.nisc.go.jp/active/kihon/pdf/jseval_2016.pdf.
総務省(일본 총무성). マイナンバー制度, http://www.soumu.go.jp/kojinbango_card/01.html.
防衛省(일본 방위성). 2012. "自衛隊によるサイバー空間の安定的·効果的な利用に向けて."
内閣府(일본 내각부). マイナンバー(社会保障・税番号制度), https://www.cao.go.jp/bangouseido/; 한국어판 http://www.cao.go.jp/bangouseido/foreigners/korean.html.

≪디지털타임스≫, 2019. 9. 5. 김상배 칼럼.
日本経済新聞(닛케이신문), 2019. 4. 11.
日本経済新聞(닛케이신문), 2019. 8. 30.
朝日新聞(아사히신문), 2019. 8. 26.
朝日新聞(아사히신문), 2019. 9. 27.
読売新聞(요미우리신문), 2019. 8. 19.

**부록** 일본 개인식별번호 도입 관련 주요 쟁점

| 연도 | 내용 |
|---|---|
| 1967 | 「주민기본대장법(住民基本台帳法)」 제정 |
| 1968 | 내각 내 개인코드 연구회를 설치하고 국민 총 등록번호 재도입 시도 |
| 1994 | 행정정보화추진기본계획(行政情報化推進基本計画) 수립 |
| 1997 | 행정정보화추진기본계획 개정 |
| 2000 | 「주민기본대장법 일부 개정 법률(住民基本台帳法の一部を改正する法律)」 공표<br>경제신생대책(11월)과 밀레니엄 프로젝트(12월) 발표: 2003년까지 전자 행정서비스 기반 구축 계획 |
| 2001 | 「고도정보통신네트워크사회추진전략본부」(IT전략본부) 설치<br>IT 기본전략(e-Japan 전략) 수립 |
| 2002 | 후쿠시마현 야마츠리초(福島県 矢祭町) 전국 최초로 주기넷 불참가 표명<br>도쿄지방재판소에 주기넷 중지 소송<br>도쿄도 스기나미구, 도쿄도 고쿠분지시 주기넷 불참가 표명. 요코하마시 시민선택방식에 의한 주기넷 참가 표명<br>주민기본대장 네트워크 제1차 운용 개시<br>도쿄도 나카노구, 주기넷 탈퇴 표명<br>요코하마, 치바, 사이타마, 우츠노미야, 후쿠시마 지방재판소에 주기넷 중지 소송<br>「행정절차온라인화법(行政手続オンライン化法)」, 「정비법(整備法)」, 「공적개인인증법(公的個人認証法)」 등 행정절차 온라인화와 관련된 3개 법의 성립으로, 주기넷으로 이용가능한 사무가 93가지에서 264가지로 확대<br>가나자와 지방재판소에 주기넷 중지 소송<br>도쿄도 구니타치시 주기넷 탈퇴 표명 |
| 2003 | 전자정부 구축계획(電子政府構築計画) 수립<br>「개인정보보호에 관한 법률」, 「행정기관 보유 개인정보보호에 관한 법률」, 「독립행정법인 등이 보유한 개인정보보호에 관한 법률」 등 개인정보 보호 관련 5개 법률 제정<br>e-Japan 전략 II<br>후쿠오카지방재판소에 주기넷 중지 소송<br>나고야지방재판소에 주기넷 중지 소송<br>오사카지방재판소에 주기넷 중지 소송<br>도쿄도 고쿠분지시 주기넷 참가 표명<br>도쿄도 스기나미구 구민선택방식에 따른 주기넷 참가 표명(도쿄도가 이를 거부)<br>와카야마지방재판소에 주기넷 중지 소송<br>나카노구 주기넷 참가 표명<br>주기넷 2차 가동 개시<br>나가노현이 실시한 주기넷 침입테스트에서 시스템 취약점 발견 |
| 2004 | u-Japan 전략<br>삿포로지방재판소에 주기넷 중지 소송<br>구마모토지방재판소에 주기넷 중지 소송<br>도쿄도 스기나미구 구민선택방식에 따른 참가와 관련, 일본 정부 및 도쿄도 상대 도쿄지방재판소에 소송 |

| | |
|---|---|
| | 「신탁업법」 개정에 따른 주기넷으로 이용가능한 사무가 275가지로 확대 |
| 2005 | IT 신개혁전략<br>가나자와지방재판소 원고 승소, 주기넷 위헌 판결(피고 항소)<br>나고야지방재판소 원고 청구 기각(원고 항소) |
| 2006 | 전자정부 추진계획(電子政府推進計画) 수립<br>오사카지방재판소 판결 원고 청구 기각(원고 항소)<br>홋카이도 샤리초(北海道 斜里町) 주기넷 관련 정보가 파일 공유사이트 Winny를 통해 유출된 것 발견<br>도쿄지방재판소 판결 원고 청구 기각(원고 항소) |
| 2008 | 주민기본대장 네트워크시스템 최고재판소 합헌 판결 |
| 2009 | i-Japan 전략 |
| 2010 | "새로운 정보통신기술전략(新たな情報通信技術戦略)"을 통해 전자정부 관련 제도 검토 |
| 2011 | 사회보장제도와 세금제의 개혁을 위해 공통 번호 제도를 검토 개시 |
| 2012 | "마이넘버(공통 번호 제도)"법 참의원 본회의에서 가결 |
| 2013 | 「행정 절차에 있어서 특정 개인을 식별하기 위한 번호의 사용 등에 관한 법률(行政手続における特定の個人を識別するための番号の利用等に関する法律)」 제정<br>마이넘버법 중의원 법안 가결<br>IT종합전략본부, "세계 최첨단 IT 국가 창조선언"을 채택하는 한편 "개인데이터검토위원회"를 설립해 개인정보 보호와 활용 촉진을 위한 정책 개편방향 논의 |
| 2016 | 마이넘버 도입. 도입비용 약 400억 엔 소요 |
| 2019 | 디지털 퍼스트 법이 성립되어 마이넘버카드와 개인 PC 등으로 행정 업무가 가능해짐 |

# 12 포스트휴먼시대의 국가주권과 시민권의 문제

이종 결합과의 열린 공존을 위하여

조은정 | INSS

## 1. 서론

근대가 최초로 인간이란 동종同種 간에 맺어진 동맹의 시대였다면, 21세기에는 이종異種 간 동맹의 시대가 다시 빠르게 열리고 있다. 인류의 발전 과정을 추적해 보면 이 같은 동종 간의 동맹이 시대정신의 중심에 서게 된 것은 불과 200여 년에 지나지 않는다. 신神과 신神의 관계를 다룬 고대 신화神話와, 신神과 인간人間의 계약관계에 관한 성경聖經, 그리고 인간 간의 동맹관계에 관한 역사歷史가 성립되기까지 인간은 오랫동안 홀로 직립하는 존재로 남아 있었다. 그러나 과학기술을 매개로 인간과 사물의 전일적 결합과 유기적 협력이 가시화되면서 인간은 비로소 그동안 극복하지 못했던 자신의 태생적 한계와 주변 환경의 도전에 함께 맞설 물화된 동맹을 얻었다. 인간(유기체)과 기계(무기체)라는 이종 간의 동맹이 자연스럽게 이루어지고 있는 '포스트휴먼post-human'시대에 '인간 너머의 인간'과 '인간' 간의 관계에 관심을 가지게 되는 것은 너무나 당연하다. 새로운 기술이 등장할 때마다 언제나 논란이 되어온 것처럼 포스트휴먼시대에

신적 지위에 오른 인간*homo deus*이 인간의 표상을 한 로봇과 반인반기半人半機의 사이보그와의 관계를 어떻게 설정할 것인지 의견이 분분하다. 그러나 이처럼 시대를 거스를 수 없는 변화가 미치는 영향이 지대할 것으로 예상됨에도 불구하고 아직 논의의 수준이 개인적 차원에 그치고 있는 한계를 드러내고 있다.

그러나 최근 연구에서도 감지했듯이 기술의 발달은 국가의 성격과 역할에도 변화를 촉발시킬 소지가 다분하다(민병원, 2018). 국가 거버넌스가 만물 인터넷으로 전 지구가 완벽히 연결되고 동시다발적으로 연동되는 인지정보 시스템 안으로 편입된다면, 필연적으로 거버넌스에 인간이 개입할 여지는 미미해질 것이다. 또한 블록체인 기술로 보안이 고도로 강화되면 앞으로 국가라는 '조직된 관리 시스템'에 종말을 고하고, 대신 빅데이터에 의해 '관리되는 무정부적 시스템'이 등장할 수 있다. 이처럼 오늘날 논의되고 있는 소위 '4차 산업혁명'으로 일컬어지는 기술혁신으로 우리가 당연시 여겼던 국가 시스템에 균열이 발생할 가능성이 높게 점쳐지고 있다. 그렇다면 구체적으로 어떤 지점에서 기술이 근대 국가체제의 변화를 주도하게 될 것인가?

이 장에서는 근대국가의 3요소(국민, 영토, 주권) 중 특별히 '국민'에 주목하고자 한다. 인구 감소와 환경 재난으로 인류의 생존뿐만 아니라 국민국가의 영속성마저 의심되는 상황에서 국가가 가장 먼저 염두에 둘 것은 국가 구성원, 국민의 보전일 것이라 예상되기 때문이다. 실제로 인간의 생물학적 한계를 보완하기 위해서라도 산업 현장과 전투수행과 같은 위험한 활동에서부터 자율지능체가 빠른 속도로 인간을 대체하기 시작했다. 나아가 인간의 능력을 상회하는 초능력자로서 인공지능이 탑재된 로봇이 군대 혹은 사회로 자연스럽게 편입되면서 기존의 국가체계와 국제관계를 새롭게 구성할 가능성도 배제할 수 없다. 이에 따라 이 장에서는 포스트휴먼시대 인간과 초지능적 연결자와의 동맹이 미칠 영향에 대한 고민의 필요성을 국가와 국제 수준에서 제기하고, 국민을 중심으로 전망해 보고자 한다.

## 2. 포스트휴먼시대의 도래와 근대국가체제에 대한 도전

기존의 국제정치학 논의는 포스트휴먼시대에 닥칠 문제들을 반영하지 못하는 한계를 드러내고 있다. 근대에 서구 중심의 논의가 아시아와 아프리카와 같은 비서구적 경험을 담아내지 못했던 것과 마찬가지로, 인간 중심의 논의는 과학기술 발전에 따른 새로운 종의 도래와 이종 간의 결합이라는 포스트휴먼의 현상을 현재 국제정치학 논의에 수용하지 못하고 있다(도종윤, 2017; 민병원, 2018). 이 같은 인식의 지체 현상이 길어질수록, 국제정치학은 포스트휴먼시대에도 빠르게 변화하는 현실을 반영하지 못하고 또다시 이론화에 실패함으로써 학문적으로 "철학적 저발전" 상태에 놓일 가능성이 높다(구갑우, 2004). 포스트휴머니스트적 전회에 대한 학계의 관심이 긴급히 요구되는 첫 번째 이유는 국제정치학적 기본 가정들이 흔들리고 있기 때문이다. 새로운 시대, 국제정치학의 기존 가정들이 의심되고 새로운 가정이 도입되는 과정은 불가피하다. 국제정치학이 포스트휴먼시대에도 시대정신을 반영하기 위해서는 근대성과 휴머니즘의 한계에 대한 논의에 그치지 않고 포스트휴먼시대 포스트휴먼의 가치와 사회적 지위에 관한 논의를 시작하는 것이 필요하다.

대표적으로, 협력cooperation이 신뢰와 같은 정서적 공감을 기반으로 발생된다는 국제정치학의 가정은 '인간'이라는 단일종 안에서만 납득될 것이므로 수정 및 보완이 불가피하다. 동일종이 아니기 때문에 공감(같은 감정을 공유함)이 불가능할 가능성을 고려한다면, 공감으로부터 신뢰관계가 형성되어 협력관계로까지 발전된다는 일반적인 가정이 성립되지 않을 가능성이 높다. 그러나 근대식의 공감 능력이나 소통이 부재하다고 해서 인간과 기계 간의 협력관계가 약화된 것은 아니다. 오늘날 5GFifth Generation와 인공지능AI: Artificial Intelligence의 등장으로 오히려 강화되고 있다. 그렇다면 포스트휴먼시대에 '협력'이란 개념은 (인간만이 소유하고 있다고 여겨지는) 주관적인 감정emotions보다는 (인간뿐만 아니라 비인간도 공유 가능한) 객관적인 원칙principles을 기반으로 의미를 재구성하는 것이 보다 보편타당해질 것이다(Agar, 2013; Buchanan, 2009).

나아가 과연 '강한' 인공지능 시대 초지능 행위자들이 사회적 구조 안에서 과연 '심리적으로' 건강한 상태로 다른 구성원들과 소통할 수 있을 것인가와 같은 질문 역시 국제정치학적으로 중요하다(김진석, 2017: 304). 인간과 같은 생체 혹은 사회 시스템 자체에 내재될 '강한' 인공지능들이 미래 사회에서 생존 가능성을 높이기 위해 서로 경쟁을 선택할지 아니면 협력을 통한 공존의 알고리즘을 모색할지에 따라 포스트휴먼시대 국제정치의 판도가 달라질 것이기 때문이다. 이 경우 포스트휴먼시대 국제정치적 힘의 배분은 기존의 서구적이고도 남성중심적인 경로, 인간/유기체 중심의 경로를 벗어나 보다 기술과 규범 중심적인 경로를 따르게 될 것이라 예상해 볼 수 있다.

그러므로 오늘날 사회과학에서 소실되고 있는 이론의 예측 능력과 방향성 제시와 같은 이론 본연의 기능을 부활시키기 위해서라도 '인간 너머의 인간'을 포괄하는 거시적이고도 구조적인 사유의 전환에 관한 논의는 시급하다. 포스트휴먼시대에 인간 중심적 관점을 고집한다면 인간-비인간 간의 동맹관계는 인식체계 안에서 감지될 수 없을 것이다. 혹은 국제정치이론 안에서 포스트휴먼의 현실은 단지 일시적이거나 한시적인 '변이'로 간주될 것이다. 이 같은 인식의 지체 현상이 지속되면, 국제정치학 이론은 미래를 예측하기는커녕 지금 벌어지고 있는 현상에 대한 설명력도 의문시될 것이다.

### 근대국가체제의 약화 혹은 강화

국제정치이론의 위기를 드러내는 대표적 사례로 암호화폐와 킬러로봇을 꼽을 수 있다. 암호화폐는 더 이상 가상의 화폐로만 보기 어렵다. 물리적인 화폐는 아니지만 엄연히 암호화된 일련번호로 존재한다. 암호화폐 거래소가 온라인뿐만 아니라 오프라인에서도 개설되어 기존의 통화와 교환되는가 하면, 소수이기는 하지만 실물 거래에서 거래 수단으로 사용되고 있다. 즉, 암호화폐는 가상의 공간에서 생성되었지만 현실공간에서도 엄연히 실재하고 있다.

또한 암호화폐는 단순히 사행심을 조장하는 인터넷 유저들의 장난감으로 가볍게 볼 사안도 아니다. 블록체인 기술로 말미암아 금융의 탈중앙화가 가속화되고 있기 때문이다. 블록체인 기술은 다수의 사용자들에 의해 공동으로 작성되는 장부 기록이며, 시계열로 만들어지는 블록체인의 특성상 그 기록을 임의로 고칠 수 없는 비가역적 특성을 띤다(남충현·하승주, 2019: 121). 이 같은 분산형 장부적 특성으로부터 블록체인 기술은 외부 해커뿐만 아니라 시스템 운영자로부터 구성원들이 자신들의 데이터를 보호하는 데 최적화된 것으로 알려지고 있다(남충현·하승주, 2019: 123).

여기서 우리가 주목할 점은 블록체인 기술이 구현해 낸 완벽한 무정부성anarchism이다. 지금까지 국가는 화폐 주조권Seigniorage을 독점해 왔으나, 암호화폐는 사용자 모두가 블록체인 기술을 통해 '채굴권', 즉 암호화폐 주조권을 보유할 수 있다. 더구나 현재 국가와 같은 뚜렷한 운영주체에 의해 운영되는 중앙집중식 시스템은 관할 영역을 벗어나는 순간 추가 비용이 발생되지만, 블록체인 기술 기반의 탈중앙적 시스템에서는 관할 경계가 무의미하므로 거래가 더욱 빠르고 효율적으로 이루어질 수 있다(남충현·하승주, 2019: 125). 사실상 암호화폐는 국가의 고유 권한인 화폐 주조권과 영토성territoriality 모두에 대한 도전으로서, 이는 근대국가의 물적 토대를 흔드는 중대 사건이다.

이와 반대로 킬러로봇의 참전은 국가주권을 강화하는 방향으로 기여할 것으로 예상된다. 블록체인 기술이 추구하는 무정부성과 달리 전장에 아군을 대신해 투입됨과 동시에 국적nationality과 귀속성belongingness을 부여받는 킬러로봇의 등장으로 부지불식간에 새로운 종種이 '국민'에 편입될 것이기 때문이다. 이는 산업 전선에서 "MADE IN KOREA/韓國産" 물품을 생산해 내는 것과 차원이 다르다. 공장에서 로봇 노동자의 국적은 불명확할 뿐만 아니라 대체로 중요하지 않지만, 전장에서 킬러로봇의 국적과 귀속감(예: 아군/적군 개념)은 반드시 필요한 요소이다. 특히 인간의 지적·물리적 능력을 상회하는 전투 로봇은 아군 인간 전투원의 목숨을 구하는 명시적 효과뿐만 아니라, 그 보유 대수가 미래 국력 척도로 여겨지는 부수적 효과 역시 낼 것으로 예상됨에 따라 전투 로봇은 다른 여타의 용도의 로봇들과 달리 국가에 대한 귀속성이 더욱 분명히 드러날 수밖에 없을 것이다. 로봇 전투원의 이러한 속성은 근대 국가주권을 폄하하기보다는 강화하는 데 오히려 일조할 것으로 짐작해 볼 수 있다. 다만 킬러로봇이 전략적 핵무기와 마찬가지로 비대칭 무기로 간주되어 보유 여부 자체가 전쟁의 승패를 결정지을 것인지, 갖은 윤리적 문제들에도 불구하고 재래식 무기처럼 실전 배치되어 필승의 카드로 사용될 것인지는 아직 알 수 없다.

이처럼 기술혁신은 이미 근대국가체제와 밀접한 관련을 맺으면서 국민과 국가주권의 구성, 그리고 국제질서의 구성에 어떤 식으로든 지대한 영향을 미치고 있다. 이것이 국제정치학이 전통적 국제관계inter-national relations의 기초가 된 인간중심주의inter-human relations의 틀을 깨고 '인간 너머의 인간'들 간의 관계inter-posthuman relations로까지 상상의 도메인을 확장해야만 하는 이유이다. 다음에서는 인간 대신 국방의 의무를 지는 존재로서 로봇의 등장이 전통적 국가주권과 시민권 개념에 어떠한 영향을 미칠 것인지 논의하도록 한다.

## 3. 로봇 전투원의 등장과 전통적 국가주권과 시민권에 대한 도전

인간과 로봇과의 동맹에서 최첨단에 있는 부문 중 하나가 이른바 '킬러로봇'이라고 하는 살상용 자율무기체계Lethal Autonomous Weapon System: LAWS라고 할 수 있다. 로봇 전투원은 아직 실전 투입되고 있지 않지만 인공지능과 컴퓨팅 기술의 급속한 발전으로 2030년대에는 실전에 배치될 가능성이 높은 것으로 관측됨에 따라 로봇 전사들의 사회적·법적 지위에 대한 공방이 가열되고 있다. 전통적으로 국방의 의무란 공동체의 운명을 손에 쥐고 있는 막중한 책임이고 또한 명예로운 헌신으로 여겨진다. 그러나 여기에도 자격이 필요하다. '납세를 하는 시민'이 아니면 '전사'가 될 수 없었다. 납세를 하는 시민이 전쟁에 참여하는 전통은 근대국가체제에서도 계속되었다. 따라서 노예는 납세는 물론 국방의 의무를 질 필요가 없었다. 미국 남북전쟁에 참여했던 흑인들은 노예가 아니라 자유인 신분이었다. 그러나 로마제국의 확장기였던 카이사르와 아우구스투스 황제 시절, 이민족이라 하더라도 전쟁에서 공을 세우면 시민권을 부여했다.[1] 특히 카이사르는 아우구스투스와 달리 반드시 전공戰功이 아니더라도 로마제국의 발전에 기여할 재능 있는 속주민들에게도 로마 시민권을 획득할 수 있는 기회를 열어두었다(시오노 나나미, 1997: 123). 로마 제국이 정복전쟁이 한창이던 시절에는 시민권자가 국방의 의무를 이행하든, 국방의 의무를 다한 자에게 시민권을 부여하든 순서는 바뀌었지만 앞서의 역사적 사례들로부터 일관되게 의무와 권리가 함께 연동되어 부여되고 있음을 확인할 수 있다. 즉, 참전은 시민권자들만이 할 수 있는 특권이었다. 그럼에도 불구하고 오늘날 일상과 전장에서 만나게 될 포스트휴먼에 대한 일반적 인식은 '시민'과 '노예' 양 극단 사이에서 여전히 갈피를 잡지 못하고 있다.[2] 시민을 대신해 미래 병역의 의무를 지게 될 초지능 로봇 전사에는 어떤 지위가 부여될 수 있는가? 이에 대한 다양한 논의를 다음에서 살펴본다.

### 로봇 전투원의 법적·사회적 지위

최근의 논의는 크게 두 갈래로 진행되고 있다. 하나는 기술에 대한 인간의 책임responsibility 여부에 따라 인공지능 로봇의 지위가 정해진다는 효용론적 입장

1 로마군은 로마 시민병뿐만 아니라 속주민으로 구성되었으며 정복전쟁이 한창이던 카이사르와 아우구스투스 시대에 이들의 역할 분담과 종합 전략이 체계화되었다. 보다 자세한 내용은 시오노 나나미(1997: 208~229) 참조.

2 고대 로마법에서 노예가 최소한의 법적 권리가 인정되지 않고 재산의 일부로서 학대와 살상을 포함한 가혹한 처분까지도 주인의 권리로 인정되었던 것에 비추어보았을 때 킬러로봇에 대한 사회적 인식은 오히려 로마시대 노예에 가깝다고도 볼 수 있다(Gaius, Institutiones 1.3.2; Fields, 2009: 17~18에서 재인용). 킬러로봇을 로마시대 노예와 비교할 수 있도록 생각의 단초를 제공해 주신 오일석 박사님께 감사드린다.

이다(유은순·조미라, 2018; 이중기·오병두, 2016; 변순용·송선영, 2013; 고인석, 2014, 2012a, 2012b; 신현우, 2010). 특히 산업용 로봇에 비해 빠른 속도로 상용화가 진척되고 있는 소위 "워봇warbots", "킬러로봇killer robots"이라 불리는 군사용 로봇 및 무인자율살상무기가 실전 배치되었을 때 발생할 수 있는 비인도적 문제에 대한 책임 소재와 이를 방지할 제도적 방안 마련이 논의의 주 내용을 이루고 있다(천현득, 2019; 류병운, 2016). 또 다른 중요한 갈래는 기술발전이 인간의 역할과 지위에 미치는 영향에 따라 인공지능 로봇의 지위가 정해질 수 있다고 보는 관계론적 논의이다. 인간의 경계 확장을 가능하게 해준 기술은 모순적이게도 인공지능 로봇의 우월한 능력으로 말미암아 인간의 존재의 이유까지 의심하게 만들었다(브린욜프슨·맥아피, 2014; 김일림, 2017; 신하경, 2017; 신상규, 2017; 전치형, 2017). 공장에서 로봇노동자가 인간노동자를 빠르게 대체하자 기계가 사람의 일자리를 빼앗아 갔다거나, 바둑 대결에서 평생을 연마한 인간 고수가 인공지능에 패배하자 아날로그 권력이 디지털 권력에 참패했다는 식의 보도가 그러하다. 미래학자들은 이처럼 인공지능 로봇을 인간의 경쟁상대인 것처럼 설정한 논의가 기술발전에도, 인간의 존엄성을 제고하는 데도 도움이 되지 않는다고 주장해 왔다.

그러나 미래전쟁에서 인간이 목숨을 걸고 로봇 전투원과 승부를 겨뤄야 할지도 모른다는 자기파괴적 시나리오는 기계와 인간이 경쟁관계에 있다는 우려를 굳혔다. 2020년 벽두에 있었던 이란 군부 실세 가셈 솔레이마니Qasem Soleimani 사령관과 친이란 성향의 이라크 고위급 군간부들이 미국의 킬러드론으로 폭살된 사건은 급기야 이 같은 우려를 현실로 만들었다. 더욱이 핵무기와 마찬가지로 로봇 전투원의 보유 여부로 전쟁 개시 이전에 승부가 판가름될 수 있다는 점은 무인자율살상무기체계가 강대국과 나머지 국가들 간의 전력상 비대칭성과 현재의 권력구도를 고착화하는 데 기여하게 될 것이라고 예측해 볼 수 있다. 그러나 핵무기와 달리 킬러로봇의 등장이 단순히 윤리적 문제에 그치지 않고 '무엇이 인간을 인간이게 하는가'와 같은 근원적 질문까지 고민하게 만들고 있다. 이는 아래 "연장된 정신"에서 설명하는 바와 같이 바로 무기를 사용하는 주체와 무기 그 자체 간의 경계가 모호하기 때문이라고 볼 수 있다. 이 때문에 우리는 유례없이 킬러로봇이라는 신종 무기체계의 법적·사회적 지위까지 고민하게 된 것이다.

이 같은 효용성과 관계성 양 논의를 바탕으로 로봇 전투원의 지위는 크게 네 가지 차원으로 해석될 수 있다. 첫째, 인지작용의 독자적 수행능력을 지닌 체계로 보는 견해이다. 인공지능이 탑재된 로봇을 스스로의 판단과 인지능력을 지닌 독립된 개체로 보고, 인간의 종과 외양과 기원이 달라도 그 자체로 행위와 판단의 능력을 지닌 주체로 여긴다. 일반적으로 인공지능 로봇에 유사인권을 부여하기 위해(humanization) 로봇이 (학습-머신러닝에 의해서라도) 인간과 흡사한 특성(인간성 "menschheit")을 소유했다거나, 타인에 대해 인간적인 면모(인류애 "menschlichkeit")를 발휘할 수 있다는 사실이 뒷받침되어야 할 것이라 제안된다(Meyrowitz, 1984: 419). 그러나 킬러로봇의 법적 독립성 주장은 인간과의 유사성proximity보다는 자율성autonomy을 바탕으로 인공지능 로봇에 인격과 책무성accountability을 부여했다는 점에서, 로봇의 법적 지위를 국가나 회사와 같은 법인격artificial persons으로 보는 것이 보다 타당하다고 볼 수 있다.

둘째, 동물윤리처럼 인간과 외양이나 내적 소양은 다르지만 인공지능 로봇을 나름의 내적 속성을 가진 독립적 주체로 보는 견해이다.[3] 다만 앞서의 견해와 달리 인공지능 로봇을 능동적인 행위주체로서가 아니라 단지 "행위자의 감수자patient"로 보려는 입장이다(정필운, 2017: 22). 이 견해는 "인공지능을 인간과 대등한 의미의 인지주체로 인정할 수는 없지만 비록 질적으로 낮고 제한된 영역의 지능일지라도 동물의 경우와 마찬가지로 나름의 심적 속성mental properties

3 한국에서는 현행법상 반려동물이 세 번째 범주인 사물에 해당되나, 본 분류에서는 이해를 돕기 위해 유럽의 법제처럼 반려동물을 사물로부터 분리했다. 그 결과, 한국에서 반려동물은 상속의 주체가 될 수 없지만, 유럽에서는 가능하다는 점에서 큰 차이를 보인다.

과 인지능력을 지닌 존재자"로 간주한다(정필운, 2017: 22~23). 이 해석에 따르면 인공지능 로봇은 인간의 통제와 감독이 필요한 존재로서 개체의 독립성은 인정되나 반려동물의 행동에 대한 책임은 그 주인이 지듯이 감독자인 인간이 지게 된다. 사람에게 치명적인 해를 입힌 반려동물에 대한 처벌은 사회적 기준에 따라 반려동물이 받되, 손해를 입은 상대방에 대한 보상은 반려동물의 주인이 책임지듯이 인공지능 로봇도 자율성과 책무성을 분리해서 보려는 입장으로 이해될 수 있다.

셋째, 특별한 속성을 지닌 인공물로 보는 견해가 있다. 이 같은 입장에 따르면 인공지능 로봇은 "인간의 효용에 봉사하도록 개발된 특별한 도구"에 불과하므로 "현상 차원에서 인간과 유사하거나 어떤 면에서 인간의 수준을 능가하는 역량을 지니더라도 그것들이 근본적으로 '인간의 처분에 귀속된 대상things at our disposal'임을 확인"하는 데 그치는 것이 보다 적절하다고 본다(정필운, 2017: 23). 이 같은 견해는 앞서의 두 견해와 달리 인공지능 로봇이 주체로 해석될 여지를 완전히 차단한 것으로 볼 수 있다. 완벽히 인간의 도구로서 로봇을 객체로 보는 시각은 지금까지 개발된 신무기에 대한 일반적 태도와 다르지 않다. 이 같은 시각에서는 자연스럽게 인간의 윤리적 사용 문제가 쟁점이 된다. 국제사회는 신무기 개발 자체를 금지하기보다는 개발 후 사용 방법에 대한 규제를 실시해 왔다. 핵무기가 대표적이다. 위 두 번째와 세 번째의 공통된 해석은 동물이든 인공물이든 무인자율무기체계에는 어떠한 과실의 책임도 물을 수 없다는 것이다. 책임 소재는 킬러로봇의 조작자나 설계자, 관리자인 인간에 있다고 보고 있으므로 로봇 전투원의 독립적 지위는 부정된다.

마지막으로 인공지능을 인간 정신의 연장, 혹은 "연장된 정신extended mind"인 동시에 "외화된 정신externalized mind"으로 보는 견해이다(Clark and Chalmers, 1998; 고인석, 2012a). 연장된 정신이란 인간은 "간단한 메모, 체계적인 기록, 셈을 할 때 동원하는 손가락"처럼 다양한 외부자원을 활용하여 인간의 인지능력을 보완하므로 이런 외부자원까지 인간의 연장된 인지체계 일부로 본다(Clark

표 12-1 인공지능 로봇의 지위에 대한 다양한 논의

| 구분 | 자율성의 정도에 따른 가정 | 인공지능 로봇의 지위에 대한 견해 |
| --- | --- | --- |
| 1 | 인간에 준하는 독자적 판단 및 수행능력을 보유하는 것으로 가정 | 책임성을 수반한 법인격이 부여될 수 있음 |
| 2 | 로봇 고유의 내적 속성은 인정되나, 독자적 판단 능력이 인간에 크게 못 미침 | 개체의 독립성은 인정되나 인간의 감수가 필요한 피동적 행위체 |
| 3 | 독자적 판단 능력 여부에 상관없이, 로봇의 자율성은 사회적으로 용인되지 않음 | 인간의 편의를 위해 개발된 도구로 인간의 처분에 귀속된 사물 |
| 4 | 인간 정신에 의존하는 존재로서, 전적으로 인간의 통제 아래 작동 | 연장된 정신이며 외화된 정신으로서 인간 인지체계의 일부 |

and Chalmers, 1998). 이에 반해 외화된 정신은 인공지능의 사고방식을 (부분적으로) 결정한 여러 사람의 정신이 하나의 체계로 통합되었으나 독립적으로 운영하는 지능의 주체로 설명하는 개념이다(고인석, 2012a). 즉, 인공지능은 연장된 정신과 외화된 정신의 특성을 모두 가지고 있는 양면적 존재로 이해될 수 있다. 그 결과 무인자율무기체계에 대해 앞서 두 해석이 양비론적으로 적용된다. '외화된 정신'이기도 한 인공지능은 여러 정신과의 상호작용의 기회는 열어두되 독립된 지능체계로서의 존재론적 지위가 인정된다. 동시에 '연장된 정신'으로서 인공지능은 그 발생이 존재론적 차원에서 인간정신에 전적으로 의존하는 존재이므로 전쟁수행 중 발생한 법적·윤리적 과실의 책임은 인공지능 기술이 아니라, 그 설계자와 관리자에게 책임을 물을 수밖에 없다고 이해된다(정필운, 2017: 22~23).

이처럼 현행 법제에서는 인간과 물건의 이분법적 접근법에 따라 권리와 의무관계를 설정하고 있지만, 초지능의 로봇은 인간과 물건 사이에서 아직 법적 지위가 명확히 규명되어 있지 않다. 또한 위에서 보듯이 다수 해석에서 인공지능 로봇에 대한 책임은 궁극적으로 기술이 아니라 이를 만들고 운용하는 인간에 있다고 보고 있다. 이 같은 로봇의 지위나 로봇윤리 담론에서 정작 인공지능이 인간 사회에 미치는 영향이 간과되고 있는 측면이 있다. 인공지능을 단순히 인간 혹은 물건으로 귀속시키려는 노력이 지금 당장의 불확실성을 줄여주는 것처럼 보이겠지만 인공지능과의 동맹이 더욱 적극적으로 이루어질 미래사회를 준비하는 데 한계가 있어 보인다. 로봇윤리 담론이 포스트휴먼시대 인간사회에 보다 유의미해지려면 인공지능이 객관적으로 어떤 존재인지에 대한 기술적 판단이 아니라 인간이 인공지능을 어떻게 느끼고 있는지와 같은 인간의 주관적 판단에 더욱 주목할 필요가 있기 때문이다. 기술적으로 인공지능이 인간에 준하는 온전한 행위자로 등장하기까지 아직 먼 미래의 이야기인지 모르지만, 인간과 인공지능의 소통은 이미 현재진행형이다. 위에서 논의한 법적 지위와 별개로 예전에는 인간의 지시에 따라 정해진 명령을 수행하는 도구적 객체에 불과했던 인공지능 아키텍처가 이제는 스스로 사고하는 능력을 지니게 되면서 인간이 인공지능이 탑재된 로봇을 인간과 소통하는 하나의 주체로 여기고 있기 때문이다. 현재 빠르게 상용화되고 있는 돌봄 로봇이나 반려 로봇의 예에서 보듯이 인간이 인공지능을 인간과 유사하다고 느끼고 상호소통하게 된다면, 인공지능이 얼마나 인간과 유사한지에 대한 기술적·법적 판단과 무관하게 인공지능은 인간의 인지 구조에서 사실상 사회를 구성하는 중요한 구성원이 될 것이다. 결국 포스트휴먼시대의 핵심적 특징은 인공지능의 기술발전 수준이 아니라 인간이 인공지능과 함께 구성할 사회의 모습, 인간과 인공지능의 상호작용에서 찾는 것이 보다 유의미할 것이라는 결론에 이르게 된다. 다음에서는 기술과 인간 간의 결탁이 포스트휴먼시대 국민상에 어떠한 영향을 미칠 것인지 근대국가체제의 대표적 허구성으로 지적되는 순종주의와 단일성을 중심으로 전망해 본다.

## 4. 포스트휴먼시대 국민상의 변화

미래학자들이 국제정치와 관련하여 던지는 단골 질문은 근대국가 중심의 국제정치 논의에서 해결되지 못한 문제들이 과연 포스트휴먼시대 새로운 패러다임을 만나 자연스럽게 해소될 수 있을 것인가에 관한 것이다. 우선 회의주의자들은 경로의존적인 인간의 상상력은 여전히 기존의 우월적 지위를 반영하던 특정 인종과 피부색과 성별을 선호하게 될 것이라고 본다. 비관론자들은 선택받지 못한 타입(인종, 피부색, 성별)은 생산되지 않음으로써 도태될 것이며, 이 같은 인위적 도태를 통해 불가피하게 특정 타입에 대한 선호도와 사회적 편견을 강화할 것이라고 예상한다.

이에 반해 낙관론자들은 폭력적 분쟁의 핵심 요인이 되어온 민족주의와 인종주의, 성차별주의의 소멸 혹은 완화의 가능성을 예상한다. 만일 미래에 인간의 원래 신체보다 더 개선될 수 있는 과학기술의 발달로 '이상적 신체ideal body'에 대한 의존도가 낮아진다면, 생물학적 연원은 그다지 중요하지 않을 것이다. 현재는 부분적으로 인류의 오랜 숙제였던 노화와 질병에 맞서는 조력자 역할 정도에 그치고 있지만, 미래에는 생명공학 및 의공학기술이 환자의 보다 광범위한 목적과 필요에 따라 맞춤식으로 적용될 수 있다. 또한 로봇이나 레플리카(복제인간) 생산 시 이용자의 요구에 따라 맞춤 생산이 가능해지면 인종과 피부색, 성별이 작위적으로 선택될 것이다. 이처럼 외양이 자연발생적이지 않고 자기선택적인 특성으로 변모한다면, 오늘날 차별적 요인으로 여겨지는 인종이나 피부색, 성별에 대한 편견은 희석될 수 있을 것이다.

대표적으로 설치예술가 자크 블라스Zach Blas는 "얼굴 무기화 세트Facial Weaponization Suite"에서 현재의 생체인식기술로는 감지할 수 없는 비정형 마스크를 만들어 기존의 "얼굴" 개념에서 완전히 탈피했다. 원래 이 작품은 공공의 이익을 빌미로 안면인식기술을 공공장소에서 대중들에게 무차별적으로 적용하고 이를 통해 잠재적 범죄자나 성적 지향, 인종차별주의 성향 등을 식별하고자 하는 시도들에 대한 비판으로 기획되었다. 그러나 그의 작품은 단순히 비판에서 머물지 않고 관중의 상상력을 통한 적극적인 참여를 부르고 있다.

가령, 페미니스트 과학자인 해러웨이Donna J. Haraway와 헤일스Katherine Hayles는 인공지능과 사이보그 기술이 여성 해방의 기획에 공헌할 것으로 본다(Haraway,

그림 12-1 자크 블라스의 〈얼굴 무기화 세트〉 일부

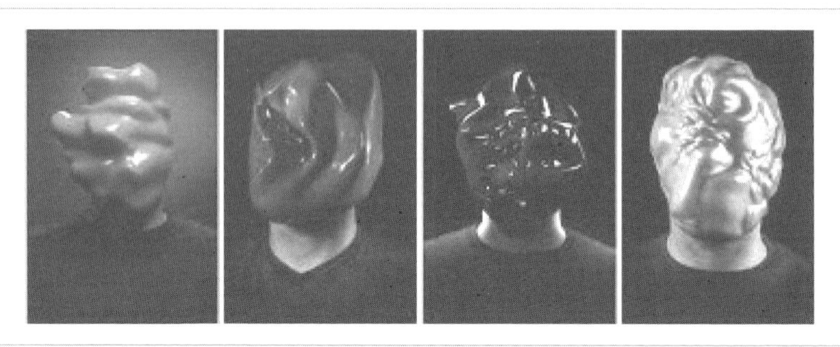

자료: In the courtesy of Zach Blas.

1991; Hayles, 1999). 포스트휴먼시대에 기술은 기존의 남/녀 구분, 흑/백의 피부색 구분, 이성애에 기초한 가족 모델 등 다양한 사회적 편견을 초월할 수 있는 잠재력을 증대시킨다. 따라서 포스트휴먼시대 기술은 "인간 존재의 확장인 동시에 타자가 아닌, 자아의 일부를" 구성하는 데 기여하게 될 것이라고 본다(유제분, 2004: 155). 이처럼 낙관주의자들은 미래의 (의학) 기술이 단순히 환자의 질병 치료에 그치지 않고 고객의 정체성을 구성하는 데 보다 적극적으로 관여하게 된다면, 특정 신체적 특징이 사회적 계급을 나누는 기준으로 작동하는 기존의 메커니즘을 해체하는 데 기여하게 될 것이라고 전망한다.

인간 정체성의 핵심을 이루는 생물학적 특성을 변모시킬 수 있는 '기술'의 발전은 '이상적 몸ideal body'에 대한 고정관념을 깸으로써, 국민국가의 '이상적 국민ideal citizens'에 대한 환상을 해체하는 데 기여할 수 있을 것이다. 게르만 민족의 순수성과 우월성을 강조했던 독일 나치즘과 같은 극단적인 사례를 들지 않더라도 여전히 국민국가들은 국가 구성의 중요한 요소인 '국민'을 국가 이념에 따라 선별하거나 변화시키기 위해 다양한 정책을 펴고 있다. 이민정책이나 국민교육정책, 보건정책 등은 줄곧 '바람직한 국민'을 관리하기 위해 국가가 실시해 온 대표적인 정책들이다. 또한 유럽 극우 포퓰리스트 정당 포스터에 어김없이 등장하는 백색 피부에 금발머리 파란 눈의 어린아이들은 그들이 원하는 '바

람직한 국민상'이다. 다인종·다민족·다이념 사회에서 "상상의 공동체"에 실존하는 인간을 맞추려는 어이없는 시도들은 수많은 전쟁(내전)과 분열을 야기했다(Anderson, 1991). 가까운 예로, 해방 후 분단된 한반도에서 국민국가 건설이란 명분 아래 벌어진 조직적인 "빨갱이" 색출과 대규모 양민학살 역시 "바람직한 국민"의 구축의 일환으로 자행된 바 있다(김득중, 2009).

그러나 포스트휴먼시대 '이상적 몸'에 대한 기존 환상의 소멸은 위에서 언급한 단지 비정형적 형태뿐만 아니라 "신체 없는 종"의 무정형적 형태로도 가속화될 것으로 예상된다(도종윤, 2017).[4] 인공지능은 단순히 뛰어난 연산능력과 인지능력을 보유한 '인공지성'의 역할을 넘어, 인간의 감성을 이해하고 배려해주는 "인공감성"으로 진화하고 있기 때문이다(최항섭, 2018: 183). 인공감성로봇은 인간의 감정을 최대한으로 모방하여 인간과의 사회적 관계와 유대감을 형성하는 것을 목적으로 한다는 점에서 단순한 로봇이 아니라 "가상적 인간"이다(최항섭, 2018: 183).

근대에는 이성과 감정/감성의 이분법적 구별에 따라 국제정치학에서 공적 영역으로 인정되는 이성과 달리 감성은 사적 영역으로서 논의의 범주에 들지 못했다. 그러나 포스트휴먼시대에 감정은 사고력(이성)과 함께 인간 고유의 특성으로 보기 어려워졌다. 신체화된 정신적 과정으로 감정을 이해하는 지각주의적 감정론과(James, 1984; Dimasio, 1994) 신체 밖의 세계나 타자에 대한 판단으로 이해하는 인지주의적 감정론 모두 동의하는 바이다(Kenny, 2003; Walton, 1978; Roberts, 1998, 2003; Nussbaum, 2003; Solomon, 1976). 더구나 만물인터넷에 의한 초연결성으로 말미암아 '감정'은 더 이상 사적 영역에 국한되지 않으며, 개개인의 특성을 나타내는 고유하고도 창조적인(반복될 수 없는) 요소로 여겨지지도 않는다. 포스트휴먼시대에 인간의 감정이란 인터넷망에서 공유되고 인공

4 만물/사물인터넷 기술로 우리는 이미 비인간과의 동맹을 인류 역사상 유례없이 적극적으로 실현하고 있다.

지능의 자가학습능력에 의해 모방되고 복제되는 공공재로 여겨지기 때문이다. '감정'이 더 이상 인간이 다른 존재들과 구분되는 고유성이 될 수 없다는 것은 포스트휴먼시대 탈형상화 혹은 무형상화 경향에서도 찾아볼 수 있다. 포스트휴먼시대에 자유로운 형상 안에 인공지능이 담기고(탈형상화) 심지어는 유형적 '몸body' 없이 '정신(작동원리)'으로만 존재하는 시스템 인공지능이(무형상화) 보편화되면서 인간의 '몸'이라는 질료로부터 "해방emancipation"이 본격화되고 있기 때문이다(Booth, 1991).[5]

이종 결합으로 다양성에 대한 포용력이 확대됨에 따라 포스트휴먼시대에는 이분법적 사유로 인해 포섭할 수 없었던 문제들이 사람/동물/사물 간의 전일적 동맹과 이종 간 결합의 보편화로 해결의 실마리를 찾을 수 있을 것이다. 그 결과 "순종純種"이 아니라 "변종變種"과 "혼종混種"이 더욱 보편적인 시대를 맞을 것은 자명하다.[6] 그렇다면 순종을 강조해 온 국민국가의 전통적 국민상은 미래에는 더더욱 타당하지도 가능하지도 않다는 사실이 명백해질 것이다.

이 점에서 2015년에 도입된 에스토니아의 전자영주권e-residency 제도는 지연과 혈연을 탈피한 새로운 형태의 국가 구성의 가능성을 제시하고 있다. 인구와 영토의 크기가 국력을 판가름 짓는 전통적 척도대로라면, 서울 인구의 1/10에 불과한 데다 출생률crude birth rate도 감소하고 있는 에스토니아는 국가의 유지도 어려워 보인다(KNOEMA, 2019). 그러나 놀랍게도 에스토니아는 2025년까지 전자영주권 제도를 통해 현재 인구의 10배인 천만 명으로 인구를 늘릴 계획이다(박용범, 2018: 21). 더욱 놀라운 것은 정복전쟁이 아니라 비대면 가상공간인 온라인을 통해서 시민을 모집하려는 발상이다. 의도했건 아니건 에스토니아는 국

5 본문에서는 해방을 가시적인 구속으로부터 자유 혹은 침탈적 권리의 훼손으로부터 복원이라는 의미가 강조되는 liberation 대신 존재의 근원적인 한계 지움으로부터 탈피라는 차원에서 emancipation이라는 개념을 사용했다.

6 그러나 변종 혹은 혼종이 선호될 것인가는 또 다른 문제로 다음 연구로 남겨둔다.

경과 인종을 넘어선 국민 모집이라는 획기적인 기획을 통해 사람들의 상상력을 자극하기 시작했다. 그리고 이를 통해 기존의 자연발생적 귀속주의를 통한 전통적 국가구성 원리에 대한 다양한 실험과 도전을 추동하고 있다. 근대국가 체제에서 사람들은 자유의지와 무관하게 속지주의와 속인주의 원칙에 따라 특정 국가에 배속되고 특정 국가의 집단적 정체성을 부여받았다. 그러나 에스토니아의 전자영주권 제도 도입을 계기로 사람들은 이제 기존의 국가구성 방식에 대해 의문을 품기 시작했다. 만일 이민처럼 물리적 이동과 엄격한 심사라는 높은 문턱을 감수하지 않아도 된다면, 자연발생적 사건birth이 아니라 인간의 선택에 의해 국적을 획득하는 방식은 더욱 활성화될 것이다. 또한 더 이상 국가의 노동력이나 세원稅源이 아니라, 국민은 국가의 비전을 공유하고 실천하는 파트너로서 정부와 전보다 더 대등한 위치에 설 수 있는 기회를 창출해 낼 수도 있을 것이다. 결과적으로 다양한 형태의 이종 결합을 내포하고 있는 포스트휴먼시대에는 구분과 배제를 합리화하기 위해 마련되었던 '바람직한 국민'과 그 '나머지'와 같은 기존의 이분법적 사유는 도태될 수밖에 없을 것으로 보인다. 그렇다면 이종 결합의 평화적인 공존은 어떻게 가능할 것인가? 이와 관련한 앞선 고민들을 다음에서 살펴본다.

## 5. 이종 개체와의 평화로운 공존의 모색

### 발렌스백의 로봇 시민권

초국적 아티스트 그룹 수퍼플렉스Superflex의 영상 〈홍해의 그린 아일랜드The Green Island in the Red Sea〉에는 덴마크 수도 코펜하겐 남부에 위치한 자치도시 발렌스백에서 1970년대에 벌어진, 로봇을 시민으로 통합하려 했던 시도가 등장한다(Superflex, 2016). 경제위기와 중앙정부의 대중영합적 개혁에 위협을 느낀 발렌스백 시민들은 발렌스백 지역공동체 고유의 가치와 라이프스타일을 항구적으로 보장받을 수 있는 장치를 고안할 필요성을 느꼈다. 그들이 고안해 낸 방법은 바로 외부 환경의 변화에도 공동체에서 합의된 가치를 관철하도록 프로그램된 로봇 시장mayor을 임명/선출하는 것이었다. 로봇 시장은 인간 시장과 달리 원칙이나 공의를 거슬러 독단적으로 결정을 내리지 않을 것이라는 믿음이 있었다. 그들은 기술을 통해 발렌스백시를 지금 이대로 유지할 수 있다는 꿈을 꾸었다. 어쩌면 그들은 발렌스백 공동체를 보전하는 데 인간보다 오히려 기술을 신뢰했다. 발렌스백 주민들은 냉전의 한복판에서 자본주의도 공산주의도 아니라 "기술이야말로 이념적 동지"라고 선언했다(Superflex, 2016).

그러나 발렌스백시는 로봇 시장을 선임하는 데 한 가지 중요한 법적인 문제에 봉착했다. 시장 후보는 먼저 발렌스백 자치도시의 시민이어야만 한다는 기본 원칙 때문이었다. 만일 발렌스백시에서 로봇도 시민으로 간주된다면 이는 로봇의 권리를 승인하는 첫 자치구가 될 참이었다. 이를 가능하도록 발렌스백 시정 운영위원회는 미래의 로봇 테크놀로지를 사법적인 방법으로 접근할 것을 제안했다. 먼저 로봇과 기술을 위한 법적 체계를 마련함으로써 로봇들이 스스로 발렌스백 시민의 삶에 녹아드는 것이 선행되어야 함을 주장했다. 그러나 시민권을 갖는다는 것은, 로봇도 발렌스백의 여느 인간 시민들처럼 납세와 병역의 의무를 다하고 그들처럼 선거권과 교육, 결혼, 표현과 이동의 자유처럼 권리를 향유할 수 있어야 한다는 것을 뜻했다. 로봇을 시장으로 선출하기 위해서는 로봇이 어느 발렌스백 시민과 다를 바 없는 권리를 향유해야 한다는 사실은 발렌스백 공동체가 미처 생각하지 못한 부분이었으므로 심각한 논쟁에 돌입했다. 이는 곧 로봇 시민에게 인간 시민들과 마찬가지로 공동체의 공공재를 공유할 권리를 부여하는 것이 마땅한가에 관한 정당성, 가치의 문제로 귀결되었다. 오랜 토론 끝에 운영위원회는 발렌스백시에서 로봇과 인간의 평화로운 공존을 위한 헌장을 다음과 같이 제정할 것을 제안했고 이는 발렌스백 시민들 전체를 대상으로 투표에 부쳐졌다.

「발렌스백시의 로봇과 인간 시민의 공존을 위한 헌장」

1. 인간은 로봇에게 해를 가하거나 로봇은 인간에게 해를 끼치지 않아야 한다.
2. 인간은 첫 번째 원칙에 위배되지 않는 한 로봇이 내리는 명령에 복종해야 한다.
3. 인간은 첫 번째와 두 번째 원칙을 위배하지 않는 선에서 인간 스스로의 존재를 보호해야 한다.

발렌스백시의 로봇 헌장은 지금까지의 상식을 뒤엎는다. 아이작 아시모프 Issac Asimovc의 『로봇 윤리』(1942)에서 로봇은 인간을 우선적으로 보호하고, 그 다음에 스스로를 돌보도록 되어 있다.[7] 그러나 발렌스백시의 로봇 헌장에서는 반대로 인간이 로봇과의 평화로운 공존을 모색하는 주체로 설정되어 있다. 앞서 제3절의 인공지능 로봇의 지위에 관한 논의에서 보듯이 로봇을 주체로 인정하지 않는 것이 다수 의견이다. 이 같은 주류 견해에 따르면 로봇은 오직 객체적 지위에 있을 뿐이므로 아시모프의 로봇 윤리처럼 행위주체인 사람이 아니라 객체인 로봇에 윤리를 요구하는 것은 논리적으로 오류가 있다. 더욱이 힘의 관계라는 측면에서도 인간의 귀속물이며 인간행위의 수단으로 여겨지는 로봇이 자신의 통제자인 인간과의 평화적 공존까지 모색해야 한다면 더더욱 이치에 맞지 않는다. 이 점에서 일견 극단적 이상주의적 발상으로 보이는 발렌스백시의 헌장이 오히려 로봇의 주체성 부여에 회의적인 견해와 논리적으로 이어져 있다는 모순점을 발견하게 된다.

발렌스백시 헌장의 특이성은 여기서 끝나지 않는다. 발렌스백시의 헌장은 마치 일반적인 이민 정책을 다루듯이 로봇과 인간의 사회통합정책robot-human integration policy을 추구하고 있다. 제1장에서 로봇과 인간 모두 동등하게 보호받아야 할 대상으로 간주하고, 제2장에서는 놀랍게도 인간이 로봇의 명령에 따

7 1942년 그의 책 『런어라운드(Runaround)』에서 "로봇 3원칙"을 소개한 뒤 1985년도 판에서는 4원칙으로 수정 발표했다.

라야 한다고 제안한다. 이는 아시모프의 로봇 윤리와 정반대의 지침이다. 그리고 마지막으로 인간은 비로소 스스로를 돌볼 수 있다. 우선 이처럼 탈인간 중심적 로봇 윤리가 등장할 수 있었던 데에는 발렌스백 사람들의 기술에 대한 신뢰("radically open to technology")뿐만 아니라 무분별한 환경파괴를 통한 지역 개발과 세계화로부터 자치구를 지키겠다는 분명한 목표가 있었기 때문이었다(Superflex, 2016). 영화에 따르면 물론 발렌스백시의 로봇 헌장은 작은 마을의 해프닝에 그치고 말았지만 적어도 이는 지역정부가 중앙정부의 간섭을 피해 지역 고유성을 지키겠다는 의지의 표명이었으며 또한 분명히 외적으로는 중앙정부를, 내적으로는 공동체 주민들을 염두에 둔 정치적 선언political statement이었다. 나아가 당시 발렌스백 시민들이 봉착한 정치적 문제를 풀기 위해 당시로서는 공상과학영화에나 볼 수 있는 가상적 존재였던 로봇과 적극적으로 결탁을 시도했다는 점에서 이종 간의 정치적 동맹이 최초로 시도되었다고도 볼 수 있다.

「아이작 아시모프의 로봇 윤리(1942)」

1. 로봇은 활동 중이든 아니든 인간에 해를 입혀서는 안 된다.
2. 로봇은 첫 번째 법칙에 상충되지 않는 한 인간이 내린 명령에 복종해야 한다.
3. 로봇은 위 두 원칙과 충돌하지 않는 한 자신의 존재를 보호해야 한다.

발렌스백시의 로봇 헌장에 비견될 만한 로봇 윤리가 2007년 한국에서도 제안되었다. 국가 차원에서는 세계 최초로 시도한 한국의 로봇윤리헌장 초안(2007) 역시 로봇과 인간이 선한 협력을 위해 공생하는 미래사회를 꿈꿨다. 2007년 초안에서 주목할 점은 앞서 소개한 발렌스백시의 헌장과 아시모프의 로봇 윤리의 균형점을 모색하고 있다는 것이다. 기존 연구들에서 강조하는 바와 같이 로봇이 인간을 어떻게 대할 것인가(4장)뿐만 아니라 인간이 로봇을 어떻게 대하여야 하는가(2, 6장)를 동시에 다루고 있기 때문이다(장완규, 2017: 79). 이 윤리안의 특이성은 발렌스백시의 로봇-인간 공존 헌장과 마찬가지로 인간이 인공지능 로봇을 인간과 유사한 종으로서 대등한 권리를 부여하고 있다는 점에서 찾아볼 수 있다. 인간의 무분별한 로봇 남용을 적극적으로 금지하고 있다는 점과 인공지능 알고리즘 설계 및 활용과정에 대한 윤리적 원칙을 천명했다는 점에서 의미가 있다. 그러나 로봇의 법적 인격성 부여 여부나 기준조차 마련되지 않았던 당시 학계와 산업계에서 파란을 일으켰고 이는 결국 초안을 공식화하는 데 실패 요인으로 작용했다. 결과적으로는 채택되지 못했지만 우리 사회에 향후 포스트휴먼사회에서 등장할 새로운 종으로서 로봇의 지위를 고민하는 데 있어 일방적인 인간중심주의로부터 탈피할 수 있는 담론의 단초를 제공했다는 점에서 의미가 있다.[8] 더욱이 한국에서 이른바 "4차 산업혁명"이란 이름으로 벌어지고 있는 기술 경쟁에 주목하고 있지만 정작 그 기술이 실현되었을 때 실효적 적용과 이것에 따른 영향을 여전히 추상적으로 전망하는 데 그치고 있다는 점에서 2007년 불발탄에 그친 이 시도가 다시 주목받고 있다.

「로봇윤리헌장 초안(2007)」[9]

1. (목표) 로봇윤리헌장의 목표는 인간과 로봇의 공존공영을 위해 인간 중심의 윤리규범을 확인하는 데 있다.
2. (인간, 로봇의 공동 원칙) 인간과 로봇은 상호간 생명의 존엄성과 정보·공학적 윤리를 지켜야 한다.
3. (인간 윤리) 인간은 로봇을 제조하고 사용할 때 항상 선한 방법으로 판단하고 결정해야 한다.
4. (로봇윤리) 로봇은 인간의 명령에 순종하는 친구, 도우미, 동반자로서 인간을 다치게 해서는 안 된다.

8 최근 연구들에서 인간중심주의적 시각으로는 인공지능으로 상징되는 초지능·초연결 기술문명의 복합성을 이해하는 데 한계가 있음이 지적되고 있다(민병원, 2018).

5. (제조자 윤리) 로봇 제조자는 인간의 존엄성을 지키는 로봇을 제조하고 로봇 재활용, 정보 보호 의무를 진다.
6. (사용자 윤리) 로봇 사용자는 로봇을 인간의 친구로 존중해야 하며 불법개조나 로봇 남용을 금한다.
7. (실행의 약속) 정부와 지자체는 헌장의 정신을 구현하기 위해 유효한 조치를 시행해야 한다.

## 6. 결론

근대 주권국가 체제는 지난 2세기 동안 국제정치적 환경 변화에 따라 끊임없는 도전에 직면해 왔다. 다자간의 '힘의 균형Balance of Power' 시대로부터 냉전의 양극체제와 정치와 외교를 압도하는 핵무기와 같은 전쟁기술의 개발, 그리고 세계화와 탈냉전 등 지구적 격변 앞에서 '국가의 쇠락'이 점쳐지곤 했지만 근대국가체제는 그때마다 적절한 변형transformation을 통해 유지되었다. 그러나 지금까지 제기한 문제들에서 보듯이 이종 간의 결합이 유례없이 심화되면서 근대의 인간(국가)중심주의적 사고는 심각한 도전에 직면하고 있다. 이에 따라 가까운 미래에 전통적 국가주권과 시민권 개념은 또다시 큰 변화를 감수해야 할 것으로 예상된다. 그러나 검토 결과, 그 변화로 근대주권체제가 강화될 것인지 아니면 약화될 것인지 그 방향을 예단하기에는 아직 이른 것처럼 보인다.

물론 근대국가체제가 기술혁신의 주도권을 쥐고 있는 현 상황에서 전쟁을 통해 끊임없이 존재의 목적을 환기시켜 온 근대국가체제가 미래에도 인공지능이라는 사물과의 동맹을 통해 그 패러다임을 반복·강화해 갈 가능성이 높다고 전망된다. 완전자율무인무기체계가 완성되면 지난 세기 핵무기에 이어 또 다

9 이원태 외(2016: 54).

른 비대칭 전력으로 이용될 개연성이 높다. 핵무기가 보유 사실만으로도 '공포의 균형'이라 불리는 전쟁 억지 효과를 발생시켰듯이, 기술이 고도로 발달되면 킬러로봇도 마찬가지로 보유만으로도 기술적 열세에 있는 미보유국들에 대해 압박감을 고조시킬 수 있을 것으로 예상된다. 이 경우 전술한 바와 같이 포스트휴먼시대 인간-인공지능 간의 결합은 기존의 근대국가체제를 강화하고 현상유지status quo에 기여하는 방식으로 작동될 것이다. 단, 이 기술이 완벽히 국가의 통제 아래 놓여 있다는 가정 아래서 그러하다. 만일 기술에 대한 인간의 통제가 임계점을 넘어서거나 해킹 및 사이버공격에 의한 교란으로 국가가 통제력을 상실하는 경우는 오히려 전력에 손상을 입을 수 있기 때문이다.

동시에 이 장에서는 전통적 근대국가체제의 약화 가능성 역시 무시할 수 없다고 보았다. 기존 질서를 전제로 하지 않는 완전히 다른 국제질서 패러다임이 구축될 가능성 역시 다수의 예에서 감지되고 있기 때문이다. 본문에서 소개한 바와 같이 암호화폐의 등장으로 국가의 경제주권이 사실상 심각한 도전을 받았으며, 암호화폐를 가능하게 한 블록체인 기술은 관할 영역의 경계를 허묾으로써 기존의 중앙통제 시스템 자체에 내재된 비효율성을 여실히 드러냈다. 사실상 암호화폐의 등장으로 지금까지 국가의 독점적 화폐 주조권seigniorage과 영토주권에 대한 신화가 깨졌다. 국가를 이루는 또 다른 중요한 요소인 국민에 있어서도 마찬가지이다. 혈연과 지연으로 맺어진 동질적 집단정체성을 바탕으로 한 단일민족국가는 이종 간의 결합으로 "혼종"과 "변종"이 자연스러운 포스트휴먼시대를 맞아 그 허구성이 더욱 분명해질 것이다. 더 이상 근대식 이분법적 세계관으로는 설명할 수 없는 다양성으로 말미암아 남/녀, 백/흑, 비장애인/장애인, 이성애/동성애와 같은 구분은 무의미해지고 따라서 '이상적 신체'와 '이상적 국민상'도 허물어질 것으로 전망된다. 이러한 경향이 심화되면, "왜 내가 이 나라의 국민이어야 하는가?"라는 질문에 대한 답을 국가가 개인에 더 이상 강요하기 어려워질 것이다.

전자영주권 도입으로 온라인에서 간편하게 시민을 모집하는 방식으로 인구와 투자 증가를 모두 꿈꾸는 에스토니아로부터 국민국가의 동질성에 대한 환상은 이미 해체가 시작되었다고 볼 수 있다. 여기서 국가의 선택이 포스트휴먼시대 국운을 가르게 될 것이다. 만일 전자영주권이 자연인이 아니라 법인에도 부여되고, 나아가 인공지능으로까지 확대된다면 포스트휴먼시대에도 국가의 주권은 오히려 강화될 수 있을 것이다. 약소국들은 초지능체를 국민으로 받아들이기로 하는 결정으로 강소국으로 발돋움할 가능성도 적지 않아 보인다. 반대로 이 같은 획기적인 국민 모집 기획을 거부하고 이종異種과의 공존을 수용할 준비가 되어 있지 못하다면, 포스트휴먼시대 자연인구가 급감하고 있는 이른바 선진국들부터 근대국가체제의 균열을 발견하게 될 것으로 보인다.

포스트휴먼시대 근대국가체제의 운명을 낙관하기 어려운 것은 이 같은 무정부적anarchical 혹은 반정부적 지향성을 띠는 기술이나 근대국가체제에 내재되어 있던 자기모순 때문만은 아니다. 기술에 대한 인간의 다양한 태도 역시 포스트휴먼시대에 대한 전망을 어렵게 하고 있다. 앞서 소개한 자크 블라스의 "얼굴 무기화 세트"에서 보듯이 안면인식기술을 이용한 정부의 전방위적인 감시망을 피하기 위해 예술가들은 기술이 인간의 얼굴이라고 인식할 수 없는 추상적인 형태의 마스크를 창조해 냈다. 2019년 한 해를 뜨겁게 달구었던 홍콩 시위에서 보듯이 거리로 쏟아져 나온 시민들은 검은색 티셔츠에 검은 마스크와 검은 모자로 중국 정부의 생체인식기술로부터 스스로를 지키고자 했다. 블라스의 마스크가 기이한 추상적 형태를 통해 특정할 수 없도록 했다면, 홍콩인들은 익명성을 통해 그들의 안전을 보장받고자 했다. 국가가 막대한 비용과 노력을 들여 설치한 첨단 디지털 기술이 시민들의 "하찮은" 아날로그적 발상과 장치로 무용화되었다는 사실로부터 근대국가체제의 운명은 더더욱 예측이 어려워지고 있다.

이처럼 현재로서는 좁혀지지 않는 포스트휴먼시대 근대국가질서에 대한 전망에도 불구하고 이번 문제제기로 도출해 낼 수 있었던 단 한 가지 분명한 사실은 유례없이 심화된 수준의 이종과의 동맹에 대한 태도가 미래를 결정하게 될 것이라는 점이다. 이 점에서 「발렌스백시의 로봇과 인간 시민의 공존을 위한 헌장」, 「아이작 아시모프의 로봇 윤리」, 「로봇윤리헌장 초안」과 같은 앞선 사유로부터 포스트휴먼시대 비인간과의 평화로운 공존법 모색이 필요하다.


고인석. 2012a. 「로봇이 책임과 권한의 주체일 수 있는가?」. ≪철학논총≫, 67, 3~21쪽.

_____. 2012b. 「체계적인 로봇윤리의 정립을 위한 로봇 존재론, 특히 로봇의 분류에 관하여」. ≪철학논총≫, 70, 171~195쪽.

_____. 2014. 「로봇윤리의 기본 원칙: 로봇 존재론으로부터」. ≪범한철학≫, 75, 401~426쪽.

구갑우. 2004. 「국제정치경제(학)와 비판이론: 존재론과 인식론을 중심으로」. ≪한국정치학회보≫, 38(2), 303~325쪽.

김득중. 2009. 『'빨갱이'의 탄생: 여순 사건과 반공 국가의 형성』. 서울: 선인문화사.

김분선. 2017. 「포스트휴먼 시대, 인간 지위에 대한 고찰」. ≪환경철학≫, 23, 37~61쪽.

김일림. 2017. 「일본 애니메이션의 과학적 상상력 고찰: 인간의 경계 확장을 둘러싼 '이야기'」. ≪일본비평≫, 17, 176~215쪽.

김진석. 2017. 「'강한' 인공지능에 대한 인간주의적 대응의 분석: 니체의 관점을 참조하여」. ≪니체연구≫, 32, 287~316쪽.

남충현·하승주. 2019. 『4차 산업혁명: 당신이 놓치는 12가지 질문』. 서울: 스마트북스.

도종윤. 2017. 「신체 없는 종(種)의 등장과 국제정치학: 존재의 현시와 항목화」. ≪세계정치≫, 26, 217~275쪽.

류병운. 2016. 「드론과 로봇 등 자율무기의 국제법적 적법성」. ≪홍익법학≫, 17(2), 61~80쪽.

민병원. 2018. 「포스트 휴머니즘과 인공지능의 국제정치: 계몽주의와 인간중심주의를 넘어서」. ≪한국정치학회보≫, 52(1), 147~169쪽.

박용범. 2018. 『블록체인 에스토니아처럼』. 서울: 매일경제신문사.

변순용·송선영. 2013. 「로봇윤리의 이론적 기초를 위한 근본과제 연구」. ≪윤리연구≫, 88, 1~26쪽.

브린욜프슨, 에릭(Erik Brynjolfsson)·앤드루 맥아피(Andrew McAfee). 2014. 『제2의 기계시대』. 이한음 옮김. 서울: 청림출판.

시오노 나나미(塩野七生). 1997. 김석희 옮김. 『로마인 이야기 6: 팍스 로마나』. 서울: 한길사.

신상규. 2017. 「트랜스휴머니즘과 인간 향상의 생명정치학」. ≪일본비평≫, 17, 72~95쪽.

신하경. 2017. 「일본 SF소설 속 '포스트휴먼'적 상상력의 현재」. ≪일본비평≫, 17, 136~175쪽.

신현우. 2010. 「진화론적 지능형 서비스 로봇에 대한 실천윤리학적 고찰」. ≪윤리연구≫, 79, 1~20쪽.

유은순·조미라. 2018. 「포스트휴먼 시대의 로봇과 인간의 윤리」. ≪한국콘텐츠학회논문지≫, 18(3), 592~600쪽.

유제분. 2004.「사이보그 인식론과 성의 정치학: 포스트휴먼 페미니즘의 비판과 수용」. ≪미국학논집≫, 36(3), 152~171쪽.
이원태 외. 2016.『지능정보사회의 규범체계 정립을 위한 법·제도 연구』. 정보통신정책연구원 기본연구 16-09.
이중기·오병두. 2016.「자율주행자동차와 로봇윤리: 그 법적 시사점」. ≪홍익법학≫, 17(2), 1~25쪽.
장길수. 2017. "2017년 해외 10대 로봇뉴스." ≪로봇신문≫, 2017. 12. 27.
장완규. 2017. "지능형 로봇의 등장과 관련 법적 쟁점."「인터넷·정보보호 법제 연구: 2017년도 '인터넷법제도 포럼' 연구 결과」, 63~93쪽. 한국인터넷진흥원.
전치형. 2017.「포스트휴먼은 어떻게 오는가: 알파고와 사이배슬론 이벤트 분석」. ≪일본비평≫, 17, 18~43쪽.
정필운. 2017.「발전하는 인공지능기술에 대한 법학의 대응: 윤리가이드라인의 제안」.「인터넷·정보보호 법제 연구: 2017년도 '인터넷법제도 포럼' 연구 결과」, 5~36쪽. 한국인터넷진흥원.
천현득. 2019.「'킬러로봇'을 넘어: 자율적 군사로봇의 윤리적 문제들」. ≪탈경계인문학≫, 12(1), 5~31쪽.
최항섭. 2018. "인간과 가상적 인간 간의 관계: 사회적 관계와 권력적 관계." 김상배 편.『인공지능, 권력변환과 세계정치』, 183~213쪽. 서울: 삼인.

Agar, Nicholas. 2013. "Why Is It Possible to Enhance Moral Status and Why Doing So Is Wrong?" *Journal of Medical Ethics*, 39(2), pp.67~74.
Anderson, Benedict. 1991. *Imagined Communities: Reflections on the Origin and Spread of Nationalism*. London: Verso.
Booth, Ken. 1991. "Security and Emancipation." *Review of International Studies*, 17(4), pp.313~326.
Buchanan, Allen. 2009. "Moral Status and Human Enhancement." *Philosophy and Public Affairs*, 37(4), pp.346~381.
Cho, E. J. R. 2020. "The Politics of Red: Challenging Cold War Taboos during the 2002 Football World Cup in South Korea." *Asian Studies Review* (forthcoming).
Clark, Andy and David Chalmers. 1998. "The Extended Mind." *Analysis*, 58(1), pp.7~19.
Dimasio, Antonio. 1994. *Descartes' Error: Emotion, Reason, and the Human Brain*. New York: Avon Books.
Fields, Nic. 2009. *Spartacus and the Slave War 73~71 BC: A Gladiator Rebels against Rome*. Oxford: Osprey.
Hanson, David. 2018. "Entering the Age of Living Intelligence Systems and Android Society." Playstation website.
Haraway, Donna J. 1991. *Simians, Cyborgs and Women: The Reinvention of Nature*. New York: Routledge.
Hayles, Katherine. 1999. *How We Become Posthuman: Virtual Bodies in Cybernetics, Literature, and Informatics*. Chicago: Chicago University Press.

James, William. 1984. “What Is an Emotion?” *Mind*, 9(34), pp.183~205.

Kenny, Anthony. 2003. *Action, Emotion and Will*. London & New York: Routledge.

KNOEMA. 2019. “Estonia-Crude Birth Rate.” https://knoema.com/atlas/Estonia/Birth-rate(검색일: 2020. 1. 28).

Meyrowitz, Henri. 1984. “Réflexions sur le fondement du droit de la guerre.” in Christophe Swinarski (ed.). *Studies and Essays on International Humanitarian Law and Red Cross Principles in Honor of Jean Pictet*, pp.426~431.

Nussbaum, Martha C. 2003. *Upheavals of Thought: The Intelligence of Emotions*. Cambridge: Cambridge University Press.

Orseau, Laurent and Stuart Armstrong. 2016. “Safely Interruptible Agents.” The 32nd Conference on Uncertainty in Artificial Intelligence, https://intelligence.org/files/Interruptibility.pdf.

Pepperell, Robert. 2003. *The Posthuman Condition: Consciousness beyond the Brain*. Oregon: Intellect Books.

Roberts, Robert C. 1998. “What an Emotion Is: A Sketch.” *The Philosophical Review*, 97(2).

_____. 2003. *Emotions: An Essay in Aid of Moral Psychology*. Cambridge: Cambridge University Press.

Solomon, Robert C. 1976. *The Passions: Emotions and the Meaning of Life*. Indianapolis: Hackett Publishing.

Superflex. 2016. 〈홍해의 그린 아일랜드(The Green Island in the Red Sea)〉. 2K 시네마스코프. 컬러. 스테레오. 13분.

Walton, Kendall L. 1978. “Fearing Fictions.” *The Journal of Philosophy*, 75(1), pp.5~27.

# 찾아보기

## 마



## 바



## 사



## 아

## 자



## 차



## 카



## 타



## 파



## 하

## 숫자·영문

## 서울대학교 미래전연구센터

서울대학교 미래전연구센터는 동 대학교 국제문제연구소 산하에 서울대학교와 육군본부가 공동으로 설립한 연구기관으로, 4차 산업혁명 시대 미래전과 군사안보의 변화에 대하여 국제정치학적 관점에서 접근하는 데 중점을 두고 있다.

### 김상배

서울대학교 정치외교학부 교수이며, 서울대학교 국제문제연구소장과 미래전연구센터장을 겸하고 있다. 미국 인디애나 대학교에서 정치학 박사학위를 취득했다. 정보통신정책연구원(KISDI)에서 책임연구원으로 재직한 이력이 있다. 주요 관심 분야는 '정보혁명과 네트워크의 세계정치학'의 시각에서 본 권력변환과 국가변환 및 중견국 외교의 이론적 이슈와 사이버 안보와 디지털 경제 및 공공외교의 경험적 이슈 등이다.

### 이중구

한국국방연구원 안보전략연구센터 선임연구원이다. 서울대학교 정치외교학부에서 박사학위를 취득했다. 국회 외교통상통일위원회 정책보좌관으로 근무한 바 있다. 주요 관심 분야는 북한의 핵정책과 한국의 대북정책, 북중관계, 강대국의 전략무기 경쟁 등이다.

### 윤정현

과학기술정책연구원(STEPI) 선임연구원이다. 서울대학교에서 외교학 박사학위를 취득했다. 대통령직속 국가과학기술자문회의(PACST) 전문위원을 역임했으며, 주요 관심 분야는 '신흥안보 거버넌스', '극단적 사건(X-event) 연구', '미래기술사회예측', '4차 산업혁명의 사회적 수용성', '재난·안전 정책' 등이다.

### 송태은

외교부 국립외교원 외교안보연구소 외교전략센터 연구교수이다. 서울대학교에서 외교학 박사학위를, University of California, San Diego(UCSD)에서 국제관계학 석사학위를 취득했다. 서울대학교 국제문제연구소의 선임연구원으로 재직한 바 있다. 외교정책·외교전략, 국제분쟁·국제협상, 여론연구·정치커뮤니케이션, 중견국 외교와 공공외교, 사이버 정보심리전 등 다양한 분야를 연구하고 있다.

### 설인효

현재 한국국방연구원 국방현안팀장으로 재직 중이며 한국국제정치학회 국방분과 이사, 미국 국방대학교(NDU) 국가안보전략연구소(INSS) Visiting Fellow, 연세대학교 정치외교학과 박사후연구원, 서울대학교 국제문제연구소 객원연구원 등을 역임했다. 주요 연구분야는 국방 및 안보정책이다.

### 차정미

연세대학교 통일연구원 연구교수이다. 연세대학교에서 정치학 박사학위를 취득했고, 중국사회과학원 객원연구원, 국가안보전략연구원 선임연구원 등을 역임했다. 주요 연구 분야는 중국정치외교, 한중관계, 미중관계로 최근 「중국 특색의 사이버 안보담론과 전략」, 「미중 사이버 군사력 경쟁」, 「중국 4차 산업혁명 담론과 전략」, 「중국 개혁개방 이후 ICT 발전전략」 등의 논문을 발표했다.

### 이장욱

한국국방연구원 선임연구원으로 재직 중이다. 서강대학교에서 정치외교학 박사학위를 취득했고, 대통령 비서실 외교안보수석실 행정관을 역임했다. 주요 관심 분야는 국방·군사전략, 미래전 양상, 군사외주화, 전장무인화, 전략무기 등이다.

### 윤민우

가천대학교 경찰안보학과 교수이다. 서울대학교에서 외교학 박사학위를 취득했으며 미국 샘 휴스턴 주립대학교에서 범죄학 박사학위를 취득했다. 이 밖에 미국, 프랑스, 이스라엘, 한국 등에서 테러대응 관리 및 리더십, 위기협상, 테러리즘 등의 교육을 이수했다. 미국 윌링 제수이트 대학교 사회과학학부 교수와 한세대학교 경찰행정학과 교수로 재직한 이력이 있다. 주요 관심 분야는 테러리즘과 폭력적 극단주의, 국제조직범죄, 위기대응, 심리전, 법집행, 사이버안보, 범죄·폭력·전투심리 등이다.

### 최정훈

서울대학교 정치외교학부 외교학 전공 석사과정을 이수하면서 미래전연구센터 총괄조교로 재직하고 있다. 주요 관심 분야는 과학기술의 발전에 따른 국제정치, 특히 안보와 군사 분야의 변화로, 우주, 사이버, 로봇 등 새로운 이슈들이 기존 국제정치와 결합하여 발생하는 변화의 양상에 주목하고 있다.

### 장기영

경기대학교 국제관계학과 조교수이다. 미국 메릴랜드 주립대학교에서 정치학 박사학위를 취득했고 미국 노터데임 대학교 정치학과에서 박사후과정을 거친 뒤, 서울대학교 국제문제연구소에서 선임연구원으로 재직했다. 주요 연구관심 분야로는 내전, 테러리즘, 동북아 국제정치, 여론 및 투표행태, 정치학 방법론 등이 있다.

### 이원경

일본 조치대학교(Sophia University) 글로벌교육센터 조교수이다. 일본 와세다대학교에서 정보통신정책 연구로 박사학위를 취득했다. 삼성전자, 과학기술정책연구원(STEPI), OECD, 주일대한민국대사관 등에서 연구원으로 재직한 바 있으며, 주요 관심 분야는 한국과 일본을 중심으로 한 동아시아 국가들의 인터넷 거버넌스 등이다.

### 조은정

국가안보전략연구원 부연구위원이다. 영국 워릭 대학교에서 정치학 박사학위를 취득했다. 주요 연구 관심 분야는 국제정치이론, 국제 안보와 유럽 정치 등이다. 유럽과 동아시아에서 지역 협력의 가능성과 한계를 국제 안보 영역에서 이론화 가능성을 통해 모색 중이다.

**한울아카데미 2224**

**서울대학교 미래전연구센터 총서 1**

4차 산업혁명과 신흥 군사안보

미래전의 진화와 국제정치의 변환



**엮은이** 김상배 | **지은이** 김상배 · 이중구 · 윤정현 · 송태은 · 설인효 · 차정미 · 이장욱 · 윤민우 · 최정훈 · 장기영 · 이원경 · 조은정 | **펴낸이** 김종수 | **펴낸곳** 한울엠플러스(주) | **편집책임** 조인순

**초판 1쇄 인쇄** 2020년 4월 20일 | **초판 1쇄 발행** 2020년 4월 29일

**주소** 10881 경기도 파주시 광인사길 153 한울시소빌딩 3층

**전화** 031-955-0655 | **팩스** 031-955-0656 | **홈페이지** www.hanulmplus.kr

**등록번호** 제406-2015-000143호

Printed in Korea.

**ISBN** 978-89-460-7224-4 93390 (양장)

978-89-460-6894-0 93390 (무선)

※ 책값은 겉표지에 표시되어 있습니다.

※ 이 책은 강의를 위한 학생용 교재를 따로 준비했습니다.

강의 교재로 사용하실 때에는 본사로 연락해 주시기 바랍니다.